网络空间安全学科系列教材

# 可信计算

张焕国 余发江 严飞 赵波 王鹃 张立强 编著

清华大学出版社
北京

## 内容简介

本书讲述可信计算的理论、关键技术和典型应用，重点介绍中国可信计算的技术创新与成果。

本书分为4篇共12章。第1篇为可信计算基础，包含第1章，主要介绍可信计算的概念、可信计算的发展、可信计算的关键技术。第2篇为可信计算关键技术，包含第2～7章，主要介绍可信平台模块、可信度量技术、可信软件栈、可信PC、远程证明、可信网络连接等内容。第3篇为可信计算新技术，包含第8～11章，主要介绍可信嵌入式系统、可信云计算基础设施关键技术、软件动态保护与度量技术、可信执行环境技术。第4篇为对可信计算和信息安全的新认识，包含第12章，主要介绍对可信计算和信息安全的一些认识与感悟。

内容的先进性和实用性是本书的一个突出特点。书中许多创新成果都是作者团队与企业合作完成的。企业实现了产业化，成果得到了实际应用，确保了书中内容的先进性和实用性。本书内容丰富，论述清楚，语言精练，结合实例，通俗易懂。书中每章都安排了一定的习题和实验。书末给出了参考文献，供有兴趣的读者进一步研究参考。

本书适合作为高等学校网络空间安全、密码学、计算机科学与技术、信息与通信工程及相关专业本科生和研究生教材，也适合作为相关领域科研技术人员的技术参考书。



**图书在版编目(CIP)数据**

可信计算/张焕国等编著．—北京：清华大学出版社，2023.7(2024.8重印)
网络空间安全学科系列教材
ISBN 978-7-302-63904-6

Ⅰ．①可…　Ⅱ．①张…　Ⅲ．①电子计算机－安全技术－教材　Ⅳ．①TP309

中国国家版本馆CIP数据核字(2023)第114683号

**责任编辑**：张　民　常建丽
**封面设计**：常雪影
**责任校对**：韩天竹
**责任印制**：曹婉颖

**出版发行**：清华大学出版社
**网　　址**：https://www.tup.com.cn，https://www.wqxuetang.com
**地　　址**：北京清华大学学研大厦A座　　**邮　　编**：100084
**社 总 机**：010-83470000　　**邮　　购**：010-62786544
**投稿与读者服务**：010-62776969，c-service@tup.tsinghua.edu.cn
**质量反馈**：010-62772015，zhiliang@tup.tsinghua.edu.cn
**课件下载**：https://www.tup.com.cn，010-83470236
**印 装 者**：三河市人民印务有限公司
**经　　销**：全国新华书店
**开　　本**：185mm×260mm　　**印　　张**：22　　**字　　数**：512千字
**版　　次**：2023年8月第1版　　**印　　次**：2024年8月第2次印刷
**定　　价**：69.90元

产品编号：097987-02

# 出版说明

21世纪是信息时代，信息已成为社会发展的重要战略资源，社会的信息化已成为当今世界发展的潮流和核心，而信息安全在信息社会中将扮演极为重要的角色，它会直接关系到国家安全、企业经营和人们的日常生活。随着信息安全产业的快速发展，全球对信息安全人才的需求量不断增加，但我国目前信息安全人才极度匮乏，远远不能满足金融、商业、公安、军事和政府等部门的需求。要解决供需矛盾，必须加快信息安全人才的培养，以满足社会对信息安全人才的需求。为此，教育部继2001年批准在武汉大学开设信息安全本科专业之后，又批准了多所高等院校设立信息安全本科专业，而且许多高校和科研院所已设立了信息安全方向的具有硕士和博士学位授予权的学科点。

信息安全是计算机、通信、物理、数学等领域的交叉学科，对于这一新兴学科的培养模式和课程设置，各高校普遍缺乏经验，因此中国计算机学会教育专业委员会和清华大学出版社联合主办了"信息安全专业教育教学研讨会"等一系列研讨活动，并成立了"高等院校信息安全专业系列教材"编委会，由我国信息安全领域著名专家肖国镇教授担任编委会主任，指导"高等院校信息安全专业系列教材"的编写工作。编委会本着研究先行的指导原则，认真研讨国内外高等院校信息安全专业的教学体系和课程设置，进行了大量具有前瞻性的研究工作，而且这种研究工作将随着我国信息安全专业的发展不断深入。系列教材的作者都是既在本专业领域有深厚的学术造诣，又在教学第一线有丰富的教学经验的学者、专家。

该系列教材是我国第一套专门针对信息安全专业的教材，其特点是：

① 体系完整、结构合理、内容先进。

② 适应面广：能够满足信息安全、计算机、通信工程等相关专业对信息安全领域课程的教材要求。

③ 立体配套：除主教材外，还配有多媒体电子教案、习题与实验指导等。

④ 版本更新及时，紧跟科学技术的新发展。

在全力做好本版教材，满足学生用书的基础上，还经由专家的推荐和审定，遴选了一批国外信息安全领域优秀的教材加入系列教材中，以进一步满足大家对外版书的需求。"高等院校信息安全专业系列教材"已于2006年年初正式列入普通高等教育"十一五"国家级教材规划。

2007年6月，教育部高等学校信息安全类专业教学指导委员会成立大会暨第一次会议在北京胜利召开。本次会议由教育部高等学校信息安全类专业教学指导委员会主任单位北京工业大学和北京电子科技学院主办，清华大学出版社协办。教育部高等学校信息安全类专业教学指导委员会的成立对我国信息安全专业的发展起到重要的指导和推动作用。2006 年，教育部给武汉大学下达了“信息安全专业指导性专业规范研制”的教学科研项目。2007 年起，该项目由教育部高等学校信息安全类专业教学指导委员会组织实施。在高教司和教指委的指导下，项目组团结一致，努力工作，克服困难，历时 5 年，制定出我国第一个信息安全专业指导性专业规范，于 2012 年年底通过经教育部高等教育司理工科教育处授权组织的专家组评审，并且已经得到武汉大学等许多高校的实际使用。2013 年，新一届教育部高等学校信息安全专业教学指导委员会成立。经组织审查和研究决定，2014 年，以教育部高等学校信息安全专业教学指导委员会的名义正式发布《高等学校信息安全专业指导性专业规范》（由清华大学出版社正式出版）。

2015 年 6 月，国务院学位委员会、教育部出台增设“网络空间安全”为一级学科的决定，将高校培养网络空间安全人才提到新的高度。2016 年 6 月，中央网络安全和信息化领导小组办公室（下文简称“中央网信办”）、国家发展和改革委员会、教育部、科学技术部、工业和信息化部及人力资源和社会保障部六大部门联合发布《关于加强网络安全学科建设和人才培养的意见》（中网办发文〔2016〕4 号）。2019 年 6 月，教育部高等学校网络空间安全专业教学指导委员会召开成立大会。为贯彻落实《关于加强网络安全学科建设和人才培养的意见》，进一步深化高等教育教学改革，促进网络安全学科专业建设和人才培养，促进网络空间安全相关核心课程和教材建设，在教育部高等学校网络空间安全专业教学指导委员会和中央网信办组织的“网络空间安全教材体系建设研究”课题组的指导下，启动了“网络空间安全学科系列教材”的工作，由教育部高等学校网络空间安全专业教学指导委员会秘书长封化民教授担任编委会主任。本丛书基于“高等院校信息安全专业系列教材”坚实的工作基础和成果、阵容强大的编委会和优秀的作者队伍，目前已有多部图书获得中央网信办与教育部指导和组织评选的“网络安全优秀教材奖”，以及“普通高等教育本科国家级规划教材”“普通高等教育精品教材”“中国大学出版社图书奖”等多个奖项。

“网络空间安全学科系列教材”将根据《高等学校信息安全专业指导性专业规范》（及后续版本）和相关教材建设课题组的研究成果不断更新和扩展，进一步体现科学性、系统性和新颖性，及时反映教学改革和课程建设的新成果，并随着我国网络空间安全学科的发展不断完善，力争为我国网络空间安全相关学科专业的本科和研究生教材建设、学术出版与人才培养做出更大的贡献。

我们的 E-mail 地址是：zhangm@tup.tsinghua.edu.cn，联系人：张民。

“网络空间安全学科系列教材”编委会

# 前言

人类社会在经历了机械化、电气化之后，进入一个崭新的信息化时代。信息安全成为一个重要问题。

当前信息安全的形势是严峻的。一方面，信息技术与产业空前繁荣。另一方面，危害信息安全的事件不断发生：敌对势力的破坏、网络战(信息战)、病毒入侵、黑客攻击、利用计算机犯罪、网上有害信息泛滥、个人隐私泄露等，对信息安全构成了极大威胁。

在信息时代，计算机系统集中管理着国家、军队、企事业的政治、军事、金融、技术、商务等重要信息，因此计算机系统成为不法分子的主要攻击目标。计算机系统本身的脆弱性和网络的开放性，使得计算机系统的安全成为世人关注的社会问题。因此，确保计算机系统的信息安全十分重要且十分紧迫。

可信计算是一种旨在提高计算机系统可信性和安全性的综合性信息安全技术，其终极目标是构建安全可信的计算环境。

可信计算的基本思想是：在计算机系统中，建立一个信任根，从信任根开始对计算机系统进行可信度量，并综合采取多种安全防护措施，确保计算机系统的可信性和安全性，进而构成安全可信的计算环境。

可信计算已经经历了几十年的发展。

2000 年，武汉瑞达信息安全技术有限公司和作者团队开始合作研制安全计算机。2003 年研制出我国第一款可信计算平台"SQY14 嵌入密码型计算机"和嵌入式安全模块(ESM)，并通过国家密码管理局的安全审查，2004 年 10 月通过国家密码管理局主持的技术鉴定，2006 年获密码科技进步奖二等奖(省部级)。这一新产品被国家科技部等四部委联合认定为"国家级重点新产品"。2008 年，在国家高技术研究发展计划(863 计划)的支持下，作者团队研制出我国第一款可信 PDA 和第一个可信计算平台测评软件系统。2012—2015 年，华为、浪潮、大唐高鸿等公司与作者团队合作研制出自己的可信云服务器，并实现产业化。2019 年，作者团队的研究成果"自主可控的可信计算关键技术及应用"获湖北省科学技术进步奖一等奖。

实践证明：我国的可信计算起步不晚，创新很多，成果可喜，我国站在国际可信计算的前列！

本书作者团队一直站在中国可信计算的前列，亲身经历了我国可信计算领域的许多艰辛与辉煌。

我国十分重视可信计算技术与产业的发展。《中华人民共和国网络安全法》明确要求“推广安全可信的网络产品和服务”。网络安全等级保护制度 2.0 标准将信任根、可信度量等可信计算技术写入标准。《关键信息基础设施安全保护条例》明确要求全面使用安全可信的产品和服务构建关键基础设施安全保障体系。工业与信息化部、民政部、教育部、中国人民银行等部委，都在各自的行业发展规划中明确要求发展可信计算技术与产业，应用可信计算产品。

要发展可信计算技术与产业，就需要可信计算的书籍推广普及可信计算的理论、技术与应用。为此，我们编写了《可信计算》这本教材。本书既适合作为本科生教材，又适合作为研究生教材。针对本科生，突出可信计算的基本理论、基本技术和基本应用，内容安排符合信息安全专业规范。针对研究生，突出可信计算的新理论和新技术，引导研究创新。在具体讲授内容选择上，针对本科生，可选择前面几章中的基本内容；针对研究生，可在其余篇章中选择合适的内容。书中每章都安排了一定的习题和实验。

本书由作者团队集体编写，分工负责。张焕国编写了第 1 章和第 12 章；余发江编写了第 2 章，3.1、3.3、3.4 节，4.3 节，5.1、5.2 节，9.4.4 小节；严飞编写了 4.1、4.2、4.4、4.5 节，5.3.1、5.3.3 小节，第 10 章，11.2 节；赵波编写了 3.2 节，第 8 章，11.1 节；王鹃编写了第 9 章(9.4.4 小节除外)；张立强编写了 5.3.2 小节，第 6 章，第 7 章。

本书是作者在武汉大学计算机学院、武汉大学国家网络安全学院长期从事可信计算教学和科研的基础上写成的。其研究工作得到国家自然科学基金、国家重点基础研究发展计划(973 计划)、国家高技术研究发展计划(863 计划)、企业合作等项目的资助。作者诚挚感谢这些项目的支持。

本书中列举了许多与企业合作研发的成果实例，作者向这些合作企业表示诚挚的谢意。

本书的写作参考了大量文献，在这里向这些文献的作者表示诚挚的谢意。

因作者水平所限，书中难免有不妥和错误之处，恳请读者理解和批评指正，并于此先致感谢之意。

作者衷心感谢给予作者指导、支持和帮助的所有领导、专家和同行，衷心感谢本书的每一位读者。

2023 年 1 月

于武汉大学珞珈山

# 目录

## 第1篇　可信计算基础



## 第2篇　可信计算关键技术

# 第 1 篇

# 可信计算基础

# 第1章 可信计算概论

本章讲述可信计算的基础知识。首先介绍信息时代与信息安全，其次给出信息安全的一些基本观点，最后在此基础上介绍可信计算的概念、关键技术和发展，为后续的学习奠定基础。

## 1.1 信息时代与信息安全

人类社会经历了机械化、电气化之后，进入一个崭新的信息化时代。

在信息时代，电子信息产业成为世界第一大产业。信息就像水、电、石油一样，与所有行业和所有人都相关，成为一种基础资源。信息和信息技术改变着人们的生活和工作方式。离开计算机、网络、电视和手机等电子信息设备，人们将无法正常生活和工作。因此可以说，在信息时代，人们生存在物理世界、人类社会和信息空间组成的三元世界中。

为了刻画人类赖以生存的信息空间，人们创造了网络空间(Cyberspace)一词。

2008年，美国第54号总统令对Cyberspace进行了定义：Cyberspace是信息环境中的一个整体域，由独立且互相依存的IT基础设施和网络组成，包括互联网、电信网、计算机系统，以及嵌入式处理器和控制器。

我们认为，美国的定义总体是合理的，但列出许多具体系统和网络比较烦琐。而且，随着信息技术的发展，还会出现新的系统和新的网络，又需要对定义进行修改和调整。显然，这是不必要的。

除美国之外，还有一些国家也对Cyberspace进行了定义和解释，但与美国的说法大同小异，只是各有侧重。

我们给出的定义如下。

**定义1-1**：网络空间(Cyberspace)是信息时代人们赖以生存的信息环境，是所有信息系统的集合。

与美国的定义相比，我们的定义不仅抓住了信息环境和信息系统这两大核心内容，而且表述简洁，不会随着新系统和新网络的出现重新修改和调整。

众所周知，能源、材料、信息是支撑现代社会大厦的支柱。其中，能源和材料是物质的、具体的。信息是逻辑的、抽象的。信息论是信息科学的理论基础。信息论的基本观点告诉我们：**系统是载体，信息是内涵。信息不能脱离系统而孤立存在。**

人身安全是我们大家最关心的事情，而且也是我们大家最熟悉的安全问题。人身安全是人对其生存环境的基本要求，即要确保人身免受其生存环境的危害。因此，哪里有人，哪里就存在人身安全问题，人身安全是人的影子。同样，信息安全是信息对其生存环境的基本要求，即要确保信息免受其生存环境的危害。因此，哪里有信息，哪里就存在信息安全问题，信息安全是信息的影子。

因为网络空间既是人的生存环境，也是信息的生存环境，因此网络空间安全是人和信息对网络空间的基本要求。又因为网络空间是所有信息系统的集合，是复杂的巨系统，人在其中与信息相互作用、相互影响，因此网络空间的信息安全问题更加突出。

根据信息论的基本观点，系统是载体，信息是内涵。因此，**网络空间安全的核心内涵仍是信息安全，没有信息安全就没有网络空间安全。**

在信息时代，信息是重要的战略资源。计算机系统集中管理着国家和企事业的政治、军事、金融、技术、商务等重要信息，或者控制着军事装备、航空航天、工业系统等重要设施，因此计算机系统成为不法分子的主要攻击目标。计算机系统本身的脆弱性和网络的开放性，使得计算机系统的安全成为人们关注的社会问题。因此，确保计算机系统的信息安全十分重要且十分紧迫。

当前信息时代的发展形势是：一方面，信息技术与产业空前繁荣；另一方面，危害信息安全的事件不断发生，如敌对势力的破坏、网络战（信息战）、病毒入侵、黑客攻击、利用计算机犯罪、网上有害信息泛滥、个人隐私泄露等，对信息安全构成了极大威胁。因此，信息安全的形势是严峻的。

除此之外，科学技术的进步也对信息安全提出新的挑战。量子信息和 DNA 信息的奇妙特性，使得量子计算机和 DNA 计算机的信息处理具有并行性。因此，如果量子计算机和 DNA 计算机的规模足够大，现有的许多密码将不再安全，从而对现有密码构成严重的潜在威胁。加拿大的 5000 量子位量子计算机如图 1-1 所示。中国的九章量子计算机如图 1-2 所示。另外，我国正在大力发展新一代电子信息产业等战略性新兴产业。物联网、云计算、大数据处理等新型信息系统和人工智能技术的广泛应用，也给信息安全提出了新的需求和挑战。

图 1-1　加拿大的 5000 量子位量子计算机

图 1-2 中国的九章量子计算机

在发展信息技术与产业和确保信息安全的实践中,我们已经清楚:人类社会中的安全可信与网络空间中的安全可信是休戚相关的。对于人类的生存与发展来说,只有同时解决了人类社会和网络空间的安全可信,才能保证人类社会的安全、和谐、安定、繁荣和进步。

本书讲述可信计算技术。可信计算是一种旨在提高计算机系统可信性和安全性的综合性信息安全技术,其终极目标是构建安全可信的计算环境。

计算机系统是一个复杂的系统。就拿比较简单的个人计算机系统来说,它由芯片、固件、主板、外设、操作系统、编程系统、数据库系统、网络、各种应用系统等构成。对于服务器和其他大型计算机系统来说,那就更复杂了。因此,提高计算机系统的安全性和可信性是困难的。

对于我国来说,信息安全形势的严峻性,不仅在于上面介绍那些威胁的严重性,更在于我国在诸如核心芯片、计算机操作系统、数据库系统等基础软件方面主要依赖国外产品。这就使得确保我国的计算机系统安全可信更加困难。

在基础软件方面,Windows 操作系统使用最广泛,但是它存在漏洞是大家熟知的。使用 Windows+Office 的用户经常需要打补丁,这是大家都很头疼而又无奈的事。在核心芯片方面,Intel 公司的 CPU 芯片是使用最多的。2017 年,业界揭露 Intel 公司的 CPU 芯片存在两个重大安全漏洞,后来又发现了新的漏洞。2019 年,我国清华大学发现 ARM 和 Intel 公司的一些 CPU 芯片的电源管理存在重大安全漏洞。使用国外有漏洞的 CPU 芯片和操作系统,很难确保我国计算机系统安全可信。

另外,计算机病毒是黑客攻击的主要武器之一。计算机病毒是一种恶意程序,它是恶意算法的一种软件实现。理论上,任何算法既可以用软件实现,也可以用硬件实现。因此,计算机病毒可以成为软件形式,也可以成为硬件形式。软件设计硬件技术(EDA)和可编程集成电路技术(PLD)的发展与应用,为硬件病毒奠定了技术和物质基础。与软件病毒相比,硬件病毒更难检测,而且无法清除。我国大量使用国外集成电路,因此遭受硬件病毒攻击的风险很大!早在第一次海湾战争期间,美国就利用潜伏在伊拉克计算机系统中的打印机芯片病毒，使得伊拉克的军事通信指挥系统瘫痪！

虽然确保计算机系统安全性和可信性是困难的，但是也不是束手无策的。其中可信计算就是一种比较有效的技术。我国在可信计算领域起步不晚，创新很多，成果可喜。我国处于国际可信计算的前列！

## 1.2 信息安全的一些基本观点

信息论、控制论、系统论是信息科学的理论基础，自然也是网络空间安全学科的理论基础。因此，只有遵循这些理论的指导，才能把网络空间安全的工作做好。这里介绍信息安全的一些基本观点，掌握这些基本观点，对做好信息安全工作十分重要。

### 1. 从信息系统安全的角度看待和处理信息安全问题

早期，人们对信息安全的理解主要强调信息(数据)本身的安全属性，认为信息安全主要包括以下属性。

(1) 秘密性：信息不被未授权者知晓的属性。

(2) 完整性：信息是正确的、真实的、未被篡改的、完整无缺的属性。

(3) 可用性：信息可以随时正常使用的属性。

信息论的基本观点告诉我们：系统是载体，信息是内涵。信息不能脱离它的载体而孤立存在。因此，我们不能脱离信息系统而孤立地谈论信息安全。也就是说，每当谈论信息安全时，一定不能回避信息系统的安全问题。这是因为，如果信息系统的安全受到危害，则必然会危害到存在于信息系统之中的信息的安全。据此，我们应当从信息系统角度全面考虑和处理信息安全。

从总体上看，信息系统安全主要包括设备安全、数据安全、行为安全和内容安全 4 个方面。其中数据安全即早期的信息安全。

① **设备安全**：信息系统设备(硬设备和软设备)的安全是信息系统安全的首要问题，是信息系统安全的基础。

a. 设备的稳定性：设备在一定时间内不出故障的概率。

b. 设备的可靠性：设备能在一定时间内正确执行任务的概率。

c. 设备的可用性：设备随时可以正常使用的概率。

② **数据安全**：采取措施确保数据免受未授权的泄露、篡改和毁坏。

a. 数据的秘密性：数据不被未授权者知晓的属性。

b. 数据的完整性：数据是正确的、真实的、未被篡改的、完整无缺的属性。

c. 数据的可用性：数据可以随时正常使用的属性。

③ **行为安全**：行为安全从行为的过程和结果考察是否能够确保信息安全。

那么，什么是系统的行为呢？我们给出如下的定义。

**定义 1-2**：系统的硬件动作和软件执行轨迹构成系统的行为。

从行为安全的角度分析和确保信息安全，符合哲学上实践是检验真理唯一标准的基本原理。

a. 行为的秘密性：行为的过程和结果不能危害数据的秘密性，必要时行为的过程和结果也应是保密的；

b. 行为的完整性：行为的过程和结果不能危害数据的完整性，行为的过程和结果是预期的；

c. 行为的可控性：当行为的过程偏离预期时，能够发现、控制或纠正。

④ **内容安全**：内容安全是信息安全在政治、法律、道德层次上的要求，是语义层次的安全。

a. 信息内容在政治上是健康的；

b. 信息内容符合国家法律法规；

c. 信息内容符合中华民族优良的道德规范。

根据上面的分析，要确保信息安全，就必须确保信息系统的安全，也就是必须确保信息系统的设备安全、数据安全、行为安全和内容安全。

本书讲述的可信计算就是从信息系统角度看待和处理信息安全问题的技术。它是从确保计算机系统重要资源的完整性，并结合其他信息安全防护技术，确保计算机系统的安全性和可信性的技术。

### 2. 从信息系统的硬软件底层做起，采取多种措施综合治理，才能较好地确保信息系统安全

要确保信息系统安全，必须采取法律、管理、教育、技术多方面的措施，综合治理。

千万不能忽视法律、管理、教育的作用，许多时候它们的作用大于技术。“七分管理，三分技术”是信息安全领域的一句行话，是人们在长期的信息安全工作中总结出来的经验。

确保信息系统安全是一个系统工程，只有从信息系统的硬件和软件的底层做起，从整体上综合采取多种措施，才能比较有效地确保信息系统安全。

### 3. 信息系统的硬件系统安全和操作系统安全是信息系统安全的基础，密码和网络安全等技术是关键技术

众所周知：硬件是信息系统的最底层，操作系统是软件的底层，所有应用都建立在它们的支持之上。因此，它们的安全是信息系统安全的基础。密码、网络安全等技术是信息系统安全的关键技术。

任何一种信息安全技术，在解决某些信息安全问题方面都有自己的优势，但是它们都不可能解决所有的信息安全问题。而且，任何一种信息安全技术，只有融入信息系统中，才能发挥实际作用，否则是不能发挥实际作用的。

### 4. 信息安全三大定律

人们通过长期信息安全实践，总结出信息安全领域的一些共同性的规律。受物理学等许多领域中普遍有三大定律的启发，作者也把这些信息安全领域的共同性的规律称为信息安全三大定律，目的是使之更加醒目和便于记忆。遵循这些定律的指导，有利于我们做好信息安全工作。

① 信息安全的普遍性定律：哪里有信息，哪里就有信息安全问题。

信息安全是信息的一个属性，信息系统安全是信息系统的一个属性。哪里有信息，哪

里就有信息安全问题。哪里没有信息,哪里便没有信息安全问题。哪里有信息系统,哪里就有信息系统安全问题。哪里没有信息系统,哪里便没有信息系统安全问题。

② 信息安全的折中性定律:安全与方便是一对矛盾。

很安全的信息系统,因为采取了许多安全防护措施、比较复杂,使用起来一定比较麻烦。反过来,使用起来很方便的信息系统,其安全防护措施一定比较少、比较简单,因此安全性也就比较低。

③ 信息安全的就低性定律(木桶原理):信息系统的安全性取决于最薄弱部分的安全性。

一个信息系统一般都由几部分构成,攻击者只要攻破其中一部分,就攻击成功了。所以,信息系统的安全性取决于安全性最薄弱的部分,而不是取决于安全性最高的部分。

## 1.3 可信计算的概念

### 1.3.1 人类社会中的信任

古今中外,信任是人际交往、社会活动和国家安定的基础。

在人际交往方面,我们首先举一个年轻人交往的例子。下面是一个北京青年小赵对自己熟人的一些称呼:"小张是我的铁哥们!""小王是我的好朋友!""小李是我的同事!"。"铁哥们""好朋友"和"同事",反映了小赵对小张、小王和小李的信任程度不同。显然,小赵最信任小张,所以称他为"铁哥们"。其次信任小王,所以称他为"好朋友"。最不信任的是小李,所以只称小李为"同事"。若用 $T_{x \to y}$ 表示 $x$ 对 $y$ 的信任度,显然有

$$T_{\text{小赵} \to \text{小张}} > T_{\text{小赵} \to \text{小王}} > T_{\text{小赵} \to \text{小李}}$$

这只是信任在语言上的表达。有了信任上的差异,便会导致行动上的差异。例如,如果小赵看上一个姑娘,想和她谈恋爱,但又拿不准,想找一个人商量。毫无疑问,他一定会首先与"铁哥们"小张商量,而不是与"同事"小李商量。

在商业活动方面,我国自古以来就形成了俗语"诚信为本""和气生财",这就说明我国人民的经商之道首先就是要讲"诚信"。商家只有得到客户的信任,才能做好生意。如果服务态度又好,那生意就可以做得更好。这是千真万确的真理!

在社会管理方面,对于一个团体,例如一个单位,一个市、一个省、一个国家,除人与人之间要相互信任外,还要对信任进行管理。所谓信任管理,就是在一个团体内部建立一个信任中心,并制定一定的信任检查认证制度。按照制度一级检查认证一级,一级信任一级。只有这样,才能确保这个团体安定团结。

技术上,我们称信任中心为信任根,称信任的检查认证为信任度量。

在我国有一套合理稳定的信任管理制度和机构。党中央就是我们的信任中心或信任根,全国人民都信任党中央,服从党中央的领导。省委就是省的信任中心或信任根,市委是市的信任中心或信任根。各级领导干部的任用,采用一级检查认证一级,一级信任一级,一级任用一级的信任链方法。党中央审核确定省级的领导人,省委审核确定地市级的领导人,市委审核确定其下属单位的领导人。一级检查认证一级,一级信任一级,一级任

用一级。

对各级领导干部的检查认证，除考察其以往的工作行为和业绩外，更重要的是考察认证其现实的工作和业绩。对以往工作行业和业绩的考察是静态的考察，主要通过档案数据、群众反映，了解领导干部往日的思想品德和工作业绩。现实的工作行为和业绩的考察是动态的考察。静态和动态考察都需要，缺一不可。

因为我国有一套合理稳定的信任管理制度和结构，有一条一级检查认证一级，一级信任一级，一级任用一级的信任链，对各级领导干部的任用采用既进行以往考察，又进行现实考察的方式，领导干部还要接受职能部门的审计和群众监督。对人民大众进行诚信教育，提高他们的思想认识，同时也结合各种诚信管理，确保我们国家成为世界上最安定的国家。

反观世界上的一些国家，由于没有形成一个信任中心，处于多中心状态，各派之间经常争斗，社会不能稳定，人民也无法安定生活。

## 1.3.2　信任理论

这里把上面讨论的信任概念上升到理论，讨论信任的理论问题。

### 1. 信任的属性

① 信任是一种二元关系。它可以是一对一的，也可以是一对多的，还可以是多对一的。

信任是反映主体对客体的思想和行为认同程度的量。这是主体和客体两者之间的事，所以是一种二元关系。

在上面的例子中，小赵对小张、小王、小李的信任都是一对一的。导师信任自己的学生，是一对多的。学生信任校长，则是多对一的。

② 信任可度量，信任有程度的差别。

因为信任是反映主体对客体的思想和行为认同程度的量，自然会有程度的差别，所以是可度量的，否则便无法反映差别。例如，在上面的例子中，小赵对小张、小王、小李的信任度是明显有差别的：$T_{小赵\to小张}>T_{小赵\to小王}>T_{小赵\to小李}$。

③ 信任具有二重性：既有主观性，也有客观性。

因为即使是同样一件事，不同的人也会有不同的认识，因此信任既有主观性，也有客观性。这一点，信任的判定与社会上评选先进人物的活动类似，既有主观性，也有客观性。

④ 信任不一定具有对称性：A 信任 B，不一定就有 B 信任 A。

这是显然的。A 信任 B，可能 B 也信任 A，也可能 B 不信任 A。

⑤ 信任不一定具有可传递性。与信任不一定具有对称性一样，信任不一定具有可传递性。如果 A 信任 B 且 B 信任 C，可能 A 信任 C，也可能 A 不信任 C。因为信任本质上也是一种信息，因此可以传递。与其他信息通信一样，传递信道上可能有干扰，于是在传递过程中就可能有损失，而且传递距离越长，损失可能越大。

⑥ 信任具有动态性：信任与环境和时间等因素相关。

因为信任值是度量所得的量，因此其值与度量时的环境和时间等因素相关。例如，有的人在儿童时代调皮捣蛋，成人之后诚恳能干。又如，有的人在一个单位工作平平，调到另一个单位后工作却很出众。

### 2. 信任的获得

① 直接信任：设 A 和 B 以前有过交往，则 A 对 B 的信任度可以通过考察 B 以前的行为表现来确定。如图 1-3 所示，其中的箭头表示 A 信任 B。

② 间接信任：设 A 和 B 以前没有任何交往，则 A 可以询问一个与 B 比较熟悉的实体 C 来获得对 B 的信任度，这要求 C 与 B 有过直接的交往，如图 1-4 所示。

A → B

图 1-3 直接信任

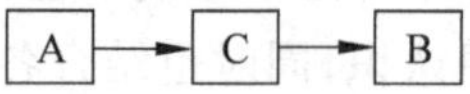

A → C → B

图 1-4 间接信任

由图 1-4 可知，间接信任就出现了信任传递和信任链问题。

### 3. 信任度量

目前已经提出许多种信任度量模型，如基于概率统计的信任度量模型、基于模糊数学的信任度量模型等。但是，目前的许多模型都还需要进一步优化，朝着既能准确刻画客观事实，又尽量简单实用的方向发展。下面简单介绍一种基于概率统计的信任度量模型。

**定义 1-3**：信任度取值于区间[0,1]，0 表示绝对不可信，1 表示绝对可信任。个体的信任度越高，该个体就越可信。

可以通过统计实体的历史表现和民意测验，度量实体的可信度。

1) 历史表现

如果与个体 $u$ 直接发生 $m$ 次事务接触，第 $i$ 次接触的满意度为 $S(u,i)$，$S(u,i)\in[0,1]$。$S(u,i)$越大，满意度越高。$S(u,i)=1$ 表示在第 $i$ 次事件中对 $u$ 的表现绝对满意；$S(u,i)=0$ 表示第 $i$ 次事务中对 $u$ 表现绝对不满意。

设第 $i$ 次事件的事务影响因子为 $\mathrm{TF}(u,i)$，$\mathrm{TF}(u,i)\in[0,1]$，那么通过式(1-1)直接计算，便得到个体 $u$ 的信任度。式(1-1)中的 * 表示相乘，分母部分是为了使计算结果 $\in[0,1]$。

$$T(u)=\frac{\sum_{i=1}^{m}S(u,i)*\mathrm{TF}(u,i)}{\sum_{i=1}^{m}\mathrm{TF}(u,i)} \tag{1-1}$$

2) 民意测验：基于推荐的信任

通过对其他多个成员的民意测验，获得个体 $u$ 的信任推荐值。

设 $n$ 为总的事件次数，$p(u,j)$为参与第 $j$ 次事件的推荐者，$S(u,j)$为推荐者 $p(u,j)$对个体 $u$ 的满意度，$T(p(u,j))$为推荐者的信任值，第 $j$ 次事件的事务影响因子为 $\mathrm{TF}(u,j)$，那么基于推荐的信任按式(1-2)计算。同样，式(1-2)中的 * 表示相乘，分母部分是为了使计算结果 $\in[0,1]$。

$$T(u)=\frac{\sum_{j=1}^{n} S(u,j) * T(p(u,j) * \mathrm{TF}(u,j)}{\sum_{j=1}^{n} T(p(u,j)) * \mathrm{TF}(u,j)} \tag{1-2}$$

3）加权平均

综合与实体 $u$ 直接接触得到的信任度和其他个体的推荐信任(民意测验)，可以更全面、客观地评判该个体的信任状况。计算方法是：对直接接触所得的信任值 $T_1(u)$和基于推荐所得的信任值 $T_2(u)$进行加权平均，即选定一权值 $\alpha \in (0,1)$，按式(1-3)计算：

$$T(u)=\alpha * T_1(u)+(1-\alpha) * T_2(u) \tag{1-3}$$

4）动态测量

实体的可信状况是动态变化的，一个从前表现良好的个体可能在以后的事件中表现不佳。因此，个体的可信性具有动态性和时效性，应当定期刷新个体的可信度，并更加着重个体近期的可信状况。时间戳技术和适当的机器学习机制有助于更及时、客观地计算个体的可信度。

## 4. 信任模型

在我国，党中央是我们的信任根，全国人民都信任党中央，服从党中央的领导。省委是省的信任根，市委是市的信任根。各级领导干部的任用，采用一级检查认证一级，一级信任一级，一级任用一级的方法。正是这种信任管理制度和结构使我国成为安全、稳定的国家。世界上其他社会稳定的国家也都与此类似。将这种信任关系抽象化，便得到一种信任关系的理论模型——树模型。

图 1-5 给出了一个简单的树形信任模型。其中 A 是信任根，是这一结构中的最高信任机构。A 检查认证 B 和 C。B 和 C 是二级信任根。B 检查认证 D 和 E，C 检查认证 F 和 G。D、E、F、G 是三级信任根，H、I、J、K、L、M、N、O 是四级信任根。它们检查认证自己的直接下属。a、b，…，o，p 为最终实体，它们接受直接上级的检查认证。

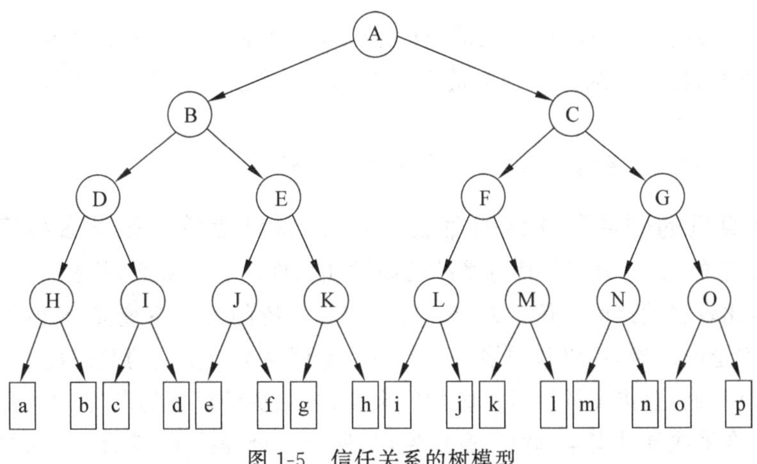


图 1-5　信任关系的树模型

如果只考虑图 1-5 中的一条路径，就成为一个信任链。例如，路径 A→B→D→H→a

就是一个信任链。如果只考虑图1-5中的两级，即图中只有A和B、C，A就成为一个星形信任结构。信任链和星形信任结构在可信计算中都有实际应用。

国际可信计算组织(Trusted Computing Group，TCG)在可信PC中采用了BIOS启动模块检查认证BIOS，BIOS检查认证引导扇区，引导扇区检查认证操作系统，操作系统检查认证应用程序的信任链模型，如图1-6所示。信任链模型的突出优点是与现有PC的开机启动顺序一致，兼容性好。信任链模型的一个缺点是没有发挥信任根的检查认证功能，而且BIOS启动模块是一个软件，它可能受到病毒的感染。为了解决这个问题，作者团队提出了星形信任度量模型，如图1-7所示。星形信任度量模型的突出优点是所有检查认证都由信任根主动进行，因此安全性更好。

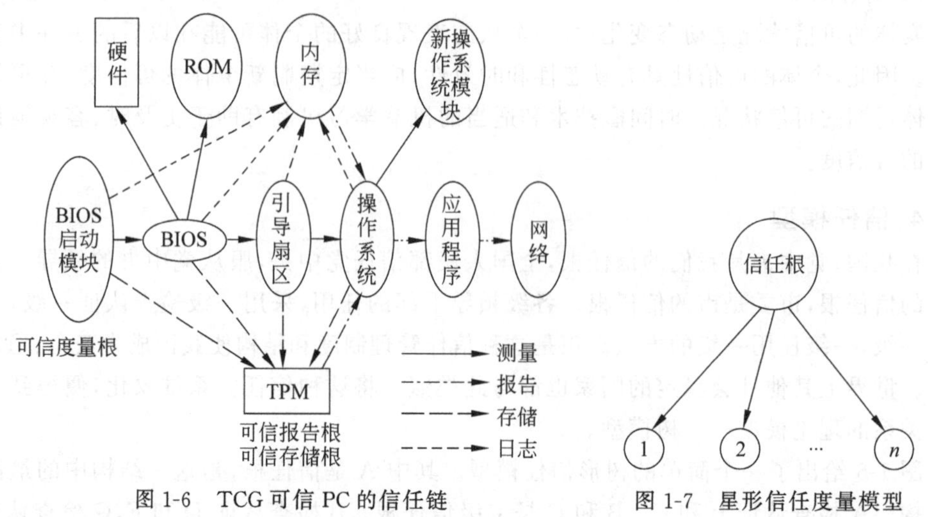


图1-6　TCG可信PC的信任链　　　图1-7　星形信任度量模型

## 1.3.3　计算机系统中的可信

分析大量信息安全事件发现，大部分信息安全事件源于计算机的安全。如果能够确保计算机的安全，将可杜绝大部分的信息安全问题。但是，如何才能提高计算机的安全性呢？

可信计算主要从以下两方面提高计算机的安全性。

### 1. 从计算机的硬件和软件的底层做起，从整体上综合采取多种安全措施

根据1.2节的讨论，只有从信息系统的硬件和软件的底层做起，从整体上综合采取多种措施，才能比较有效地确保信息系统安全。信息系统的硬件系统安全和操作系统安全是信息系统安全的基础，密码和网络安全等技术是信息系统安全的关键技术。

这就告诉我们，要提高计算机系统的安全性，必须从计算机的芯片、主板、BIOS、操作系统做起，综合采取硬件安全、软件安全、密码、网络安全等技术，综合治理才能有效。

### 2. 借鉴人类社会有效的信任管理经验

国际公认，我国是世界上最安定的国家。因为我国有一套合理稳定的信任管理制度

和结构，有一条一级检查认证一级，一级信任一级，一级任用一级的信任链。对各级领导干部的任用采用既进行任前的考察，也进行其实际工作行为和业绩的考察，而且领导干部还要接受职能部门的审计和群众监督。

因此，借鉴人类社会有效的信任管理经验，将其信任管理结构和方法推广到计算机系统中，将是提高计算机系统安全性的一种有效方法。

可信计算正是基于以上两种方法提高计算机系统的安全性的。实践证明，这是有效的、成功的。

另外必须说明，根据定义 1-3，信任度取值于区间[0,1]，0 表示绝对不可信，1 表示绝对可信。这说明信任度可以取无数多个值。但是在计算机系统中，为了技术实现方便，不可能取很多值。于是便把信任值二值化，只取 0 或 1。0 表示不可信，1 表示可信。这恰好与计算机的二进制一致，实现和应用都较方便。

### 1.3.4　可信计算的概念

可信计算是一种旨在增强计算机系统可信性和安全性的综合性信息安全技术，其终极目标是构建安全可信的计算环境。

可信计算的基本思想是：在计算机系统中建立一个信任根，从信任根开始对计算机系统进行可信度量，并综合采取多种安全防护措施，确保计算机系统的可信性和安全性，进而构成安全可信的计算环境。

什么是可信？这是可信计算首先必须回答的一个问题。目前，学术界对此尚没有一个统一的答案，不同的学者有不同的认识。这是学术繁荣的表现。国际 TCG 认为，可信性(Trust)主要是安全性。TCG 用实体行为的预期性定义可信：一个实体是可信的，如果它的行为总是以预期的方式达到预期的目标。容错专家则认为，可信(Dependability)主要是可靠性、可用性和可维护性，而且强调可信性的可论证性。作者曾经给出可信的一种通俗解释：可信≈可靠＋安全(Trust≈Dependability＋Security)。稳定可靠和安全保密是用户最关心的问题。如果一个计算机系统能够做到既稳定可靠又安全保密，用户就会信任它了。这种观点已得到越来越多人的认同。

TCG 认为，可信计算的总目标是提高计算机系统的安全性。现阶段，可信计算平台应具有确保资源的完整性、数据安全存储和平台远程证明等安全功能。

根据以上的讨论可知，一个可信计算机系统由信任根、可信硬件平台、可信操作系统和可信应用系统组成，如图 1-8 所示。

TCG 认为可信计算产品主要用于以下领域：安全风险控制，使发生安全事件时的损失降至最小；安全检测与应急响应，及时发现攻击并采取相应措施；电子商务，减少电子交易的风险和损失；数字版权管理，阻止数字产品的非法复制与盗版，等等。

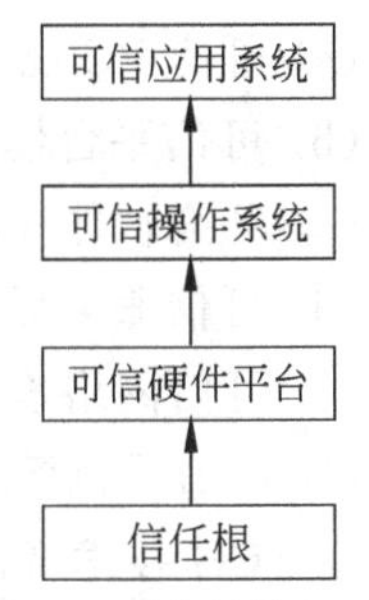

图 1-8　可信计算机系统

20 年来，可信计算的发展和应用实践证明，可信计算的应用领域远不止这些。可以说，一切配置 CPU 的信息系统都应当采用可信计算技术增强其系统的安全性，特别是云计算、物联网和工业控制等系统，更应当而且更适合采用可信计算技术增强其系统的安全性。

# 1.4 可信计算的发展

## 1.4.1 国外可信计算的发展

可信计算已经经历了一个较长的发展历程。

### 1. 可信计算的出现

1985 年，美国国防部制定了世界上第一个《可信计算机系统评价准则（Trusted Computer System Evaluation Criteria，TCSEC）》。在 TCSEC 中第一次提出可信计算机（Trusted Computer）和可信计算基（Trusted Computing Base，TCB）的概念，并把 TCB 作为计算机系统安全的基础。

在推出 TCSEC 之后，人们很快发现，只有计算平台可信，没有网络和数据库的可信是不行的。于是，美国国防部又相继推出《可信网络解释（Trusted Network Interpretation）》和《可信数据库解释（Trusted Database Interpretation）》。

这些文件的推出标志着可信计算的出现。这些文件成为评价计算机系统安全的主要准则，至今仍有指导意义。然而，随着科学技术的发展，它们也呈现出一定的局限性：

① 强调了信息的秘密性，而对完整性考虑较少。

② 强调了系统安全性的评价，却没有给出达到这种安全性的系统结构和技术路线。

③ 产业化不够广泛。

### 2. 可信计算的高潮

1) TCG 的可信计算

1999 年，美国 IBM、Intel、Microsoft，日本 Sony 等企业发起成立了可信计算平台联盟（Trusted Computing Platform Alliance，TCPA）。TCPA 的成立，标志着可信计算高潮的出现。2003 年，TCPA 改组为可信计算组织（TCG）。TCG 的出现标志着可信计算技术和应用领域进一步扩大。

TCG 是一个非营利组织，旨在研究制定可信计算的工业标准。目前 TCG 已经制定了一系列的可信计算技术规范，而且不断地对这些技术规范进行修改完善和版本升级。下面列出其中一部分规范。

(a) 可信 PC 规范；

(b) 可信平台模块（Trusted Platform Module，TPM）规范；

(c) 可信软件栈（TSS）规范；

(d) 可信服务器规范；

(e) 可信网络连接（TNC）规范；

(f) 可信手机模块规范。

在 TCG 技术规范的指导下，企业已经推出一系列可信计算产品，可信计算产品已经走向实际应用。

TCG 可信计算的意义在于：

(a) 首次提出可信计算平台的概念，并具体化到可信服务器、可信 PC、可信 PDA 和可信手机，而且给出了相应的体系结构和技术路线。

(b) 不仅考虑信息的秘密性，更强调了完整性。

(c) 更加产业化和更具广泛性。目前国际上已有 100 多家著名的 IT 企业加入了 TCG。中国的华为、联想、大唐高鸿等企业和武汉大学、清华大学、北京工业大学等高校也加入了 TCG。

TPM 芯片是目前应用较广泛的可信计算产品。许多芯片厂商都推出了自己的 TPM 芯片，几乎所有的品牌笔记本电脑和台式 PC 都配备了 TPM 芯片。从世界范围来讲，TPM 芯片已经生产销售近 10 亿片。

TPM 规范是 TCG 最主要的技术规范之一。2005 年，TCG 颁布了 TPM 1.2 规范，并不断进行修改。2009 年，TPM 1.2 被 ISO/IEC 采纳为国际标准(ISO/IEC 11889-1：2009、ISO/IEC 11889-2：2009、ISO/IEC 11889-3：2009 和 ISO/IEC 11889-4：2009)。TPM 1.2 总体上是成功的，但也存在一些问题。问题之一是密码配置不合理。2013 年，TCG 颁布了 TPM 2.0 规范。TPM 2.0 改进了 TPM 1.2 的一些不足：支持密码算法多样化和本地化，支持中国商用密码算法。此外，TPM 2.0 还增加了支持虚拟化，统一了授权框架，增强了健壮性，等等。2015 年，TPM 2.0 被 ISO/IEC 采纳为国际标准(ISO/IEC 11889-1：2015、ISO/IEC 11889-2：2015、ISO/IEC 11889-3：2015 和 ISO/IEC 11889-4：2015)。中国政府对此投了赞成票。中国商用密码算法(SM2、SM3、SM4)第一次成体系地在国际标准中得到应用。

在美国，由于联邦信息处理标准(FIPS)对 TPM 的设计颁发了认证和总统顾问委员会的建议，美国政府开始使用 TPM 保护政务系统。

微软是 TCG 的重要成员，一直致力于操作系统对可信计算的支持。2007 年 1 月 30 日推出了第一款支持可信计算的 VISTA 操作系统。VISTA 操作系统的安全性增强了，但是使用却麻烦了，用户不欢迎 VISTA。2012 年，微软推出了 Windows 8 操作系统，Windows 8 支持可信计算。它把 TPM 虚拟化成一个永久插入的智能卡，在 EFIBIOS 的支持下，把 TCG 在计算机启动度量过程中采用哈希函数确保数据完整性的措施，增强为进一步对哈希值进行数字签名。显然，这一措施加强了计算机在启动过程中的安全性。中国政府不采购 Windows 8 操作系统。2015 年 7 月 29 日，微软又推出 Windows 10 操作系统，Windows 10 继续支持可信计算，并且支持中国国产的 TPM 2.0 芯片。

2) 欧洲的可信计算

2006 年 1 月，欧洲启动了名为“开放式可信计算(Open Trusted Computing)”的可信计算研究计划。有几十个科研机构和工业组织参加研究，分为 10 个工作组，分别进行总体管理、需求定义与规范、底层接口、操作系统内核、安全服务管理、目标验证与评估、嵌入式控制、应用、实际系统发行发布与标准化等工作，已经实现了安全个人电子交易、家庭协同计算以及虚拟数据中心等应用。

3) 可信计算的容错流派

容错计算是计算机的一个重要领域。法国 Jean Claude Laprie 和美国 Algirdas

Avizienis 从容错的角度给出了可信计算的概念。对于可信计算的用词，采用 Dependable Computing。容错流派的可信计算更强调计算机系统的可靠性、可用性和可维护性，并且强调可信性的可论证性。

### 1.4.2 中国可信计算的发展

2000 年 6 月 2 日，武汉瑞达公司和武汉大学签署合同，开始合作研制安全计算机。2003 年研制出我国第一款可信计算平台 SQY14 嵌入密码型计算机和嵌入式安全模块(Embedded Security Module，ESM)，并通过国家密码管理局的安全审查。2004 年 10 月通过国家密码管理局主持的技术鉴定。2006 年获国家"密码科技进步二等奖"。这一新产品被国家科技部等四部委联合认定为"国家级重点新产品"，并得到实际应用，参见图 1-9 和图 1-10。

图 1-9 ESM 的核心芯片 J2810

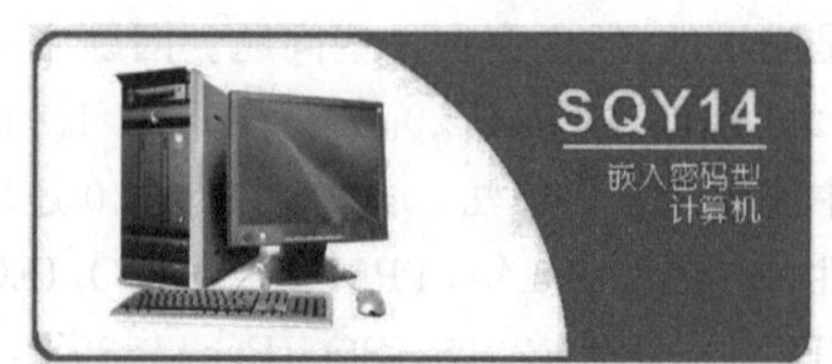


图 1-10 SQY14 嵌入密码型计算机

2004 年 10 月，第一届中国可信计算与信息安全学术会议在武汉大学召开，会议获得空前成功。今天，会议已经发展成为国内信息安全界的著名品牌会议。

2005 年，联想和北京兆日公司的 TPM 芯片相继研制成功。

2006 年，我国制定出第一个可信计算技术规范《可信计算平台密码方案》。其中将 TPM 称为可信密码模块(Trusted Cryptographic Module，TCM)，并规定了应使用的中国密码算法。

2007 年，国家自然科学基金委启动了"可信软件重大研究计划"。同年，我国开始制定可信计算关键技术系列标准。

2008 年，中国可信计算联盟(CTCU)成立。在国家 863 计划的支持下，作者团队研制出我国第一款可信 PDA 和第一个可信计算平台测评软件系统。

2012 年 6 月，武汉大学、Intel、华为、中标软件、国民技术、百敖、道里云公司联合发起成立了中国可信云社区(ChinaSigTC)，旨在基于中国商用密码和中国可信计算标准与规范，发展中国可信云计算产业。同年，国民技术公司推出世界上第一款 TPM 2.0 芯片，通过了国家密码管理局的认证，并得到实际应用。

2012—2015 年，华为、浪潮、大唐高鸿公司与作者团队合作研制出自己的可信云服务器，并实现产业化。之后，华为公司还把可信计算技术用于路由器，推出了世界首款可信路由器，并销售到国外市场。

2013 年，我国发布了三个可信计算技术标准：《可信平台主板功能接口(GB/T

29827-2013)》《可信连接架构(GB/T 29828—2013)》《可信计算密码支撑平台功能与接口规范(GB/T 29829-2013)》。

2014 年 4 月 16 日，我国几十家企业、大专院校、科研院所联合成立了中关村可信计算产业联盟。

2015 年，我国学者创新性地提出了主动免疫可信计算和可信计算 3.0。

2017 年，我国颁布了《中华人民共和国网络安全法》，明确要求“推广安全可信的网络产品和服务”。

2019 年 5 月 13 日，我国发布了网络安全等级保护制度 2.0 标准，对企事业单位的信息系统实施等级保护。在技术上，将信任根、可信度量等可信计算技术写入标准。同年，作者团队的研究成果“自主可控的可信计算关键技术及应用”获湖北省科技进步一等奖。

2021 年 9 月 1 日，我国正式实施《关键信息基础设施安全保护条例》，其中明确要求“全面使用安全可信的产品和服务构建关键基础设施安全保障体系”。

除此之外，我国工业与信息化部、民政部、教育部、中国人民银行等部委和北京市，都在各自的行业发展规划中明确要求发展可信计算技术与产业，应用可信计算产品。

这些举措将会极大地推动可信计算技术在我国的发展和应用。我国可信计算技术和产业的发展与应用进入新阶段。

中国的可信计算有自己的特色和创新。

2004 年之前，中国的可信计算是独立发展的。2004 年之后，中国和 TCG 开始交流。中国向 TCG 学习了许多有益的东西，但仍然坚持独立自主的发展道路，因此有自己的特色和创新。通过交流，TCG 也向中国学习了许多有益的东西。

在我国第一款可信计算平台 SQY14 嵌入密码型计算机中，利用嵌入式安全模块(ESM)对计算机的 I/O 设备、部分资源和数据进行安全管控。这一实践奠定了后来的“可信平台控制模块(Trusted Platform Control Module，TPCM)”的技术思想。除此之外，在 SQY14 中还采用了强访问控制、内存隔离保护、基于物理的系统保护、入侵对抗、中国商用密码、两级日志、程序保护、数据备份恢复等安全措施。在可信 PDA 中实现了基于星形信任度量模型的信任根芯片(J280)主动全面度量。在可信云服务器中实现了基于 BMC 芯片的安全启动、可信度量与安全管控。这些都是 TCG 的可信计算规范所不具备的。

后来，我国学者又创新性地提出了主动免疫可信计算和可信计算 3.0。它是指计算机在运算的同时进行安全防护，确保为完成计算任务的逻辑组合不被篡改和破坏、计算全过程可测可控、不被干扰，使计算结果与预期一样。

由此可知，中国的可信计算起步不晚，创新很多，成果可喜，中国已经站在国际可信计算的前列！

## 1.5　可信计算的关键技术

可信计算主要采用了以下关键技术。这里只介绍其基本概念和基本功能，具体技术分别在以后的章节中详细讨论。

### 1.5.1 信任根

信任根是可信计算机的可信基点，也是实施安全控制的基点。功能上它包含三个信任根，分别是可信度量根(Root of Trust for Measurement，RTM)、可信存储根(Root of Trust for Storage，RTS)和可信报告根(Root of Trust for Report，RTR)。

RTM 是对平台进行可信度量的基点。在 TCG 的可信计算平台中，它是平台启动时首先被执行的一段程序，用以对计算机系统资源进行最初的可信度量。它又被称为可信度量根核(Core Root of Trust for Measurement，CRTM)。具体到可信 PC 中，它是 BIOS 中最开始的部分代码模块。当 PC 开机时，由 CRTM 首先开始对 PC 进行可信度量。

RTS 是对可信度量值进行安全存储的基点。它由 TPM 芯片中的一组平台配置寄存器(Platform Configuration Register，PCR)和存储根密钥(Storage Root Key，SRK)共同组成。

RTR 是平台向访问客体提供平台可信性状态报告的基点。它由 TPM 芯片中的平台配置寄存器(PCR)和背书密钥(Endorsement Key，EK)的派生密钥(Attestation Identity Key，AIK)共同组成。

可见，可信计算平台以 TPM 芯片及其密钥和相应软件作为信任根。可信计算机的信任根如图 1-11 所示。对于信任根，必须采用有效措施，确保其安全。特别强调指出，中国的可信计算机必须采用中国的信任根。

云计算的出现为可信计算提供了新的应用场景。云计算是一种面向服务的计算，而面向服务的计算在技术上必然采用资源共享和虚拟化的机制。资源共享和虚拟化又导致用户不信任云计算。为了确保云计算安全可信，提出了可信云计算。所谓可信云计算，是指将可信计算技术融入云计算环境中，构建一个可信云安全体系架构，向用户提供可信的云服务。为了支持云计算虚拟机的安全可信和可信迁移，实现可信云计算，可信计算界推出了虚拟可信平台模块(Virtual TPM，vTPM)技术。以物理 TPM 芯片和 vTPM 共同作为云计算虚拟机的信任根，结合密码技术，便可支持虚拟机的安全可信和可信迁移，进而实现可信云计算。

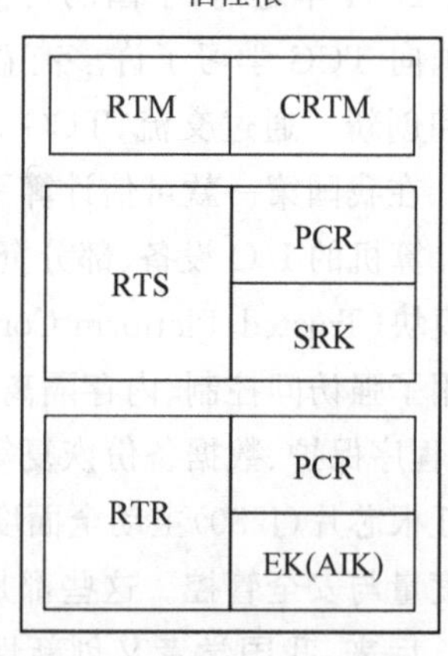


图 1-11 可信计算机的信任根

### 1.5.2 度量存储报告机制

基于信任根对计算平台的可信性进行度量，并对度量的可信值进行存储，当访问客体询问时提供报告。这一机制称为度量存储报告机制。它是可信计算机确保自身可信，并向外提供可信服务的一项重要机制。

#### 1. 度量

由于目前尚没有一种简单的方法对计算平台的可信性方便地进行度量，因此 TCG

对可信性的度量采用了度量其系统资源完整性的方法。对系统资源完整性的度量,采用了密码学 Hash 函数。对系统资源,事先计算出其 Hash 值并安全存储。在进行可信度量时,重新计算系统资源的 Hash 值,并与事先存储的值进行比较。如果两者不相等,便知道系统资源的完整性被破坏。完整性被破坏的原因可能是物理损坏或病毒传染,也可能是人为篡改。一旦发现系统资源的完整性被破坏,便可以采取各种措施,如备份恢复等。

可信度量是可信计算确保可信性的基本措施。可信度量必须依据一定的信任度量模型。目前已有多种信任度量模型,如 TCG 的信任链度量模型和作者团队提出的具有数据恢复功能的星形度量模型等。TCG 的信任链度量模型在计算机启动时,可信度量根 CRTM 首先被执行,它度量 BIOB。如果 BIOS 是可信的,则 BIOS 执行并度量引导扇区。如果引导扇区是可信的,引导扇区执行并度量 OS。如果 OS 是可信的,就加载执行 OS 并度量应用,如果应用是可信的,就加载执行应用。计算机可信启动成功。整个过程像一条串行的链,所以称为信任链。

TCG 信任链模型的主要优点是与现有计算机的启动过程有很好的兼容性,主要缺点是维护麻烦。由于可信度量采用了 Hash 值比对的方式,这就使得在信任链中加入或删除一个部件,或软件更新(如 BIOS 升级、OS 打补丁等),相应的 Hash 值都得重新计算,系统维护很麻烦。

#### 2. 存储

可信度量的值必须安全存储。为了节省存储空间,TCG 采用了一种扩展计算 Hash 值的方式,即将现有值与新值相连,再次计算 Hash 值并将其作为新的完整性度量值存储到 PCR 中。

$$\text{New PCR}_i = \text{Hash}(\text{Old PCR}_i \parallel \text{New Value}) \tag{1-4}$$

其中,符号“‖”表示连接,$i=0,1,\cdots,n$。

这种扩展计算 Hash 值的优点在于:PCR 中的值是一系列扩展计算的结果,它不仅反映了计算平台当前的可信性,而且也记录了系统可信度量的历史过程。Hash 函数的性质可以确保,不可从当前的值求出以前的值。而且存储空间固定,不随度量次数的增加而增加。

除了将 Hash 扩展值存储到 PCR 中外,还可以将各种资源的配置信息和操作历史纪录作为日志,经过 Hash 扩展后存储到磁盘中。值得注意的是,存储在 PCR 中的值与存储在磁盘中的日志值是相互关联印证的。即使攻击者篡改了磁盘上的日志,根据 PCR 的值也可以立即发现这种篡改,提高系统的安全性。

#### 3. 报告

在度量存储之后,当访问客体询问时,向用户提供平台可信状态报告,供访问客体判断平台的可信性。向访问客体提供报告的内容包括 PCR 值和日志等信息。为了确保报告内容安全,还必须采用加密、数字签名和认证技术。这一功能被称为平台远程证明。

### 1.5.3　可信平台模块

TPM 是一种 SOC(System on Chip)芯片,它是可信计算平台的信任根(RTS 和

RTR)，也是可信计算平台实施安全控制的基点。TPM 由执行引擎、存储器、I/O 部件、密码协处理器、随机数产生器等部件组成。其中，执行引擎主要是 CPU 和相应的固件。密码协处理器是公钥密码的加速引擎。密钥产生部件的主要功能是产生公钥密码的密钥。随机数产生器是 TPM 的随机源，主要功能是产生随机数和对称密码的密钥。Hash 函数引擎是 Hash 函数的硬件引擎。HMAC 引擎是基于 Hash 函数的消息认证码硬件引擎。电源管理部件的主要功能是监视 TPM 的电源状态，并做出相应处理。配置开关的主要功能是对 TPM 的资源和状态进行配置。非易失存储器是一种掉电保持存储器，主要用于存储密钥、标识等重要数据。易失存储器主要用作 TPM 的工作存储器。I/O 部件主要完成 TPM 对外对内的通信。TCG 的 TPM 结构如图 1-12 所示。

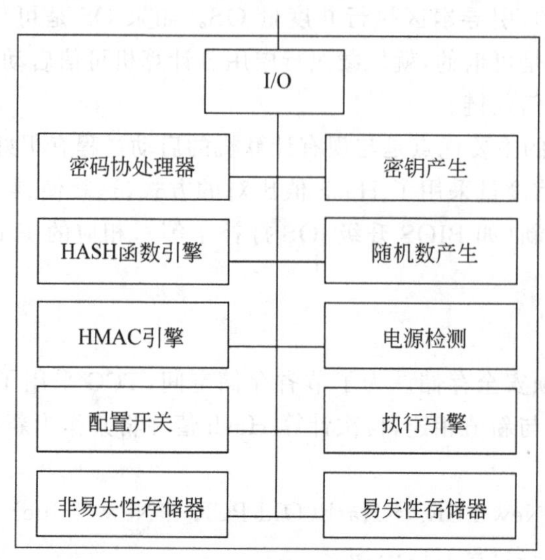


图 1-12　TCG 的 TPM 结构

为什么可信计算平台必须配置一个 TPM 硬件芯片呢？

众所周知，以前在设计计算机时主要考虑的是提高功能、性能和易用性，没有把信息安全作为一个目标。为了降低成本，尽量减少硬件，多用软件。但是，随着计算机和网络的广泛应用，信息安全成为一个重要问题。恶意代码、黑客攻击等对计算机的信息安全构成严重威胁。虽然没有硬件的支持，也可以用软件检测和对抗这类恶意攻击。但是实践经验告诉我们，如果没有硬件的支持，任何检测恶意代码的方法都可能被恶意软件回避。相反，加上硬件的支持，就可以阻止恶意软件的回避行为。由于以上原因，TCG 采取了用 TPM 硬件支持信息安全的技术方案。正如文献[23]所说，“TCG 设计 TPM 的目的是给漂浮在软件海洋中的船只——客户终端，提供一只锚。”

除了 TCG 的 TPM 之外，我国在《可信计算平台密码方案》规范中还提出了可信密码模块(TCM)。TCM 强调采用中国商用密码，其密码配置比 TCG 的 TPM 更合理。在《可信平台主板功能接口》标准中，强调了 TPM 的安全控制功能，并将其命名为可信平台控制模块(TPCM)。这些都是我国对可信计算的创新性贡献。

我国企业开发出了多款 TPM、TCM 和 TPCM 芯片，实现了产业化，为确保我国的信息安全做出了重要贡献。

云计算的出现为可信计算提供了新的应用场景。为了实现可信云计算，支持云计算虚拟机的安全可信和虚拟机的可信迁移，可信计算业界推出了 vTPM 技术。所谓 vTPM，就是用软件模拟实现物理 TPM 的功能。进一步，在 vTPM 和物理 TPM 之间建立强联系，使信任链从物理 TPM 扩展到虚拟机中，从而为虚拟机提供和硬件 TPM 相同的安全功能。

### 1.5.4　可信计算平台

TCG 提出了可信服务器、可信 PC、可信 PDA（见图 1-13）和可信手机的概念，并且给出了系统结构和主要技术路线。目前，可信 PC 和可信服务器都已实现了产业化。

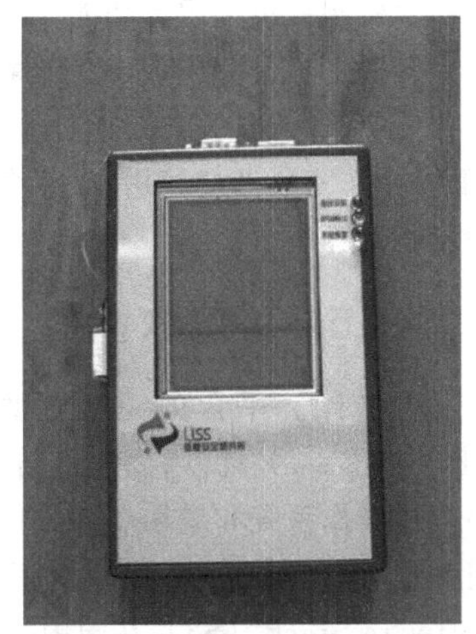

图 1-13　可信 PDA

可信 PC 是最早开发，并已经得到实际应用的可信计算平台。2003 年，武汉瑞达公司与作者团队合作，开发出我国第一款可信 PC 平台 SQY14 嵌入密码型计算机。

可信 PC 计算平台的主要特征是在主板上嵌有可信构建模块（Trusted Building Block，TBB）。这个 TBB 就是可信 PC 平台的信任根。它包括 CRTM 和 TPM，以及它们与主板之间的连接。基于 TBB 和信任链机制，就可实现平台可信性的度量存储报告机制，确保系统资源的数据完整性和平台的安全可信，为用户提供可信服务。

2013 年，我国发布了可信计算技术标准《可信平台主板功能接口（GB/T 29827—2013）》，为我国的可信计算平台开发和应用提供了指导。

作者团队在国家 863 项目的支持下，开发出我国第一款可信 PDA。采用 J2810 芯片作为根芯片，支持中国商用密码，采用具有数据恢复功能的星形信任度量模型主动进行度量，具有度量存储报告机制，具有远程证明和可信网络连接等安全功能。硬件核心由 S3c2410x ARM CPU、J2810 安全芯片、FPGA 等芯片构成。

服务器是比 PC 结构更复杂、功能更强大的计算平台，PC 一般作为终端设备使用，而服务器则作为高端设备使用。服务器通常采用虚拟化技术，以支持多用户、多任务的应用。因此，可信服务器的技术要比可信 PC 复杂得多。

首先，服务器的主板结构上有一个基板管理控制器（Baseboard Management Controller，BMC）芯片，它提供以下功能：配置管理、硬件管理、系统控制和故障诊断与排除。显然，MBC 应当在可信服务器的度量存储报告机制和安全管控中发挥作用。

其次，可信服务器必须具有安全可信的虚拟机和虚拟机的可信迁移，由此需要采用 vTPM 和 vTPM 的可信迁移技术。服务器的虚拟化和虚拟机的可信迁移，给可信服务器带来许多技术困难。

再者，服务器通常作为系统的中心设备使用，由于系统服务的不可间断性，要求服务器开机后很长时间不关机，几年不关机是常态。这就要求可信服务器具有多次可信度量的机制（静态和动态度量）。因为PC一般作为终端设备使用，通常一天之内就有多次开机和关机，每次开机时进行一次可信度量，用户就会信任其可信性。如果可信服务器也像可信PC一样，仅在开机时进行一次可信度量，用户是不会相信几年之后它仍然是可信的。为此，Intel和AMD公司都推出了以CPU为信任根的多次度量技术。

2012—2015年，华为、浪潮、大唐高鸿公司与作者团队合作研制出自己的可信云服务器，其中BMC在可信云服务器的可信度量、安全启动和安全管控中发挥了重要作用。企业实现了产业化。

我们认为一个计算平台，不管是服务器、PC、PDA还是手机，只有具有可信计算的主要技术机制和可信服务功能，才能称其为可信计算平台。其中主要是要有信任根，要有度量存储报告机制，要有TSS支撑软件，要有确保系统资源的完整性、数据安全存储和平台远程证明等方面的可信功能。目前，有些计算机产品虽然配置了TPM芯片，但是仅把TPM当作密码芯片使用，没有度量存储报告机制，不能对用户提供可信服务，因此不能称为可信计算机。

### 1.5.5 可信软件栈

可信计算平台的一个主要特征是在系统中增加了可信平台模块（TPM、TCM、TPCM）芯片，并且以它们为信任根。然而，如何让这个可信平台模块芯片发挥作用呢？如何让操作系统和应用软件方便地使用这个可信平台模块芯片呢？这就需要一个软件中间件把可信平台模块与应用联系起来。这个软件中间件被TCG称为TCG软件栈（TCG Software Stack，TSS），在国内被简称为可信软件栈（Trusted Software Stack，TSS）。

TSS是可信计算平台上TPM的支撑软件，它的主要作用是为操作系统和应用软件提供使用TPM的接口，在结构上主要由底层的设备驱动（TDDL）、TCG核心服务（TCS）和TCG服务提供者三部分构成。有了TSS的支持，可信计算平台可以方便地使用TPM所提供的安全功能。TCG的TSS总体上是成功的，但也存在一些不足。

在中国的可信计算发展中，由于要采用中国商用密码和中国的可信平台模块芯片，因此中国应当使用自己的TSS。

2013年，我国发布了可信计算技术标准《可信计算密码支撑平台功能与接口规范（GB/T 29829—2013）》，对TCG的TSS中的不足之处进行了改进和完善，为可信软件栈的开发和应用提供了指导。

### 1.5.6 远程证明

因特网是一个开放的网络，它允许两个实体未经过任何事先安排或资格审查就可以进行交互。如果无法判断对方平台是否可信就贸然交互，很可能造成巨大的损失。因此，应当提供一种方法使用户能够判断与其交互的平台是否可信。这种判断与其交互的平台是否可信的过程，简称为远程证明。

远程证明建立在可信计算的度量存储报告机制和密码技术的基础之上。当可信计算平台需要进行远程证明时，由可信报告根向用户提供平台可信性报告（PCR值等）。在存储和网络传输过程中，通过密码加密和签名保护，实现平台可信性的远程证明。

### 1.5.7 可信网络连接

今天，没有网络的计算机是不能广泛应用的。因此，只有计算机的可信，没有网络的可信是不行的。TCG 通过可信网络连接（Trusted Network Connect，TNC）技术实现从平台到网络的可信扩展，以确保网络可信。

TNC 的主要思想是：验证访问网络请求者的完整性，依据一定的安全策略对其进行评估，以决定是否允许请求者与网络连接，从而确保网络连接的可信性。

传统的网络接入仅进行简单的身份认证，这显然是不够安全的。TNC 在此基础上又增加了对接入申请者的完整性验证，提高了安全性。

TNC 基础架构包括三个实体、三个层次和若干接口组件。该架构在传统的网络接入层次上增加了完整性评估层与完整性度量层，以实现对接入平台的身份验证与完整性验证。

TNC 是一个开放的、支持异构环境的网络访问控制架构。它在设计过程中，既要考虑架构的安全性，又要考虑与现有标准和技术的兼容性，并在一定程度上进行了折中。TNC 总体上是成功的，但也存在一些不足。例如，它只有服务器对终端的认证，而没有终端对服务器的认证等。

我国制定了自己的《可信连接架构（TCA）》标准，对 TNC 的不足给出了改进。总体来说，虽然 TCA 相对于 TNC 具有一定的创新，在安全性方面有所改善，但是它仍然具有与 TNC 类似的局限性。例如，可信性验证局限于完整性验证、缺乏接入之后的网络安全保护等。

2013 年，我国发布了可信计算技术标准《可信连接架构（GB/T 29828—2013）》。可信连接架构（TCA）成为我国可信计算的技术标准。

### 1.5.8 密码技术

密码技术是信息安全的关键技术，也是可信计算的关键技术。强调指出，中国的可信计算必须采用中国密码。

可信计算的主要特征技术——度量存储报告机制，就是建立在密码技术基础之上的。对系统重要资源，事先计算出其 Hash 值并安全存储。在进行可信度量时，重新计算其 Hash 值，并与事先存储的值进行比较。如果两者不相等，便知道系统资源的完整性被破坏。将度量的 Hash 值存储到平台配置寄存器（PCR）中。系统还配置了存储加密密钥，用于对重要数据进行加密。当访问客体询问时，向用户提供平台可信状态报告，供访问客体判断平台的可信性。向访问客体提供报告的内容包括 PCR 值和日志等信息。为了确保报告内容安全，采用了密码加密、数字签名和认证技术。由此可以看出，可信计算的度量存储报告机制，就是建立在密码技术基础上的。

可信平台模块（TPM、TCM、TPCM）就是一个以密码功能为主的芯片，而且是可信计算最成功的技术和产品之一。

TCG 的 TPM 经历了一个较长的发展历程。起初，TPM 1.2 在密码配置与密钥管理方面存在明显的不足。例如,只配置了公钥密码,没有明确配置对称密码。密钥证书太多,管理复杂,使用不方便。中国的 TCM 配置了中国商用密码,既有公钥密码,也有对称密码: SM2、SM3 和 SM4,而且 TCM 的密码配置和密钥管理比 TPM 1.2 更合理。

随着可信计算技术的发展与应用,特别是在了解到中国的 TCM 技术后,TCG 认识到 TPM 1.2 存在的不足。2012 年 10 月 23 日,TCG 发布了 TPM 2.0。TPM 2.0 与 TPM 1.2 相比,做了许多改进,并支持中国商用密码。2015 年 6 月,ISO/IEC 接受 TPM 2.0 成为国际标准。由此,中国商用密码算法第一次成体系地在国际标准中得到应用。中国政府对中国商用密码投了赞成票,这说明中国政府对 TPM 2.0 是认可的。

综上,TPM 2.0 规范是可信计算技术与产业发展的产物。由此可以看到中国的可信计算对 TCG 的影响。对 TPM 2.0 进行研究,借鉴其优点,改进其缺点,对发展我国可信计算事业是有益的。

## 习题

1. 根据自己的切身体会,阐述我国的信息化发展和信息安全问题。
2. 信息安全的基本观点主要有哪些?它对我们的学习和工作有什么作用?
3. 什么是可信计算?可信计算的基本技术思想是什么?可信计算的关键技术有哪些?
4. 了解中国可信计算技术的发展与创新。

# 第 2 篇

# 可信计算关键技术

# 第2章 可信平台模块

TPM是可信计算平台的信任根，也是可信计算平台实施安全控制的基点。TPM是可信计算平台必备的关键基础部件。TPM集成了可信计算平台所需要的大部分安全功能，为平台的可信功能提供重要支撑。TPM是硬件和固件的集合，可以采用独立的封装形式，也可以采用IP核的方式和其他类型芯片集成在一起。

## 2.1 可信平台模块 TPM 1.2

TCG于2003年开始制定TPM规范，并采纳了原来由TCPA所制定的规范。到目前为止，TCG关于TPM的规范有三个版本，分别为1.1b、1.2和2.0。2009年，国际标准化委员会和国际电工委员会ISO/IEC接受TPM 1.2规范成为国际标准，其编号分别为ISO/IEC 11889-1：2009、ISO/IEC 11889-2：2009、ISO/IEC 11889-3：2009和ISO/IEC 11889-4：2009。TCG持续修订TPM 1.2规范，于2011年3月发布了TPM 1.2规范的修订版。

TPM 1.2规范详细地阐述了TPM 1.2的体系结构、部件功能、数据结构、执行命令等。TPM 1.2规范包含的子规范有：

① TPM Main Part 1 Design Principles Specification

② TPM Main Part 2 TPM Structures Specification

③ TPM Main Part 3 Commands Specification

国外的TPM 1.2制造厂商有Atmel、Broadcom、Infineon、National Semiconductor和ST-Microelectronics等。中国的TPM 1.2制造厂商主要有北京兆日公司。国内外的品牌计算机都曾装配了TPM 1.2，如IBM公司的X Series 366服务器、Think Pad R61笔记本电脑；HP公司的ML110G6(06668-AA1)塔式服务器、NC6230和NC6400笔记本电脑；联想公司的X61笔记本电脑；瑞达公司的JTQ-18系列计算机；等等。

### 2.1.1 组成结构

TCG TPM 1.2的基本组成结构如图2-1所示。

I/O部件完成总线协议的编码和译码，并实现TPM 1.2与外部的信息交换。密码协处理器用来实现加密、解密、签名和验证签名的硬件加速。TPM 1.2采用RSA密码算

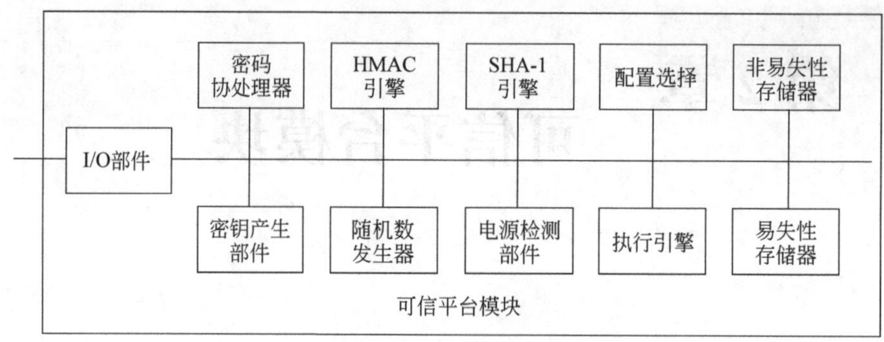


图 2-1　TCG TPM 1.2 的组成结构

法。HMAC 引擎是实现基于 SHA-1 的哈希函数消息认证码 HMAC 的硬件引擎，其计算根据 RFC 2104 规范。SHA-1 引擎是哈希函数 SHA-1 的硬件执行。密钥生成部件用于产生 RSA 密钥对。随机数发生器是 TPM 1.2 内置的随机源，用于产生随机数。电源检测部件管理 TPM 1.2 的电源状态。执行引擎包含 CPU 和相应的嵌入式软件，通过软件的执行完成 TPM 1.2 的任务。非易失存储器主要用于存储嵌入式操作系统及其文件系统，存储密钥、证书、标识等重要数据。易失性存储器主要用于 TPM 1.2 的内部工作存储器。

### 2.1.2　启动、状态及所有者管理

TPM 1.2 在加电后进行内部初始化，接收启动指令，启动到如下三种模式。

① Clear：TPM 启动时所有变量设置为默认值；

② Save：使 TPM 恢复到上次执行状态保存时所保存的变量值和状态；

③ Deactivate：使 TPM 无效，需重新执行初始化，才能使 TPM 进入一个正常工作状态。

TPM 1.2 包括以下状态设置：

① 设置可用、不可用状态；

② 设置有效、无效状态；

③ 设置是否可以创建所有者；

④ 设置是否可以清除所有者；

⑤ 设置是否可以设置清除所有者标志；

⑥ 设置物理现场是否可以作为授权模式。

TPM 1.2 只能有一个所有者，创建所有者同时创建存储主密钥。取得平台所有权的操作包括如下步骤。

① 所有者输入口令，记为 OwnerPIN，对输入数据进行长度归一化处理得到平台所有者的授权数据，表示为 OwnerAuthData＝Hash(OwnerPIN)。

② 使用 EK 公钥对授权数据进行加密并植入 TPM 1.2 中，表示为

EncOwnerAuthData＝AsymEncrypt(PUBEK，OwnerAuthData)

③ 在 TPM 1.2 内部使用 EK 私钥，对加密的授权数据进行解密，得到长度归一化的

平台所有者授权数据并存储于 TPM 1.2 内部，表示为

OwnerAuthData＝AsymDecrypt(SECEK, EncOwnerAuthData)

④ 所有者输入存储根密钥 SRK 口令，记为 SRKPIN。对输入数据进行长度归一化处理得到 SRK 的授权数据，表示为

SRKAuthData＝Hash(SRKPIN)

⑤ 使用 EK 公钥对授权数据进行加密并植入 TPM 1.2 中，表示为

EncSRKAuthData＝AsymEncrypt(PUBEK, SRKAuthData)

⑥ 在 TPM 1.2 内部使用 EK 私钥，对加密的授权数据进行解密，得到长度归一化的存储根密钥权限数据并存储于 TPM 1.2 内部，表示为

SRKAuthData＝AsymDecrypt(SECEK, EncSRKAuthData)

⑦ TPM 1.2 生成存储根密钥，将 SRK 存储于 TPM 1.2 内部。

⑧ 使用随机数生成器产生平台验证信息(TCM_Proof)。平台验证信息存储于 TPM 1.2 内部，不允许外部实体访问。平台验证信息在平台所有权有效期内不能被改变。平台验证信息主要用于数据封装。

经过验证物理现场授权或所有者授权，可以销毁所有者信息。

## 2.1.3　密码配置

TCG 在 TPM 1.2 规范中主要配置了非对称密码、哈希函数和随机数产生器。至于对称密码，TCG 的规范中明确表示有意淡化对称密码。虽然 TCG 的 TPM 1.2 规范又说允许使用对称密码，但却没有明确配置，也没有配置相应的硬件加速引擎。

### 1. 非对称密码

TCG 在 TPM 1.2 规范中采用了 RSA 密码，理论上支持从 512 位到 16384 位的 RSA 密码。目前的 TPM 采用 1024 位和 2048 位的 RSA 密码，主要用于加密和数字签名。对于重要应用，采用 2048 位的 RSA 密码；对于一般应用，采用 1024 位的 RSA 密码。例如，背书密钥(Endorsement Key，EK)、身份证明密钥(Attestation Identity Key，AIK)、存储根密钥(Storage Root Key，SRK)等重要密钥都是 2048 位的 RSA 密钥，而存储密钥(Storage Key，SK)、签名密钥等普通密钥都是 1024 位的 RSA 密钥。

一般来说，非对称密码的密码运算比较慢而且密钥产生比较困难，因此 TCG 在 TPM 中专门配置了密码运算引擎和密钥产生器，用于加速非对称密码的运算和为其产生密钥。这些措施是十分有意义的。

### 2. 对称密码

TCG 在 TPM 1.2 规范中说允许使用对称密码，但却没有明确配置。如果用户自己选用对称密码，显然选用 AES 或 SM4 等优秀密码是很好的选择。

TCG 在 TPM 1.2 规范中采用了哈希函数，主要用于形成数据摘要辅助数字签名和认证等应用。具体地，采用了 SHA-1 哈希函数。它是美国 NIST 设计的哈希函数，被颁布为美国哈希函数标准(FIPS PUB 180-1)。它能处理任何长度小于 $2^{64}$ 位的输入数据，输出长度为 160 位。

TCG 在 TPM 1.2 规范中规定了哈希函数的一种重要应用 HMAC,并为之配置了硬件加速引擎。HMAC 是一种基于哈希函数的消息认证码。在 TPM 1.2 中,具体为基于 SHA-1 的哈希函数的消息认证码。HMAC 的技术规格应符合 RFC 2104 标准。

哈希函数具有输入改变则输出就不相同的特性,所以可以使用哈希函数验证消息的完整性。但是,不能直接发送消息 M 和它的哈希值 Hash(M),因为攻击者可以把 M 换成 M′,同时把 Hash(M)换成 Hash(M′)。这种篡改行为无法发现。然而,如果让密钥参与哈希计算,就能够构成基于哈希函数的消息认证码 HMAC。采用 HMAC 后,由于攻击者没有密钥,无法伪造出合理的 HMAC,因此其篡改必然被发现。与基于分组密码的 MAC 算法相比,HMAC 具有执行速度更快的优点。

### 3. 随机数

在密码技术中经常需要应用随机数,为此 TCG 在 TPM 1.2 中配置了随机数产生部件,主要用于产生密码学随机数、对称密码的密钥以及认证过程中使用的随机量(nonce)等。

基于某种数学算法一般只能产生伪随机数,已经有成熟的方法确保产生的伪随机数具有良好的统计随机特性。但是,基于数学算法的伪随机数却是人为控制可重复的。为了避免人为控制可重复的弱点,应当采用基于非数学的真随机数,例如基于物理噪声的真随机数等。但是,基于物理噪声的真随机数往往统计随机特性不好。在实际应用中,将这两种技术结合可以产生出高质量的随机数。

## 2.1.4 密钥管理及证书体系

TCG 共定义了 7 种 TPM 1.2 密钥。每种密钥都附加了一些约束条件以控制其应用。这些密钥按树形结构进行组织和管理,处于上级的父密钥的公钥对处于下级的密钥进行加密保护,同时辅以密钥访问授权机制,确保密钥体系安全。

### 1. TPM 1.2 中的密钥种类

1) EK

每个 TPM 都配置了唯一的 EK。它是 2048 位的 RSA 密钥对,其公钥记为 PUBEK,其私钥记为 PRIVEK。EK 是 TPM 的身份标志,拥有 EK 是拥有 TPM 的标志。EK 仅用于以下两种操作:一是创建 TPM 拥有者;二是创建身份证明密钥 AIK 及其授权数据。除此之外,EK 不做他用。一个 EK 与唯一的一个 TPM 绑定,一个 TPM 与唯一的一个平台绑定,因此一个 EK 与唯一的一个平台绑定。所以,EK 是平台的身份标志。因此,EK 是可信计算平台的可信报告根的主要组成部分。

2) AIK

AIK 是 EK 的代替物。它也是 2048 位的 RSA 密钥对,其公钥记为 PUBAIK,其私钥记为 SECAIK。AIK 仅用于对 TPM 内部表示平台可信状态的数据和信息(如 PCR 值、时间戳、计数器值、密钥的可迁移属性等数据)进行签名和验证签名,不能用于加密。特别指出,不能使用 AIK 签名其他非 TPM 状态数据,这样限制是为了阻止攻击者制造假 PCR 值让 AIK 签名。在平台远程证明中就是使用 AIK 向询问者提供平台状态的可信报告。虽然 AIK 用于远程证明中向询问者提供平台状态的可信报告，但是由于 AIK 由 EK 控制产生，所以本质上 EK 是报告根，而 AIK 是 EK 的代替物。

3）SK

SK 是 RSA 密钥对，用于对其他密钥进行存储保护。存储密钥以及其他密钥，在数量上可能是众多的。而且这些密钥是分级的，低级的密钥受到高级的存储密钥的加密保护，从而构成一个密钥树，通过树形密钥结构实施密钥管理。处于密钥树根部的最高级存储密钥被称为存储根密钥(Storage Root Key，SRK)，它是 2048 位的 RSA 密钥对，主要用于对由 TPM 使用但是存储在 TPM 之外硬盘上的密钥进行保护。低级的存储密钥是普通存储密钥，它是 1024 位的 RSA 密钥。一方面，它本身要受到父密钥的加密保护；另一方面，它作为父密钥又要对其儿子密钥进行加密保护。因为 SRK 处于密钥树的顶端，所以 SRK 是可信计算平台的可信存储根的主要组成部分。

4）签名密钥(Signing Key，SIGK)

1024 位 RSA 密钥对，用于对数据和信息的签名。注意，为了安全，签名密钥不可用于加密。

5）绑定密钥(Bind Key，BK)

1024 位 RSA 密钥对，用于加密小规模数据(包括对称密钥)。

6）继承密钥(Legacy Key，LK)

1024 位 RSA 密钥对，在 TPM 之外产生，使用时调入 TPM 内部。设置继承密钥，可使 TPM 密码的应用更加灵活。

7）认证密钥(Authentication Key，AK)

TPM 中的对称密钥，用于加密保护 TPM 的会话。

### 2. 密钥的迁移属性

为了便于对密钥进行管理，确保 TPM 密钥系统安全，TCG 将密钥分为可迁移(Migratable)和不可迁移(Non-migratable)两种类型。这里的迁移是指密钥从一个可信计算平台转移到另一个可信计算平台的移动。

有三种密钥是不可迁移的，它们是 EK、AIK 和 SRK。如果 AIK 可以迁移，就会出现一个 TPM 冒充另一个 TPM 的问题。不可迁移密钥只能与一个平台绑定，永不离开产生它的平台。

除 EK、AIK 和 SRK 之外的其他密钥，可以被设定为可迁移密钥或不可迁移密钥。这种迁移属性是在创建该密钥的时候设定的，并且不可以改变。

### 3. 密钥的产生与存储

1）EK

EK 最初由 TPM 1.2 制造商产生，以后可以由平台制造商和平台拥有者重新产生，以更换原来的 EK。注意，EK 只能由 TPM 1.2 制造商、平台制造商和平台拥有者产生，其他实体不能产生 EK。由于 EK 是可信计算平台的身份标志，极其重要，因此必须采用安全的方法产生 EK。可以在 TPM 1.2 内部产生 EK，也可以在 TPM 1.2 外部产生 EK。在 TPM 1.2 内部产生 EK，安全性要好得多。如果在 TPM 1.2 外部产生 EK，则要求：

① 在 TPM 1.2 外部产生的 EK，在密钥安全性方面与在 TPM 1.2 内部产生的 EK 一样；

② 在 TPM 1.2 外部产生 EK 和把 EK 植入 TPM 1.2 内的过程必须是安全的，不会暴露 EK；

③ 在 TPM 1.2 外部产生的 EK，并把 EK 植入 TPM 1.2 内部后，TPM 1.2 的状态必须与在 TPM 1.2 内部产生 EK 后的状态一样。

由于 EK 是 TPM 1.2 密钥系统中的最高级密钥，它的私钥 SECEK 只能以明文形式存储在 TPM 1.2 内部，它的公钥 PUBEK 通过证书形式管理，因此，EK 必须得到安全存储。EK 存储在 TPM 内部的非易失存储器中，并得到访问控制的保护。EK 是不可迁移密钥，因此它从不离开产生它的 TPM 1.2。

2）AIK

AIK 也是十分重要的密钥，它只能由 TPM 1.2 拥有者在 EK 的控制下在 TPM 1.2 内部产生。AIK 是不可迁移密钥，因此它从不离开产生它的平台。AIK 密钥必须得到安全存储。由于 TPM 1.2 内部的存储器空间有限，为了节省存储空间，把它用 SRK 加密后移出 TPM 1.2，存储到本平台的硬盘上，并得到访问控制的保护。当要使用 AIK 时，再把它装入 TPM 1.2，解密后使用。AIK 密钥可以有多个。采用多个 AIK 密钥的原因是，如果向询问者提供平台可信状态的报告总是用 EK 的私钥签名，用 EK 的公钥验证签名，而 EK 只有一个，这样就有可能通过 EK 的公钥证书暴露平台的某些隐私(如平台的位置和配置等)。于是采用 AIK 作为 EK 的代替物，而 AIK 可以有多个，从而可以保护平台的隐私。

3）SK

SRK 在 TPM 1.2 内部产生。SRK 是不可迁移密钥，它产生后永不离开产生它的 TPM 1.2。由于 SRK 是 TPM 1.2 密钥树中的最高级密钥，它的私钥只能以明文形式存储在 TPM 1.2 内部。因此，SRK 必须得到安全存储。它存储在 TPM 1.2 内部的非易失存储器中，并得到访问控制的保护。普通 SK 也是在 TPM 1.2 内部产生。如果 SK 是不可迁移的，它在父密钥(SRK 或父亲 SK)的加密保护下存储到本平台的硬盘上。如果 SK 是可迁移的，它可以在父密钥的加密保护下存储到本平台的硬盘上，还可以存储到其他平台上。由于 TPM 1.2 的存储容量很小，因此 TPM 1.2 只存储所使用的密钥。处于使用状态的密钥被称为激活密钥，处于被加密存储状态的密钥是未激活密钥。因此，要使用一个密钥，必须首先激活它。所有存储在 TPM 1.2 之外的存储密钥(不管是在本平台上，还是在其他平台上)使用时都要装入 TPM 1.2，激活它，然后使用。

4）SIGK

SIGK 也是在 TPM 1.2 内部产生。不管 SIGK 是不是可迁移的，它们都在父密钥的加密保护下存储到 TPM 1.2 外部，使用时再装入 TPM 1.2，解密后使用。

5）BK

BK 也是在 TPM 1.2 内部产生。不管 BK 是不是可迁移的，它们都在父密钥的加密保护下存储到 TPM 1.2 外部，使用时再装入 TPM 1.2，解密后使用。

6）LK

LK 是在 TPM 1.2 外部产生的，使用时再装入 TPM 1.2，因此 LK 是可迁移密钥。

7）AK

AK 是用于加密保护 TPM 1.2 会话的对称密钥，TCG 没有明确限定 AK 一定在 TPM 1.2 内部产生。因为 AK 是会话密钥，所以一般采用一次一密工作方式，使用时产生，用完即销毁。因此，利用 TPM 1.2 的随机数产生器在 TPM 1.2 内部产生 AK 既方便又安全。

### 4. 密钥的使用管理

1）授权数据

TCG 使用授权数据机制来控制建立 TPM 1.2 所有权、密钥使用、对象的迁移等行为。密码机制配合授权数据机制共同确保 TPM 1.2 的信息安全。

TCG 规定密钥的使用必须经过授权。这种授权体现在使用者必须拥有该密钥的授权数据的验证码，并且通过验证，否则就不能使用密钥。密钥的授权数据是在密钥产生时设定的，就像设定密钥的迁移属性那样。TCG 规定：授权数据＝Hash(共享的秘密数据‖随机数)。因为 TCG 采用的哈希函数是 SHA-1，所以可知授权数据是 160 位的数据。授权数据的作用与口令类似，实体要进行一个操作，必须先进行口令验证。

同样，因为 TPM 1.2 的存储空间很小，所以在 TPM 1.2 内部只存储 EK 和 SRK 的授权数据。其他密钥的授权数据跟随密钥一起存储，或是和密钥一起存储在本平台的硬盘上，或是和密钥一起存储在其他平台上。

2）平台关联

TPM 1.2 内部存在一个包括 TPM 1.2 所有者在内的任何人都不确知的秘密随机数 TPMproof。因此，一旦将某一数据与 TPMproof 关联后，则该数据将只能在该 TPM 1.2 内使用，任何人都不能打断这种关联。这样就约束了数据的流动和使用。利用这一原理，如果将某个密钥与 TPMproof 关联后，则该密钥将只能在该 TPM 1.2 内使用，从而就约束了密钥的使用范围。

TPMproof 是在创建 TPM 1.2 所有者时产生的一个秘密随机数，并不能反映可信计算平台现时的可信状态。为了使密钥与平台的可信状态相关联，TCG 提供了一套将密钥、数据与平台的可信状态相关联的机制。当调用 TPM_CreateWapKey 命令创建密钥时，可以指定一些 PCR 的值与所产生的密钥相关联。当我们事后使用该密钥时，TPM 1.2 会核查所指定的 PCR，并判断 PCR 的值是否与产生密钥时的值一样。如果一样，则密钥才可以使用，否则密钥不能使用。这样，我们就可以约束密钥的使用环境。

类似地，对于数据与 PCR 的关联，TCG 提供了一种被称为密封存储的功能。为此，TPM 1.1 设置了命令 TPM_Seal 和 TPM_Unseal；TPM 1.2 设置了命令 TPM_SealX。数据被密封存储后，再使用时 TPM 会核查所指定的 PCR，并判断 PCR 的值是否与密封时的值一样。如果是一样的，则数据才可以解密使用，否则数据不能解密使用。这样，我们就可以约束数据的使用环境。

TCG 的这种密钥和数据可以与平台关联的机制是非常有特色的，基于此机制可以开发出许多有特色的应用。例如，可以限定数字产品只能在指定平台上应用，甚至限定数字产品只能在指定平台的指定环境上应用，从而实现数字产权的保护。这就是可信计算平台可以实现数字产权保护的技术原理。

3）绑定和密封

虽然 TPM 1.2 本身不支持对称密码，但它在对称密钥的安全存储、使用控制等方面却可以扮演重要的角色。其中，绑定和密封是 TPM 很有特色的加密处理。

绑定(Binding)是 TPM 1.2 用非对称密钥(BK)加密小规模数据(包括对称密钥)的最基本方法。为此，TCG 在 TPM 1.2 的密钥体系中专门设置了一类 BK。BK 是 1024 位 RSA 密钥对，用于加密小规模数据(包括对称密钥)。为了绑定加密小规模数据(包括对称密钥)，TSS 设置了 API Tspi_Data_Bind 和 Tspi_Data_Unbind。当使用 BK 绑定一个小规模数据(包括对称密钥)时，需要使用命令 Tspi_Data_Bind。该命令首先创建一个 TPM_BOUND_DATA 数据结构，再将要绑定的小规模数据(包括对称密钥)复制进该数据结构，最后用 BK 绑定加密该数据结构。

LK 也可以绑定小规模数据(包括对称密钥)，但是用 LK 绑定小规模数据(包括对称密钥)时，不使用数据结构 TPM_BOUND_DATA，直接进行简单加密即可。

使用 BK 或 LK 绑定小规模数据(包括对称密钥)时，都要设置授权数据。解除绑定时，需要验证授权数据验证码。

绑定加密的数据格式遵循 PKCS＃1 v1.5(1.5 版本公钥加密标准＃1)或 OAEP(最优化非对称加密填充)标准。

密封(Sealing)就是使被加密的小规模数据(包括对称密钥)与反映平台可信状态的 PCR 关联起来的加密方法。密封与绑定主要有以下不同：第一，密封就是使被加密的小规模数据(包括对称密钥)与反映平台可信状态的 PCR 关联起来，实际上是把 PCR 的值当作授权数据了，因此不需另外设置其他的授权数据；而绑定则需要设置授权数据。第二，BK 和 LK 都可以绑定数据，但只有 SK 才能密封数据。这就是常把密封称为密封存储的原因。为此，TPM 1.1 设置了命令 TPM_Seal 和 TPM_Unseal；TPM 1.2 设置了命令 TPM_SealX。TSS 也设置了相应的密封函数：Tspi_Data_Seal 和 Tspi_Data_Unseal。密封使用数据结构 TPM_SEALED_DATA。

当使用 TPM 1.2 密钥绑定或密封对称密钥时，应注意以下几点：

① TPM 1.2 密钥的长度；

② 对称密钥的长度；

③ 存放密钥的数据结构的长度(TPM_BOUND_DATA 或 TPM_SEALED_DATA)；

④ TPM 1.2 密钥的类型；

⑤ TPM 1.2 密钥的填充类型。

TCG 采用授权数据以及与平台关联的机制对密钥和数据实施了进一步的保护，对确保密钥和数据的安全使用是有积极意义的。TCG 还将这种授权数据保护机制用于平台所有权的建立，对象的迁移，对受 TPM 1.2 保护的不透明(加密的)对象的访问控制等。虽然采用密钥授权数据对密钥实施保护是一种有意义的措施，但是必须对其进行有效的管理，否则也可能出问题。后面将讨论这方面的问题。

### 5. 密钥树

根据上面的讨论知道，由于 TPM 的存储空间有限，因此 TPM 的密钥及其授权数据并不能都存储在 TPM 内部。TPM 1.2 内部只存储 EK、所有者授权数据、SRK 以及 SRK 的授权数据，其他各类密钥只能存储在 TPM 1.2 外部。为了确保存储在 TPM 1.2 外部的密钥的安全性，存储在外部的那些密钥需要在父密钥的保护下以密文形式存储在 TPM 1.2 之外。同时，为了对密钥的使用进行访问控制，密钥的授权数据需要在密钥产生时与密钥关联产生。因此，产生密钥的时候要指定其父密钥、新产生的密钥及其授权数据。其中，指定的父密钥应该是一个存储类型的密钥，它可以是 SRK，也可以是一个已经生成的存储密钥。用指定的父密钥对新密钥进行加密之后存储到 TPM 外部。这样一级保护一级，就形成了以 SRK 为根的多级密钥树形保护体系，通常被称为 TCG 的 TPM 1.2 密钥树，如图 2-2 所示。

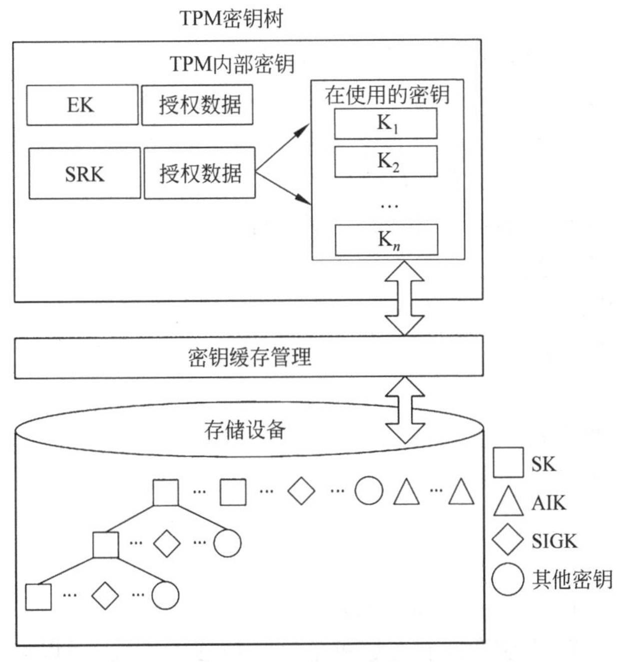


图 2-2　TCG 的 TPM 1.2 密钥树

密钥树中除 SRK 以外的任何一个节点，均由其父密钥加密保护。这样，任何一个密钥均具有一条从 SRK 到该密钥的唯一的路径，当需要使用该密钥时，就需要从 SRK 开始，由上至下逐级访问路径上的各个密钥。

因为 SRK 的私钥不可暴露在 TPM 之外，因此当需要用 SRK 的私钥进行解密处理时，解密过程必须在 TPM 1.2 内部进行。这也意味着如果一个被 SRK 加密的数据离开了所在平台，它就无法正确解密。

在 TCG 的密钥树中，SRK 居于整个密钥树的根部。它通过对存储设备上密钥子树的根节点实施加密控制，并将这种能力向下委托，就能够实现对整个密钥体系的有效控制。在 TCG 的规范中规定，密钥的明文形式仅可能出现于 TPM 之内，同时密钥的使用需要授权数据，因此密钥在整个密钥管理体系中得到了很好的保护。但是应当指出，TCG 的 TPM 1.2 密钥管理体系仍然存在一些不足之处，下面将讨论这方面的问题。

### 6. 证书体系

TCG 采用了 PKI(Public Key Infrastructure)体系进行 TPM 1.2 的公钥密码的密钥管理，共定义了 5 种证书。每种证书都为特定的操作提供必要的信息。证书的格式符合 ASN.1 的规定。

1) 签署证书(Endorsement Credential，EC)

EC 在产生 EK 时产生。它主要包括以下信息：

① TPM 生产商的名称；

② TPM 的型号；

③ TPM 的版本；

④ EK 的公钥。

2) 符合性证书(Conformance Credential，CC)

CC 由具有评估 TPM 1.2 或可信计算平台能力的机构签发，用以表示 TPM 1.2 或可信计算平台符合该机构的评估标准。为了便于评估，TCG 定义了丰富的评估标准。这种评估机构可以是 TPM 或可信计算平台的生产商、供应商或中立的第三方。一个可信计算平台可以拥有多个 CC，但相同型号的产品只需要一个 CC。

CC 主要包含以下信息：

① 评估者的名称；

② 平台生产商的名称；

③ 平台型号；

④ 平台版本(如果有)；

⑤ TPM 生产商的名称；

⑥ TPM 型号；

⑦ TPM 版本。

3) 平台证书(Platform Credential，PC)

PC 由平台的生产商、供应商或有足够可信度的第三方签发，用以确认平台的身份并描述平台的特性。PC 应当是私密的，因为它是与一个特定的平台相关的，包含了平台的一些隐私数据。

PC 主要包含以下信息：

① 平台生产商的名称；

② 平台型号；

③ 平台版本(如果有)；

④ 签署证书；

⑤ 符合性证书(可能有多个)。

4) 认证证书(Validation Credential，VC)

TCG 认为，可度量的部件(硬件或软件)的生产商，应提供度量的参考值。度量参考值是被度量部件在正确工作状态下被度量得到的信息摘要，用以表示被度量部件的正常状态。用户可以在部件工作的其他时间再次对该部件进行度量，并将度量值与参考值进行比较，以判断部件的工作状态是否正确。为这种参考值颁发的证书，称为 VC。并不是所有部件都需要 VC，只有被认为可能对系统安全造成威胁的部件才需要 VC。

VC 主要包括以下信息。

① 认证实体的名称；

② 部件生产商的名称；

③ 部件型号；

④ 部件版本；

⑤ 度量值（一个或多个）。

VC 通常由部件生产商等有能力对部件进行度量的实体签署。VC 中的度量参考值，可以看作部件可信的标志。建议对以下部件签发认证证书：

① 显示器；

② 硬盘；

③ 内存；

④ 通信控制适配器/网络适配器；

⑤ 处理器；

⑥ 键盘和鼠标；

⑦ 软件。

5）身份证书/AIK 证书（Identity Credential/AIK Credential，IC/AIK 证书）

AIK 证书用以确保 AIK 公钥安全。验证 AIK 证书可以表明 TPM 拥有 AIK，并且已和有效的签署证书、平台证书和符合证书绑定。

AIK 证书主要包括以下信息。

① TPM 生产商的名称；

② TPM 的型号；

③ TPM 的版本；

④ AIK 的公钥。

TCG 的证书体系为确保 TPM 1.2 的公钥密码的密钥安全和方便地为用户提供可信服务做出了重要贡献。但是其证书体系共定义了 5 种证书，过于繁杂，管理麻烦。

### 2.1.5　对象访问授权

TCG 规定所有可能影响安全、泄露隐私、暴露平台秘密的 TPM 1.2 命令都必须经过授权才能执行，否则不能执行。这样做的目的是，进一步确保命令行为和信息的安全性。使用密钥必须经过授权，使用密封存储的数据也必须经过授权。代表授权的秘密信息是一个 160 位的 SHA-1 的摘要值，被称为授权数据。如图 2-2 所示，TPM 1.2 所有者和 SRK 的授权数据在 TPM 1.2 内部保管，其他实体的授权数据随实体一起在 TPM 1.2 外部保管。授权数据的建立和更改通过协议进行，为此 TCG 定义了 6 种授权协议。

TCG 规范中定义的 6 种授权协议如下。

① 对象无关授权协议(Object-Independent Authorization Protocol,OIAP);

② 对象相关授权协议(Object-Specific Authorization Protocol,OSAP);

③ 委托相关授权协议(Delegate-Specific Authorization Protocol,DSAP);

④ 授权数据插入协议(AuthData Insertion Protocol,ADIP);

⑤ 授权数据修改协议(AuthData Change Protocol,ADCP);

⑥ 非对称授权更改协议(Asymmetric Authorization Change Protocol,AACP)。

其中 OIAP 和 OSAP 是两种基本的授权数据验证协议,用来把授权数据从行为请求者传递给 TPM 1.2,建立授权会话上下文对象。TCG 通过 TPM_OIAP()和 TPM_OSAP()这两个命令初始化会话对象。OIAP 支持为任意实体进行多重授权会话,而 OSAP 支持为单一实体建立会话。因此,给一个实体授权必须使用 OIAP 和 OSAP。ADIP 支持在创建一个实体时插入一个新的授权数据。因此,实体的创建并授权必须使用 ADIP。ADCP、AACP 允许对一个实体的授权数据进行更改,授权数据更改后,老授权数据就不存在了。

TCG 安全协议中主要使用 Rolling Nonce、HMAC 和 MGF1 三种安全机制保证消息的完整性和秘密性,防止重放攻击和中间人攻击。

### 2.1.6 TPM 1.2 的不足

TCG 的 TPM 1.2 设计总体上是很成功的。它体现了 TCG 以硬件芯片增强计算平台安全的基本思想,为可信计算平台提供了信任根。TPM 1.2 以密码技术支撑 TCG 的可信度量、存储、报告机制,为用户提供确保平台系统资源完整性、数据安全存储和平台远程证明等可信服务。但是,TCG 的 TPM 1.2 也明显存在一些不足。我们估计,产生这些不足之处的原因可能是 TCG 主要考虑了降低 TPM 成本以及希望回避对称密码在产品出口方面的政策障碍。

① TPM 被设计成一种被动部件,缺少对平台安全的主动控制作用。

② 缺少芯片本身物理安全方面的设计。

③ 可信度量根 RTM 是一个软件模块,它存储在 TPM 之外,容易受到恶意攻击。如果将 RTM 放入 TPM 内,会更安全一些。

④ 采用 LPC 总线与 PC 平台连接,不适合大数据量的通信。

⑤ TPM 1.2 的设计主要是面向 PC 平台的,对于服务器和移动计算平台并不完全适合。

⑥ TPM 1.2 在密码配置与密钥管理方面存在较多的不足:

- 密钥种类繁多。共设置了 7 种密钥,密钥管理复杂,应当简化。
- 证书种类繁多。共设置了 5 种证书,证书管理复杂,应当简化。
- 授权数据管理复杂。每个密钥都设置了一个授权数据来进行密钥的访问控制。但在实际应用中,随着密钥数量的不断增加,授权数据也不断增加,因此用户需要维护大量的授权数据,这就给实际应用造成很大的困难。
- 授权协议复杂。授权数据的建立和管理,通过对象授权协议进行。TCG 共定义了 6 种协议,比较复杂,而且有的协议还存在一定问题,应当简化和完善。

- 存在密钥在 TPM 内外部不同步的问题。如果修改除 EK 和 RSK 之外的某一密钥(存储在 TPM 之外)的授权数据后,则在 TPM 外就存在包含该密钥的两个加密数据块,分别对应老授权数据和新授权数据。如果将含有老授权数据的密钥数据块载入 TPM 中,该密钥仍然可以正常使用,则只输入老的授权数据即可。类似地,也没有办法删除某个密钥。这就是 TCG 密钥机制中的密钥在 TPM 内外的不同步问题。
- 只配置了公钥密码,没有明确设置对称密码。从技术角度而言,公钥密码和对称密码各有自己的优缺点,在应用中同时采用这两种密码互相配合,才能发挥更好的安全作用。TCG 在 TPM 1.2 中只设置公钥密码,不设置对称密码,显然是一个缺点。而且公钥密码采用了 RSA,由于 RSA 的密钥很长,因此实现电路规模大、消耗资源多、运算速度慢。
- 哈希函数采用了 SHA-1,而 SHA-1 的安全缺陷已被发现,很快将被更换,从而使得 TPM 1.2 的安全使用寿命较短。

## 2.2 可信平台模块 TPM 2.0

随着可信计算技术的发展与应用,特别是在了解了中国 TCM 的技术发展后,TCG 也逐渐认识到在 TPM 1.2 设计方面存在的不足。2008 年,TCG 开始考虑制定 TPM 的新规范。2010 年 2 月 18 日,TCG 董事会宣布中国 GCRF(大中华地区工作组)正式成立,该组织的单位成员主要有华为、Intel、微软、IBM、诺基亚、Wave、武汉大学、清华大学等。GCRF 主要的目的是推动下一代 TPM 规范在中国的发展。2011 年 1 月 24—25 日,GCRF 在武汉大学召开年度会议,讨论了下一代 TPM 规范,这种讨论无论是对于理解下一代 TPM,还是完善下一代 TPM 规范都有积极作用。

TCG 制定下一代 TPM 的主要原则与目标是:

① 吸收 TPM 1.2 和中国 TCM 的优点;

② 改进 TPM 1.2 在密码算法灵活性方面存在的问题;

③ 使之成为国际标准,满足不同国家的本地需求,并保持较好的兼容性。

TCG 于 2014 年 3 月发布了下一代 TPM 规范,即 TPM 2.0 1.07 修订版,将下一代 TPM 正式命名为 TPM 2.0。TPM 2.0 规范于 2015 年成为国际标准 ISO/IEC 11889:2015,中国政府对此投了赞成票。目前最新的 TPM 2.0 规范是修订版 1.59。我国国民技术公司推出国际上第一款 TPM 2.0 芯片,通过了国家密码管理局的认证,并在国内外广泛应用。

### 2.2.1 组成结构

TPM 2.0 是一种报告与其相对分离的主机系统安全状态的安全组件。TPM 2.0 组件含有执行引擎、密码引擎、存储器等,如图 2-3 所示。TPM 可以是一个独立封装的芯片,可以采用 IP 核的方式和其他类型芯片集成在一起,也可以是多个芯片集成在一起的一个安全模块。TPM的另一种合理实现方式是让其代码运行在特殊执行模式下的主机处理器上。对于这种实现方式,供TPM代码运行的主机系统部分内存应由硬件进行分区隔离保护,即使主机处理器运行于非特殊模式,也无法访问TPM使用的内存。这种TPM的实现方案包括系统管理模式、Trust Zone和处理器虚拟化等。

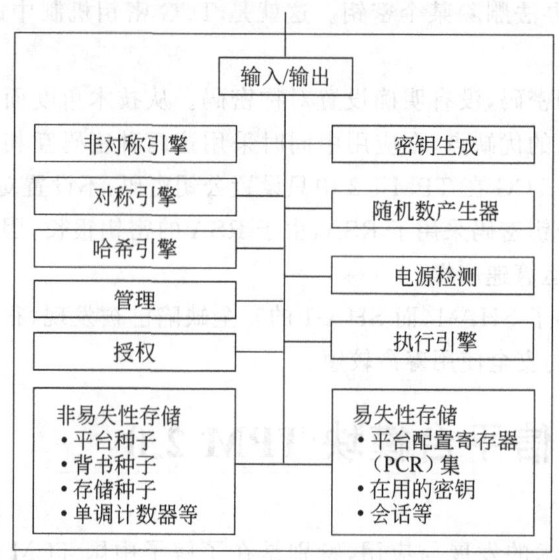


图 2-3　TPM 2.0 组成结构

### 2.2.2 实体与 Hierarchy

TPM 2.0实体有永久实体、对象、非易失性实体和易失性实体。永久实体包括Hierarchy、PCR等,对象指密钥和数据,非易失性实体指NV索引等,易失性实体指各种会话等。

#### 1. 实体句柄与名称

TPM实体可以通过句柄进行访问。例如,TPM允许密钥管理器在必要时加载、卸载TPM密钥,在密钥加载后,可以通过句柄进行访问。同一个密钥每次加载时,TPM根据当前的上下文环境,可能会给其分配不同的句柄,故句柄不能用于授权HMAC值计算。TPM 1.2在进行授权HMAC计算时,也没有包含实体本身的任何数据。如果多个密钥设定了相同的授权数据,攻击者就可能用这些密钥中的一个替换另一个,同样也可通过授权认证,这就是TPM 1.2存在的密钥替换漏洞。

实体名称是TPM 2.0的概念,主要用于解决TPM 1.2的密钥替换漏洞。名称是TPM 2.0实体唯一独特的标识符。永久性实体拥有永远都不会改变的句柄,它们的名称就是句柄。其他实体的名称是实体公开数据的哈希值。在授权认证时,TPM 2.0和调用者各自独立地计算要用到的实体名称值,该名称会用于所发送的HMAC授权计算,以防范密钥替换攻击。

### 2. TPM 2.0 Hierarchy

为了区分隐私敏感性和隐私不敏感性应用、方便地使能或禁用 TPM 2.0 的部分功能，以及将 TPM 2.0 当作密码协处理器使用，TPM 2.0 拓展出三个永久 Hierarchies 和一个临时空 Hierarchy。TPM 2.0 Hierarchy 与 TPM 1.2 密钥树类似。TPM 2.0 的三个永久 Hierarchies 包括平台 Hierarchy、背书 Hierarchy 和存储 Hierarchy。

TPM 2.0 的三个永久 Hierarchy 有如下特征：①可以拥有各自的管理员，需要通过授权才能使用，每一个都有一个授权值和策略，管理员可以修改相应的授权值和策略；②每一个都有使能标志，不能被删除，可以被管理员禁用；③每一个都有一个种子，可以派生出密钥和数据对象，种子是持久存在的，可以通过清空 Hierarchy 清除关联的密钥和数据。临时空 Hierarchy 的授权值和策略都是空的，每次 TPM 2.0 重启后都会被自动清除。

每一个 Hierarchy 都有主密钥，由主密钥可以生成子密钥或数据。TPM 2.0 增加了很多灵活性。第一，主密钥不一定是存储密钥，可以是非对称或者对称的签名密钥，可以是不同算法的密钥。第二，可以存在无数个主密钥。第三，不用在 NV 中存储所有的主密钥，可以在需要时再重新生成，相同的种子和密钥属性总会生成相同的密钥；因为可能存在许多主密钥，所以将它们都存储在 NV 存储空间中是不切实际的。

1）平台 Hierarchy

平台 Hierarchy 是 TPM 2.0 里新出现的，意在由平台制造商控制，即由平台早期启动代码所控制。在 x86 PC 平台里，早期启动代码为 BIOS 或 UEFI 固件。平台早期启动代码可以决定何时使能或禁用平台 Hierarchy。平台 Hierarchy 的永久句柄为 TPM_RH_PLATFORM(0x4000000C)。

2）背书 Hierarchy

背书 Hierarchy 是一棵隐私敏感树。TPM 和平台制造商可以证明背书 Hierarchy 中的主密钥与依附于一个可信平台上的一个可信 TPM 相绑定。通过密钥关联，能回溯到一个单一的 TPM。担心隐私泄露的用户可以禁用背书 Hierarchy。背书 Hierarchy 的永久句柄为 TPM_RH_ENDORSEMENT(x4000000B)。

3）存储 Hierarchy

存储 Hierarchy 意在被平台所有者使用。所有者可以是企业的 IT 部门或终端用户。存储 Hierarchy 用于非隐私敏感性操作。存储 Hierarchy 的永久句柄为 TPM_RH_OWNER(0x40000001)。

4）临时空 Hierarchy

在将 TPM 用作一个密码协处理器时，会使用临时空 Hierarchy。空 Hierarchy 的永久句柄为 TPM_RH_NULL(0x400000007)。

### 3. PCR

PCR 的主要用途是记录 TPM 所属平台上运行部件的特征代码及其配置数据的哈希值。TPM 2.0 可以包括多个 PCR 集，每个 PCR 集可以采用不同的哈希算法。每个 PCR 集都包含多个 PCR，可以通过它们的索引来访问。PC 平台要求至少有一个 PCR 集，最多有 24 个 PCR 集。

TPM 在上电时，通常按照平台规范将 PCR 初始化为全 0 或全 1。调用者通过 TPM2_PCR_Extend 命令对 PCR 进行扩展写操作，PCR 新值＝Hash (PCR 旧值 || 扩展的度量值)。PCR 值表示扩展到其中的所有度量历史数据，度量值无法撤销。

TPM 不对度量结果进行判断。调用者可以通过读取 PCR 值报告平台状态，也可以通过获得 PCR 值的签名进行平台远程验证(attestation)或引用证实(quote)。一个引用证实就是一些 PCR 值被哈希计算，由 TPM 2.0 受限密钥对哈希值进行签名，受限密钥只能对 TPM 内部数据进行签名。远程方在验证签名密钥来自可信的 TPM 之后，通过验证 PCR 签名值，可以确保报告的 PCR 哈希值未被更改。

TPM 2.0 PCR 可有自己的授权值和策略，在 PCR 扩展或者重置认证时使用，授权值可设定为空。读取存储在 PCR 中的值，不需要认证。可以在扩展授权策略中使用 PCR 值限制其他对象的使用。由于 TPM 2.0 PCR 集的算法及个数不尽相同，TPM 2.0 规范并未定义具体的 PCR 句柄值，只要求句柄的最高 16 位为全 0，调用命令 TPM2_GetCapability，设定其 capability 参数值为 TPM_CAP_HANDLES，property 参数值为 TPM_HT_PCR，便可以获得正在使用的 TPM 所支持的 PCR 句柄值。

与 PCR 相关的 TPM 2.0 命令有以下几个。

① TPM2_PCR_Extend：将度量值扩展写到 PCR。

② TPM2_PCR_Event：让 TPM 进行完整性度量值计算，再扩展写到 PCR 中。

③ TPM_PCR_Read：读取 PCR 值。

④ TPM_PCR_Allocate：给 PCR 分配哈希算法。

⑤ TPM2_PCR_SetAuthPolicy：为 PCR 组设定授权策略。

⑥ TPM2_PCR_SetAuthValue：为 PCR 组设定授权值。

⑦ TPM2_PCR_Reset：重置 PCR。

### 4. 其他永久实体

除三个永久 Hierarchies 和 PCR 外，TPM 2.0 永久实体还包括词典攻击锁定重置、口令授权会话和平台 Hierarchy NV 使能。永久实体的句柄由 TPM 2.0 规范定义，不能被创建和删除。

① 词典攻击锁定重置：其永久句柄为 TPM_RH_LOCKOUT(0x40000000A)，有自己的授权和策略，除了用于重置字典攻击锁定外，也可用于清空存储 Hierarchy。

② 口令授权会话：其永久性句柄为 TPM_RS_PW(0x40000009)。使用此句柄时，TPM 基于授权值进行明文口令授权认证。

③ 平台 Hierarchy NV 使能：其永久句柄为 TPM_RH_PLATFORM_NV(0x4000000D)，控制着平台 Hierarchy NV 使能。NV 索引可以属于平台或存储 Hierarchy。存储 Hierarchy 使能控制存储 Hierarchy 中的 NV 索引。然而，平台 Hierarchy 使能不能控制平台 Hierarchy 的 NV 索引。当平台 Hierarchy NV 使能被禁用(设为 clear)时，不允许在平台 Hierarchy 中访问任何 NV 索引。

### 5. 密钥对象与数据对象

TPM 对象要么是密钥，要么是数据，但大部分的对象都是密钥。TPM 对象有公开部分，也可能有私有部分，例如非对称密钥的私钥、对称密钥或者加了密的数据等。所有对象都有相应的授权值和策略。所有对象都隶属于一个 Hierarchy，当某一个 Hierarchy 被清空时，属于这一 Hierarchy 的所有对象都会被销毁。有关密钥对象的更多内容，参见 2.2.4 节。

### 6. NV 索引

TPM 2.0 内部 NV 空间里存储有一些在规范中定义的结构化数据，包括 Hierarchy 授权值、主种子、计数器、时钟等。可使用 TPM2_EvictControl 命令将其他一些结构化数据存储在 NV 空间里，例如密钥等。此外，还可使用 NV 空间存储一些用户自定义的数据，TPM 2.0 称之为“NV 索引”，创建时需要为每个区域设定一个自定义的索引来指向这些数据，且需要平台 Hierarchy 或存储 Hierarchy 授权。

TPM 2.0 NV 索引有四种类型：

① 普通类型。类似于 TPM 1.2 NV 索引，在空间大小限制范围之内拥有任意长度的非结构化数据，对可写入的数据类型没有限制。

② 计数器类型。一个只能递增的 64 位数值，其初始值为 TPM 2.0 中所有计数器中的最大计数值，包括现有计数器和已被删除的计数器。即使删除或重建索引，计数器也无法倒退。可以创建多个计数器索引。

③ 位字段类型。一个 64 位值，初始值为空，可以有选择地设置一位或多位。

④ 扩展类型。大小由选定的哈希算法确定，初始化值为全零，写操作与 PCR 扩展操作类似。

在 TPM 1.2 基础上，TPM 2.0 的 NV 索引增加了一些特征：

① 可以有“未初始化、未写入”状态。在首次写操作前，任何读操作都会失败。也可设定为“一次写入”实体。

② 具有授权值或策略，可单独对其进行读写控制。可以在授权策略中使用全部或部分索引数据限制其他对象的使用。

③ 支持混合索引。混合索引的元数据是非易失性的，数据操作在易失性空间完成。除了混合计数器外，混合索引的数据仅在正常关机时写入 NV 空间中。混合索引适用于频繁写操作的场景。

### 7. 非易失性实体与易失性实体

非易失性实体每次在 TPM 断电重启后都会持续存在 TPM 里。NV 索引是非易失性实体。易失性实体在 TPM 断电重启后不会继续存在，在 TPM 从休眠之后苏醒继续工作时，它持续存在。可以通过执行 TPM2_ContextSave 命令临时保存易失性实体，但每次断电重启后，TPM 2.0 会阻止加载保存的上下文。HAMC 授权会话、策略会话、哈希事件队列和 HMAC 事件队列等都是易失性实体。

TPM 只有有限的非易失性内存，应尽量少用非易性实体。TPM 2.0 密钥和数据对象默认都是易失性实体。可以通过 TPM2_EvictControl 命令将密钥设定为易失性实体，如 EK、存储 Hierarchy 主密钥、主受限签名密钥等。

## 2.2.3 命令与审计

### 1. 命令处理

TPM 2.0 提供可信支撑功能主要是通过主机和 TPM 2.0 间交互命令完成的。图 2-4 是 TPM 2.0 命令的执行流程图。该流程假定已将命令数据置于执行命令模块可访问的输入缓冲区中。

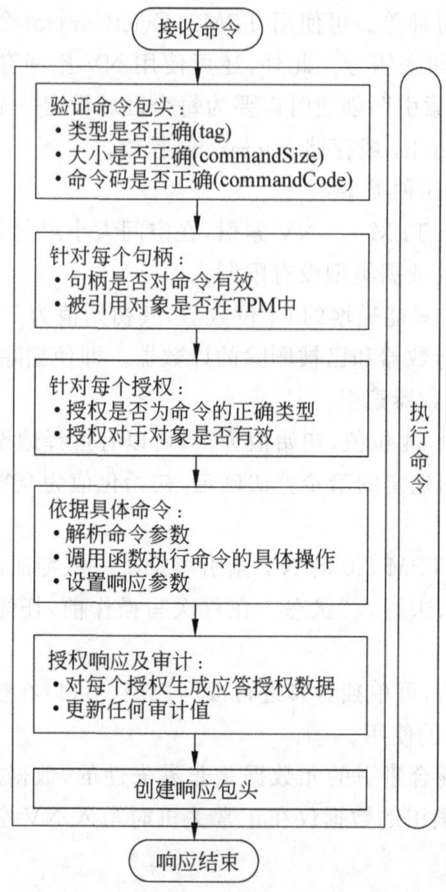


图 2-4 TPM 2.0 命令的执行流程图

首先验证命令结构体的标准包头。继而确定命令是否需要访问由句柄标识的 TPM 2.0 对象。如果需要访问，将验证该句柄是否引用了正确的资源类型以及该资源当前是否已加载到 TPM 2.0 里。如果访问引用对象需要授权，则验证每个授权是否正确。

验证授权后，对剩余的命令参数进行解析，并验证是否存在所需类型的必需参数。解析参数后，命令分发调用相应函数以执行特定命令。在命令处理过程，以下几类操作返回错误时，可能会更改 TPM 2.0 的状态：

① 授权失败，更新字典攻击数据。

② 如按命令要求调用算法的隐式自测试，将算法标记为已测试。

③ 若自检失败，TPM 2.0 将进入故障模式。

命令处理完毕后，封装响应参数并送到输出缓冲区中。如果命令具有授权，需构造响应认证数据。如果命令发生错误，则响应数据包将包含一个错误码。构造完响应数据后，TPM 2.0 将指示接口，响应已准备好。

### 2. 命令审计

TPM 2.0 审计负责记录主机与 TPM 之间传递的 TPM 命令和参数。主机负责维护日志具体信息，TPM 将命令码和参数的哈希值扩展至一个审计摘要中。审计人员可使用该摘要验证日志的完整性和真实性。使用 TPM2_SetCommandCodeAuditStatus 设置某个命令是否被审计，使用 TPM2_GetCommandAuditDigest 获得审计摘要及其签名。

## 2.2.4　密钥管理

TPM 作为一个安全设备的最强之处在于能保证应用程序所用密钥安全地存于一个硬件设备里。TPM 2.0 也可以导入外部生成的密钥。每个密钥都隶属于某一个 Hierarchy。除主密钥外，每个密钥都受其所属 Hierarchy 里的父密钥保护。每个密钥都有各自单独的安全控制，包括授权值、授权策略、是否可复制、用作签名还是加解密的使用限制等。

### 1. 密钥类型与属性

TPM 2.0 同时支持公钥密码和对称密码，也支持密码算法替换。TPM 2.0 的密钥类型有签名密钥和加密密钥。除非对称签名密钥外，TPM 2.0 还有对称签名密钥，用于 HMAC 计算；加密密钥也有对称和非对称加密密钥。除密钥类型外，TPM 2.0 每个密钥还有一些其他属性，在创建时就会被设置。这些属性包括是否可复制以及使用限制等。

1）复制属性

TPM 2.0 密钥有两个属性用来控制复制：①fixedTPM，此属性为真，表示密钥不能复制；②fixedParent，此属性为真，表示密钥不能复制到一个不同的父密钥下，密钥被锁定为总是有一个相同的父密钥。这两个布尔属性定义出了四种组合：①fixedTPM 为真，fixedParent 为真，定义一个不能复制的密钥；②fixedTPM 为真，fixedParent 为假，TPM 2.0 会检查，不允许这种不一致性发生；③fixedTPM 为假，fixedParent 为真，表示一个密钥不能直接复制，它与一个父密钥相绑定，如果其祖先密钥被复制，该密钥随之移动；④fixedTPM 为假，fixedParent 为假，定义一个可以复制的密钥，如果是一个父密钥，其子密钥会随父密钥的复制而移动。

TPM 2.0 子密钥与父密钥的复制属性具有约束关系。创建子密钥时，只有父密钥的 fixedTPM 属性和 fixedParent 属性都为真，子密钥的 fixedTPM 属性才能为真；即父密钥既不能直接复制，也不能间接复制，子密钥才不能复制。

2）受限签名密钥

TPM 2.0 可通过一个密钥属性将签名密钥设定为受限签名密钥。受限签名密钥的一个用例是签名 TPM 2.0 认证结构，包括 PCR 引用、TPM 2.0 对象认证、TPM 时间签名或者审计摘要签名等。这里的签名都是对摘要进行签名，验证者希望能确定签名摘要不是在 TPM 2.0 外部伪造的。例如,用户可以生成任何 PCR 值的摘要,然后用一个非受限签名密钥对它进行签名,用户可能会声称这个签名就是一个 PCR 引用;然而验证方会发现这个密钥是非受限的,不会相信这个声明。

受限签名密钥也可以签名导入 TPM 2.0 中的外部数据,但需要使用 TPM2_SequenceComplete 或者 TPM2_Hash 先生成外部数据的摘要。因为摘要是后来才提交到 TPM 2.0 进行签名,TPM 2.0 如何知道是它自身计算的摘要呢? 答案是通过票据。当 TPM 2.0 计算摘要时,会生成一个票据,声明是 TPM 2.0 自身计算的摘要。摘要和票据须作为 TPM2_Sign 的参数认证提交给 TPM 2.0,才能完成受限签名操作。

TPM 2.0 的认证结构体是 TPM 2.0 基于其内部数据构造的结构体,总是以 4 字节的特殊值 TPM_GENERATED_VALUE(FF 54 43 4716)开头。只有在外部数据不是以 TPM_GENERATED_VALUE 开头的情况下,TPM 2.0 计算其摘要时才会生成票据,才能使用受限签名密钥。如果调用者伪造的一个外部数据刚好以 TPM_GENERATED_VALUE 开头,TPM 2.0 计算其摘要时不会生成票据,也就不能使用受限签名密钥。

3) 受限解密密钥

受限解密密钥就是存储密钥,只能解密有明确格式的数据,即 TPM 2.0 密钥对象和数据对象的私有部分。只有受限解密密钥可以用作父密钥,以创建、加载子对象等。

### 2. 密钥生成与导入

TPM 2.0 主密钥和子密钥的生成方式有所区别。TPM 2.0 的主密钥隶属于某个 Hierarchy,一个 Hierarchy 的主密钥可以有多个,可以是对称密钥或者非对称密钥。TPM 2.0 生成主密钥的命令为 TPM2_CreatePrimary。生成密钥时须考虑密钥的随机性和密钥种子的秘密性。TPM 2.0 生成主密钥的种子由其所属 Hierarchy 的主种子和调用者输入的种子共同组成。Hierarchy 主种子有平台主种子(Platform Primary Seed, PPS)、背书主种子(Endorsement Primary Seed, EPS)和存储主种子(Storage Primary Seed, SPS)。TPM 2.0 出厂时可以预置主种子,也可以使用命令 TPM2_ChangePPS、TPM2_ChangeEPS、TPM2_Clear 重新生成相应的主种子。无论是预置主种子还是重新生成主种子,皆由 TPM 2.0 内置的随机数产生器生成,保证其随机性和秘密性。TPM 2.0 生成主密钥时,在大多数情况下,调用者输入的种子为全零。如果一个系统有几个用户,他们可能想拥有完全不同的密钥集合,用户可以输入自己的主密钥种子,以生成不同的主存储密钥,但需保证种子的随机性和秘密性。

TPM 2.0 可以为一个 Hierarchy 生成许多主密钥,由于 NV 空间有限,不可能都将其存储在 NV 中。主密钥没有父密钥,也不可能将其加密保护存储在 TPM 之外。TPM 2.0 采用的方法是基于密钥种子,由确定性随机比特生成器(Deterministic Random Bit Generator, DRBG)生成随机数,再根据密钥属性使用具体算法完成密钥生成。这样,TPM 2.0 就不用在 NV 中存储所有的主密钥,可以在需要时再重新生成,相同的种子和密钥属性总会生成相同的主密钥。TPM 2.0 的主密钥生成原理如图 2-5 所示。

TPM 2.0 子密钥生成来源其内部临时产生的随机数,而非种子,再根据密钥属性使用具体算法完成。TPM 2.0 生成子密钥的命令为 TPM2_Create。生成的 TPM 2.0 子密

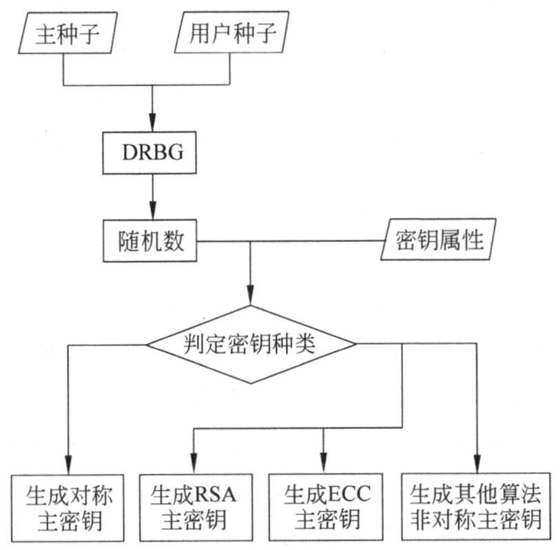


图 2-5　TPM 2.0 的主密钥生成原理

钥的私有部分，受其父密钥加密保护之后，存储在 TPM 2.0 之外。

TPM 2.0 除了可生成隶属于其自身的主密钥、子密钥对象外，还支持使用 TPM2_LoadExternal 命令从外部导入密钥到临时空 Hierarchy 下。使用外部导入密钥时，TPM 2.0 就相当于一个密码协处理器。

### 3. 密钥存储保护

TPM 2.0 使用父存储密钥对创建的子密钥和子数据对象进行存储保护，可以存储在 TPM 之外。主密钥没有父密钥，对其进行保护的方式为需要时重新生成或者存储在 TPM 内的 NV 空间里。父密钥必须是一个存储密钥，即受限解密密钥，可以是一个对称密钥，也可以是一个非对称密钥。存储密钥有一个相关联的密钥种子 seedValue，在创建存储密钥时随机生成。TPM 2.0 基于该密钥种子生成一个对称保护密钥 symKey 和一个 HMAC 密钥 HMACKey，分别用于对子密钥的私密部分进行对称加密保护和 HMAC 完整性保护，对称加密的模式为密文反馈(Cipher Feedback，CFB)。TPM 2.0 的密钥和数据对象保护结构如图 2-6 所示。TPM 2.0 使用父存储密钥关联的对称保护密钥和对称

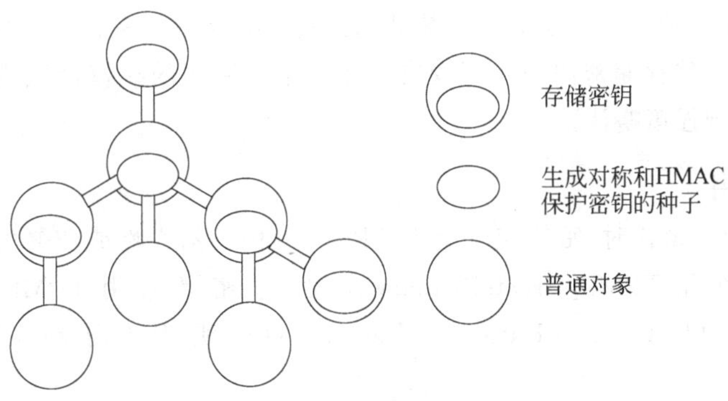


图 2-6　TPM 2.0 的密钥和数据对象保护结构

密码算法对子密钥进行加密保护。这是 TPM 2.0 与 TPM 1.2 的一个重要不同点，TPM 1.2 采用 RSA 算法对子密钥进行加密保护，TPM 2.0 在装载密钥时性能提高了很多。

对称保护密钥 symKey 由密钥派生函数 KDFa 基于密钥种子 seedValue 生成，KDFa 函数使用 NIST SP800-108r1[①] 规范里所定义的计数器模式。具体生成方式为

```
symKey = KDFa(pNameAlg, seedValue, "STORAGE", name, NULL, bits)
HMACKey = KDFa(pNameAlg, seedValue, "INTEGRITY", NULL, NULL, bits)
```

其中，pNameAlg 为存储父密钥的算法标识，seedValue 为存储父密钥所关联的一个密钥种子，"STORAGE"和"INTEGRITY"皆为字符串以说明密钥的用途，name 为受保护的子密钥的独特标识名称，bits 为需要的密钥长度位数。

可使用 TPM2_EvictControl 命令将 TPM 2.0 主密钥或子密钥存储在内部 NV 存储器里，需要有其所属 Hierarchy 的授权，完成后密钥会被分配一个非易失性句柄。同样，也可以使用该命令将 TPM 2.0 密钥从一个非易失性实体变为一个易失性实体。将 TPM 2.0 密钥存为非易失性实体的好处：①对 RSA 主密钥，可以免去重新生成的耗时；②无须保护外部输入密钥种子的秘密性；③适用于平台启动过程中等受限环境里用到的密钥。

### 4. 密钥装载与释放

使用 TPM2_CreatePrimary 命令创建主密钥后，在 TPM 2.0 未断电重启之前，主密钥一直留存在 TPM 易失性存储空间中；断电重启后，需要时根据同样的种子和属性重新生成相同的密钥。使用 TPM2_Create 命令创建一个子密钥后，子密钥私有部分受其父密钥加密保护后存储在 TPM 之外，TPM 内不再留存该子密钥。除非使用 TPM2_EvictControl 命令将密钥设定为非易失性实体，存储在 TPM 2.0 的 NV 空间里。

为了能使用存储在 TPM 之外的 TPM 2.0 子密钥，须使用 TPM2_Load 命令将它先加载到 TPM 中。一个典型的硬件 TPM，可能有 5～10 个密钥插槽，即可以加载密钥的易失性内存空间。在装载成功之后，TPM 2.0 会给密钥分配一个句柄，进而可以通过该句柄使用该密钥，如加解密、解封数据、签名、验证、HMAC 计算等。使用完成后，可以使用 TPM2_FlushContext 命令释放密钥所占用的易失性内存空间。

TPM 2.0 在装载子密钥时，需要用其父存储密钥对子密钥进行解密和完整性验证，需要获得父存储密钥的授权使用，其解密密钥和完整性验证密钥的生成方式与"密钥存储保护"中的描述相一致。子密钥能成功装载的前提是其父存储密钥已装载，一直追溯到相应的主存储密钥。父存储密钥的使用授权认证基于父密钥的授权值完成，可以是明文口令、HMAC 值或增强策略认证。

### 5. 密钥使用

使用 TPM 2.0 密钥时，密钥应已位于 TPM 2.0 内的易失性或非易失性空间里，且有一个密钥句柄。使用 TPM2_CreatePrimary 生成的主密钥、使用 TPM2_Load 所装载的子密钥以及使用 TPM2_LoadExternal 导入的外部密钥，皆位于易失性空间里；使用

① https://nvlpubs.nist.gov/nistpubs/SpecialPublications/NIST.SP.800-108r1.pdf

TPM2_EvictControl 命令可以将密钥存储在非易失性空间里。通过密钥句柄，可以使用密钥进行加解密、解封数据、签名、验证、HMAC 计算等。

① 对称加解密时，使用命令 TPM2_EncryptDecrypt2；非对称加解密时，使用命令 TPM2_RSA_Encrypt 和 TPM2_RSA_Decrypt；数据解封时，使用命令 TPM2_Unseal；封装数据时使用命令 TPM2_Create 创建数据对象，TPM 2.0 没有专门的封装命令。

② 通用签名和验签命令为 TPM2_Sign 和 TPM2_VerifySignature。

③ 使用对称签名密钥进行 HMAC 计算的命令为 TPM2_HMAC、TPM2_HMAC_Start、TPM2_SequenceUpdate 和 TPM2_SequenceCompete。

④ 受限签名密钥使用，包括 PCR 引用、TPM 2.0 对象认证、证书签名、TPM 时间签名或者审计摘要签名等，都是对 TPM 2.0 内部的认证结构摘要进行签名，确保签名摘要不是在 TPM 2.0 外部伪造的。

- PCR 引用的命令为 TPM2_Quote，使用一个受限签名密钥对选定要报告的 PCR 值进行签名；
- TPM 2.0 对象认证命令为 TPM2_Certify，使用一个密钥来签名证明另一个具有确定名称的密钥已装载到 TPM 2.0 中；
- TPM 2.0 证书签名命令为 TPM2_CertifyX509，使用一个密钥来签署一个 X.509 数字证书，以证明另一个具有确定名称的密钥已装载到 TPM 2.0 中；
- TPM 2.0 时间签名的命令为 TPM2_GetTime；
- 审计会话摘要签名命令为 TPM2_GetSessionAuditDigest；
- 当前命令审计摘要签名命令为 TPM2_GetCommandAuditDigest。

结合密钥生成、密钥装载、密钥释放，一个典型的密钥使用流程如图 2-7 所示。

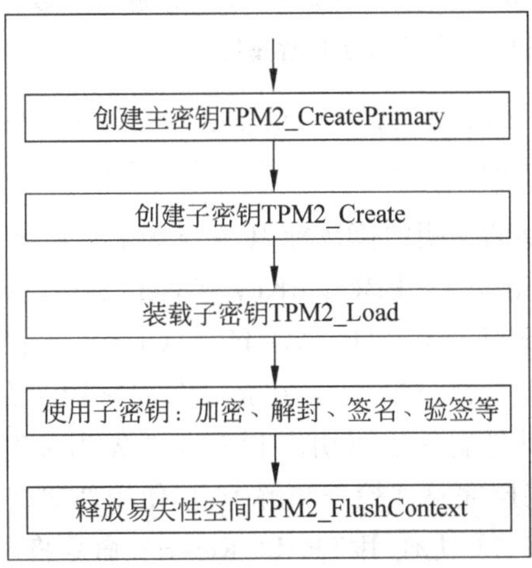


图 2-7　一个典型的密钥使用流程

待使用密钥的授权值以明文形式存在于 TPM 里，使用密钥时需要基于该授权值进行授权验证，TPM 2.0 具有防词典攻击的保护机制。每次授权失败时，保护逻辑就进行记录。达到一定数量的失败次数后，TPM 2.0 会阻止在一段时间内做进一步的尝试。

### 6. 密钥复制

复制是将密钥从一个地方复制到另外一个地方，成为其他父密钥的子密钥。复制过程就是建立新的父子关系的过程，但并没有废除原来的父子关系。TPM 1.2 称之为迁移，TPM 2.0 将其称为复制，这样更准确一些。复制后新的 Hierarchy 或者父密钥，可以在相同或者不同的 TPM 2.0 上。主密钥不能复制，它们与一个 TPM 2.0 中的某个 Hierarchy 相绑定。某个父密钥被复制后，该父密钥之下的所有子密钥也随之被复制。密钥复制的一个主要用例就是密钥备份。如果密钥永远锁定到一个 TPM 上，当 TPM 或者它所在的主板损坏时，密钥可能彻底丢失。第二个用例是在几个设备间共享密钥。

为了复制密钥，子密钥在创建时需设定为可复制。子密钥复制命令为 TPM2_Duplicate，该命令不能使用口令字或者 HMAC 会话授权，须有一个为之创建的策略，且是一个选取了 TPM_CC_Duplicate 命令码的 TPM2_Policy_CommandCode 策略。为了保证密钥复制的安全性，TPM 2.0 对待复制密钥的私有部分进行两层密封。复制密钥时可以选择两层、一层或者零层密封。

1）里层密封

① 先计算哈希摘要，innerIntegrity＝Hash(sensitive || name)，其中 sensitive 为待复制密钥的私有部分，name 为其名称；

② 再进行对称加密，encSensitive＝CFB(symKey, 0, innerIntegrity || sensitive)，其中 symKey 由 TPM2_Duplicate 命令输入或者 TPM 2.0 随机生成。

2）外层密封

① 先根据新父存储密钥的算法要求生成一个密钥种子 seed，该种子由新父存储密钥的公钥进行加密，作为 TPM2_Duplicate 命令的一个输出参数 outSymSeed；

② 生成一个对称密钥和一个 HMAC 密钥：

```
symKey = KDFa(npNameAlg, seed, "STORAGE", NULL, bits)
HMACkey = KDFa(npNameAlg, seed, "INTEGRITY", NULL, NULL, bits)
```

其中 npNameAlg 为新父存储密钥的算法标识，bits 为需要的密钥长度比特位；

③ 对称加密，dupSensitive＝CFB(symKey, 0, encSensitive)；

④ 计算 HMAC，outerHMAC＝HMAC(HMACKey, dupSensitive || name)。

待 TPM2_Duplicate 命令执行成功后，在新父存储密钥所在的 TPM 2.0 上就可使用 TPM2_Import 命令导入所复制的子密钥。TPM 2.0 先用父密钥解密得到密钥种子，进而对外层、里层密封进行层层完整性检查和解密，再使用新父密钥对其进行保护存储。还可在新父密钥所在的 TPM 2.0 上使用 TPM2_Rewrap 命令将子密钥重新密封，复制到另一个新父密钥下。

### 7. 密钥销毁

由于授权值泄露或者 TPM 2.0 所在的计算平台要用作其他用途等，因此需要销毁密钥。TPM 2.0 不能直接销毁某个具体子密钥，一旦子密钥生成受其父密钥保护之后就存储在 TPM 之外，可能会有多个存储备份，不易删除所有的密钥备份数据；TPM 内部也没有存储任何子密钥的相关数据，除非使用 TPM2_EvictControl 命令将子密钥存储在 TPM 2.0 的 NV 空间里；这样，只要其父密钥可用，就总能将子密钥装载到 TPM 2.0 中。故要销毁子密钥，只能通过销毁其父密钥来完成，进而需要追溯到销毁子密钥所属 Hierarchy 的主存储密钥。一旦删除主存储密钥，其所属的所有子密钥将全部被销毁，除非已经被复制到另外的 TPM 2.0 里新的父密钥下。这是 TPM 2.0 有待进一步完善之处，只能一下清除某个 Hierarchy 的所有子密钥，这在很多应用场景是不可接受的。

TPM 2.0 通过修改 Hierarchy 种子，销毁该 Hierarchy 下的所有主密钥、子密钥及子数据对象。TPM 2.0 提供了 TPM2_ChangePPS、TPM2_ChangeEPS 和 TPM2_Clear 三个命令，分别完成对平台主种子 PPS、背书主种子 EPS 和存储主种子 SPS 的修改。

若不想采取销毁某个 Hierarchy 下所有主密钥、子密钥这样剧烈的操作，需要使用者采用一些间接的方法来实现。例如，在创建主密钥时，除了基于 Hierarchy 种子外，调用者也需输入外部种子，一旦创建成功，就把外部种子销毁；然后 TPM2_EvictControl 命令将主密钥存储在 TPM 2.0 的 NV 空间里；这样清除 NV 空间里的主密钥，就销毁了该主密钥，这就间接实现了销毁一棵特定密钥树的方法，不用销毁一个 Hierarchy 下所有的密钥树。这种方法的关键在于销毁外部种子的彻底性。

### 2.2.5　授权与会话

授权控制了对 TPM 中实体的访问，为 TPM 提供了很多安全保证。会话用于维护授权和后续命令之间的状态。会话也可配置单个命令的属性，如命令和响应参数的加密、解密以及审计。

#### 1. 会话变体、属性与类型

创建 TPM 2.0 会话时，可以选择与访问实体绑定和不绑定以及加盐和不加盐。这两种选择的结合可以产生四种变体。与实体绑定本质上是指绑定到实体的授权值上，用于计算会话密钥。未绑定的会话可用于授权许多不同实体的操作。加盐会话在会话密钥生成过程中增加了额外的熵，并增加了离线暴力攻击的难度。会话是否加盐由 TPM2_StartAuthSession 命令的 tpmKey 参数决定。

TPM 2.0 会话有以下四个属性。

① 继续(continue)：如果没有设置，会话将在成功执行一个命令后终止。

② 解密(decrypt)：第一个 TPM2B 类型的命令参数以加密形式发送给 TPM。

③ 加密(encrypt)：第一个 TPM2B 响应参数以加密形式返回。

④ 审计(audit)：通过设置 audit 属性，一个授权会话可以用作审计会话，提供一个与会话关联的审计摘要。对于不需要授权或者将授权和审计分离的命令，审计会话可以作为一个独立会话；一个多会话命令仅能标记一个会话为审计会话。审计会话是 TPM 2.0 的新特性。

TPM 2.0 支持口令、HMAC 和策略三种授权类型的会话。

① 口令授权会话，是最简单的授权类型，它将授权值以明文口令的形式传递给 TPM 2.0，

设计用于本地访问，如果是远程访问 TPM 2.0，则有明显的安全问题。口令会话在后续使用之间无须保留状态，因此口令会话不需要单独创建。

② HMAC 授权会话，将授权值 authValue 作为命令和响应计算 HMAC 值的输入之一。在使用一条命令时，调用方计算出 HMAC 值，将其插入命令的字节流中；当 TPM 2.0 接受到命令字节流时，如果认为 HMAC 值计算正确，则进行授权；在进行响应时，TPM 2.0 根据响应数据计算 HMAC 值，将其插入响应字节流中；调用方独立计算出响应的 HMAC 值，并将其与响应字节流的 HMAC 值进行比较，如果匹配，则信任响应数据。只有当调用程序和 TPM 2.0 都知道并就实体授权值 authValue 达成一致时，这些工作才有效。HMAC 会话使用两个随机数防止重放攻击，nonceCaller 来自调用方，nonceTPM 来自 TPM 2.0。将这两个随机数纳入 HMAC 值的计算，对于发送的每条命令，nonceTPM 均会变化。如果有需要的话，调用方也可在每条命令上改变 nonceCaller，这样攻击者就无法重放命令字节流。HMAC 会话由 TPM2_StartAuthSession 命令创建，可用于加密、解密和/或审计。

③ 策略授权会话，建立在 HMAC 会话之上，并增加额外的授权级别。HMAC 授权仅基于授权值，策略授权则可基于 TPM 2.0 命令序列、TPM 2.0 状态和外部设备（如指纹读取器、视网膜扫描仪和智能卡等）的授权来扩展功能。可以用“与”和“或”将多个条件综合成一个授权策略树。策略会话也由 TPM2_StartAuthSession 命令创建，可用于加密、解密，但不能用于审计。

### 2. 授权角色

TPM 2.0 规范指定了每个命令的授权角色，这些角色和运行命令的授权类型相关，可以控制哪些人可以运行哪些命令以及在什么情况下运行。TPM 2.0 有三种授权角色：USER、ADMIN 和 DUP。USER 用于实体的正常使用，ADMIN 用于系统管理任务，DUP 是唯一允许使用 TPM2_Duplicate 命令的角色。

TPM 2.0 实体有两个属性来确定所需授权类型。

① userWithAuth：Set 表示 USER 授权可以由口令、HMAC 或策略会话提供；Clear 表示 USER 角色授权必须由策略会话提供。

② adminWithPolicy：Set 表示 ADMIN 授权必须由策略会话提供；Clear 表示 ADMIN 授权可由口令、HMAC 或者策略会话提供。

如果授权角色是 ADMIN：

① 对于对象句柄，所需授权由对象的 adminWithPolicy 属性确定，该属性在对象创建时设置。

② 对于 TPM_RH_OWNER、TPM_RH_ENDORSEMENT 和 TPM_RH_PLATFORM 句柄，所需授权等同于 adminWithPolicy 属性被设置。

③ 对于 NV 索引，所需授权等同于在创建 NV 索引时设置了 adminWithPolicy 属性。

如果授权角色是 USER：

① 对于对象句柄，所需授权由对象的 userWithAuth 属性确定，该属性在创建对象时

设置。

② 对于 TPM_RH_OWNER、TPM_RH_ENDORSEMENT 和 TPM_RH_PLATFORM 句柄，所需授权等同于 userWithAuth 属性被设置。

③ 对于 NV 索引，所需授权由以下的 NV 索引属性决定：TPMA_NV_POLICYWRITE、TPMA_NV_POLICYREAD、TPMA_NV_AUTHWRITE 和 TPMA_NV_AUTHREAD。这些属性在 NV 索引创建时设置。

如果授权角色为 DUP：

① 授权必须为策略授权。

② DUP 角色仅用于对象。

如果授权角色为 DUP 或 ADMIN，则必须在策略中指定被授权的命令。

### 3. 命令和响应授权域

授权域是在命令和响应字节流中指定相应会话和授权数据的位置。本节以 TPM2_NV_Read 命令为例说明授权域的位置，其他可以具有授权域的命令遵循相同的格式。对于所有需授权的命令，命令授权域位于句柄域之后和参数域之前，响应授权域位于响应参数之后的响应结束处。授权域中最多可以有三个授权结构。对于成功的 TPM 2.0 命令，响应中授权结构的数量总是等于命令中授权结构的数量。对于失败的 TPM 2.0 命令，响应中授权结构的数量始终为 0。表 2-1 显示了 TPM2_NV_Read 命令和授权域的位置，表 2-2 显示了 TPM2_NV_Read 响应数据以及授权域的位置。

**表 2-1　TPM2_NV_Read 命令和授权域的位置**

| 类　型 | 名　称 | 描　述 |
| --- | --- | --- |
| TPMI_ST_COMMAND_TAG | tag | TPM_ST_SESSIONS |
| UINT32 | commandSize | |
| TPM_CC | commandCode | TPM_CC_NV_Read |
| TPMI_RH_NV_AUTH | @authHandle | 表示授权值来源的句柄<br>认证索引：1<br>认证角色：USER |
| TPMI_RH_NV_INDEX | nvIndex | 待读的 NV 索引<br>认证索引：无 |
| 命令授权域 | | |
| UINT16 | size | 要读取的数据大小 |
| UINT16 | offset | 偏移，小于或等于 NV 索引数据大小 |

**表 2-2　TPM2_NV_Read 响应数据及授权域的位置**

| 类　型 | 名　称 | 描　述 |
| --- | --- | --- |
| TPM_ST | tag | |
| UINT32 | responseSize | |

续表

| 类　型 | 名　称 | 描　述 |
| --- | --- | --- |
| TPM_RC | responseCode | |
| | 响应授权域 | |
| TPM2B_MAX_NV_BUFFER | Data | 读取的数据 |

表 2-1 中，authHandle 前面的@符号表明该命令需要通过授权认证才能进行 authHandle 对应实体上的操作，描述列中进一步说明了授权角色。命令授权域详细信息，即命令授权结构 TPMS_AUTH_COMMAND，其各字段说明见表 2-3。

**表 2-3　命令授权结构 TPMS_AUTH_COMMAND**

| 名　称 | 描　述 |
| --- | --- |
| 会话句柄 | 一个四字节的值，表示与访问 NV 索引相关的会话 |
| 数量域 | 一个双字节的值，表示随机数字段大小 |
| 会话属性 | 一个单字节的值，用位域表示会话属性 |
| 数量域 | 一个双字节的值，表示授权字段的大小 |
| 授权 | 明文口令或者 HMAC 值，根据会话类型而定 |

如果命令标签为 TPM_ST_SESSIONS，命令字节流中会存在 authorizationSize 字段。该字段在授权域之前，表示授权域的存在和大小。

表 2-2 中响应授权域的详细信息，即响应授权结构 TPMS_AUTH_RESPONSE，其各字段说明见表 2-4。

**表 2-4　响应授权结构 TPMS_AUTH_RESPONSE**

| 名　称 | 描　述 |
| --- | --- |
| 会话句柄 | 一个四字节的值，表示与访问 NV 索引相关的会话 |
| 数量域 | 一个双字节的值，表示随机数字段大小 |
| 会话属性 | 一个单字节的值，用位域表示会话属性 |
| 数量域 | 一个双字节的值，表示授权字段的大小 |
| 授权 | 明文口令或者 HMAC 值，根据会话类型而定 |

当响应字节流中包含授权域时，在响应参数域之前插入一个 UINT32 类型的 parameterSize 字段。解析代码可以使用 parameterSize 字段跳过响应参数以查找响应授权域。当响应不包括授权域时，parameterSize 字段不存在。

### 4. 口令授权

口令授权是最简单的授权。使用口令授权，不需要创建会话，调用者只需填充如表 2-5 所示的命令授权域。口令授权响应授权域见表 2-6。

表 2-5 口令授权命令授权域

| 类　　型 | 名　　称 | 描　　述 |
| --- | --- | --- |
| TPMI_SH_AUTH_SESSION | authHandle | 命令授权句柄 TPM_RS_PW |
| TPM2B_NONCE | nonce | 大小为 0 的空字段 |
| TPMA_SESSION | sessionAttributes | |
| TPM2B_AUTH | Password | 明文口令 |

表 2-6 口令授权响应授权域

| 类　　型 | 名　　称 | 描　　述 |
| --- | --- | --- |
| TPM2B_NONCE | nonceTPM | 大小为 0 的空字段 |
| TPMA_SESSION | sessionAttributes | 与命令授权域里的字段值相同 |
| TPM2B_AUTH | hmac3 | 大小为 0 的空字段 |

可设置实体授权值(即口令)的命令有：

① TPM2_CreatePrimary 和 TPM2_Create，inSensitive 参数的 userAuth 字段即口令。

② TPM2_NV_DefineSpace，输入参数 authValue 即口令。

更改实体授权值的命令有：

① TPM2_HierarchyChangeAuth。

② TPM2_ObjectChangeAuth。

③ TPM2_NV_ChangeAuth。

### 5. 创建 HMAC 和策略授权会话

HMAC 和策略授权会话均由 TPM2_StartAuthSession 命令创建。会话启动时，它必须是 HMAC、策略或试验策略(trial)会话。试验策略会话不能授权任何行为，用于在创建实体之前生成策略摘要。

TPM2_StartAuthSession 命令见表 2-7，响应见表 2-8。其命令参数决定会话的基本特征，包括与实体绑定与否、是否加盐、会话密钥强度、反重放保护的强度、参数加密和解密，以及 HMAC 算法和密钥大小等。

表 2-7 TPM2_StartAuthSession 命令

| 类　　型 | 名　　称 | 描　　述 |
| --- | --- | --- |
| TPMI_ST_COMMAND_TAG | tag | 若是解密、加密，则审计会话为 TPM_ST_SESSIONS，否则为 TPM_ST_NO_SESSIONS |
| UINT32 | commandSize | |
| TPM_CC | commandCode | TPM_CC_StartAuthSession |

续表

| 类　型 | 名　称 | 描　述 |
|---|---|---|
| TPMI_DH_OBJECT+ | tpmKey | 若为 TPM_RH_NULL,则会话不加盐;否则是一个加盐会话,tpmKey 句柄指向加载密钥,TPM 2.0 使用该加载密钥对 encryptedSalt 参数进行解密,获得盐值<br>认证索引:无 |
| TPMI_DH_ENTITY+ | bind | 若为 TPM_RH_NULL,则会话不与实体相绑定;否则是一个绑定会话,通过绑定句柄指向实体的 authValue,与盐值相连接,计算会话密钥<br>认证索引:无 |
| TPM2B_NONCE | nonceCaller | 由调用者设置的第一个随机数,并确定 TPM 2.0 返回的后续随机数 nonceTPM 的大小 |
| TPM2B_ENCRYPTED_SECRET | encryptedSalt | 仅在会话加盐时使用,若会话未加盐,则此参数须是大小为 0 的缓冲区 |
| TPM_SE | sessionType | 会话类型,须是 HMAC、策略或试用策略 |
| TPMT_SYM_DEF+ | symmetric | 为加密或解密会话时,所使用的加密算法及密钥大小等 |
| TPMI_ALG_HASH | authHash | 会话中使用的哈希算法 |

**表 2-8　TPM2_StartAuthSession 响应**

| 类　型 | 名　称 | 描　述 |
|---|---|---|
| TPM_ST | tag | |
| UINT32 | responseSize | |
| TPM_RC | responseCode | |
| TPMI_SH_AUTH_SESSION | sessionHandle | 新创建的会话句柄 |
| TPM2B_NONCE | nonceTPM | 最初来自 TPM 的随机数,用于计算会话密钥 |

会话创建后,TPM 2.0 生成一个会话句柄、一个 nonceTPM,并计算会话密钥。该密钥用于生成 HMAC 值、加密命令参数和解密响应参数。会话创建后,会话密钥在会话生命周期内保持不变。会话句柄和 nonceTPM 由命令返回。调用者也须知道会话密钥,它使用 nonceTPM 和输入参数重复 TPM 2.0 生成会话密钥的过程。不同的会话变体,其会话密钥的生成方式有所区别。

① 绑定和加盐会话:sessionKey=KDFa(sessionAlg, (authValue || salt), "ATH", nonceTPM, nonceCaller, bits);

② 绑定和未加盐会话:sessionKey=KDFa(sessionAlg, authValue, "ATH", nonceTPM, nonceCaller, bits);

③ 未绑定和加盐会话:sessionKey=KDFa(sessionAlg, salt, "ATH", nonceTPM, nonceCaller, bits);

④ 未绑定和未加盐会话：无统一的会话密钥，在进行参数解密、加密及 HMAC 计算时，使用后续命令中具体访问实体的授权值。

### 6. HMAC 授权

在某个 TPM 2.0 实体已创建且其属性设定为可通过 HMAC 授权进行访问之后，即可使用 HMAC 授权会话对该实体进行访问：先调用 TPM2_StartAuthSession 命令，将 sessionType 参数设置为 TPM_SE_HMAC，创建一个 HMAC 会话；使用 HMAC 会话对实体执行操作。使用 HMAC 会话对单个操作命令进行授权的步骤如下。

① 输入参数编组存入一个缓冲区 cpParams。

② 调用者计算 cpParams 缓冲区中编组参数的哈希值，结果为 cpHash。

③ 调用者将 cpHash 作为一个输入，计算命令的 HMAC 值。

④ 将计算好的 HMAC 值复制至 HMAC 会话上下文数据的 HMAC 域内。

⑤ 将完整命令字节流发送至 TPM 2.0，包括头部信息、授权域、参数等。

⑥ 从 TPM 2.0 读取响应信息。

⑦ 接收到响应信息后，调用者计算编组响应参数的哈希值，结果为 rpHash。

⑧ 调用者将 rpHash 作为一个输入，计算响应信息的 HMAC 期望值。

⑨ 调用者将计算所得的 HMAC 期望值与响应数据中的 HMAC 返回值进行对比。若不匹配，则响应数据不可信；若相同，则响应数据被正确接收。

使用一个 HMAC 会话可对多个操作命令进行授权。当会话中的一条 TPM 命令成功执行后，nonceTPM 都会改变。如果调用者需要，nonceCaller 也可以改变。nonceTPM 和 nonceCaller 都是随机数，也是计算 HMAC 的输入参数，以抵御重放攻击。HMAC 的计算方法如下：

```
authHMAC = HMAC ((sessionKey || authValue), (pHash || nonceNewer || nonceOlder {
|| nonceTPMdecrypt } { || nonceTPMencrypt } || sessionAttributes))
```

调用者在计算命令 HMAC 时，nonceNewer 是 nonceCaller，nonceOlder 是最后一个 nonceTPM。在 TPM 2.0 计算响应 HMAC 时，nonceNewer 是当前的 nonceTPM，nonceOlder 是命令传入的 nonceCaller。解密随机数 nonceTPMdecrypt 与加密随机数 nonceTPMencrypt，仅在解密、加密会话中应用。

HMAC 授权从以下三方面保证安全性。

① 会话密钥：只有调用者和 TPM 2.0 知道 authValue 和 salt 值，这些值被用于计算会话密钥，一个不知道这些值的攻击者不能计算出会话密钥。攻击者无法正确加密命令参数，也无法解密 TPM 2.0 响应中的加密数据。

② HMAC 值：会话密钥和访问实体的 authValue 都用于生成 HMAC 密钥。只有调用者和 TPM 知道访问实体的 authValue 值。攻击者无法伪造正确的命令发送给 TPM 2.0，也无法伪造正确的响应返回给调用者，防止攻击者发起中间人攻击。

③ 随机数：让随机数参与 HMAC 计算，随机数不断变化，一个命令的字节流也就无法重放，防止重放攻击。

### 7. 策略授权

策略授权也称为增强授权(Enhanced Authorization,EA),这是 TPM 2.0 新增的一种授权机制。策略授权的一些典型控制条件有:①要求在一组特定的 PCR 中有特定值;②要求特定的 locality;③要求在一个 NV 索引中有特定值或一定范围的值;④要求知晓一个口令;⑤要求在物理现场等。这些条件可以通过 AND 和 OR 进行组合,形成多种策略变化。

TPM 2.0 策略授权使用的典型流程如图 2-8 所示。在某些情况下,一个真实的策略会话所生成的摘要可以同时用来创建实体与授权操作。例如,先创建一个真实的策略会话,再发送 TPM2_PolicyLocality 命令,获得策略摘要,使用策略摘要创建实体,也使用策略会话授权一个操作命令。这样就颠倒了创建实体、开启一个真实策略会话的普通顺序。举例具体说明使用策略授权的步骤,一个策略允许知道 NV 索引(0x01400001)授权值 authValue 的调用者对其写入或读取。

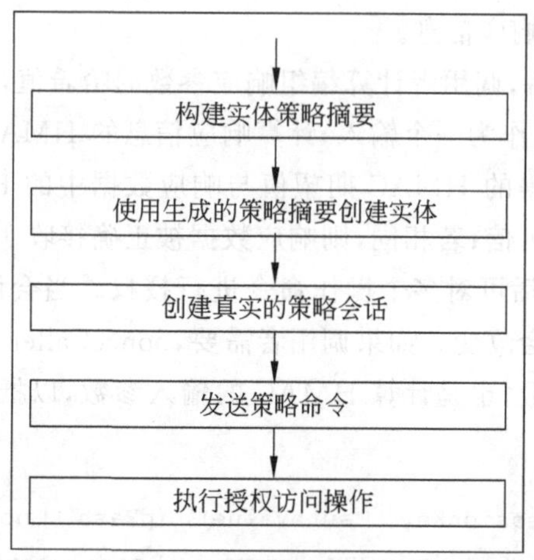


图 2-8 TPM 2.0 策略授权使用的典型流程

1) 构建实体策略摘要

有两种方法生成策略摘要:使用试验策略会话或使用软件模拟 TPM 2.0 在创建策略摘要时的操作。使用试验策略会话构建策略摘要的具体操作如下。

① 使用 TPM2_StartAuthSession 命令创建一个试验策略会话,输入参数 sessionType=TPM_SE_TRIAL,authHash 为生成策略摘要 policyDigest 的哈希算法。这个命令会返回一个策略会话句柄 $H_{tr}$。

② 使用 TPM2_PolicyAuthValue 命令,输入参数 policySession=$H_{tr}$,该命令将会话的策略摘要按如下方式进行扩展:

$$policyDigest_{new} = Hash(policyDigest_{old} \,||\, TPM\_CC\_PolicyAuthValue)$$

其中 $policyDigest_{old}$ 为 0。

③ 使用 TPM2_GetPolicyDigest 命令,得到返回的策略摘要。

然后创建 NV 索引,就可使用刚得到的策略摘要。不同于口令或者 HMAC 授权,在

NV 索引创建之后，用于访问 NV 索引的策略摘要不能被直接更改；但可使用 TPM2_PolicyAuthorize 等策略命令对策略摘要进行间接修改。

2）使用生成的策略摘要创建实体

使用 TPM2_NV_DefineSpace 命令创建 NV 索引，输入以下参数：

① auth，用于访问 NV 索引的授权值 authValue。

② publicInfo.t.nvPublic.nvIndex＝0x01400001。

③ publicInfo.t.nvPublic.nameAlg，与构建策略摘要中所用的哈希算法相同。

④ publicInfo.t.nvPublic.attributes.TPMA_NV_POLICWRITE＝1，publicInfo.t.nvPublic.attributes.TPMA_NV_POLICYREAD＝1，只在策略满足的条件下才可对 NV 索引进行读写操作。

⑤ publicInfo.t.nvPublic.authPolicy，即构建的策略摘要。

⑥ publicInfo.t.nvPublic.dataSize＝32，NV 索引的大小。

3）创建真实的策略会话

使用 TPM2_StartAuthSession 命令创建一个真实的策略会话，命令返回一个策略会话句柄 $H_{ps}$。有以下参数要求：

① tpmKey＝TPM_RH_NULL，bind＝TPM_RH_NULL，创建一个未与实体绑定且未加盐的会话，让例子尽可能简单。

② sessionType＝TPM_SE_POLICY，为一个真实策略会话。

③ authHash 与构建策略摘要中所用的哈希算法相同。

4）发送策略命令

使用上一步骤中得到的真实策略会话句柄，发送策略命令序列，与“构建实体策略摘要”中的序列保持一致，TPM 2.0 像在试验会话中一样扩展策略摘要。例子中只有一条策略命令 TPM2_PolicyAuthValue，这是一个延迟性断言，TPM 2.0 将一些状态信息保存在策略会话的上下文中，以便在执行需要策略授权的实体操作时进行判断。

5）执行授权访问操作

发送 TPM2_NV_Write 命令，输入以下参数：

① nvIndex＝0x01400001，待授权访问的 NV 索引。

② authHandle＝$H_{ps}$。

③ nonceCaller，随机数。

④ hmac.t.buffer，HMAC 值，本例为未绑定和不加盐策略会话，HMAC 密钥是 NV 索引的授权值。

TPM 2.0 检查策略会话的 policyDigest 是否与 NV 索引的 authPolicy 相匹配；然后 TPM 检查 HMAC 是否正确。若这两项检查均通过，才授权允许进行写操作。

### 8. 解密与加密会话

调用程序为了保护数据的机密性，可以仅使用一个调用程序和 TPM 2.0 知道的加密密钥来加密数据，然后会话通知 TPM 2.0 第一个参数是加密的；当 TPM 2.0 接收到参数之后，对其进行解密，故称之为解密会话。对于一个命令响应，会话表明 TPM 2.0 已经在第一个响应参数返回之前对该参数进行了加密，故称之为加密会话；调用程序在接收到加密的响应参数之后，对其进行解密。解密、加密会话典型的使用场景有：

① Tpm2_Create 命令的第一个参数是 inSensitive，包含授权值 userAuth，应被加密发送到 TPM 2.0。

② 假设使用 NV 索引保存口令或者个人信用卡号等信息，向 NV 索引写入或从其中读取数据时，应对这些敏感数据进行加密传送。

③ 通过网络使用远程 TPM 2.0 时，使用 SSL 可以保护网络安全传输，使用解密、加密会话可以保护密钥等数据在客户机和服务器多个软件层的秘密性，极大地减小攻击面。

TPM 2.0 仅能对第一个命令参数和第一个响应参数进行基于会话的加密传输，且参数是 TPM2B 类型的数据。每个 TPM 2.0 命令最多有一个会话可以设置为解密或加密。如果一个命令同时允许使用解密会话和加密会话，则可以将一个会话设置为既是解密会话又是加密会话，也可以将一个会话设置为解密，将另一个会话设置为加密。在命令授权域中设置会话属性 sessionAttributes.decrypt 与/或 sessionAttributes.encrypt，就可将会话配置为解密和/或加密会话。

TPM 2.0 支持 XOR 和 CFB 两种加密模式，具体采用哪种模式，在创建会话的时候设置。加解密计算时包括了会话 nonces，确保加解密操作是一次一密的。XOR 解密、加密时先生成与待加密或解密消息长度一样的掩码：

```
KDFa(hashAlg, sessionValue, "XOR", nonceNewer, nonceOlder, parameter.size×8)
```

再将掩码与参数数据进行异或操作。CFB 解密、加密时，先使用密钥分散函数生成密钥和初始向量(Initialization Vector，IV)：

```
KDFa(hashAlg, sessionValue, "CFB", nonceNewer, nonceOlder, bits)
```

再使用具体的对称密码算法。其中 hashAlg 为与会话关联的哈希算法，sessionValue 为 sessionKey 或 sessionKey || authValue，视使用该会话的命令有无具体的授权访问实体而定，sessionKey 的生成方式见“创建 HMAC 和策略授权会话”部分。

### 2.2.6 上下文管理

TPM 2.0 内的易失性存储空间的大小非常有限，用于缓存一个加载对象、序列或会话的易失性存储空间被称为存储槽。对每个具体的 TPM 2.0 实现，对象与序列存储槽以及会话存储槽的数量都有一个最大值，这两个最大值可以通过 TPM2_GetCapability 命令进行查询。

明确使用对象或序列存储槽的命令有 TPM2_CreatePrimary、TPM2_Load、TPM2_LoadExternal、TPM2_HashSequenceStart、TPM2_HMAC_Start 以及 TPM2_ContextLoad 等。隐式使用对象或序列存储槽的命令有 TPM2_Import、任意一个操作非易失性实体的命令以及_TPM_Hash_Start 等，TPM2_Import 和任意一个操作非易失性实体的命令都会使用一个存储槽作为缓存，命令结束后释放；_TPM_Hash_Start 是一个硬件事件触发的命令，在没有空余的存储槽时，会直接清空一个存储槽，并且不给任何指示。明确使用会话存储槽的命令有 TPM2_StartAuthSession 和 TPM2_ContextLoad 以及所有使用会话的命令。

TPM 2.0 通过返回特殊错误码表示易失性存储空间不足,没有空的存储槽可用。空间不足的错误码有:①TPM_RC_OBJECT_MEMORY,表示无空的对象和序列内存槽可用;②TPM_RC_SESSION_MEMORY,表示无空的会话内存槽可用;③TPM_RC_MEMORY,表示普通的易失性存储空间不足。

### 1. 上下文管理命令

为了弥补易失性存储空间大小受限给调用者带来的不便,TPM 2.0 提供了上下文管理机制,与虚拟内存管理器类似。TPM 2.0 中用于上下文管理的命令有 TPM2_ContextSave、TPM2_ContextLoad 和 TPM2_FlushContext。

① TPM2_ContextSave,保存一个位于易失性存储空间中临时实体的上下文,返回的上下文是加密和受完整性保护的。若实体是一个对象或者序列,在保存之后实体依然驻留在 TPM 易失性存储空间中。若保存的是一个会话的上下文,保存后它将从易失性存储空间中移除,仅有一小块保留在 TPM 内部。

② TPM2_ContextLoad,重新加载所保存的上下文,仅允许上下文加载至与保存上下文完全相同的 TPM。若加载的是一个对象或者序列上下文,加载后会有一个新的句柄;若加载的是一个会话上下文,加载后会返回与保存时相同的会话句柄。为了防止会话重放攻击,一个会话的上下文仅能在保存之后重载一次。

③ TPM2_FlushContext,将驻留在 TPM 2.0 易失性存储空间中的实体完全清除。在保存一个对象或者序列上下文后,实体依然驻留在 TPM 中,可以用 TPM2_FlushContext 将其清除;若使用 TPM2_FlushContext 命令或一个将 continueSession 设为 clear 的命令,移除易失性存储空间中的会话后,所保存的会话上下文不能再被重新加载,会话句柄被释放。

TPM 重置时,如果执行的是 TPM2_Shutdown(TPM_SU_CLEAR)命令或者根本就没有执行 TPM2_Shutdown 命令,之前保存的会话、对象和序列的上下文在重置之后都不能加载;若果执行的是 TPM2_Shutdown(TPM_SU_STATE)命令,所保存上下文可以重载,但设置了 stClear 位的对象不能被重载。

### 2. 密钥上下文

TPM 2.0 加载密钥时,用父密钥解封子密钥,将子密钥保存在易失性密钥槽中。上下文管理将一个已加载密钥的上下文保存到 TPM 之外,被一个基于 hierarchy proof 的对称密钥所封装;后面再将上下文装载到 TPM 里,用同样的密钥对它进行解封。

在 TPM 2.0 中,子密钥被父密钥所关联的对称密钥封装,即使父密钥本身是一个非对称密钥。所有的存储密钥都有一个对称秘密种子。因此,使用父密钥重载子密钥,应该与上下文加载一样快。为什么还要使用上下文管理加载密钥呢?若要装载的密钥是某个 hierarchy 的底层后代,则需要先加载多个祖先存储密钥,这样会增加时间开销,在有些情况下,一些祖先密钥的授权可能无法实现,比如要使用一个过去状态的 PCR 值策略授权。而上下文保存密钥时没有父密钥,装载更简捷,无须先加载父密钥。

### 2.2.7 TPM 2.0 技术特点

TPM 2.0 的主要技术特点有以下几个。

① 密码算法可变：TPM 1.2 只配置了 RSA 和 SHA-1，可变性非常小。而 TPM 2.0 定义了密码算法簇，包括对称密码、非对称密码、哈希函数，支持密码算法的替换，可加入各国自己的密码算法，以满足不同国家或地区的密码本地化要求。

② 简化密钥管理：TPM 1.2 密钥类型众多，使用和管理都很麻烦；TPM 2.0 通过属性定义密钥类型，如定义一个用于对任意哈希值进行签名的签名密钥，从而减少密钥的类型。

③ 提高密码性能：TPM 1.2 只采用非对称密码体制，密码处理速度慢。TPM 2.0 吸收了中国 TCM 的优点，使用对称密码体制建立密钥层次结构，用对称密码算法加密保护子密钥和数据，提高了密码处理速度。对称密码和非对称密码相结合，还有利于减少密钥和证书的种类，便于管理和应用。

④ 增强安全性：TPM 1.2 授权数据易受到暴力攻击和中间人攻击，密钥句柄不参与授权 HMAC 计算，攻击者能进行密钥替换攻击。TPM 2.0 在授权协议中加入了随机盐值数据，在授权 HMAC 计算中加入了密钥名称，以提高安全性。

⑤ 易管理性：TPM 1.2 有 8 种工作状态，TPM 2.0 简化为只有打开、关闭两种工作状态，允许一个经过担保的受限签名密钥对不同的 PCR 值进行引用报告。

⑥ 有利于商业推广：TPM 1.2 与中国的 TCM 彼此无法互换，TPM 1.2 和 TCM 都不能同时满足各个国家对密码算法的要求。TPM 2.0 的接口不与特定密码算法簇相绑定。TPM 2.0 允许加入新的密码算法，不用重新定义接口。

⑦ 具有多个 PCR 集与支持虚拟化：TPM 1.2 没有考虑虚拟化，只有一个 PCR 集和相应的度量日志。TPM 2.0 支持多个 PCR 集及相应的多份度量日志，这样就可以支持虚拟化，适用于服务器平台及云计算虚拟化等场景。服务器中不同用户可能采用不同的哈希算法，服务器上不同的虚拟机也有各自不同的事件日志，需要多个 PCR 集以扩展存储不同虚拟机的完整性度量值。

TPM 2.0 是可信计算技术与产业发展的必然。由此可以看到中国的可信计算技术对 TCG 的影响。同样，中国的可信计算也向 TCG 学习了许多有益的技术。我们认为，对于可信计算，国际间开展技术交流与合作对大家都是有好处的。

## 2.3 可信密码模块（TCM）

可信计算属于信息安全范畴，关乎国家安全，为国家信息安全保障体系的技术基础，建立自主的可信计算技术与产业标准非常有必要。

2006 年上半年，国家密码管理局组织制定了《可信计算平台密码方案》，规定了可信计算平台应当使用的密码方案。2006 年 11 月，国家密码管理局专门召集相关单位组织成立可信计算密码应用技术体系研究专项工作组并部署工作：以《可信计算平台密码方案》为基础，制定中国自主可信计算核心模块与产品技术规范，并依据该规范开展产品研制工作。

在《可信计算平台密码方案》中提出了可信密码模块（TCM）的概念。TCM 强调采用中国商用密码。中国自主的密码算法和技术，是构建《可信计算密码支撑平台技术规范》自主知识产权和建立专利保护的基础。

TCG 已逐步建立起一整套可信计算技术规范体系，其中基础部分 TPM 1.2 等已基本稳定与成熟，借鉴 TCG 技术规范，有利于中国自主可信计算技术规范纳入技术发展主流和产业化推广。《可信计算密码支撑平台功能与接口技术规范》于 2007 年 12 月由国家密码管理局以行政公告形式颁布执行，于 2012 年成为密码行业标准 GM/T 0011—2012《可信计算 可信密码支撑平台功能与接口规范》，于 2013 年成为国家标准 GB/T 29829—2013《信息安全技术 可信计算密码支撑平台功能与接口规范》，目前该标准已被 GB/T 29829—2022 替代。2009 年，瑞达公司与武汉大学合作推出 TCM 芯片 J3210，如图 2-9 所示，且通过了国家密码管理局的认证，并得到广泛应用。

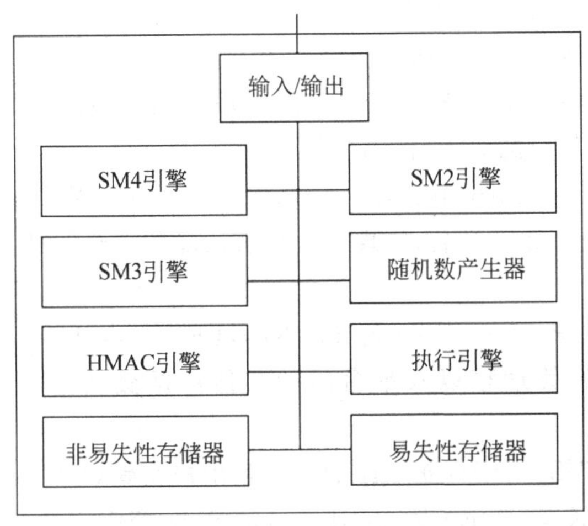


图 2-9 TCM 的基本组成结构

TCM 在基础性原理、技术架构、基本功能模式等方面与 TPM 1.2 类似，但它也有许多创新点：

① TCM 采用了中国商用密码算法，如 SM2（非对称密码）、SM3（哈希函数）、SM4（对称密码）。而 TPM 1.2 只采用 RSA 和 SHA1 算法，对称算法 AES 仅作为一个选项支持。

② 在父密钥对子密钥的保护方面，TCM 使用对称密码算法，存储主密钥为对称密钥，加密效率高；TPM 1.2 使用非对称的密钥保护结构，存储主密钥为非对称密钥，加密效率低。

③ 在授权认证协议方面，TCM 采用自主设计的单一授权协议，TPM 1.2 具有 OIAP、OSAP、ADIP、ADCP、AACP 等多个协议。

④ TCM 支持密钥协商、数字信封等，TPM 1.2 皆不支持。

⑤ 在证书管理方面，TCM 采用签名、加密双证书机制，简化了证书管理，TPM 1.2 的证书管理较为复杂。

### 2.3.1 组成结构

TCM是可信计算平台必备的关键基础部件,提供独立的密码算法支撑。TCM是硬件和固件的集合,可以采用独立的封装形式,也可以采用IP核的方式和其他类型芯片集成在一起,提供TCM功能。TCM的基本组成结构如图2-9所示,输入/输出是TCM的命令输入和输出接口;SM4引擎是执行SM4对称密码运算的单元;SM2引擎是产生SM2密钥对和执行SM2加/解密、签名运算的单元;SM3引擎是执行哈希运算的单元;随机数产生器是生成随机数的单元;HMAC引擎是基于SM3引擎的计算消息认证码的单元;执行引擎是TCM的通用运算执行单元;非易失性存储器是存储永久数据的存储单元;易失性存储器是TCM运行时临时数据的存储单元。

### 2.3.2 密码配置与简化密钥管理

TCM的密码配置有对称算法SM4、非对称算法SM2、哈希算法SM3。根据密钥的使用范围,平台中的密钥可以分为三类。

(1) **平台身份类密钥**,主要包括:

① 背书密钥(Endorsement Key,EK):是可信密码模块的初始密钥,是平台可信度的基本元素,是256比特位的SM2密钥对。

② 平台身份密钥(Platform Identity Key,PIK):是可信密码模块的身份密钥,用于对TCM内部的信息进行数字签名,实现平台身份认证和平台完整性报告,是256比特位的SM2密钥对。

③ 平台加密密钥(Platform Encryption Key,PEK):与PIK配对构成双密钥(及双证书),用于平台间的密钥迁移以及平台间的其他数据交换,是256比特位的SM2密钥对。

(2) **平台存储类密钥**,用于保护PIK、PEK和用户密钥(UK)的存储密钥,如存储主密钥(Storage Master Key,SMK)为128比特位的SM4密钥。

(3) **用户类密钥**,为用户所需的密码功能提供基础,包括机密性、完整性保护和身份认证等,可以是256比特位的SM2密钥对或128比特位的SM4密钥。

TCM密钥的生成、使用和销毁过程见表2-9。

**表2-9 TCM密钥的生成、使用和销毁过程**

| | 制造 | 初始化 | 部署 | 应用 | 撤销 |
|---|---|---|---|---|---|
| 背书密钥 | 生成 | 重新生成、使用 | | | 销毁 |
| 平台身份密钥 | | | 生成 | 生成、使用 | 销毁 |
| 平台加密密钥 | | | 生成 | 生成、使用 | 销毁 |
| 存储主密钥 | | 生成 | 使用 | | 销毁 |
| 用户密钥 | | | | 生成、使用、迁移 | 销毁 |

### 1. 密钥生成

不同种类密钥的生成规则如下。

① EK 通常由模块厂商生成，采用 256 位 SM2 非对称密钥生成算法。EK 在生成时可以定义为可撤销或不可撤销。

② SMK 在平台所有者获取平台所有权时生成，为 128 位 SM4 对称密钥，须在可信密码模块内部生成。

③ PIK 的生成采用 256 位的 SM2 非对称密钥生成算法，必须在 TCM 内部生成。然后将 PIK 公钥、EK 公钥和 PIK 签名发送给可信方，可信验证接收到信息并验证通过后，签署 PIK 证书，TCM 使用 EK 的私钥来解密激活 PIK 证书，之后才能使用 PEK。

④ PEK 由密钥管理中心（Key Manager Center，KMC）生成。TCM 向可信方发送 PEK 证书请求，获取加密的 PEK 证书（包含 PEK 公私钥信息），然后解密获得 PEK 及其证书，激活 PEK。

⑤ UK 可以在模块内部生成，也可以在模块外部生成后导入。

### 2. 密钥存储保护

EK 的私钥、SMK 以及平台所有者的授权数据直接存放在 TCM 内部，通过 TCM 的物理安全措施保护；EK 的公钥以数字证书的形式进行管理。

PIK、PEK、UK 等可以加密保存在模块外部。

平台通过设置密钥实体的权限数据控制用户对密钥的访问。权限数据必须被加密存储保护。

### 3. 密钥使用

不同种类密钥的使用规则如下。

① 使用 EK 的公钥部分，在设置平台所有者之前不需要验证授权，设置平台所有者之后，必须验证所有者授权；运算过程必须在 TCM 内部进行；

② 使用 SMK 必须验证所有者授权、SMK 授权；运算过程必须在 TCM 内部进行；

③ 使用 PIK 必须验证 PIK 授权、SMK 授权；PIK 的私钥必须被加载到 TCM 内部进行密码运算，公钥的密码运算过程在模块外部进行；

④ 使用 PEK 必须验证 PEK 授权、SMK 授权；PEK 的私钥必须被加载到 TCM 内部进行密码运算，公钥的密码运算过程在模块外部进行；

⑤ 使用 UK 必须验证 UK 授权；UK 的私钥必须被加载到 TCM 内部进行密码运算。

### 4. 密钥备份和迁移

为保证平台在发生灾难性的事件时能正常恢复受保护的存储数据和保证应用的正常使用，需要把相应的存储密钥和签名密钥予以迁移备份。迁移需要保证密钥的机密性和完整性，并确保待迁移密钥是 TCM 里的密钥和目的平台是一个可信计算平台。只有 PEK 和 UK 可以迁移到其他 TCM。假定要将平台 A 的一个可迁移密钥 migratableKey 迁移到平台 B 上，如图 2-10 所示，具体过程如下。

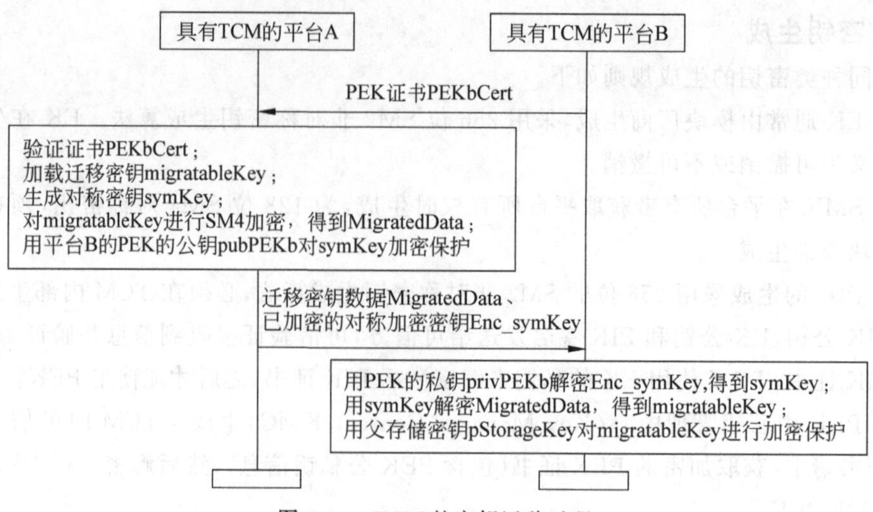


图 2-10 TCM 的密钥迁移过程

① 平台 B 将 PEK 证书 PEKbCert 发送给平台 A。平台 A 验证平台 B 的证书，确认平台 B 是一个可信平台。

② 平台 A 将被迁移的密钥 migratableKey 的密文数据 Enc_migratableKey 加载到 TCM 中，TCM 用其父密钥解密出被迁移的密钥 migratableKey；

③ 平台 A 的 TCM 随机产生一个对称加密密钥 symKey，该密钥将用于加密被迁移的密钥 migratableKey；

④ 使用 SM4 算法，用 symKey 加密被迁移的密钥 migratableKey，生成迁移密钥数据 MigratedData：

MigratedData＝SM4_Encrypt(symKey，migratableKey)；

⑤ 用平台 B 的 PEK 的公钥 pubPEKb 加密对称密钥 symKey：

Enc_symKey＝SM2_Encrypt(pubPEKb，symKey)；

⑥ 将迁移密钥数据 MigratedData、已加密的对称加密密钥 Enc_symKey 从平台 A 传递到平台 B；

⑦ 平台 B 使用 PEK 的私钥 privPEK 解密出对称加密密钥 symKey：

symKey＝SM2_Decrypt(privPEK，Enc_symKey)；

⑧ 使用 SM4 对称算法，用对称加密密钥 symKey 解密迁移密钥数据 MigratedData，得到被迁移密钥 migratableKey：

migratableKey＝SM4_Decrypt(SymKey，MigratedData)；

⑨ 平台 B 将迁移密钥 migratableKey 重新用一个父存储密钥加密，并存入平台 B 的加密保护存储区，从而完成整个迁移过程：

New_Enc_migratableKey＝SM4_Encrypt(pStorageKey，migratableKey)。

### 5. 密钥销毁

不同种类密钥的销毁规则如下。

① 销毁 EK 只能对可撤销的 EK 进行；
② 销毁 SMK 在清除所有者时进行；
③ 销毁 PIK 必须在验证 PIK 授权和 SMK 授权后进行；
④ 销毁 PEK 必须在验证 PEK 授权和 SMK 授权后进行；
⑤ 销毁 UK 必须在验证其父密钥授权后进行。

## 2.3.3　统一对象使用授权协议及物理现场授权

统一对象使用授权协议(Authorization Protocol，AP)为外部实体与 TCM 之间的访问协议。协议实现了外部实体与 TCM 之间的授权认证、信息的完整性验证和敏感数据的机密性保护。

### 1. 授权协议

授权协议(AP)将对 TCM 的访问包含在 AP 会话中进行，AP 会话以 TCM_AP_CREATE 命令发起，以 TCM_AP_TERMINATE 命令终止。表 2-10 以执行 TCM_Example 命令为例，说明 AP 的详细交互过程。

**表 2-10　AP 的详细交互过程**

| 外部调用者 | 通信中的数据 | 方向 | TCM |
|---|---|---|---|
| 输入 entityHandle；<br>生成随机数 callerNonce；<br>生成<br>inMac = HMAC(AuthData，TCM_AP_CREATE 命令码 ‖ callerNonce)，AuthData 为 entityHandle 所对应的授权数据；<br>保存 callerNonce；<br>发送会话建立请求 | TCM_AP_CREATE<br>entityHandle<br>callerNonce<br>inMac | → | 重构校验值 Mac = HMAC(AuthData，TCM_AP_CREATE 命令码 ‖ callerNonce)；<br>比较 inMac 与 Mac；<br>创建会话 session，生成 sessionHandle；<br>生成随机数 TCMNonce；<br>生成会话密钥<br>sessionKey=HMAC(AuthData，callerNonce ‖ TCMNonce)<br>生成初始序列号 seq；<br>保存 sessionHandle、sessionKey、seq；<br>生成校验值 outMac = HMAC(AuthData，sessionHandle ‖ TCMNonce)； |
| 重构校验值<br>Mac=HMAC(AuthData ‖ sessionHandle ‖ TCMNonce)；<br>比较 outMac 与 Mac；<br>生成会话密钥 sessionKey=HMAC(AuthData，callerNonce ‖ TCMNonce)；<br>保存 sessionHandle、seq、sessionKey | sessionHandle<br>TCMNonce<br>seq<br>outMac | ← | 返回应答，建立会话 |
| 执行 TCM_Example | | | |

续表

| 外部调用者 | 通信中的数据 | 方向 | TCM |
| --- | --- | --- | --- |
| 设置加密标记 ifEncrypted；<br>用会话密钥和 SM4 算法对数据进行加密，<br>encComData＝SM4_Encrypt(sessionKey，comData)；<br>生成校验值<br>inMac＝HMAC(sessionKey，seq ‖ sessionHandle ‖ ifEncrypted ‖ encComData) | | | |
| 发送 TCM_Example | sessionHandle<br>ifEncrypted<br>encComData<br>inMac | → | 判断会话句柄的合法性；<br>重构校验值 Mac＝HMAC(sessionKey，seq ‖ sessionHandle ‖ ifEncrypted ‖ encComData)；<br>比较 inMac 与 Mac；<br>解密命令数据，<br>comData＝SM4_Decrypt(sessionKey，encComData)；<br>执行调用请求；<br>用会话密钥对返回数据进行加密保护<br>encRspData＝SM4_Encrypt(sessionKey，rspData)；<br>seq＝seq＋1；<br>生成校验值，<br>outMac＝HMAC(sessionKey，seq ‖ sessionHandle ‖ ifEncrypted ‖ encRspData) |
| seq＝seq＋1；<br>重构校验值，<br>Mac ＝ HMAC ( sessionKey，seq ‖ sessionHandle ‖ ifEncrypted ‖ encRspData)；<br>比较 outMac 与 Mac；<br>用会话密钥解密返回数据，<br>rspData＝SMS4_Decrypt(sessionKey，encRspData)；<br>该次功能调用完成 | ifEncrypted<br>encRspData<br>outMac | ← | 返回应答数据 |
| 执行其他 TCM 命令 | | | |
| 结束会话，执行命令 TCM_AP_TERMINATE | | | |
| seq＝seq＋1；<br>生成校验值<br>inMac＝HMAC(sessionKey，seq ‖ sessionHandle ‖ TCM_AP_TERMINATE 命令码) | TCM_AP_TERMINATE<br>sessionHandle<br>inMac | → | 判断会话句柄的合法性；<br>seq＝seq＋1；<br>重构校验值<br>Mac＝HMAC (sessionKey，seq ‖ sessionHandle ‖ TCM_AP_TERMINATE 命令码)；<br>比较 inMac 与 Mac；<br>释放 session 和 sessionHandle 及相关资源 |
| 释放会话资源，会话结束 | retCode | ← | 返回应答数据 |

AP 具有如下特点。

① 协议提供认证机制。以要访问实体所关联的授权数据 AuthData 为共享秘密生成会话密钥，并基于该会话密钥生成校验值，以判断调用者是否拥有对某一实体的权限。

② 协议提供完整性保护机制。以双方共享的会话密钥对功能调用阶段的数据包进行完整性保护。

③ 协议提供可选的机密性保护机制。根据需要，以双方共享的会话密钥对功能调用阶段的数据包进行加密保护。IfEncrypted 为是否对通信数据包进行加密的标志，在特殊情况下，通信数据本身已经加密，如密钥迁移，可以选择对通信数据不加密，表中所描述的为数据包被加密的情况。

④ 协议提供抗重播机制。seq 为抗重播序列号，由 TCM 生成并在外部调用者和 TCM 之间共享。双方各自维护序列号，每发送一个数据包，序列号自增 1，以防止重放攻击。

#### 2. 物理现场授权

在外部实体访问和使用 TCM 时，对于 TCM 管理可以采用物理现场授权机制来完成。物理现场授权的规则如下：①可信计算平台提供硬跳线或其他厂商自定义方式来设置 TCM 物理现场状态；②物理现场状态下可以启用 TCM、使 TCM 有效或无效、清除 TCM 内部数据等操作；③物理现场不能通过远程设置。

### 2.3.4　中国 TCM 实现实例

中国的可信计算技术与产业早期是独立发展的。从 2000 年 6 月开始，作者团队就与瑞达公司合作开始研制安全计算机。2003 年研制出中国第一款可信计算平台、第一款嵌入式安全模块（Embeded Security Module，ESM）及其主芯片 J2810，2003 年 7 月 15 日通过国家密码管理局的安全审查，2004 年 10 月通过国家密码管理局的技术鉴定，鉴定认为“这是我国第一款自主研制的可信计算平台”。由于这一研究是独立自主进行的，当时并不知道有 TCPA 和 TCG。我们称自己研制的安全模块为 ESM，没有使用 TPM 的名称。国家密码管理局把我们研制的安全计算机命名为“SQY14 嵌入密码型计算机”。

我们研制的 ESM 与 TCG 的 TPM 基本上是一致的。我们的 SQY14 嵌入密码型计算机的系统结构和主要技术路线与 TCG 的可信计算平台也基本一致。当然，两者之间也有差异。在这些差异当中，既有我们的不足，也有我们自己的创新。2003 年年底我们了解到 TCG，从那以后开始与 TCG 进行交流。中国向 TCG 学习了许多有益的东西，TCG 也向中国学习了许多有益的东西。

2005 年，中国开始制定自己的技术规范，2006 年制定出《可信计算平台密码方案》。在此方案中把 TPM 改称为可信密码模块（Trusted Cryptography Module，TCM）。接着中国又制定了《可信计算密码支撑平台功能与接口规范》。在此之后，中国又开始了可信计算关键技术的系列技术规范制定。迄今为止，国际上只有 TCG 和中国制定出了各自的可信计算技术规范。

本节介绍作者团队与瑞达公司合作研制的中国第一代和第二代的 TCM。从这里可以看到中国可信计算技术与产业的发展，可以看到中国可信计算技术的创新。

## 1. J2810 芯片和 ESM

ESM 和 J2810 芯片是作者团队与瑞达公司于 2003 年合作研制出的我们第一款可信计算平台模块和安全芯片。ESM 由一个安全芯片 J2810 和一个国家商用密码芯片，以及一些其他辅助芯片组成，并进行二次封装后形成一个模块。其中 J2810 是 ESM 的核心芯片。

1）J2810 芯片

J2810 是一个 SOC 芯片，由 CPU、存储器、真随机数产生器、RSA 协处理器、多种总线和嵌入式操作系统所组成。图 2-11 给出了 J2810 的组成结构，图 2-12 所示为 J2810 芯片。

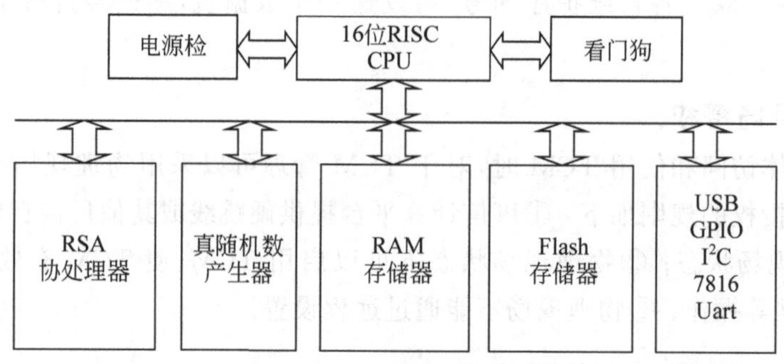


图 2-11　J2810 的组成结构

图 2-12　J2810 芯片

J2810 芯片的主要资源配置有：

① 16 位 RISC CPU，8/16 位动态数据总线；

② 内置 64KB 闪存，2KB SRAM；

③ 带有 4 个端点的 USB 接口；

④ 带有 GPIO、$I^2C$、Uart、7816 总线；

⑤ 引出了 CPU 的数据、地址和控制总线；

⑥ 带有 JTAG 调试接口；

⑦ 内置真随机数发生器；

⑧ 内置 RSA 协处理器；

⑨ 主频最高可达 48MHz；

⑩ 3V/5V 电源。

J2810 的 CPU 是一个 16 位的 RISC CPU，具有速度快、指令精简的特点，其指令系统与 Intel 80186 兼容。CPU 的硬件结构主要由算术运算逻辑、指令逻辑、寄存器文件、时钟逻辑、中断逻辑、定时器逻辑、总线控制、串行通信和多种 I/O 总线等部件组成。

J2810 的存储器主要由 RAM 存储器和 Flash 存储器两部分组成。RAM 用于工作存储器。一部分 Flash 用于存储 ESM 的嵌入式操作系统。嵌入式操作系统是 ESM 资源的管理者，是系统安全的基础之一。另一部分 Flash 在嵌入式操作系统的管理下构成一个安全存储器。利用它存储诸如 ESM 唯一编号、密钥、证书、日志等重要数据。因此，重要数据的安全存储成为ESM的一个重要功能。

J2810的RSA协处理器主要用于数字签名,可以加速数字签名的运算,提高签名的速度。RSA协处理器的结构如图2-13所示。其核心部件是一个基于Montgomery快速模乘运算的算术逻辑单元(ALU),在内部控制器的控制下进行大数的模幂运算。存储阵列用于存储运算的中间结果和辅助数据。通过I/O接口与CPU进行数据交换。有了RSA协处理器,RSA的密码运算就可以独立运行,除控制和数据交换外,基本不占用CPU的时间,从而大大提高了RSA密码的运算速度,而且不太降低系统的效率。

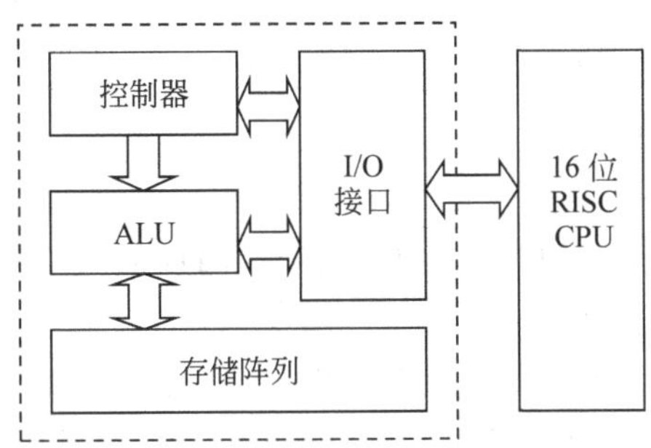


图2-13 RSA协处理器的结构

J2810的随机数产生器是一个基于芯片本身半导体热噪声的真随机数产生器。因为J2810芯片采用了MOS工艺,所以其随机数产生器采用强反型的MOS半导体的沟道热噪声,两者兼容,便于集成。选择强反型的MOS半导体的沟道热噪声的主要原因是其噪声近似于白噪声,频谱宽阔而平坦,随机性好,是理想的随机噪声源。真随机数产生器的结构如图2-14所示。其中第一个比较器输入两路随机热噪声信号,进行比较放大。这样做的好处是增大了随机性,而且还可以提高稳定性。带通滤波器的作用是选择适当的带宽,从混合噪声中选取出近似白噪声性质的沟道热噪声。采样保持电路的作用是对被采样信号给以一定时间的稳定保持,以使A/D变换准确。最后面的比较器的作用是对采样信号进行A/D变换,参考电压应是噪声信号均值的函数。这样,经过一系列变换就得到基于半导体热噪声的数字化的真随机序列。

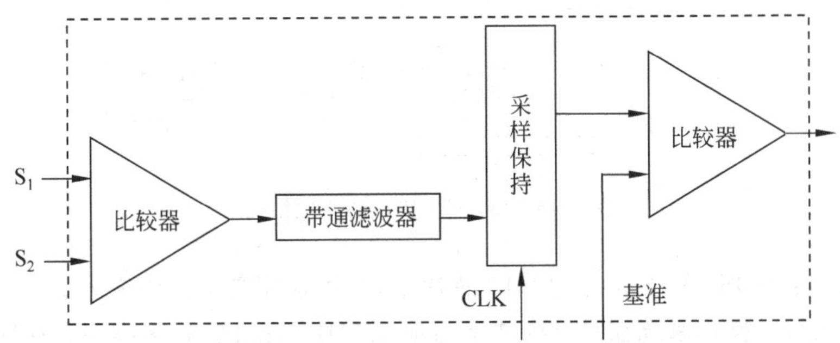


图2-14 真随机数产生器的结构

J2810芯片配有丰富的I/O接口,如GPIO、USB、Uart、$I^2C$、7816等多种I/O总线和JTAG接口。而且更为突出的是,CPU的地址总线、数据总线和控制总线全部输出到芯片外面。J2810 芯片拥有如此丰富的 I/O 总线，使得它成为一个以安全功能为主要特征的安全单片机，不仅可以用作 TCM，还可以方便地用于各种数字控制领域。基于 J2810 的丰富接口，可以开发出许多有特色的应用，例如，基于 J2810 芯片的丰富信息安全资源和 USB 总线，可以方便地开发出智能钥匙(USB-key)产品。

J2810 由于拥有 JTAG 接口，因此方便地实现了 IAP/ISP 功能。在系统可编程(In System Programming，ISP)，是指电路板上的空白可编程芯片可以编程写入最终的应用代码，而不需要把芯片从电路板上取下来。已经编程的芯片也可以用 ISP 方式擦除或再编程。IAP(In Application Programming)是指 CPU 可以在系统中获取新代码并对自己重新编程，即可用程序改变程序。基于这种 IAP/ISP 功能，用户可以通过 JTAG 接口实现系统的低成本升级。

2) J2810 芯片的创新点

因为 J2810 是以信息安全为主要功能的芯片，因此对其 CPU 进行了安全增强设计，主要采取了以下两个创新设计。

① 将 CPU 的工作状态划分为系统态和用户态。在系统态下可以调用用户态的所有指令，而在用户态下只能使用用户态的指令，若调用系统态的指令，则产生硬件中断。为此专门增加了 5 条指令，以实现工作状态的切换、改变操作标志、中断控制与返回，确保 CPU 能在两个状态中平稳工作和安全转换。

② 采用了 SOSCA(Secure Open Smart Card Architecture)结构。SOSCA 技术的原理结构如图 2-15 所示。SOSCA 技术本质上是一种存储器隔离保护技术。存储器隔离保护技术是一种成熟技术，原来用于大型机，当发现指令越界时将自动产生中断，阻止越界行为的发生，从而确保数据安全。但是，当计算机发展到微机阶段时，一是为了降低成本，二是认为微机是个人计算机，没有必要采用，就把存储器隔离保护技术去掉了。我们给 J2810 的 CPU 设置了 3 对地址界限寄存器，分别对代码区、数据区和堆栈区进行隔离保护，从而避免了程序间的互相干扰和恶意程序的破坏，确保了程序和数据的安全。

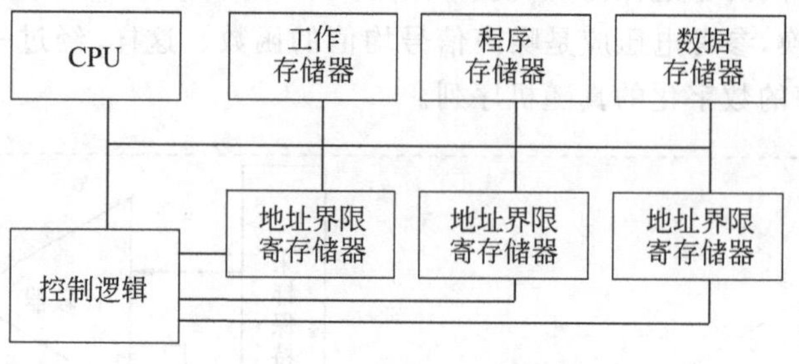


图 2-15　SOSCA 技术的原理结构

由于采用了 SOSCA 技术，在 J2810 芯片中，应用程序必须经由嵌入式操作系统控制并加载才能执行。操作系统在系统模式下对应用程序初始化，为该应用程序设定程序地址界限和数据地址界限。应用程序要运行时，操作系统将应用程序的程序地址和必要的参数存于 CPU 寄存器、工作内存和栈中，通过模式切换中断指令进入应用模式，清除所有其他未使用的寄存器和工作内存，将操作标志和返回地址入栈，改变操作标志，执行应用程序。若应用程序要使用工作内存,则应向操作系统提出请求,并通过操作系统完成,以避免由于地址越界而引起硬件中断。应用程序执行结束前应释放所请求的工作内存。应用程序不能以直接寻址方式访问存放程序和数据的存储空间。若应用程序试图访问其初始化时所设置的程序和数据地址界限外的存储区,则会引起硬件中断,造成异常终止,并返回到系统模式,此时将清除返回码以外的所有工作内存和寄存器,这样就把不同的应用程序限制在不同的区域,以保证 J2810 芯片中各个程序和数据的安全性。若应用程序正常执行完成,则清除用于传递返回参数和返回码以外的所有工作内存和寄存器,并通过模式切换中断返回指令返回到系统模式。返回码反映了应用程序是否正常执行完成。

虽然对 CPU 的工作状态进行划分和保护以及存储器的隔离保护技术,都是一种成熟技术,但是在单片机这样的 CPU 中采用却没有见到报道,因此构成了 J2810 芯片的创新点。

3）ESM

根据当时的国家商用密码政策,国家不公开商用密码算法,只提供商用密码算法芯片。为满足对商用密码的应用需求,我们采用了一个国家商用密码算法芯片,并把它挂接在 J2810 芯片上,通过一个经过编程的 CPLD 作接口,进行 J2810 与商用密码芯片之间的数据交换。此外,为了 ESM 能够正常工作,还配备了 Flash 存储器、时钟等辅助芯片。将这些芯片进行二次封装,最终形成一个多芯片构成的模块,我们称之为 ESM。图 2-16 给出了 ESM 的组成结构。

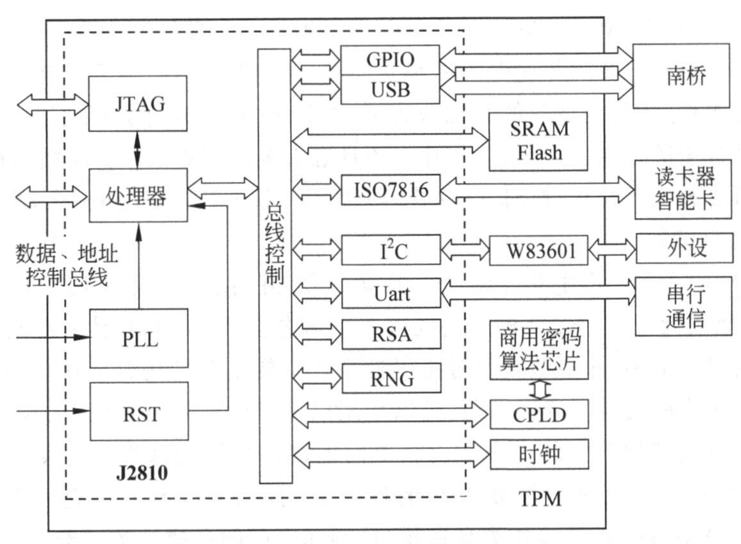


图 2-16　ESM 的组成结构

ESM 利用 J2810 芯片拥有丰富的 I/O 总线资源的便利条件,实现了多种具有特色的安全功能。

ESM 利用 J2810 芯片的 USB 总线和自定义 GPIO 总线协议,巧妙地实现了与计算机主板的连接和数据传输。ESM 利用 GPIO 总线与主板的南桥芯片实现相连。这一点与 TCG 的 PC 规范不一样,TCG 的可信 PC 规范要求 TPM 1.2 通过 LPC 总线与主板的南桥芯片相连。GPIO 总线和 USB 总线各有优缺点。例如，当进行数据加密时，密钥通过 GPIO 总线传输，而密文通过 USB 总线传输。自定义的 GPIO 总线比较安全，但速度比较慢。USB 总线速度比较高，但安全性较低。这两种总线分工协作，既确保了密钥的安全，又确保了数据的传输速度。

ESM 利用 J2810 芯片的 7816 总线实现了与智能卡的连接，构成了一个智能卡子系统。在计算机启动时 ESM 通过智能卡和口令对用户进行身份认证，实现了双因素身份认证，大大提高了身份认证的安全性。同时，智能卡还作为用户证书、密钥和权限等重要数据的载体。因此，智能卡子系统成为计算机系统的密钥和权限的重要管理子系统。

ESM 利用 J2810 芯片的 $I^2C$ 总线实现了对键盘、鼠标、显卡、网卡、USB 设备、I/O 接口、Flash 存储器等资源的开放和关断控制。当遇到可能危害计算机安全的事件时，ESM 将主动关断计算机的相应资源，从而大大提高了计算机系统的安全性，做到了既安全又可控，符合我国的信息安全政策。例如，由于 Flash 存储器写操作的开放和关断受 ESM 控制，所以可以避免 CIH 类病毒对主板 BIOS 的传染。又如，当用户暂时离开计算机，抽出自己的智能卡后，ESM 将关断所有 I/O，用户回来后插回自己的智能卡，经过验证后，ESM 开放资源，计算机恢复到原来状况。ESM 具有安全的主控能力，这是 ESM 的一个重要创新点，也是 TCG 的 TPM 所不具备的。这一创新与实践奠定了我国后来 TPCM 的技术思想。

ESM 利用 J2810 芯片具有数据安全存储的功能，设计构成了计算机的两级日志：一级在硬盘上；一级在 ESM 的 J2810 芯片中。由于硬盘的存储空间很大，所以在硬盘上存储详细的日志。由于 J2810 芯片中的存储空间小，所以只在 J2810 芯片中的日志存储少量的严重危害事件，并且当芯片的日志快存满时，ESM 会通知计算机将芯片中的日志移到硬盘上。芯片中的存储空间小，但芯片中的日志安全性相对较高。硬盘的存储空间大，但硬盘上的日志的安全性相对较低。这样，两级日志取长补短，互相配合，大大增强了计算机日志系统的安全。

虽然 ESM 的 J2810 芯片中具有 RSA 密码引擎，并封装了国家商用密码芯片，但是由于 ESM 的主频较低，所以 ESM 的密码处理速度适合在 TPM 和其他一些对密码处理速度要求较低的场合应用，并不适合在对密码处理速度要求高的场合应用。为了解决对密码处理速度要求高的场合的应用问题，可以采用以 ESM 作为密码处理的调度管理，而用独立的专门硬件实现加解密的方案。由于专门的硬件加解密部件的速度可以设计得很高，因此其可在对密码处理速度要求高的场合应用。例如，为了建立 VPN，可以选用 USB、PCI、PCI Express 等总线作为高速接口，制作专门的高速加解密卡。在高速加解密卡中采用 ESM 作为卡资源的管理、密钥管理和 I/O 管理，用 FPGA 或 CPLD 设计专门的硬件加解密器。如果选用 FPGA 实现密码算法，则可以支持用户密码算法下载。

### 2. J3210 芯片

从 2005 年开始，我们参与了我国第一个可信计算规范《可信计算平台密码方案》的制定工作，2006 年制定完成。但是，在该规范制定完成后，我国企业的 TPM 芯片都不符合规范了。于是，企业又开始开发符合新规范的 TCM 芯片。2008 年，作者团队与瑞达公司合作研制出一种新型 TCM 芯片 J3210。它的最大特点是既支持我国的 TCM 技术规范，又支持 TCG 的 TPM 技术规范，而且计算资源和密码资源非常丰富。经过实际测试，其功能是强大的，密码运算速度是高速的，I/O 接口是丰富的，完全可以满足可信计算的大部分应用。这一芯片得到国家密码管理局的认证，图 2-17 显示了两种不同封装的 J3210 芯片。图 2-18 给出了 J3210 芯片的组成结构。

(a) 28腿封装

(b) 64腿封装

图 2-17　两种不同封装的 J3210 芯片

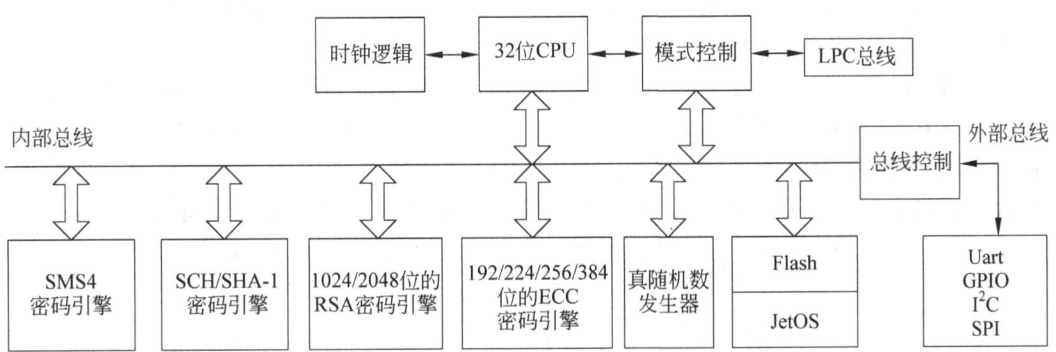


图 2-18　J3210 芯片的组成结构

1）J3210 芯片的资源配置

J3210 芯片的资源配置有：

① 32 位 SPARC CPU；

② 24KB 的内部指令 RAM，9KB 的内部数据 RAM；

③ 128KB 的 Flash 存储器；

④ 1024/2048 位的 RSA 密码引擎；

⑤ 192/224/256/384 位的 ECC 密码引擎；

⑥ 中国商用对称密码 SM4 引擎；

⑦ 中国商用哈希函数 SM3 引擎；

⑧ SHA-1 密码引擎；

⑨ 真随机数产生器；

⑩ I/O 接口：$I^2C$、SPI、Uart、GPIO。

2）J3210 芯片的密码配置

J3210 芯片的硬件密码引擎有以下几个。

① ECC 引擎：支持 192、224、256、384 位素域 $F_P$ 上的 ECC 密码运算；

② RSA 引擎：支持 1024、2048 位的 RSA 密码运算；

③ SMS4 引擎：硬件实现中国商用对称密码算法 SM4；

④ 哈希函数引擎：硬件实现哈希函数 SM3 和 SHA-1；

⑤ 真随机数产生器：基于半导体噪声产生真随机数。

J3210 嵌入式操作系统(JetOS)中的软件密码模块有以下几个。

① 3DES 密码模块：软件实现 3DES 密码；

② AES 密码模块：软件实现 AES 密码；

③ 支持密码算法软件模块的下载与替换。

3）公钥密码引擎技术

多数公钥密码需要大数(从 163 位到 2048 位等)的算术运算，如果仅靠 CPU 实现大数的算术运算，将消耗 CPU 的大量资源，而且速度也很慢。公钥密码引擎是专门设计用来执行公钥密码大数算术运算的高速运算协处理器。有了公钥密码引擎，CPU 只需要管理和调度引擎，并不需要与引擎频繁地通信，因此既实现了公钥密码的高速运算，又节约了 CPU 的资源，提高了密码的处理速度。

J3210 芯片的公钥密码引擎是高度参数化的，能够适应各种不同的应用。根据不同的参数配置，引擎能够分别支持 ECC 和 RSA 密码运算，实现一个引擎同时支持 ECC 和 RSA 两种公钥密码。J3210 芯片的公钥密码引擎的结构如图 2-19 所示。它包含一个程序存储器(PM)、一个指令执行单元(IEU)、一个大数的算术逻辑运算单元(ALU)、一些

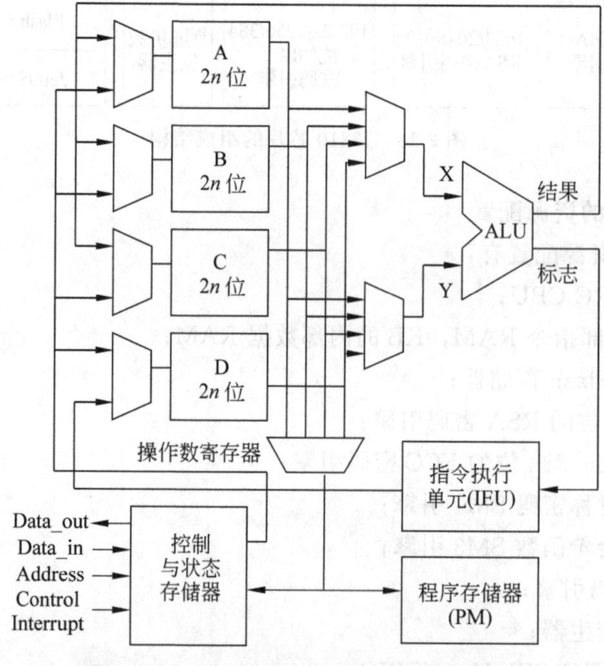


图 2-19　J3210 芯片的公钥密码引擎的结构

操作数寄存器和控制与状态存储器。ALU 是引擎的心脏。排序的多字节操作数据通过 ALU,经过算术运算得到运算结果。多路选择器有 2 个输入,输入可以来自 4 个寄存器组中的任意两组。运算结果可以写回寄存器组 A、B、C 中,而运算标志可以写回寄存器组 D 中。对引擎编程可采用中断方式使 CPU 与引擎交换数据。

4) ECC 密码

J3210 芯片具体采用 NIST 推荐的素域 $F_P$ 上的 4 条随机选择的椭圆曲线实现椭圆曲线密码。表 2-11 列出了这 4 条椭圆曲线的参数。其中选择系数 $a=-3$ 是为了用雅可比(Jacobian)投影坐标表示的椭圆曲线的点进行加法时减少有限域上乘法的次数,具体参数如下。

**表 2-11　J3210 芯片采用的椭圆曲线**

| | | | | | | | |
|---|---|---|---|---|---|---|---|
| P-192: $p=2^{192}-2^{64}-1, a=-3, h=1$ | | | | | | | |
| $b$=0x | 64210519 | E59C80E7 | 0FA7E9AB | 72243049 | FEB8DEEC | C146B9B1 | |
| $n$=0x | FFFFFFFF | FFFFFFFF | FFFFFFFF | 99DEF836 | 146BC9B1 | B4D22831 | |
| $x$=0x | 188DA80E | B03090F6 | 7CBF20EB | 43A18800 | F4FF0AFD | 82FF1012 | |
| $y$=0x | 07192B95 | FFC8DA78 | 631011ED | 6B24CDD5 | 73F977A1 | 1E794811 | |
| P-224: $p=2^{224}-2^{96}+1, a=-3, h=1$ | | | | | | | |
| $b$=0x | B4050A85 | 0C04B3AB | F5413256 | 5044B0B7 | D7BFD8BA | 270B3943 | 2355FFB4 |
| $n$=0x | FFFFFFFF | FFFFFFFF | FFFFFFFF | FFFF16A2 | E0B8F03E | 13DD2945 | 5C5C2A3D |
| $x$=0x | B70E0CBD | 6BB4BF7F | 321390B9 | 4A03C1D3 | 56C21122 | 343280D6 | 115C1D21 |
| $y$=0x | BD376388 | B5F723FB | 4C22DFE6 | CD4375A0 | 5A074764 | 44D58199 | 85007E34 |
| P-256: $p=2^{256}-2^{224}+2^{192}+2^{96}-1, a=-3, h=1$ | | | | | | | |
| $b$=0x | 5AC635D8 | AA3A93E7 | B3EBBD55 | 769886BC | 651D06B0 | CC53B0F6 | 3BCE3C3E |
| | 27D2604B | | | | | | |
| $n$=0x | FFFFFFFF | 00000000 | FFFFFFFF | FFFFFFFF | BCE6FAAD | A7179E84 | F3B9CAC2 |
| | FC632551 | | | | | | |
| $x$=0x | 6B17D1F2 | E12C4247 | F8BCE6E5 | 63A440F2 | 77037D81 | 2DEB33A0 | F4A13945 |
| | D898C296 | | | | | | |
| $y$=0x | 4FE342E2 | FE1A7F9B | 8EE7EB4A | 7C0F9E16 | 2BCE3357 | 6B315ECE | CBB64068 |
| | 37BF51F5 | | | | | | |
| P-384: $p=2^{384}-2^{128}-2^{96}+2^{32}-1, a=-3, h=1$ | | | | | | | |
| | 495E8042 | EA5F744F | 6E184667 | CC722483 | | | |
| $b$=0x | B3312FA7 | E23EE7E4 | 988E056B | E3F82D19 | 181D9C6E | FE814112 | 0314088F |
| | 5013875A | C656398D | 8A2ED19D | 2A85C8ED | D3EC2AEF | | |
| $n$=0x | FFFFFFFF | FFFFFFFF | FFFFFFFF | FFFFFFFF | FFFFFFFF | FFFFFFFF | C7634D81 |
| | F4372DDF | 581A0DB2 | 48B0A77A | ECEC196A | CCC52973 | | |
| $x$=0x | AA87CA22 | BE8B0537 | 8EB1C71E | F320AD74 | 6E1D3B62 | 8BA79B98 | 59F741E0 |
| | 82542A38 | 5502F25D | BF55296C | 3A545E38 | 72760AB7 | | |
| $y$=0x | 3617DE4A | 96262C6F | 5D9E98BF | 9292DC29 | F8F41DBD | 289A147C | E9DA3113 |
| | B5F0B8C0 | 0A60B1CE | 1D7E819D | 7A431D7C | 90EA0E5F | | |

$p$:素域 $F_P$ 的阶。

$a,b$:椭圆曲线 $y^2=x^3+ax+b$ 的系数,满足 $rb^2\equiv a^3 \pmod p$。

$n$:基点 $G(x,y)$的(素数)阶。

$h$：余因子。

$x$,$y$：基点 $G$ 的 $x$ 和 $y$ 坐标。

为了能够方便地利用ECC引擎,设置了7个ECC基本运算宏命令,见表2-12。用户利用它们可以方便地实现ECC密码的各种运算。

**表 2-12　J3210 芯片的 ECC 宏命令**

| ECC-GF($p$)宏 | 计　算 |
|---|---|
| MODADD | $x+y \bmod p$ |
| MODSUB | $x-y \bmod p$ |
| MODDIV | $y/x \bmod p$，其中 $\mathrm{GCD}(x,p)=1$ |
| MODMULT | $x * y \bmod p$ |
| POINT_ADD | $R(x,y)=P(x,y)+Q(x,y)$ |
| POINT_DOUBLE | $R(x,y)=2*Q(x,y)$ |
| POINT_MULTIPLY | $R(x,y)=k*G(x,y)$ |
| POINT_VERIFY | 验证点 $Q(x,y)$ 是否为曲线 $y^2=x^3+ax+b$ 上的一个点 |

5) RSA 密码

为了支持TCG的TPM 1.2技术规范,必须支持RSA密码。借助通用公钥密码引擎,J3210芯片可以方便地支持1024、2048位的RSA密码。为了方便应用,设置了4个RSA基本运算宏命令,见表2-13。用户利用它们可以方便地实现RSA密码的各种运算。

**表 2-13　J3210 芯片的 RSA 宏命令**

| RSA 宏 | 计　算 |
|---|---|
| MOD | $x \bmod \mathrm{m}$ |
| MODEXP | $x^e \bmod m$ 用 Montgomery 模乘算法计算 |
| MODMULT | $xy \bmod m$,其中 $a$ 和 $b$ 是整数($\bmod m$) |
| MODDIV | $y/x \bmod m$，其中 $\mathrm{GCD}(x,m)=1$ |

6) SM4 密码

SM4是我国商用分组密码算法。它的数据分组长度为128位,密钥长度为128位。加密算法与密钥扩展算法都采用32轮迭代结构。SM4密码算法是对合运算,因此解密算法与加密算法相同,只是轮密钥的使用顺序相反。SM4密码算法的核心部件S盒的主要密码学指标与AES的S盒的密码学指标相当,可以抵抗差分攻击、线性攻击等现有攻击,因此是安全的。

SM4密码的加密算法可用图2-20描述。128位明文被分为4个32位的字 $X_0$、$X_1$、$X_2$、$X_3$。$rk_i$ 是32位的轮密钥,$i=0,1,\cdots,31$,迭代加密32轮共用32个轮密钥。$Y_0$、$Y_1$、$Y_2$,$Y_3$、$Y_4$ 是密文。加密算法：

$$\begin{cases} X_{i+4}=F(X_i,X_{i+1},X_{i+2},X_{i+3},rk_i) \\ \qquad =X_i \oplus T(X_{i+1}\oplus X_{i+2}\oplus X_{i+3}\oplus rk_i), \quad i=0,1,\cdots,31 \\ (Y_0,Y_1,Y_2,Y_3)=(X_{35},X_{34},X_{33},X_{32}) \end{cases}$$

其中 $F$ 是轮函数，$T$ 是字合成变换，$T(X)=L(\tau(X))$，即先进行 S 盒变换 $\tau$，再进行线性变换 $L$。

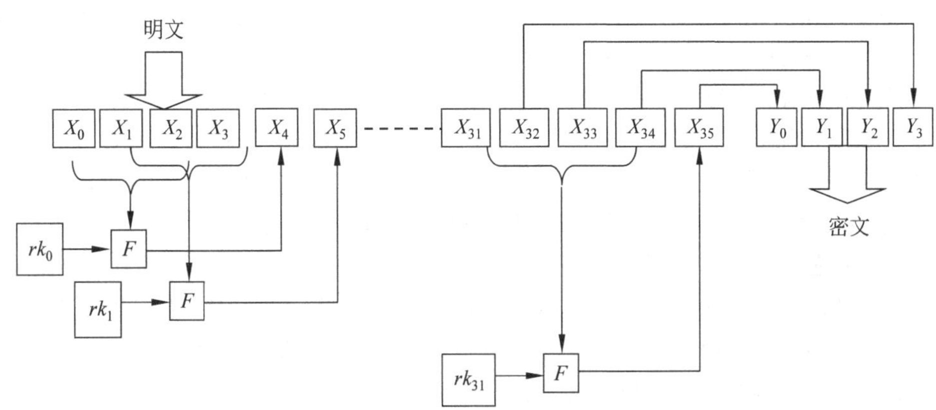


图 2-20　SM4 密码的加密算法

SM4 密码由于采用的是基本轮函数迭代的结构，而且密钥扩展算法的结构与加密算法的结构类似，因此特别适合硬件实现。

7）真随机数产生器(SRNG)

密码学中的许多地方都要用到随机数，例如用随机数作密钥、用随机数作当前量(nonce)等。但是，一般由纯软件产生的随机数属于伪随机数，因为它可以人为地控制重复。真随机数的产生一般借助硬件的某种物理随机特性，如半导体的沟道热噪声等。为此，J3210 芯片设置了基于半导体物理噪声的真随机数产生器。

虽然基于物理噪声可以产生真随机数，但是其统计随机特性往往并不好。因此，真随机数产生器一般都采用物理随机源加杂化处理的结构，以确保所产生的随机数既是真随机的，其统计随机特性又是好的。J3210 芯片的真随机数产生器的输出为 128 位随机数，其输出随机数序列通过了 FIPS 140-2 的测试。J3210 芯片的真随机数产生器的结构如图 2-21 所示。

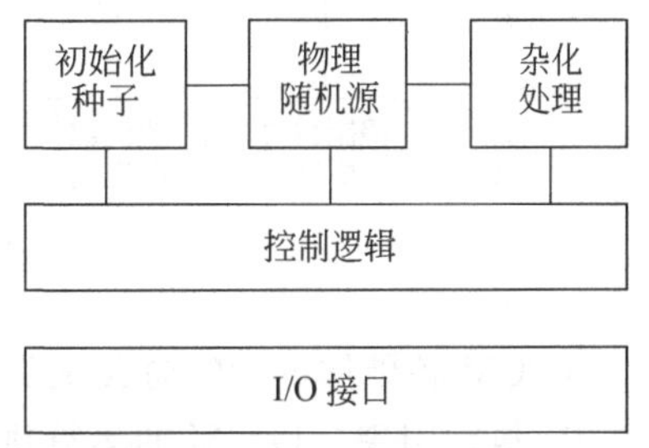


图 2-21　J3210 芯片的真随机数产生器的结构

8）既支持我国的 TCM 规范，又支持 TCG 的 TPM 规范

J3210 芯片在硬件资源上支持 TCG 的 TPM 1.2 规范，而且资源远比 TCG 的 TPM 1.2 丰富得多。在密码配置方面，TCG 的 TPM 1.2 要求具有 1024～2048 的 RSA、SHA-1、真随机数产生器，可见 J3210 是支持 TCG 的 TPM 1.2 规范的。在密码配置方面，我国的 TCM 要求具有 256 位的 SM2 函数、256 位的 SM3 函数、SM4 对称密码和真随机数产生器，可见 J3210

芯片完全支持中国 TCM 的技术规范。

### 2.3.5 可信平台控制模块

我国的信息安全政策是“安全、可控”。因此，TCM 除具有基础的可信密码支撑功能外，还应当像 ESM 那样，具有对平台的资源进行控制的功能。在国家标准 GB/T 29827—2013《信息安全技术 可信计算规范 可信平台主板功能接口》中，强调在 TCM 的基础上增加对平台的安全控制功能，并将其命名为可信平台控制模块（Trusted Platform Control Module，TPCM）。早在 2003 年，作者团队与武汉瑞达公司合作，研制出我国第一款可信计算平台（SQY14 嵌入密码型计算机），通过了国家密码管理局的安全审查和技术鉴定，并得到实际应用。SQY14 嵌入密码型计算机采用了自己独立研制的核心安全芯片 J2810。由于当时国家的商业密码政策是只提供密码芯片，不公开密码算法，所以又将国家商用密码芯片与 J280 芯片进行二次封装，成为一个安全模块，并称之为 ESM。ESM 在结构上与 TCG 的 TPM 类似，但也有自己的独特创新之处。ESM 不仅提供各种密码功能，而且还对系统软硬件资源、重要用户数据、外设和网络进行安全控制，从而大大提高了系统的安全性，由此奠定了 TPCM 的技术思想。

#### 1. 组成结构

TPCM 的硬件组成单元包括执行引擎、非易失性存储单元、易失性存储单元、随机数产生器、控制裁决引擎、密码算法模块、密钥生成器、定时器、输入/输出桥接单元和各种输入/输出控制器模块。非易失性存储单元、易失性存储单元、随机数产生器、密码算法模块、密钥生成器、输入/输出桥接器和定时器统一映射到执行引擎的地址空间。TPCM 的硬件组成结构如图 2-22 所示。

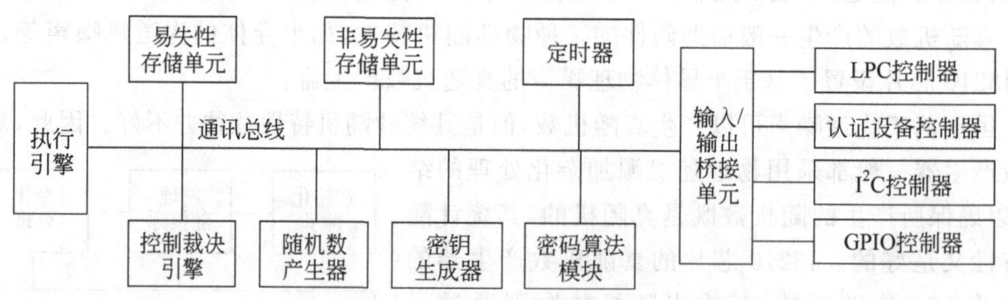


图 2-22 TPCM 的硬件组成结构

TPCM 各硬件单元的简要说明如下。

① 执行引擎：TPCM 的运算执行单元。

② 非易失性存储单元：分为程序存储单元、数据存储单元和可信寄存器组三部分。程序存储单元存储固件和控制程序。数据存储单元存储密钥、证书、日志和其他保密数据。可信寄存器组包括模块标识寄存器、版本号寄存器、电源与状态管理寄存器、使用状态寄存器、当前用户身份识别寄存器、平台配置寄存器、平台绑定寄存器、用户管理寄存器、非易失（NV）寄存器。

③ 易失性存储单元：包括平台配置寄存器和运算过程中开辟的数据缓冲区。用户

注销时，重要数据存储到非易失存储器，清零易失性存储单元中的用户空间。

④ 随机数产生器：TPCM 的随机数产生器，详细要求请参见密码行业标准 GM/T 0062-2018《密码产品随机数检测要求》。

⑤ 控制裁决引擎：TPCM 通过控制裁决引擎，实现对硬件资源的访问控制的裁决功能。裁决结果或者信号，通过 GPIO 信号线发送给可信计算平台。

⑥ 密码算法模块：TPCM 的密码算法模块。

⑦ 密钥生成器：生成 TPCM 的对称和非对称密钥。

⑧ 定时器：TPCM 的定时器和看门狗电路。

⑨ 输入/输出控制器：输入/输出模块应包括主设备 LPC 总线控制器接口、从设备 LPC 总线控制器接口、身份认证设备总线控制器接口、GPIO 控制器接口和 $I^2C$ 总线控制器接口。可选总线接口包括 SPI 总线控制器接口。

⑩ 输入/输出桥接单元：连接各个输入/输出模块到 TPCM 内部总线上，将输入/输出模块的控制寄存器映射到 TPCM 内部地址空间。

TPCM 除硬件单元外，还有固件程序。TPCM 固件包括指令处理模块、初始化模块、输入/输出驱动模块和主动度量模块。指令处理模块负责对接收到的指令进行解析和执行。初始化模块负责模块初始化、自检和平台状态初始化等。输入/输出驱动模块是指模块内输入/输出驱动函数库。主动度量模块负责对 Boot ROM 主动度量。

### 2. 主动度量工作流程

TPCM 将可信度量根(RTM)、可信存储根(RTS)和可信报告根(RTR)集于一体，作为平台的信任根。TCG 的 RTM 是 Boot ROM 开始部分的软件代码，由于 RTM 置于 TPM 之外，因此容易受到恶意攻击。TPCM 采用这样的结构，可以使 RTM 避免恶意攻击，确保平台信任根安全。

TCG 的可信计算平台在启动时首先执行 RTM，而 RTM 是 BIOS 开始部分的软件代码。因此，RTM 的执行是由平台的 CPU 执行的。而这时尚未对平台进行可信度量，因此 RTM 的执行有可能是不可信的。TPCM 具备主动度量功能，系统启动时 TPCM 首先掌握系统的控制权，RTM 的执行和信任度量都由 TPCM 进行，确保平台可信度量的安全。

TPCM 的主动度量工作流程如图 2-23 所示，具体描述如下。

① 主机供电，TPCM 与 Boot ROM 芯片上电。

② TPCM 执行状态检查。

③ 如果 TPCM 处于使能状态，则 TPCM 对 Boot ROM 中的关键代码进行度量并存储度量结果。TPCM 采用主动方式对 Boot ROM 关键代码和配置数据进行哈希运算。

④ 如果 TPCM 对 Boot ROM 中的关键代码度量结果正确，则 TPCM 发出平台上电信号，平台上电，Boot ROM 上电工作。

⑤ Boot ROM 中的关键代码完成对指定代码和 MBR 的度量，并将度量结果存储在 TPCM 中。

⑥ 如果 MBR 度量成功，则 MBR 启动。

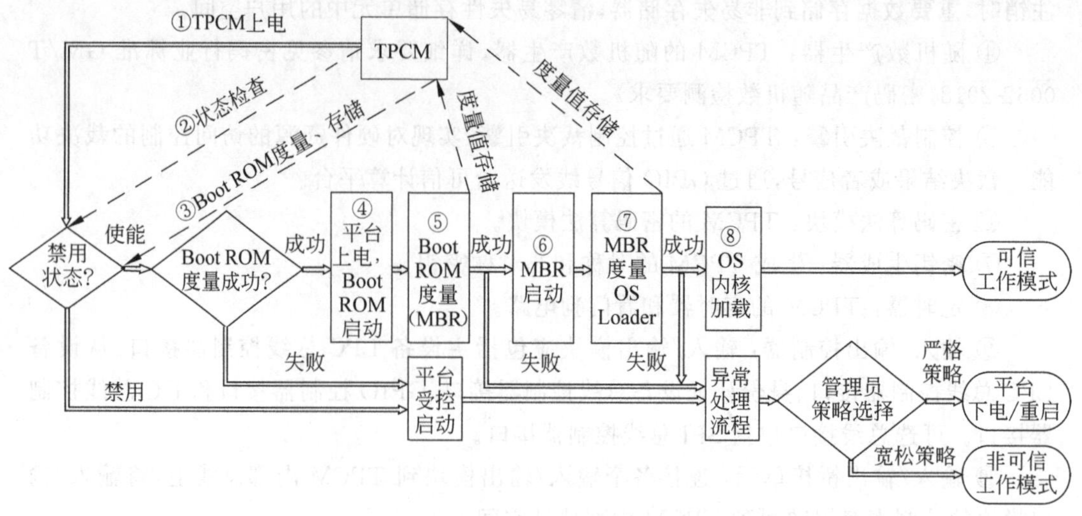


图 2-23 TPCM 的主动度量工作流程

⑦ MBR 对 OS Loader 进行度量,将度量结果存储在 TPCM 中。

⑧ 如果 OS Loader 度量成功,则 OS 内核加载。

⑨ 系统进入可信工作环境。

⑩ 如果步骤③中 Boot ROM 度量不成功,则平台受控启动,TPCM 进入异常处理流程,执行预定管理策略或者由平台管理员现场操作,选择进入非可信工作环境,平台下电或重启。

⑪ 如果步骤②中 TPCM 处于禁用状态,则平台正常上电,Boot ROM 上电工作,系统不经过度量环节,依次经过 MBR 启动和内核加载步骤,使平台进入非可信工作环境。

### 3. 安全控制与用户管理

TPCM 通过 $I^2C$ 或 GPIO 等总线实现对计算机资源(如 USB、并口、串口和网络设备等)的控制。例如,我们研制的 J2810 拥有 $I^2C$ 接口,在 SQY14 嵌入密码型计算中成功地实现了 ESM 对平台资源(键盘、鼠标、BIOS 存储器和网络设备等 I/O 接口)的开放和关断控制。

TPCM 通过认证设备控制器扩展连接智能卡读卡器、指纹识别等用户身份认证设备。我们研制的 J2810 拥有 7816 总线接口,因此在我们研制的可信计算平台中成功地实现了口令与智能卡相结合的双因素身份认证,而且基于智能卡子系统建立了平台的密钥与权限管理。这些措施大大增强了平台的安全性。

TPCM 对使用者身份进行分类管理,在身份鉴别通过后,对用户可访问的资源进行权限控制。

(1) 使用者身份分类

管理员:具有执行 TPCM 所有指令和对 TPCM 内部所有资源的访问权限。在 TPCM 首次使用时,应创建管理员,并要求在模块生命周期内管理员是唯一的。TPCM 为管理员分配预定的身份标识。

普通用户：指除管理员外的其他使用者。普通用户对资源的访问权限由管理员分配。

（2）用户身份鉴别

TPCM 与身份识别设备相连，通过身份识别设备获取当前使用者的身份信息。要求使用者身份信息应与该用户的唯一身份标识一一对应。

（3）用户管理表

用户管理表包括可信计算平台所有登记用户的身份标识和对应的资源访问权限信息。资源访问权限信息包括用户可以获得对 TPCM 内部资源（密码算法模块、密钥、证书、各类寄存器）和 TPCM 外部资源（硬盘、USB、PCI、并口、串口和网口设备）的访问权限。

用户管理表在 TPCM 出厂时为空，并要求只有在用户管理表为空时才允许创建唯一的管理员。管理员可以添加、更改、删除用户管理表中的普通用户信息。用户管理表需要分条记录每个用户的身份标识和对应的资源权限信息。用户管理表中用户身份标识的宽度为 32 位。资源权限信息的宽度应大于可被控制访问的资源总数，每位固定代表一个特定资源的访问许可权。

（4）访问控制

用户登录时，TPCM 将当前用户身份标识从身份识别设备中读出，并写到当前用户身份标识寄存器中。TPCM 根据当前用户身份标识，在权限管理表中索引获得当前用户资源权限信息。根据登录用户身份标识判断当前指令对平台资源操作的合法性，并对资源访问操作进行使能或禁用。TPCM 使能控制的资源包括 TPCM 内部资源和平台上的其他部件资源。对可信计算平台资源的访问控制，通过芯片接口总线给相应的资源发出使能或禁用信号。

#### 4. 日志存储与安全要求

TPCM 在非易失性存储单元的数据存储单元中开辟一定数量的存储空间用于日志存储。启动和度量过程产生的日志暂存储到 TPCM 内部。当日志存储空间不够时，及时向可信计算平台转移日志。日志加密后发送到宿主机硬盘中存储，并及时清空日志存储空间。TPCM 将所执行的指令进行日志记录，日志至少应包括用户信息、指令、返回码、时间等。

TPCM 的安全要求如下。

① 地址隐藏：TPCM 不对外开放地址空间，可信计算平台对 TPCM 的访问通过 TPCM 指令集解析实现。

② 信息清除：TPCM 运行过程中产生的临时数据在失效后应及时清除。

③ 物理防护：为防止人为对 TPCM 做各种攻击，在 TPCM 内部使用物理防护部件对一些典型的攻击起到防护作用，包括防电磁信息泄露、电源检测、频率检测等。

### 2.3.6　TCM 标准修订

随着信息技术、密码算法技术、电子认证技术以及可信计算技术的发展，产业界对可信密码支撑平台的先进性技术的应用需求迫切，标准的发展需要与新技术的发展同步。

TPM 2.0 标准在 2015 年成为国际标准 ISO/IEC 11889:2015。这是首次在 ISO 标准中成体系地应用中国商用密码算法体系。该国际标准证明了中国商用密码算法在可信计算领域的全球化产业应用的可行性，其相关技术的先进性得到全球产业的一致认可。

2019 年 4 月，TCM 标准修订申报小组参加全国信息安全标准化技术委员会 2019 年第一次工作组“会议周”会议提出修订立项建议，顺利通过现场投票，于 2019 年 7 月在全国信息安全标准化技术委员会正式立项修订 GB/T 29829—2013《信息安全技术 可信计算密码支撑平台功能与接口规范》。

TCM 标准修订内容参考国际标准 ISO/IEC 11889:2015《信息技术 可信平台模块库》，但在编制时结合我国现实情况，并采用我国自主研发的各项密码技术。TCM 标准修订主要参考 ISO/IEC 11889: 2015 体系内容、架构以及命令接口；增加了 SM2 非对称加解密的指令实现要求；增加了我国自主知识产权匿名算法 ECC DAA 的支持等。

全国信息安全标准化技术委员会已于 2020 年 7 月 15 日面向社会公开征求对《信息安全技术 可信计算密码支撑平台功能与接口规范》修订稿的意见。根据 2022 年 4 月 15 日国家市场监督管理总局、国家标准化管理委员会发布的中华人民共和国国家标准公告(2022 年第 6 号)，修订之后的 TCM 标准 GB/T 29829—2022《信息安全技术 可信计算密码支撑平台功能与接口规范》正式发布。

## 2.4 本章小结

TPM 是可信计算平台的信任根，是整个平台可信的基点，是可信计算的关键技术之一。本章介绍了 TCG 的可信平台模块 TPM 1.2、TPM 2.0 以及中国 TCM，还介绍了中国 TCM 实现实例以及增强了安全控制功能的 TPCM。

通过本章的讨论可以看到，我国的可信计算技术与产业起步不晚，创新很多，成果可喜，我国已经站在国际可信计算的前列。

在 2003 年之前，我国的可信计算技术与产业是独立发展的。我们开发出的我国第一款 ESM 和芯片 J2810 在系统结构和主要技术路线方面与 TCG 的 TPM 基本一致，仅个别地方有差异。在这些差异中，既有我们的不足，也有我们自己的创新。2004 年之后，我国的可信计算从 TCG 学习到许多有益的东西，TCG 也从中国的可信计算学习到很多有益的东西。我们认为，对于可信计算技术与产业，国际间开展技术交流与合作对大家都是有好处的。

## 习题

(1) TPM 2.0 设计多个 Hierarchy 的目的是什么？为何不将其称为“树”？

(2) TPM 2.0 为何无须将 Hierarchy 主密钥存储在非易失性空间里？

(3) 与 TPM 1.2 相比，在 TPM 2.0 授权会话中增加盐值有何好处？

（4）TPM 2.0 如何计算实体名称？在授权 HMAC 计算中为何加入实体名称？

（5）TPM 2.0 如何支持多个 PCR 集？有何好处？

（6）TPM 2.0 与 TPM 1.2 在子密钥受父存储密钥的保护机制方面有何差异？

（7）TPM 2.0 是否还存在 TPM 1.2 中内外部密钥不同步、无法删除某个具体子密钥的问题？如何改进？

（8）TPCM 提出了明确的用户管理机制，这与 TPM 中的授权角色有何异同？

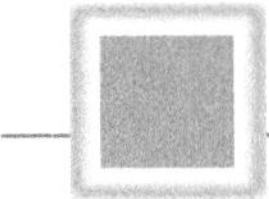

## 实验

下载、编译、安装、试用软件 TPM 2.0 模拟器、Intel TPM2-tss、TPM2-abrmd 以及 TPM2-tools，结合试用及代码理解、验证 TPM 2.0 的工作原理。具体实验内容有：

① 在 https://sourceforge.net/projects/ibmswtpm2/处下载 IBM 的软件 TPM 2.0，按照其说明文件进行编译、安装、配置服务、启动服务；

② 结合相关代码分析，理解 TPM 2.0 的工作原理。

# 第 3 章 可信度量技术

可信度量技术是可信计算的关键技术之一。可信计算平台通过可信度量,把信任关系从信任根扩展到整个计算机系统,以确保计算平台可信。本章首先介绍 TCG 的链形信任度量技术,然后介绍带有数据恢复功能的星形信任度量技术,以及基于 TPCM 的信任度量。

## 3.1 TCG 的链形信任度量技术

TCG 利用计算机启动序列建立信任链。PC 平台的启动序列如下:加电后首先 BIOS/EFI 取得控制权,BIOS/EFI 将初始化一些硬件设备。然后 BIOS/EFI 将控制权传递给系统安装的一些硬件板卡的固件,当这些硬件板卡完成自己的初始化工作后,BIOS/EFI 回收控制权。在此之后,BIOS/EFI 将控制权传递给系统的引导加载程序,引导加载程序加载操作系统内核,然后将控制权传递给操作系统内核。操作系统内核加载并安装各种设备驱动和服务。至此,系统启动完毕,等待执行用户程序。

计算机执行各种任务时,计算机的控制权将会在不同的实体之间传递。那么,用户如何才能知道计算机是否受到恶意攻击,以及计算机是否可信呢?显然,用户希望能够知道计算机的可信状态,以决定是否使用这台计算机或应当采用什么措施确保计算机可信。

TCG 采用度量、存储、报告机制解决这一问题,即对平台的启动序列的可信性进行度量,并对度量的可信值进行安全存储,当用户询问时提供报告。为此,首先要记录系统的启动序列和在启动序列中的可信度量结果,然后才能通过向用户报告启动序列和可信度量结果,向用户报告平台的可信状态。从这一观点看,所谓信任链技术,就是记录系统的启动序列和在启动序列中的可信度量结果的一种实现技术。

### 3.1.1 TCG 的信任链

TCG 给出的信任链定义如下:CRTM→BIOS/EFI→OS 装载器→OS→应用。其中,可信度量根核(CRTM)是 BIOS/EFI 里面的最先执行的一段代码,用于对后续启动部件进行完整性度量,因此 CRTM 是整个信任链度量的起点。

当系统加电启动时,CRTM 首先对 BIOS/EFI 的完整性进行度量。这种度量就是把 BIOS/EFI 当前代码的可信值计算出来,并把计算结果与预期的可信值进行比较。如果两者一致,则说明 BIOS/EFI 没有被篡改,BIOS/EFI 是可信的;如果两者不一致,则说明

BIOS/EFI 的完整性遭到了破坏，不可信了。如果 BIOS/EFI 是可信的，那么可信的边界将会从 CRTM 扩大到 CRTM＋BIOS/EFI，于是执行 BIOS/EFI。接下来，BIOS 对 OS 装载器进行度量。OS 装载器包括主引导扇区(Master Boot Record，MBR)、操作系统引导扇区等。如果 OS 装载器也是可信的，则信任的边界将会扩大到 CRTM＋BIOS/EFI＋OS 装载器，于是执行操作系统的加载程序。接下来，操作系统加载程序在加载操作系统之前，将首先度量操作系统。如果操作系统是可信的，则信任的边界将扩大到 CRTM＋BIOS/EFI＋OS 装载器＋OS，于是加载并执行操作系统。当操作系统启动以后，由操作系统对应用程序的完整性进行度量。如果应用程序是可信的，则信任的边界将扩大到 CRTM＋BIOS＋OS 装载器＋OS＋应用，于是操作系统加载并执行应用程序。上述过程看起来如同一根链条，环环相扣，因此称之为信任链。可信计算平台的启动和信任链流程如图 3-1 所示。

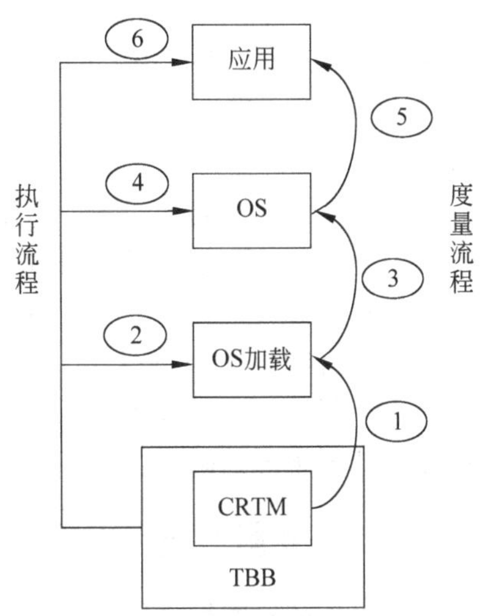


图 3-1　可信计算平台的启动和信任链流程

在信任链的执行过程中，度量的序列反映了系统启动的序列，度量的值就是反映系统可信状态的值，于是将这一过程中的度量值妥善地存储下来，就记录了系统的启动序列和在启动序列中的可信度量结果，为以后的报告机制提供了数据基础。

### 3.1.2　度量方法

这里需要解决一个问题：采用什么方法度量软件的可信性？这种方法既要能够准确反映软件是否被篡改、是否可信，度量的结果数据又比较短，以节省存储空间。TCG 采用哈希函数度量软件的完整性，以软件的完整性代表软件的可信性。哈希函数具有以下几个明显优点，特别适合这里的应用。

① 可以接受几乎任意长的输入数据，其输出长度固定，一般为几十字节。

② 输入数据的微小改变将引起输出的明显改变。

③ 安全性好，具有不可逆和抗碰撞攻击的能力。

接下来的一个问题是度量的结果存储在哪里？我们首先会想到硬盘有足够大的存储空间。但是，我们现在的数据是反映平台可信性的度量值，必须安全存储，而硬盘的安全性较低。可信计算的一个突出特点是采用了一个 TPM 芯片作为信任根，其安全性比硬盘高。因此，TCG 将可信度量值存储到 TPM 中。具体地，在 TPM 的存储器中专门开辟一片区域作为平台配置寄存器(PCR)，用于存储可信度量值。

为了使存储到 PCR 中的度量值能够反映系统的启动序列，TCG 采用了一种迭代计算哈希值的方式，称为“扩展”操作，即将 PCR 的现值与新值相连，再计算哈希值并作为新的完整性度量值存储到 PCR 中：

New $PCR_i$ = Hash(Old $PCR_i$ ‖ New Value)，其中符号“‖”表示连接。

根据哈希函数的如下性质：

① 如果 $A \neq B$,则有 $\text{Hash}(A) \neq \text{Hash}(B)$。

② 如果 $A \neq B$,则有 $\text{Hash}(A \parallel B) \neq \text{Hash}(B \parallel A)$。

综上可知,PCR 中存储的度量值不仅能反映当前度量的软件完整性,也能反映系统的启动序列。当前软件的完整性或系统启动序列的任何改变都将引起存储到 PCR 的值的改变。

我们事先把系统启动过程中需要度量的部件的完整性值计算出来,并作为预期值存储起来。当系统实际启动时,信任链技术就会把当前度量的实际完整性值计算出来,并与预期的完整性值进行比较。如果两者一致,则说明被度量部件没有被篡改,数据是完整的,平台是可信的。如果两者不一致,则说明被度量部件被篡改,其数据完整性遭到了破坏,平台不可信了。这样,依靠信任链技术就可以在系统启动过程中检查,以发现系统资源的完整性是否得到确保,从而确保系统资源的完整性和系统的可信性。

### 3.1.3 度量日志

除了信任链的度量之外,TCG 还采用日志技术与之配合,对信任链过程中的事件记录相应的日志。日志将记录每个部件的度量内容、度量时序以及异常事件等内容。由于日志与 PCR 的内容是相关联的,因此攻击者篡改日志的行为将被发现,这就进一步增强了系统的安全性。

对于 PC 而言,启动过程中的完整性度量事件日志应存放于系统的 ACPI 表中。图 3-2 定义了度量事件日志在 ACPI 表中的存放位置,并定义了该如何找到事件日志的起始位置。

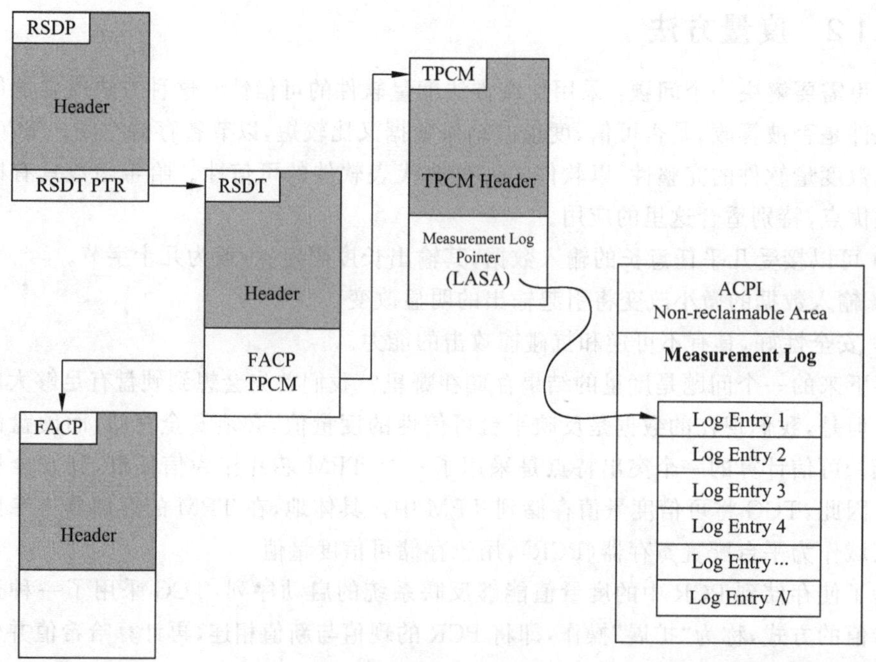


图 3-2 ACPI 表的事件日志结构

### 3.1.4 TCG 信任链技术的一些不足

根据上面的分析可以知道，TCG 的链式信任链技术的最大优点是实现了可信计算的基本思想：从信任根开始到硬件平台、到操作系统、再到应用，一级测量认证一级，一级信任一级，把这种信任扩展到整个计算机系统，从而确保整个计算机系统可信。其次，这种信任链技术与现有计算机有较好的兼容性，而且实现简单。

但是，TCG 的这种信任链技术具有下列几点不足。

#### 1. 信任链中度量的是数据完整性，不是可信性

可信计算的主要目标是提高和确保计算平台的可信性。为此，应当度量并确保系统资源的可信性。但是，受可信性度量理论的限制，目前尚缺少简单易行的平台可信性度量理论与方法。相比之下，数据完整性的度量理论已经成熟，而且简单易行。TCG 采用数据完整性度量，代替可信性度量。理论和实践都表明，通过数据完整性的度量与检查，可以发现大多数对系统资源的完整性破坏，对确保系统资源的数据完整性和平台的可信性有重要贡献。因此我们说 TCG 的信任链技术是成功的。

但是，完整性并不等于可信性。目前，在学术界对可信性的理解尚没有统一的认识。我们的学术观点是：“可信≈安全＋可靠”。人们普遍认为，数据安全性包括数据的秘密性、完整性和可用性。另外，确保数据完整性也是提高系统可靠性的一种措施。显然，数据完整性仅是安全性和可靠性中的一部分，而不是它们的全部。因此，TCG 的信任链度量是有一定局限性的。这一问题的解决依赖于可信度量理论的发展。

其次，由于 TCG 在信任链中采用的是度量数据完整性，因此它能确保数据的完整性，具体确保 BIOS、OS Loader、OS 的数据完整性。但是，数据完整性只能说明这些软件没有被修改，并不能说明这些软件中没有安全缺陷，更不能确保这些软件在运行时的安全性。例如，攻击者可以在一个可信系统中利用缓冲区溢出来替换可执行文件。基于数据完整性的度量是一种静态度量。静态度量可以确保软件加载时的可信性，而不能确保软件在执行时的可信性。因此，我们需要基于软件行为的动态度量。但是，软件的行为是复杂的，对其进行度量是比较困难的。

文献[45]对软件的行为进行了形式化的刻画和分析。国内外许多学者对软件的行为可信性进行了研究，并取得了一些研究成果。我国自然科学基金执行了“可信软件”重大研究计划，推动了对软件可信性的研究。

文献[47]提出一种基于软件行为的动态完整性度量方法。分析可执行文件或源代码的 API 函数调用关系得到软件的预期行为，建立软件预期行为描述集并发布；然后对软件进程的实际 API 函数调用行为进行监控；如果在软件执行过程中，软件行为符合软件预期行为描述集中的相关规则(软件行为认证码)，则认为软件是可信的，否则说明软件不可信，此时应该对该软件进行控制。在实际科研项目中把静态度量与动态度量相结合，可得到较好的效果。这种基于行为的动态度量方法需要进一步提升之处是，如何提前感知攻击行为的发生，不能等到攻击行为发生了才感知到。

另外，TCG 的信任链还把信任值二值化，只考虑了可信和不可信两种极端状况，而且

认为在传递过程中没有信任损失，这显然是一种理想化的处理方法。

**2. 信任链较长**

根据信任理论可知：信任传递的路径越长，信任的损失可能越大。TCG 的信任链

CRTM→BIOS→OS Loader→OS→Applications

从 CRTM 到应用程序，中间经过了很多级的传递，可能产生信任的损失。

**3. 信任链的维护麻烦**

由于信任度量值的计算采用了一种迭代计算哈希值的“扩展”方式，这就使得在信任链中加入或删除一个部件，信任链中的软件部件更新（如 BIOS 升级、OS 打补丁等），相应的预期可信值都得重新计算，用户维护很麻烦。另外，为了确保系统可信，需要度量所有的可执行部件（如可执行程序、Shell 脚本、Pert 脚本等）。要度量这么多部件，十分麻烦。

**4. CRTM 存储在 TPM 之外，容易受到恶意攻击**

在实现技术上，CRTM 是一个软件模块，将它存储在 TPM 之外，容易受到恶意攻击。如果能把它存储到 TPM 内部，将会更安全。

## 3.2 星形信任度量模型与技术

### 3.2.1 星形信任度量模型

现有的计算机引导方式一般为链式结构，因此 TCG 采用 BIOS Boot Block→BIOS→OSLoader→操作系统→应用的信任度量。显然，这种依照引导方式进行度量的信任链较长。因为信任也是一种信息，因此在传输过程中会有损失，而且传输的路径越长，损失可能越大。由于链式信任度量方法的信任链很长，因此容易产生信任衰减。如图 3-3 所示，如果节点 $A$ 对节点 $B$ 的信任值为 $T(A,B)$，节点 $B$ 对节点 $C$ 的信任值为 $T(B,C)$，用 $T(A,C)$表示经由 $B$ 点传递的 $A$、$C$ 之间的信任关系。由传递性可以推断出 $A$ 和 $C$ 之间的信任值取两者之间的最小信任值，从而产生信任衰减。

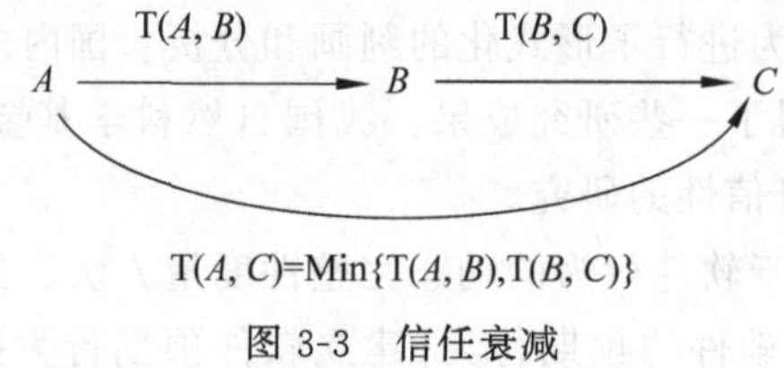


图 3-3　信任衰减

文献[14]提出一种星形信任度量模型。星形信任度量模型采用一级度量的方法，大大缩短了信任链长度。与链式结构一级度量一级的方案不同，星形信任度量模型是利用可信根分别对引导程序、操作系统内核、应用程序等进行度量。因为采用一级度量，从而解决了链式信任度量中的信任衰减问题。通过完整性度量后，TPM 才允许 CPU 启动平台。因为所有度量均由可信根的 CPU 进行，不是由平台的 CPU 度量，所以是可信根的

主动度量。星形信任度量模型如图 3-4 所示。

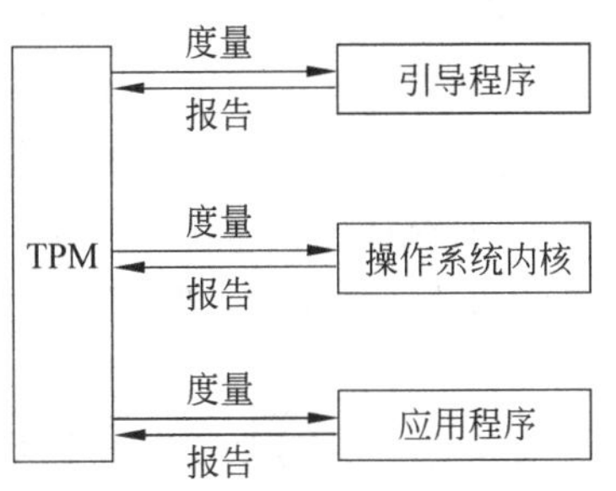

图 3-4 星形信任度量模型

在星形信任结构中，引导程序、操作系统内核和应用程序直接被可信根度量过，因此可以保证系统在启动过程中是安全的，软件没有被非法篡改。由于星形信任结构的信任值计算是根节点与每一个度量节点之间的独立计算结果，互相之间不会产生影响，因此添加和删除一个部件以及软件版本升级，根节点对该节点单独重新计算即可，不会影响到整个信任链。而且，星形信任关系不在信任代理间传递，度量部件均为一级度量，可以有效避免信任损失。

星形信任结构也有不足之处：在星形结构中，由于根节点处于中心位置，在平台的工作过程中需要不断地对各节点进行完整性度量和可信度的判断，因此可信根的计算量较大。由于可信根芯片 CPU 的效率一般低于平台主 CPU，因此有可能影响平台的工作效率。

### 3.2.2 具有数据恢复的星形信任度量

根据"可信≈可靠＋安全"的学术思想，可信计算机系统应该具备较好的可靠性。因此，信任根若检测到某个软件受到攻击并被篡改，除了阻止该软件运行之外，需要提供一种机制，以使该软件能够恢复到其正常的状态，保证平台的正常工作不受干扰。星形信任度量模型的备份恢复机制需要对 TCG 规范中的 TPM 结构进行扩展，将 RTM、RTS 和 RTR 集成在 TPM 芯片中，并要在平台中开辟一个受 TPM 直接管理的系统备份存储器，保存计算机系统引导程序和操作系统等希望被保护的内容代码。当 TPM 发现某个被度量的部件被篡改后，便直接调用系统备份存储器进行数据恢复，保证平台正常启动并运行。图 3-5 为具有数据恢复的星形信任度量模型。

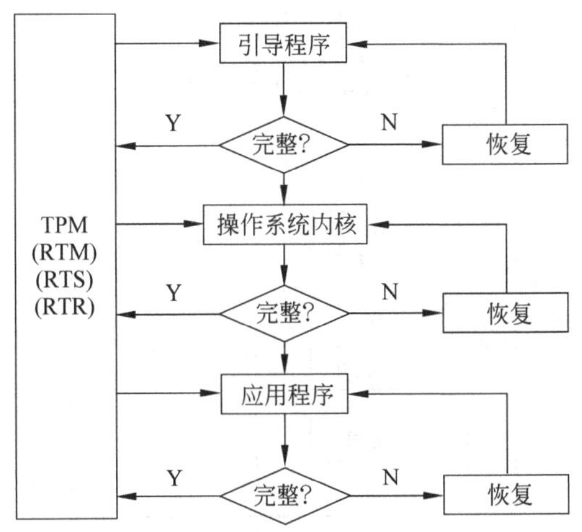

图 3-5 具有数据恢复的星形信任度量模型

如图 3-5 所示，TPM 在系统启动之前对引导程序、操作系统内核、应用程序分别进行完整性校验，若校验未通过，则认为以上内容被篡改，TPM 将从受保护的备份存储器中读取相应的备份代码，将其写入外部工作用存储器，并再次进行完整性校验，若通过校验，表明系统恢复成功，允许该软件启动。该模型为备份存储器提供受保护的安全存储环境，在进行完整性校验和数据恢复的过程中不会受到外部干扰，从而大大提高了系统的可靠性和可用性。

## 3.3 基于 TPCM 的信任度量

TPCM 是我国自主设计的一种可信平台模块方案。它在继承了 TCG 的 TPM 的一些优点外，也针对 TPM 的一些缺点进行了有效的改进，具有自己的一些突出特点。其主要特点是，平台启动时 TPCM 首先掌握对平台的控制权，并对平台关键部件进行完整性度量。本节介绍国家标准 GB/T 29827-2013《信息安全技术 可信计算规范 可信平台主板功能接口》里所定义的信任度量技术。

### 3.3.1 TPCM 优先启动与度量

通过主板电路设计保障实现 TPCM 和计算机主板其他通用部件之间的加电启动时序控制。确保用户启动 PC 后，TPCM 先于主板其他通用部件启动。RTM 认证并度量完扩展度量模块 1(Extended Measurement Module 1，EMM1)后，TPCM 发出控制信号启动主板的 CPU、芯片组和动态存储器等通用部件。其中 EMM1 为 Boot ROM 中的一段程序代码。如图 3-6 所示，TPCM 优先启动以及对 EMM1 的完整性度量流程为

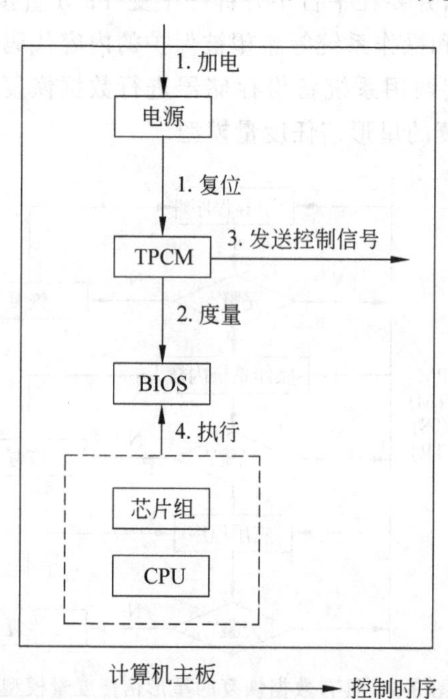


图 3-6 TPCM 优先启动以及对 EMM1 的完整性度量流程

① 用户启动 PC；

② TPCM 先于主板其他通用部件获得复位信号并执行 RTM；

③ TPCM 和主板其他通用部件设计电路，确保 RTM 能可靠地读取 Boot ROM 中的一段程序代码 EMM1，对其进行身份认证；

④ RTM 度量 EMM1 完整性；

⑤ RTM 度量 EMM1 完毕，TPCM 发出控制信号使主板的其他通用部件复位，开始正常开机引导过程。

### 3.3.2 扩展度量模块和信任传递

扩展度量模块(Extended Measurement Module，EMM)是指接受了完整性度量检查并被装载到当前执行环境中，度量后续代码装载的部件。作为 RTM 度量引擎的扩展度量模块，实现对执行部件的完整性度量，确保信任传递。基于 TPCM 的可信 PC 平台的 EMM 主要有 EMM1、EMM2 和 EMM3。

① EMM1：通过 RTM 对其进行完整性度量，并被装载到系统的一段 Boot ROM 初始引导程序，作为主板开机引导中装载执行部件对 Boot ROM 其他部件执行完整性度量的扩展度量模块。

② EMM2(BIOS/UEFI)：通过 EMM1 对其进行完整性度量，并被装载的扩展度量模块实体，负责对操作系统装载器进行完整性度量与可信装载的一段 Boot ROM 程序。

③ EMM3：存储于外部存储器中用来装载操作系统内核的执行部件，通过 EMM2 对其进行完整性度量并被完整性装载到主板系统中，对被装载的操作系统内核执行完整性度量的扩展度量模块。

对于 PC 而言，信任链包括从开机到操作系统内核装载之前的可信启动过程，基于部件完整性度量与扩展度量部件，保障部件代码的装载和执行环境的可信。由 TPCM 初始信任状态发起，以扩展度量模块为节点的信任传递与扩展，实现传递部件之间的信任关系。信任链上主要部件之间的相互协作关系是：RTM 度量 EMM1，EMM1 度量 EMM2，EMM2 度量 EMM3，EMM3 度量操作系统内核；可信计算主板以 RTM、EMM1、EMM2 和 EMM3 为节点搭建信任链传递，如图 3-7 所示。信任链的建立过程满足如下要求。

① 信任链的建立过程以 RTM 为起点。

② 当需要装载一个部件到当前环境上运行时，首先对该部件进行完整性度量，然后再将其加载。

③ 当主板系统启动完成后，可信根 TPCM 中的 PCR 寄存器记录了按照系统事件启动顺序依次迭代计算的哈希值。

④ PCR 中的哈希值与启动过程中的部件启动事件相对应。

⑤ PCR 中的哈希值与系统引导过程的度量日志记录启动顺序相对应。

⑥ PCR 中的哈希值和度量事件日志，在每次开机过程中重新计算生成。

PC 从开机引导到 OS 内核装载之前，以信任链建立为核心功能，基于 TPCM 信任根支撑的主板系统实现部件完整性度量与被度量，度量执行部件与被度量部件角色变化的信任传递关系和一般流程如下。

① TPCM 先于计算机主板其他部件(包括主 CPU)启动并确保 RTM 作为信任起点的度量执行部件,可靠地读取 Boot ROM 中的 EMM1 并对其执行完整性度量,生成的哈希值和日志临时存储于 TPCM 中;

② TPCM 发送控制信号,使主板其他部件(如 CPU、芯片组和动态存储器等)复位,开始执行 Boot ROM 中的 EMM1 模块,构建以 EMM1 为当前系统控制和执行部件的可信执行环境;

③ EMM1 获得系统执行控制权,作为 RTM 的扩展度量模块执行部件;

④ EMM1 对 EMM2 部件进行完整性度量,并临时寄存当前哈希值和日志;

⑤ EMM2 获得当前系统控制权,对 EMM3 执行完整性度量,并将哈希值存储到 TPCM 的 PCR 中,度量事件日志保存到 ACPI 表中;

⑥ EMM3 获得当前度量执行部件控制权,作为可信度量执行部件;

⑦ EMM3 对操作系统内核执行完整性度量,将哈希值存储到 TPCM 的 PCR 中,并把日志保存到 ACPI 表中。

经过上述步骤后,主板系统以 TPCM 中的 RTM 为度量起点,以 EMM1、EMM2 和 EMM3 部件为度量代理的信任链建构完成,保障 OS 内核获得一个可信的执行环境。

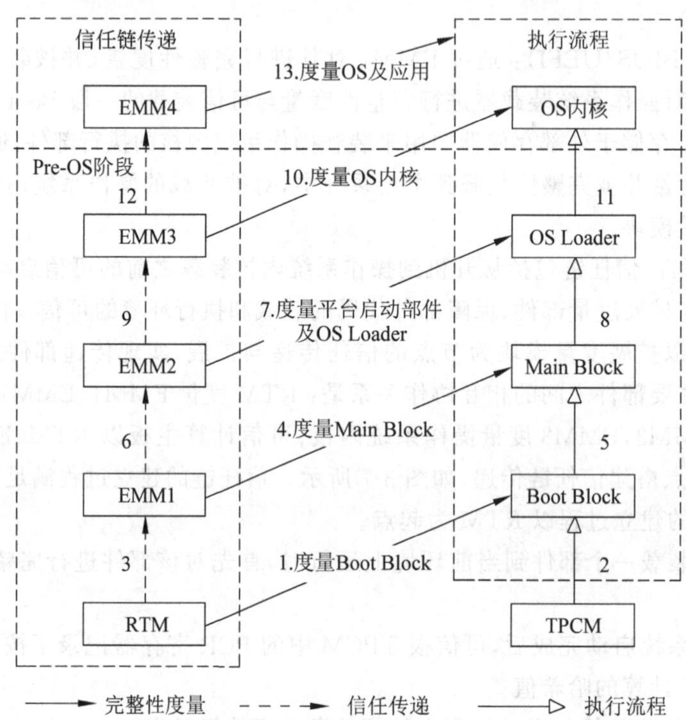


图 3-7　主板引导过程部件信任传递关系网络和信任链建立流程

### 3.3.3　一种 TPCM 度量 Boot ROM 的实现方法

基于 TPCM 的可信计算平台主板电路设计确保 TPCM 先于主板通用部件获得复位

信号并可信引导，完成对 Boot ROM 的 EMM1 度量；度量完毕，TPCM 发送控制信号使主机板的其他通用部件加电复位，实现开机可信引导。TPCM 和通用主机平台的电路组成结构及双机开机时序关系如图 3-8 所示。

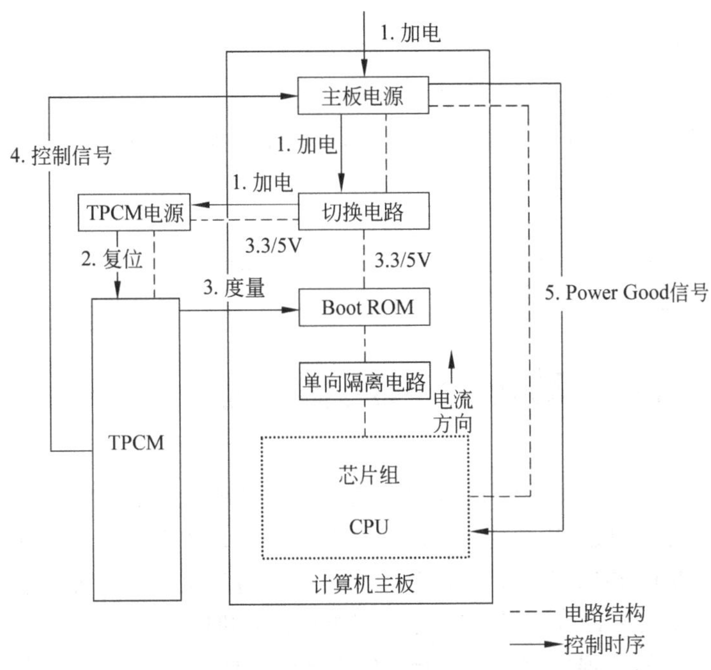


图 3-8　双系统开机时序关系

TPCM 先于主板启动的设计特点如下。

① 平台主板设计上满足 TPCM 和其他通用部件之间基于双电源模块加电。

② TPCM 外围电源与信号等采用独立电路系统设计。

③ 通过主板的通用部件电源控制功能截获其加电和复位信号，实现双系统在用户开机过程的分时控制。平台主板的其他通用部件电源设计实现切换与控制电路功能，在冷启动和主板复位过程，截获主机电源 Power Supply 的“Power Good”信号，隔离除 TPCM 外的其他通用部件的电压信号、复位信号和时钟信号等；在获得 TPCM 发出的控制信号时，切换与控制电路给通用部件（如 CPU、芯片组等）分发电压信号、时钟信号和复位信号等，主板通用部件进入正常开机引导。

④ 在有选择性实现 TPCM 与主板其他通用部件加电工作过程中，如 Boot ROM 芯片加电，TPCM 及外围部件电路系统的电源和主板其他不需要加电的部件采用单向隔离电路保护，确保电流不能倒灌进入平台主板的其他通用部件。TPCM 及外围部件电路系统的电源，在其他通用部件加电复位后，其单向隔离电路被正向电流导通，TPCM 重新复位；TPCM 电源设计实现智能检测到其他部件的“倒灌”电流而出现断路保护，停止输出电压信号。

TPCM 先于主板启动的平台可信引导过程如下。

① Power On：用户启动开机按钮动作，Power Supply 发出“Power Good”信号。

② 计算机主板通用部件电源截获“Power Good”信号，切断给通用部件加电；将电源转发给 TPCM 电源。

③ 在隔离保护电路支撑下，TPCM 电源模块给 TPCM 加电和给主板 Boot ROM 电路供电。

④ TPCM 嵌入式系统启动运行。

⑤ TPCM 自我可靠性启动与部件完整性检验。

⑥ TPCM 检测物理防护电路和主板 Boot ROM 连接电路 SPI 总线的可靠性。

⑦ TPCM 可靠地读取 Boot ROM 中的 EMM1 代码。

⑧ 完整性度量 EMM1 并扩展 PCR 值。

⑨ 度量 EMM1 执行完毕，TPCM 给主板通用部件电源发送控制指令，切换电路使主板电源给通用部件加电、复位，使主板正常启动。

## 3.4 TCG 动态可信度量根技术

信任链是可信计算的关键技术，通过信任链的作用确保系统资源的数据完整性，从而提高系统的可信性。但是，早期的信任链只在平台启动时才进行一次完整性校验。这对于频繁开机和关机的 PC 来说，是基本可以的。但是，对于服务器这种一旦开机后就长时间不关机的计算平台来说，远远不够。用户很难相信开机时几分钟的数据完整性度量，很难确保服务器几年的数据完整性。因此，需要能够反复进行系统完整性度量的信任链机制。

在工业界，Intel、AMD 等 CPU 厂商都致力于通过改进 CPU 的体系结构增强计算平台的安全性。最著名的是 Intel 的 LaGrande 计划和 AMD 的 Presidio 计划。这两个计划都是通过改进 CPU 和芯片组的安全功能来增强平台的安全性。在这些技术的支持下，可以实现信任链的多次完整性度量，因而比较适合服务器。TCG 称这种可多次度量的技术为动态可信度量根(Dynamic Root of Trust Measurement，DRTM)技术，而称原来的可信度量技术为静态可信度量根(Static Root of Trust Measurement，SRTM)技术。

LaGrande 计划的体系结构包含了很多安全特性，如它具有可信执行技术(Trusted eXecution Technology，TXT)特性的 CPU 和 TCG TPM。为了能够反复进行系统完整性度量，Intel 的 CPU 中增加了一条新指令 SENTER。这条指令能够创建可控和可认证的执行环境。该环境不受系统中任何部件的影响，因此可以确保执行这条指令所加载的程序的执行不会被恶意篡改。

LaGrande 体系结构的保护目标主要如下。

① 保护执行：在 CPU 芯片中提供一个安全的区域来运行一些敏感的应用程序，以使得用户即使处于可能被攻击的环境中，仍然能够相信这个区域的安全性。

② 密封存储：采用密码保护用户的数据，使用户即使处于可能被攻击的环境中，仍能够相信被保护数据的机密性和完整性。

③ 远程证明：提供一种机制，使用户能够相信一个远程平台是可信的。

④ I/O 保护：对平台的 I/O 进行保护，使用户和应用程序之间的交互路径是可信路径。

2005 年，AMD 宣布了包含虚拟机和安全扩展的下一代 CPU 规范。在其扩展指令中有一条 SKINIT 指令，用以支持反复进行系统完整性度量。SKINIT 指令对 CPU 进行初始化，为程序建立一个安全执行环境。在这个环境里，屏蔽了所有中断，关闭了虚拟内存，禁止 DMA，除正在执行的这条指令的处理器外，其他处理器都不工作。用于加载虚拟机管理器(VMM)的程序被封装到一个安全的加载程序块中。在 CPU 执行安全加载程序前，这个程序要被度量，其度量值被写进特定 PCR 中。这个 PCR 只能通过特殊的 LPC 总线周期才能读取，而软件是无法模拟这个 LPC 总线周期的，这就保证了只有 CPU 能够读取这个特定的 PCR。这个特定 PCR 的值就是信任根的度量值，CPU 的 SKINIT 指令就是可信度量根。为了防止 SKINIT 指令被攻击，前面所述的所有步骤和条件都是以原子形式执行的。

有了 Intel 和 AMD 的上述技术支持，TCG 提出了 DRTM 的概念。DRTM 是与 SRTM 相对而言的，之所以称之为动态，是因为其信任度量不仅可以在平台启动的时候进行一次，还可以在平台启动以后的任何时刻再次进行。

TCG 的 DRTM 是 CPU 的一条新指令，在 Intel 的 CPU 中这条新指令是 SENTER，在 AMD 的 CPU 中这条新指令是 SKINIT。这条新指令的执行告诉 TPM 开始信任度量，并创建一个可信的计算环境。信任链由这条新指令开始信任度量，并重置 PCR 寄存器。这种信任链可以在任何时候执行信任链、创建可信计算环境，既可以在平台启动时，也可以在平台启动后的任何时候。

由于这种动态信任度量起始于 CPU 的一条新指令，而且不需要重启平台就能进行，所以信任链排除了 BIOS 及其配置、可选 ROM 及其配置、Boot Loader，因此在静态度量情况下针对 BIOS 和 Boot Loader 的攻击也就失效了，从而提高了平台的安全性。

动态可信度量的目的是引导一个可信的操作系统，建立一个可信的环境。但是，这个可信的操作系统会创建多个互相隔离的安全区域，以允许用户使用自己的操作系统或应用程序。当可信操作系统、用户普通操作系统或应用程序都使用同一个 TPM 时，就会发生一个问题。这个问题就是 TPM 如何区分它们呢？换句话说，就是 TPM 如何区分度量的命令和度量值属于可信操作系统、用户操作系统，还是属于应用程序呢？

为了解决这个问题，TCG 在 TPM v1.2 中引入了 Locality 的概念，并用 Locality 与不同的度量请求相关联，从而达到能够区分度量请求者的目的。共定义了 5 个不同的 Locality：Locality 0 与 TPM v1.1b 的设备关联；Locality 1～Locality 3 没有特别规定，一般 Locality 1 与可信操作系统关联，Locality 2 与用户操作系统关联，Locality 3 与用户应用程序关联；Locality 4 与 CPU 关联，用于认证 DRTM。

对于静态可信度量，TCG 在 TPM v1.1 中规定 PCR0～PCR15 仅在平台重启时才被允许重置成初始值。为了支持动态可信度量，TCG 在 TPM v1.2 中新增了 PCR16～PCR23，并允许在动态度量时把 PCR16～PCR23 重置成初始值。

最后我们指出，TCG 的 DRTM 技术可以实现信任链的多次度量，而且克服了 SRTM 的一些缺点。它进一步提高了平台系统的安全性，而且比原来的静态可信度量更适合服务器应用。这些都是有积极意义的。Intel 已经将支持 DRTM 的 TXT 技术升级为 SGX (Software Guard Extensions)技术。

但是应当指出,DRTM 技术只是实现信任链的多次度量,其度量的内容还是软件的数据完整性,并不是软件的行为可信性,因此仍然不能确保软件的行为可信。确保软件的行为可信是一件困难的事情,在这方面目前还缺少完善的理论和技术,需要我们进一步开展研究。

## 3.5 本章小结

可信计算平台通过可信度量技术,把信任关系从信任根扩展到整个计算机系统。TCG 的信任链技术总体上是成功的。它的最大优点是实现了可信计算的基本思想:从信任根开始到硬件平台,到操作系统,再到应用,一级测量认证一级,一级信任一级,把这种信任扩展到整个计算机系统,从而确保整个计算机系统可信。其次,这种信任链技术与现有计算机有较好的兼容性,而且实现简单,但是它也有一些明显的不足之处。

具有数据恢复功能的星形信任结构减少了信任传递,基于 TPCM 的信任度量确保 TPCM 首先启动,完成对 Boot ROM 程序的可信度量。DRTM 技术从一条安全指令开始信任度量,可以在平台运行时创建可信计算环境,不需要重启平台。

我们完全相信,在世界各国的共同努力下,可信度量技术将会越来越完善,将在可信计算中发挥越来越大的作用。

## 习题

(1) TCG 链形信任度量为何将启动过程中的完整性度量事件日志存放于系统的 ACPI 表中?

(2) TCG 链形信任度量技术有哪些不足之处?

(3) 星形信任度量技术有哪些优势?

(4) 基于 TPCM 的信任度量如何实现 TPCM 先于主板通用部件启动,完成对 Boot ROM 关键代码的度量?

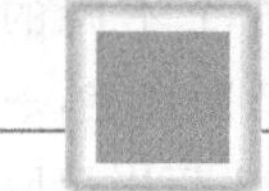

## 实验

Trusted Grub 实验。

① 请到 https://github.com/Rohde-Schwarz/TrustedGRUB2 处下载;

② 编译、安装、试运行 Trusted Grub2,若无 TPM 支持,请用软件模拟;

③ 试用其支持的可信相关命令工具;

④ 分析其实现原理。

# 第 4 章 可信软件栈

## 4.1 可信软件栈的概念

可信软件栈是可信计算平台的重要组成部分。它基于可信计算平台的硬件资源，特别是 TPM，提供支撑可信计算目标的可信服务，并保证系统软件与环境的可信性。可信软件栈位于应用软件与 TPM 之间，是应用软件方便使用 TPM 的桥梁，应用程序通过调用可信软件栈的接口使用 TPM 提供的安全功能。

## 4.2 TCG TPM 1.2 软件栈

TCG 的软件栈(TCG Software Stack，TSS)，是 TCG 定义的一种为上层的可信计算应用提供访问 TPM 接口的软件系统，是可信计算平台体系中必不可少的组成部分。在整个体系中，TPM 是整个平台的信任根；信任链将信任从信任根依次传递给 BIOS、操作系统内核和应用程序。TSS 为应用程序访问 TPM 提供支持，并对 TPM 进行管理。

国际 TCG 为可信软件栈制定了一系列的技术规范，2003 年 10 月推出 TSS Specification Version 1.1 规范，2007 年 4 月在前一规范基础上做了进一步修改，制定出 TSS Specification Version 1.2 规范，该规范中指出："TSS 的设计目标包括：为应用程序调用 TPM 安全保护功能提供入口点，提供对 TPM 的同步访问，向应用程序隐藏 TPM 所建立的功能命令以及管理 TPM 资源"。

在整个可信计算平台体系中，可信软件栈(TSS)是必不可少的系统组件。首先，为了应用软件能够方便地使用 TPM 的可信计算功能，应该提供相关的软件支持，如设备驱动、设备应用接口等。其次，由于 TPM 的计算能力和存储资源有限，TPM 不可能独立完成可信计算的所有功能，必须借助 TSS 的参与。

### 4.2.1 TCG TPM 1.2 软件栈体系结构

可信软件栈具有多层次的体系结构，如图 4-1 所示，可分为 TSS 服务提供(TCG Service Provider，TSP)层、TSS 核心服务(TCG Core Service，TCS)层和 TSS 设备驱动库(TCG Device Driver Library，TDDL)，各个层次都定义了规范化的函数接口。TSP 主要作为本地和远程应用的可信代理，TCS 用于提供公共服务的集合，而 TDDL 负责与 TPM

的交互。

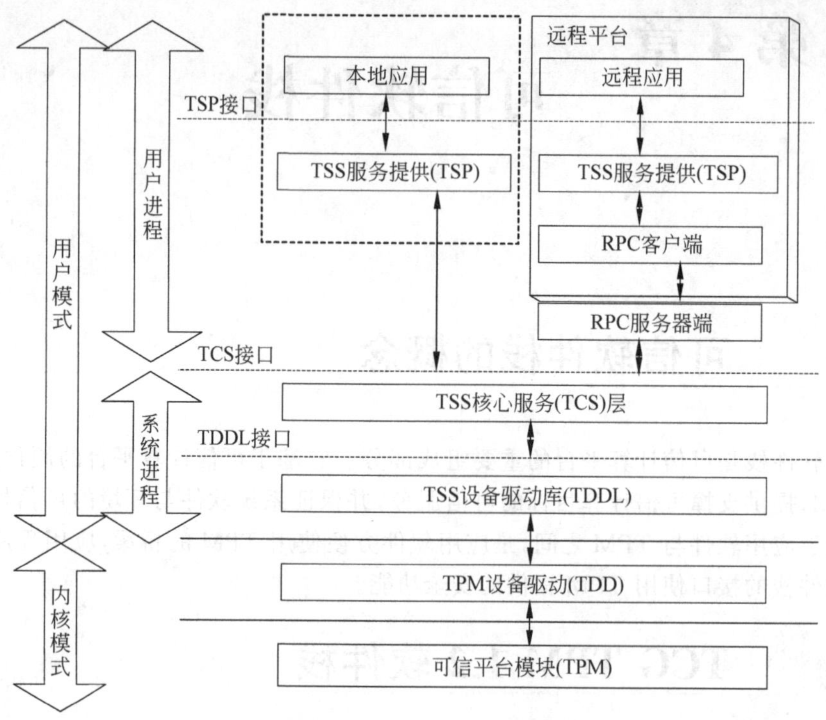


图 4-1　TCG TPM 1.2 TSS 体系结构图

TSP 层以共享对象或动态链接库的方式直接被应用程序调用。TSP 接口(即 TSPI)对外提供了 TPM 的所有功能和它自身的一些功能,比如密钥存储和弹出关于授权数据的对话框。

TCS 层有以下几个任务：管理 TPM 的资源,比如,授权会话和密钥上下文的交换；提供一个 TPM 命令数据块产生器,这个命令数据块产生器能够把 TCS API 请求转换成 TPM 能够识别的比特流;提供一个全局的密钥存储设备;同步来自 TSP 层的应用程序访问。如果操作系统支持,TCS 层必须以系统服务方式实现,也应该是 TDDL 的唯一使用者。

TDDL 是一个提供与 TPM 设备驱动进行交互的 API 的库。一般来说,TPM 生产厂商会随 TPM 驱动一起附带 TDDL 库,以便 TSS 实现者能够和 TPM 进行交互。TDDL 提供一个小的 API 集合来打开和关闭设备驱动,发送和接收数据块,查询设备驱动的属性和取消已经提交的 TPM 命令。

以上三个层次的关系如下：最上层的 TSP 向用户的应用程序提供接口，它把来自应用程序的参数打包传给 TCS 模块,由 TCS 模块提供具体的功能函数(如密钥管理);TCS 模块对来自 TSP 模块的参数进行分析和操作后写成一个 TPM 可以识别的字节流,通过 TDDL 传到 TPM 里,TPM 接收到字节流后进行相应的操作,把结果以字节流的形式通过 TDDL 返回到 TCS,TCS 对字节流进行分析后把结果传给 TSP,最后由 TSP 把正式的结果返回给应用程序。

TSS 的主要设计目标如下。

(1) 提供应用程序到 TPM 的正确入口点；

(2) 提供应用程序到 TPM 的层次化访问模式；

(3) 提供对 TPM 的同步访问；

(4) 通过合适的字节分类和排列，隐藏指令流的构建；

(5) 正确管理 TPM 资源。

实体可以在 TSS 和 TPM 上执行某些功能，通常拥有下面的一种角色。

(1) TPM 所有者(TPM Owner)：该角色是平台的拥有者，一个平台只有一个 TPM 所有者。

(2) TPM 用户(TPM User)：该角色可以装载并使用 TPM 对象，例如 TPM 的密钥。TPM 用户可以是能为一个对象提供授权数据的任意实体，第一个 TPM 使用者由 TPM 所有者创建。

(3) 平台管理员(Platform Administrator)：是控制平台中操作系统、文件系统或数据的实体，有可能是 TPM 所有者。

(4) 平台用户(Platform User)：是在平台管理员允许下使用平台数据或资源的实体，有可能是 TPM 用户。

(5) 操作者(Operator)：能直接对平台进行操作，有可能是 TPM 所有者或 TPM 用户，但不大可能是平台管理员或平台用户。

(6) 公共使用者(Public)：该角色可以执行平台中那些没有身份标识和认证约束的操作系统、文件系统或数据的任意功能，同样也能执行那些没有授权约束的 TPM 功能。

根据对象划分模块的思想，TSS 各层次的功能模块划分如图 4-2 所示。TSP 层的模

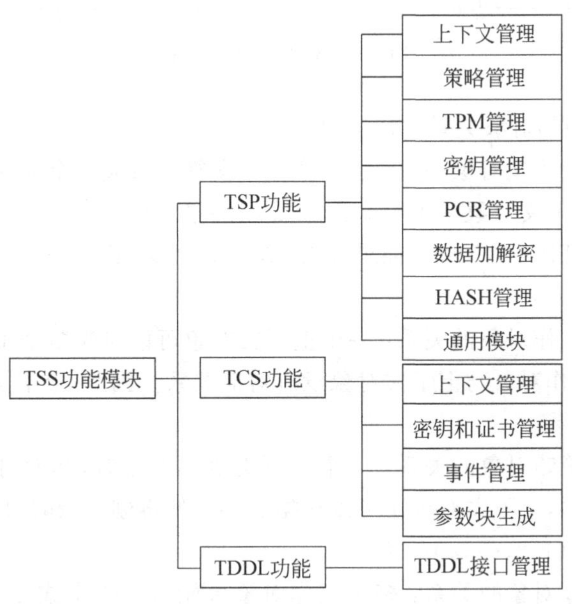


图 4-2　TCG TPM 1.2 TSS 功能模块

块包括：上下文管理、策略管理、TPM 管理、密钥管理、PCR 管理、数据加解密、HASH 管理和通用模块。TCS 层的模块包括：上下文管理、密钥证书管理、事件管理和参数块生成。TDDL 模块包括 TDDL 接口管理。

下面分别介绍 TSS 各层 TSP、TCS 和 TDDL 的功能。

1) TSP 层功能

TSP 层位于 TSS 的最上层，为应用程序提供访问 TPM 的服务。TSP 层和应用程序都位于用户层，并且在用户进程空间内，为应用程序与 TPM 之间的数据传输提供保护，可以为应用程序提供 TPM 安全平台的所有功能。

TSPI 采用了面向对象的思想，所有的 TSPI 函数通过对一个或多个对象句柄参数的处理实现类的特定实例。应用程序需要用到的工作对象(Working Object)可以分为非授权对象和授权对象。非授权对象包括 PCR 合成对象、Hash 对象、可迁移数据对象、代理簇对象和 DAA 对象；授权对象包括 TPM 对象、密钥对象、非易失性数据对象和加密数据对象。TSP 层中另外两类对象是上下文对象和策略对象。图 4-3 描述了对象的总体关系。

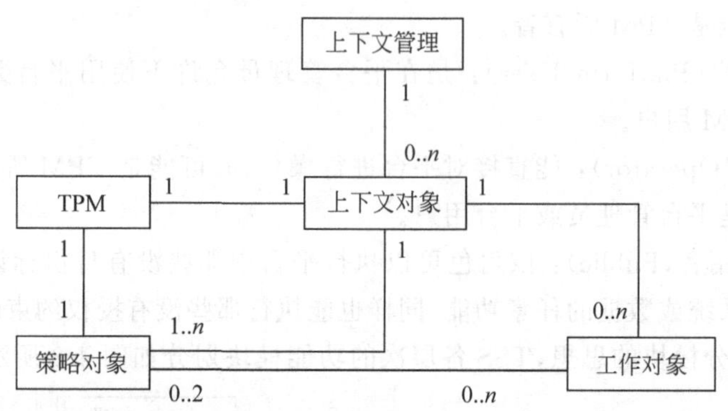


图 4-3　对象的总体关系

下面对图 4-3 中的对象关系进行说明。

上下文管理与上下文对象的关系：一个上下文管理对应 0 个或多个上下文对象。因此，上下文管理与上下文对象是 1：(0，1，…，$n$)的关系；

上下文对象与 TPM 的关系：如果 TPM 是工作对象，则上下文对象和 TPM 对象是 1∶1 的关系；

上下文对象与工作对象的关系：一个上下文对象可以对应多个工作对象。如果工作对象没有创建，则工作对象与上下文对象没有对应关系。因此，上下文对象与工作对象是 1：(0，2，…，$n$)的关系；

上下文对象与策略对象的关系：一个上下文对象产生时，其就对应了一个默认策略(与授权有关的信息)，上下文对象还可以根据需要另外再创建策略对象。因此，上下文对象与策略对象是 1：(1，2，…，$n$)的关系；

策略对象与工作对象的关系：多个工作对象可能对应 1 个或 2 个策略，如果需要用到一个具体的策略，就需要再重新创建一个策略，因此，策略对象与工作对象是(0，1，…，

2)：(0,1,…,$n$)的关系。

图 4-4 描述了非授权工作对象的关系。

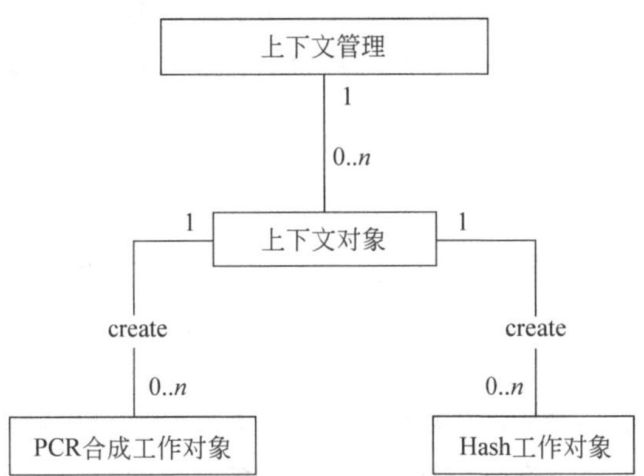


图 4-4　非授权工作对象的关系

下面对图 4-4 中的非授权工作对象关系进行说明。

上下文对象与 PCR 合成工作对象的关系：一个上下文对象可以创建多个 PCR 合成工作对象，也可以不创建 PCR 合成工作对象。因此，上下文对象与 PCR 合成工作对象是 1：(0,1,…,$n$)的关系；

上下文对象与 Hash 工作对象的关系：一个上下文对象可以创建多个 Hash 工作对象，也可以不创建 Hash 工作对象。因此，上下文对象与 Hash 工作对象是 1：(0,1,…,$n$)的关系；

因为 PCR 合成工作对象和 Hash 工作对象无须授权信息，与策略对象无关，故用上下文对象创建它们时，不用考虑它们与策略之间的联系。

图 4-5 描述了授权工作对象的关系。

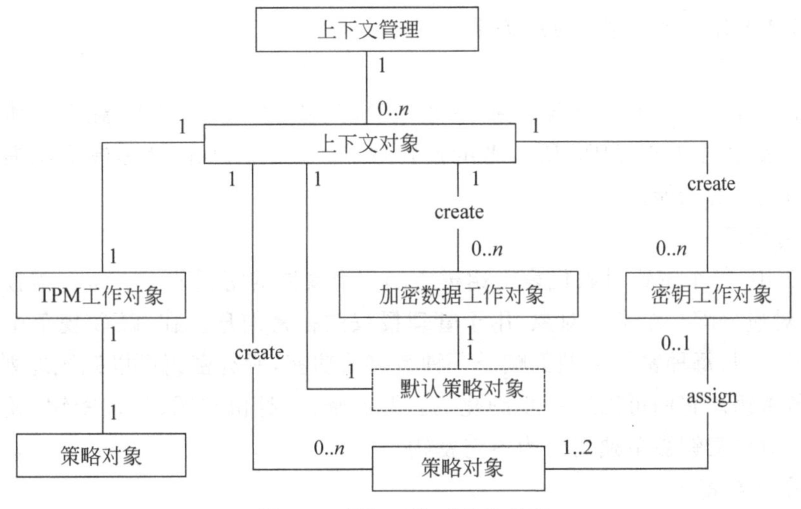


图 4-5　授权工作对象的关系

下面对图 4-5 中的授权工作对象的关系进行说明。

用户需要为其要使用的策略提供授权数据，通过 TSPI 提供的 Tspi_Policy_AssignToObject()方法某一策略可被分配给一些工作对象，例如 TPM 工作对象、加密数据工作对象和密钥工作对象。每个工作对象利用其获得的策略对象的内部功能处理授权的 TPM 命令。

上下文对象与 TPM 工作对象的关系：一个上下文对象创建一个 TPM 工作对象，此工作对象与 TPM 所有者的策略对象一一对应；

上下文对象与加密数据工作对象的关系：一个上下文对象对应 0 个或多个加密数据工作对象，因此，上下文对象与加密数据工作对象是 1：(0,1,…,$n$)的关系。一个上下文对象同时与一个默认策略相对应，加密数据工作对象直接与这个默认策略对象一一对应；

上下文对象与密钥工作对象的关系：一个上下文对象可以创建多个密钥工作对象，也可以不创建 PCR 合成工作对象。因此，上下文对象与密钥工作对象是 1：(0,1,…,$n$)的关系。每个密钥工作对象的策略对象中的授权信息不同，上下文对象须根据需要创建多个不同的策略与密钥工作对象相对应。

下面简要分析 TSP 各功能模块。

① 上下文管理

上下文管理是 TSS 中使用的一个特定概念，用于为 TSS 这个多模块多对象的耦合软件栈提供各模块间资源使用的动态管理，并为 TSP 层和 TCS 层之间的信息交互提供支持。因此，TSP 层的上下文管理的作用，一方面是通过对内部数据对象的管理来协调各功能模块间的资源使用，另一方面包含一些与对象执行环境相关的信息，如用户的身份、TSS 的应用环境信息，用于在和 TSS 其他层次(如 TCS)交互时使用。

② 策略管理

TSP 策略管理功能用于为不同应用程序配置相应的安全策略，以及为应用程序提供特定的授权秘密信息的处理操作(如回调和生命周期等)。策略对象与加密数据对象、密钥对象和 TPM 对象之间存在对应关系。

③ TPM 管理

TSP 的每个上下文环境中都包括一个 TPM 对象，并且该 TPM 对象自动与一个策略对象相关联，用于处理 TPM 所有者的授权数据。此外，TPM 管理模块还提供了一些基本控制和报告的功能。

④ 密钥管理

在 TSS 中，每个密钥对象代表密钥树中的一个具体的密钥节点。每个需授权的密钥对象，需要对应分配一个策略对象，用于管理授权的秘密信息。在 TCG 规范中一共定义了 7 种密钥类型，每种密钥类型都赋予一种特定的功能，所有密钥可以笼统地划分为存储密钥和签名密钥。它们可以进一步细化为：平台密钥、身份密钥、封装密钥、凭证密钥和遗赠密钥。对称密钥被单独划分为鉴定密钥。

⑤ 数据加解密

加密数据对象用于将外部(如用户、应用程序)产生的数据与系统关联起来(与平台或 PCR 绑定)，或者用于为外部提供数据加密/解密服务。

⑥ PCR 管理

PCR 操作用于建立系统平台的信任级别，并且通过 PCR 对象提供对 TPM 内部 PCR 的选择、读、写等简单操作。所有需要使用 PCR 信息的 API 函数，都需要使用某个 PCR 对象。

⑦ HASH 管理

HASH 管理用于为数字签名操作提供密码学安全功能，哈希值代表与特定的字符集合对应的唯一值。

除以上 7 类根据 API 操作对象划分的功能模块外，TSP 还提供一类特定的函数用于直接完成对象属性与关联关系的管理，在此简称为通用模块。

2) TCS 层功能

TCS 层为本地和远程使用者提供唯一资源入口，它对 TPM 的有限资源进行了抽象，可以提供更高程度的虚拟化。TCS 提供了一个公共的服务集合，可以为多个 TSP 使用。TCS 接口(TCSI)用来提供一种直接而简便的方法来请求和控制 TPM 服务。可把 TCS 当作一个软件 TPM，通过对 TPM 软件层进行抽象很大程度上弥补了 TPM 的以下缺陷：

① 一次只有一个操作可以执行；

② 只能通过一个驱动程序与其进行串行通信；

③ 本地软件与它的通信很受限制；

④ 可使用的资源有限；

⑤ 速度慢。

为了保证一些并发应用程序可同时使用本地 TPM 资源，将 TSS 核心服务提供给 TSP，这种服务还能提供给其他远程系统上的应用程序。通过软件验证和对特定状态下 TPM 功能的控制，TPM 远程证明能实现两个远程计算机之间的验证，从而保证不同系统上软件间通信的安全性。在这样的现实需求背景下，TCS 提供本地和远程服务。

我们使用的 TCS 接口定义在 TSS1.2 规范一起发布的 TCS.WSDL 文件中，用 Web 服务描述语言(WSDL)定义 TCS 通用接口，可以使 TSS 具有更好的平台兼容性，让更多的开发者使用 TSS。

定义 TCS 接口需要考虑如下目标。

① 对各平台的兼容性；

② 对各种工具良好的支持；

③ 工业界接受认可；

④ 基于 TCP/IP；

⑤ 向下兼容旧版本。

TCS 主要分为以下几个功能模块。

① TCS 上下文管理

TCS 上下文管理包括上下文抽象数据对象内存管理、权限管理等。TCS 上下文管理提供动态管理来有效使用服务提供者和 TCS 的资源，每个处理都为一组 TCG 的相关操作集提供上下文。服务提供者内的不同线程共享同一个上下文，每个服务提供者将获得一个独立的上下文。TCS 层的上下文管理也提供动态的句柄，它主要是管理内存和密钥的句柄。

② 密钥和证书管理

密钥和证书管理包括 TCS 的密钥管理、密钥存储管理和证书管理等功能。TCS 密钥管理服务允许定义一个持久的密钥层次。此持久密钥层次由弥补基础存储密钥结构的存储密钥组成，它应存在于任何用户试图载入密钥之前。另外，它也可能包含系统特定的子密钥，例如一致密钥。利用 TCS 提供的密钥管理服务可以简化整个从上下文载入密钥到 TPM 中的机制。应用程序只需通过 UUID 指定载入密钥的地址，密钥管理服务将完成所需的载入潜在注册密钥层次依赖的父密钥，这些父密钥可能完全隐藏在应用程序范围之外。

③ 事件管理

事件管理包括 TCS 的事件管理和事件日志维护等功能。TCS 事件日志服务维护 TCG 事件日志。允许负责扩展 PCR 信息的时候，将这些信息同时作为日志记录下来，并可供外部访问。

TCS 事务日志服务维护一个被称为事务日志的事务数据库，这个日志由一个事务队列组成，其中日志的入口格式如下文定义的 TSS_PCR_EVENT 所示。TCG 定义了特定的事务类型信息(如有效证书等)，其他的特殊应用程序类型也可以按照所述的命名习惯增加。由于服务器和其他的应用软件可以检测到日志的篡改，因此事务日志无须存入 TCG 保护区域中，且添加和恢复日志的操作也无须受特殊的保护。TCS 可以按照自认为合适的方式重新分配事务日志的存储位置，也可自行维护额外的数据结构，以便能快速随机存取这些事务。

④ 参数块产生

TPM 参数块产生器是 TCS 内的回调函数块，在外部通过 TCSI 访问，不允许应用程序直接访问 TPM 设备。TPM 参数块产生器(TPM Parameter Block Generator，TPBG)用来串行化、同步和处理 TPM 命令，该块把 TPM 的输入字节流转化成输出字节流，通过 TCG 平台服务使 TCG 应用程序使用 TPM 命令。TPBG 也包含了一些内部接口，如密钥和凭证管理器、事件管理器等函数块，在与这些 TCS 块交互的时候需要支持 TPM 数据管理和 TPM 设备的输入/输出操作。这些是 TCS 平台服务的内部接口。

3) TDDL 层功能

TDDL 是描述 TSS 和 TCG 可信平台 TPM 之间的接口。该接口称为 TCG 设备驱动程序库接口(TDDLI)。TDDL 是存在于 TSS 和低级 TPM 设备驱动程序之间的一个模块。TDDL 以用户模式运行，并通过调用应用程序完成处理过程(如 TCS)。TDDL 设计为单线程、单请求，并假定 TPM 命令串通过调用应用程序实现。TPM 供应商负责完成该库与实际 TPM 设备之间的接口定义，在该库和任意核心模式的 TPM 或软件 TPM 模拟中选择信息和资源配置机制。TDDL 采用经典的内存分配方式，即为每个接口调用相应的 I/O 参数分配内存。相应地，应用程序调用负责任何对 TDDL 调用的内存分配。

TDDL 的接口功能包括以下几个。

① Tddli_Open：建立与 TPM 设备驱动的连接。

② Tddli_Close：断开与 TPM 设备驱动的连接。

③ Tddli_Cancel：取消 TPM 命令。

④ Tddli_GetCapability：查询 TPM 硬件、固件和设备驱动程序属性，如固件会话、驱动会话等。

⑤ Tddli_SetCapability：设置 TPM 硬件、固件和设备驱动程序属性中的参数。

⑥ Tddli_GetStatus：查询 TPM 驱动程序和设备状态。

⑦ Tddli_TransmitData：直接发送一个 TPM 命令到 TPM 设备驱动程序，以使 TPM 执行相应的操作。

### 4.2.2　TCG 软件栈的优点和不足

分析和应用表明，TCG 的 TPM1.2 版软件栈在应用程序和 TPM 之间搭建了通信的桥梁，具有如下几个优点。

① 为本地和远程应用程序提供了访问 TPM 功能的入口，使 TPM 的复杂性对用户透明，应用程序可以方便地应用 TPM 的资源和功能。

② TSS 将操作系统的设备驱动和核心组件放在内核模式运行，用户应用程序和服务放在用户模式运行，安全性较好。

③ TSP、TCS 和 TDDL 的分层结构，提高了应用程序访问 TPM 的效率。

TCG 的 TPM1.2 版软件栈总体上是成功的，为可信计算发挥了重要作用。但是，其也存在以下一些不足。

① TCG 的 TPM1.2 版软件栈规范在结构上采取了层次化和模块化的思想，但是由于其在抽象层方面引入的对象实体较多，导致关系复杂，从而对于一般应用开发人员来说，较难全面掌握且易于引入安全缺陷，同时，这种结构相对于嵌入式环境来说过于复杂，因此不利于在嵌入式系统环境中直接进行实施部署，势必影响嵌入式环境的互联互通问题。因此，从可交互性的设计角度来说，可信软件栈的设计应根据用户应用及开发需求，以面向应用、简化开始为原则，提供可组装式的应用接口和可信服务，而对于内部的层次性功能，要求可以根据具体的实现环境进行相应定制处理，可以给出基本接口集和扩展接口集两类，将基本接口集作为必须满足的最小功能要求进行实现。

② 由于 TCG 的 TPM1.2 版软件栈在功能实施上主要用于 TPM 的一般性管理与访问，因此其设计上缺乏监控机制，这样就造成即使使用了 TCG 的软件栈体系，也无法将整套可信机制，尤其是运行态的可信机制与操作系统无缝连接在一起，因此也谈不上构造所谓可信计算基(Trusted Computing Base，TCB)的思路。在整套软件栈的体系中，任何一处的设计和实现方面的安全缺陷都有可能导致整个可信系统的安全威胁。因此，要改进现有 TCG 可信软件栈，需要将可信计算技术和 TCB 结合，引入监控机制，实现 TCB 在软件部分的可信扩展。TCB 在软件部分至少包括：操作系统核心或微内核(或者其中执行安全策略的独立部分)、与安全策略相关的系统库、系统服务和关键软件等。从具体实现上，可以借助诸如虚拟化技术等，实现让不可信软件和操作系统如何在可信操作系统上运行；通过对不同层次操作的监控分析，实现可信操作系统对不可信软件和操作系统的监控。

## 4.3 TCG TPM 2.0 软件栈

随着 TPM 2.0 的发展，TCG 也着手制定 TPM 2.0 软件栈规范。TCG 目前已发布的 TPM 2.0 软件栈规范有：TSS 2.0 概述和通用结构规范、TSS 2.0 TPM 访问代理（TPM Access Broker，TAB）和资源管理器（Resource Manager，RM）规范、TSS 2.0 TPM 命令传输接口（TPM Command Transmission Interface，TCTI）规范、TSS 2.0 封装/解析 API 规范、TSS 2.0 系统 API（System API，SAPI）规范、TSS 2.0 增强系统 API（Enhanced System API，ESAPI）规范、TCG 特征 API（Feature API，FAPI）规范等。这些规范还在不断完善之中。TPM 2.0 软件栈的开源实现主要有 Intel TPM2.0-TSS 和 IBM TPM 2.0 TSS。

TPM 2.0 软件栈的主要特点有：①支持不同的应用场景，从资源受限的嵌入式环境到多处理器服务器平台；②支持一个应用程序同时使用多个 TPM 2.0，支持使用本地物理 TPM 2.0、软件 TPM 2.0、远程网络 TPM 2.0 等；③支持同步和异步调用 TPM 2.0，支持所有功能一步完成的单一接口调用，也支持细粒度多步完成的多接口调用；④采用路径的方式描述和访问 TPM 2.0 实体。

### 4.3.1 层次结构

从上而下纵观 TSS 2.0，它包含如下几层：特征 API(FAPI)、增强系统 API(ESAPI)、系统 API(SAPI)、TPM 命令传输接口（TCTI）、TPM 访问代理（TAB）、资源管理器（RM）和设备驱动层。图 4-6 描述了 TSS 2.0 层次架构。

大部分应用程序都与 FAPI 层交互，被设计为能够处理 80％的用户命令。编写这一层可以使用 Java、C＃等高级语言。接下来的一层是 ESAPI 层，理解它需要掌握大量的 TPM 知识。ESAPI 层能够提供会话管理和加密功能，通常是用 C++ 语言编写的。应用程序也可以调 SAPI 层，但需要掌握更丰富的 TPM 2.0 专业知识，它的编写语言用 C 语言等类似的语言，提供访问 TPM 所有功能的权限。TCTI 层专门传输 TPM 命令和接受响应消息。应用程序可以发送命令数据的二进制流到 TCTI 层，并能从该层接收返回的二进制响应消息，这像汇编编程。最下层是设备驱动层，它控制数据在应用程序和 TPM 之间的传输。

TAB 层控制多进程同步访问 TPM，它允许多个进程在不阻塞其他进程的情况下访问 TPM，且支持网络远程访问 TPM。TPM 内非易失性存储空间有限，RM 以一种类似于 PC 上虚拟内存的方式管理 TPM 内部易失性存储空间，控制着 TPM 对象和会话的换入/换出。TAB 和 RM 是 TSS 2.0 可选的组成部分。在嵌入式环境中，由于没有多进程存在，TSS 2.0 可以不包含 TAB 和 RM。大部分 TSS 2.0 将 TAB 层和 RM 层结合在一起实现。Intel 的 TPM2.0-TSS 开源实现已经将 TAB 层和 RM 层独立出来，将其实现为一个 Linux 守护进程，通常称之为 tpm2-abrmd。

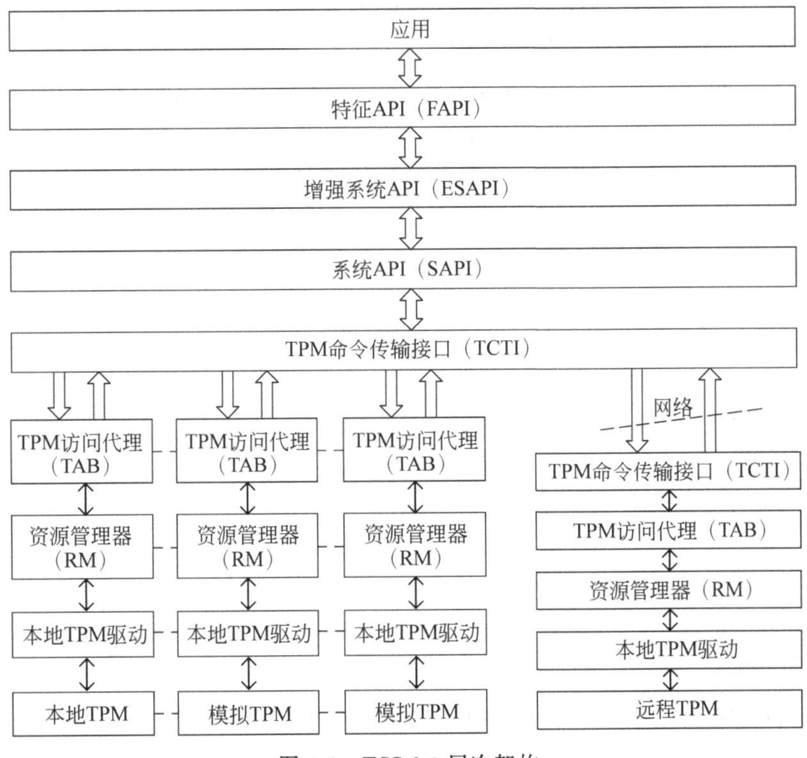


图 4-6　TSS 2.0 层次架构

## 4.3.2　特征 API

调用特征 API(FAPI)是程序员简单使用 TPM 的方式，被设计为尽量减少调用次数和参数。FAPI 通过配置文件，创建默认配置选项。当创建和使用密钥时，不需要选择算法、密钥长度、加密方式和签名方式等。用户通过选择配置文件，会选择一系列匹配项。用户也可设定自己的配置文件。例如：

① P_RSA2048SHA1 配置文件，签名机制采用 2048 位的 RSA 非对称密钥和 PKCS ♯1 V1.5，哈希算法为 SHA-1，对称加密采用 CFB 模式的 AES128。

② P_RSA2048SHA256 配置文件，签名机制采用 2048 位的 RSA 非对称密钥和 PKCS♯1 V1.5，哈希算法为 SHA-256，对称加密采用 CFB 模式的 AES128。

③ P_ECCP256 配置文件，签名机制采用 256 位素数域上的 NIST ECC 非对称密钥和 ECDSA，哈希算法为 SHA-1，对称加密采用 CFB 模式的 AES128。

FAPI 采用路径描述识别到哪里寻找密钥、策略、NV 和其他 TPM 对象与实体。路径的基本结构如下：

```
<Profile name>/<Hierarchy>/<Object Ancestor>/key tree
```

如果省略了 Profile name，则假定用户选择了默认的配置文件。如果 Hierarchy 被省略，则假定为存储 Hierarchy。存储 Hierarchy 是 H _ S，背书 Hierarchy 是 H _ E，平台

Hierarchy 是 H_P。Object Ancestor 可以是以下值之一：①SNK，不可复制密钥的系统祖先；②SDK，可复制密钥的系统祖先；③UNK，不可复制密钥的用户祖先；④UDK，可复制密钥的用户祖先；⑤NV，NV 索引；⑥Policy，策略实例。key tree 是由父密钥与子密钥组成的一个简单列表，用'/'字符分隔。路径大小写不敏感。

让我们看一些实例。假设用户选择了配置文件 P_RSA2048SHA1，则下面的路径都是相同的：

```
P_RSA2048SHA1/H_S/SNK/myVPNkey
H_S/SNK/myVPNkey
SNK/myVPNkey
P_RSA2048SHA1/H_S/SNK/MYVPNKEY
H_S/SNK/MYVPNKEY
SNK/MYVPNKEY
P_RSA2048SHA1/H_S/SNK/myVPNkey
H_S/SNK/myVPNkey
SNK/myVPNkey
P_RSA2048SHA1/H_S/SNK/MYVPNKEY
H_S/SNK/MYVPNKEY
SNK/MYVPNKEY
```

在用户备份密钥之下的一个 ECC P-256 NIST 签名密钥的路径可能是：

```
P_ECC256/UDK/backupStorageKey/mySigningKey
```

FAPI 为默认类型的实体定义了基本标识。

### 1. 密钥

① ASYM_STORAGE_KEY：用来保护其他子密钥/数据的非对称存储密钥。

② EK：背书密钥，其有一个证书，用以证明它隶属于一个真正的 TPM。

③ ASYM_RESTRICTED_SIGNING_KEY：类似于 TPM 1.2 AIK，也能用来对非 TPM 的外部数据进行签名。

④ HMAC_KEY：HMAC 密钥，用来对非 TPM 生成的哈希值进行 HMAC 计算。

### 2. NV 索引

① NV_MEMORY：常规 NV 索引。

② NV_BITFIELD：64 位位域 NV 索引。

③ NV_COUNTER：64 位计数器 NV 索引。

④ NV_PCR：写操作与 PCR 扩展操作类似的 NV 索引。

⑤ NV_TEMP_READ_DISABLE：在启动阶段可设定为非可读的 NV 索引。

### 3. 标准策略及认证

① TSS2_POLICY_NULL：不能满足的空策略。

② TSS2_AUTH_NULL：平凡满足的零长度口令。

③ TSS2_POLICY_AUTHVALUE：对象授权数据。

④ TSS2_POLICY_SECRET_EH：背书 Hierarchy 授权数据。

⑤ TSS2_POLICY_SECRET_SH：存储 Hierarchy 授权数据。

⑥ TSS2_POLICY_SECRET_PH：平台 Hierarchy 授权数据。

⑦ TSS2_POLICY_SECRET_DA：防字典攻击句柄授权数据。

⑧ TSS2_POLICY_TRIVIAL：全零策略，每个策略会话以等价于此策略的策略缓冲区开始，可用来创建能平凡满足策略授权的实体。

用 FAPI 命令创建和使用的实体都用策略授权。这并不意味着不能使用授权值，如果策略是 TSS2_POLICY_AUTHVALUE，就可以使用授权值。在封装之下，不会用到口令授权会话。如果使用一个授权值，那么它总是用在一个加盐 HMAC 授权会话里。

在 FAPI 中经常用到的一个结构体是 TSS2_SIZED_BUFFER。这个结构体包含两个域：size 和一个指向缓冲区的指针。size 表示缓冲区的大小。

```
typedef struct {
    size_t size;
    uint8_t *buffer;
} TSS2_SIZED_BUFFER;
```

在编写程序之前，还需要知道的一件事情是：在程序首部，必须创建上下文对象，使用完它之后必须销毁它。

下面编写一个示例程序，创建密钥，用该密钥对“Hello World”签名，然后验证签名，具体步骤如下。

(1) 创建上下文对象。设置第二个参数为 NULL，告知使用本地 TPM：

```
TSS2_CONTEXT *context;
Tss2_Context_Intialize(&context, NULL);
```

(2) 使用配置文件创建签名密钥。这里可明确告知使用 P_RSA2048SHA1，非默认的配置文件。通过使用 UNK，告知是一个不可复制的用户密钥。将该密钥命名为 mySigningKey。

(3) 使用参数 ASYM_RESTRICTED_SIGNING_KEY 创建一个受限签名密钥，给其设定一个平凡满足策略和空口令：

```
Tss2_Key_Create(
   context,                                  //在刚创建的上下文里传递
   "P_RSA2048SHA1/UNK/mySigningKey",         //不可复制的 RSA 2048
   ASYM_RESTRICTED_SIGNING_KEY,              //受限签名密钥
   TSS2_POLICY_TRIVIAL,                      //平凡策略
   TSS2_AUTH_NULL);                          //空口令
```

(4) 利用该密钥对“Hello World”进行签名。首先调用 OpenSSL 库对“Hello World”进行哈希计算：

```
TSS2_SIZED_BUFFER myHash;
myHash.size = 20
```

```
myHash.buffer = calloc(20, 1);
SHA1("Hello World", sizeof("Hello World"), myHash.buffer);
```

(5) 签名命令会返回验签所需的所有数据。因为只是创建了密钥,所以只会返回一个空证书:

```
TSS2_SIZED_BUFFER signature, publicKey, certificate;
Tss2_Key_Sign(
  context,                              //在上下文里传递
  "P_RSA2048SHA1/UNK/mySigningKey",     //签名密钥
  &myHash,
  &signature,
  &publicKey,
  &certificate);
```

(6) 在这里,可以将输出保存起来,示例里说明如何验证它们:

```
if (TSS_SUCCESS!=Tss2_Key_Verify(context,&signature,
&publicKey,&myHash) ) {
  printf("The command failed signature verification.\n");
}
else printf("The command succeeded.\n");
```

(7) 销毁分配的缓存,至此已完成了相关工作。

```
free(myHash.buffer);
free(signature.buffer);
free(publicKey.buffer);
/*不必清空证书缓存,因为它是空的*/
Tss2_Context_Finalize(context);
```

上述示例里,该密钥不需要任何类型的授权。接下来介绍如果密钥需要认证,该怎么处理。所有 FAPI 函数都假设密钥只通过策略进行认证。如果一个密钥通过授权值进行认证,须使用 TPM2_PolicyAuthValue 创建一个基于该授权值的策略。

策略命令有两种类型。一部分策略命令,需要和外部进行交互。

① PolicyPassword:请求口令;

② PolicyAuthValue:请求授权数据;

③ PolicySecret:请求秘密;

④ PolicyNV:请求访问指定 NV 索引的授权数据;

⑤ PolicyOR:请求某一选项;

⑥ PolicyAuthorize:请求某一授权选择;

⑦ PolicySigned:从一个特定设备中请求一个签名。

另一部分策略命令,不需要与外部进行交互:

① PolicyPCR:检查 TPM PCR 值;

② PolicyLocality:检查命令发送者的位置;

③ PolicyCounterTimer：检查 TPM 内部计数器；

④ PolicyCommandCode：检查发送给 TPM 的命令；

⑤ PolicyCpHash：检查发送给 TPM 的命令和参数；

⑥ PolicyNameHash：检查发送给 TPM 的对象名称；

⑦ PolicyDuplicationSelect：检查密钥复制的目的地；

⑧ PolicyNVWritten：检查 NV 索引是否被写过。

很多策略需要使用到这两种命令。如果一个策略需要属于第二种类型的授权，就由 FAPI 负责处理。如果是第一种类型的授权，就要为 FAPI 提供参数。这利用回调机制实现。必须在程序中注册这些回调函数，当 FAPI 请求口令、授权选择或者签名时，它就知道该如何做。三个回调函数的定义如下。

① TSS2_PolicyAuthCallback：请求授权值时使用；

② TSS2_PolicyBranchSelectionCallback：在 TPolicyOR 或者 TPM2_PolicyAuthorize 中超过一种策略，用户需要选择时使用；

③ TSS2_PolicySignatureCallback：请求签名以满足策略时调用。

第一个回调函数最简单。用户须做两件事：创建请求授权值的函数，并注册此函数以便 FAPI 能够调用它。在要求 FAPI 执行一个函数与用户进行交互，以获取授权值的时候，使用此回调函数，FAPI 将需要授权对象的描述信息和将授权值的请求发送回程序。FAPI 负责给授权值加盐和进行 HMAC 计算。

这里是一个简单的口令处理函数：

```
myPasswordHandler(
   TSS2_CONTEXT context,
   void * userData,
   char const * descripation,
   TSS2_SIZED_BUFFER * auth){
   /* 这里是在某些应用程序中请求授权值的方法，将结果放到 auth 变量中。 */
   return;
}
```

这里示例如何向 FAPI 注册该函数，然后 FAPI 就知晓调用它。创建和注册其他回调函数非常类似。

```
TSS2_SetPolicyAuthCallback(context,TSS2_PolicyAuthCallback, NULL);
```

硬件 OEM(如智能卡供应商)也可能提供一个包含回调函数的软件库。在这种情形下，回调函数需要在策略中注册，而不是在程序中。

### 4.3.3 系统 API

系统 API(SAPI)提供对 TPM 2.0 所有功能的访问，需具备 TPM 2.0 的专业知识，才能正确使用它。设计 SAPI 的目的如下。

① 提供访问 TPM 2.0 所有功能的能力；

② 跨平台可用,从高度嵌入、存储受限的环境到多处理器服务器。为了支持小型应用,考虑了 SAPI 库代码内存占用的最小化;

③ 在提供能够访问 TPM 2.0 所有功能的条件下,让程序员的工作尽量轻松;

④ 支持同步和异步调用 TPM 2.0;

⑤ SAPI 实现并不需要分配任何内存。在大部分实现中,调用者负责分配 SAPI 用到的内存。

SAPI 包含四组函数:命令上下文分配函数、命令准备函数、命令执行函数和命令完成函数。首先,对每组函数进行概述,给出一些代码片段。最后,会用三种不同的方法,即一次调用、异步和同步多次调用,将这些片段合成一个 TPM2_GetTestResult 程序实例。

### 1. 命令上下文分配函数

这些函数用来分配 SAPI 上下文数据结构体,在执行 TPM 2.0 命令时需要用到的任何状态数据,都由这些结构体维护。

① 函数 Tss2_Sys_GetContextSize,用来确定 SAPI 上下文数据结构体需要的存储空间大小。

② 函数 Tss2_Sys_Initialize,用来初始化 SAPI 上下文。它的输入包括:指向上下文数据的内存块指针、由 Tss2_Sys_GetContextSize 返回的上下文空间的大小、指向 TCTI 上下文环境的指针、调用应用程序请求的 SAPI 版本信息。其中 TCTI 上下文定义了传送命令和接收响应的方法。

下面是一个函数代码示例,创建并初始化一个 SAPI 上下文数据结构体。该函数返回一个指向 TSS2_SYS_CONTEXT 结构体的指针。

```
TSS2_SYS_CONTEXT * InitSysContext(
    UINT16 maxCommandSize,
    TSS2_TCTI_CONTEXT * tctiContext;
    TSS2_ABI_VERSION * abiVersion
){
    UINT32 contextSize;
    TSS2_RC rval;
    TSS2_SYS_CONTEXT * sysContext;
    //获得 SAPI 上下文结构需要的空间大小
    contextSize = Tss2_Sys_GetContextSize(maxCommandSize);
    //为系统上下文结构分配空间
    sysContext = malloc(contextSize);
    if (sysContext!=0) {
        //初始化系统上下文结构
        rval = Tss2_Sys_Initialize(sysContext,
            contextSize, tctiContext, abiVersion);
        if (rval==TSS2_RC_SUCCESS)
            return sysContext;
        else
            return 0;
```

```
    }
    else {
        return 0;
    }
}
```

③ 函数 Tss2_Sys_Finalize，是一个空函数，SAPI 库函数代码不需要它做任何事情。这里是如何使用它的一个示例，SAPI 上下文的内存空间在调用 Finalize 函数后被释放。

```
void TeardownSysContext(TSS2_SYS_CONTEXT * sysContext) {
    if (sysContext != 0) {
        Tss2_Sys_Finalize(sysContext);
        free(sysContext);
    }
}
```

### 2. 命令准备函数

命令准备函数供在真正发送命令给 TPM 2.0 之前所用，用来进行 HMAC 计算、命令参数加密等。

① 函数 Tss2_Sys_XXX_Prepare，为命令参数排好顺序。因每个 TPM 2.0 命令的参数都是独特的，故每个 TPM 2.0 命令都有一个 Prepare 函数，“XXX”代表命令的名称。例如，TPM2_StartAuthSession 的 Tss2_Sys_XXX_Prepare 函数是 Tss2_Sys_StartAuthSession_Prepare。下面是对 TPM2_GetTestResult 准备函数的一个调用：

```
rval = Tss2_Sys_GetTestResult_Prepare(sysContext);
```

② 函数 Tss2_Sys_GetCpParam，获得排好序的命令参数字节流 cpBuffer，返回 cpBuffer 的起始地址和 cpBuffer 的长度。

③ 函数 Tss2_Sys_GetCommandCode，返回 CPU 大小端顺序的命令码字节，还用在命令后处理中。

④ 函数 Tss2_Sys_GetDecryptParam 和 Tss2_Sys_SetDecryptParam，在解密会话中使用。Tss2_Sys_GetDecryptParam 函数，返回一个指针和长度值，指针指向加密参数起始地址，长度值表示加密参数的大小。Tss2_Sys_SetDecryptParam 函数，使用这两个返回值，将加了密的数据值设定进命令字节流中。

⑤ 函数 Tss2_Sys_SetCmdAuths，用来设置命令字节流中的命令授权域。

### 3. 命令执行函数

本组函数实际发送命令给 TPM 2.0 和从 TPM 2.0 接收响应。命令可以同步或者异步传送。有两种发送同步命令的方式：通过三到五个函数的调用队列以及通过一个单一的“做所有事情”的调用。支持异步一次调用和细粒度多次调用，以支持尽可能多的应用场景。

① 函数 Tss2_Sys_ExecuteAsync，是最基本的发送命令的方法。它使用 TCTI 传送函数发送命令，并尽快返回。这是调用此函数的一个示例：

```
rval = Tss2_Sys_ExecuteAsync(sysContext);
```

② 函数 Tss2_Sys_ExecuteFinish，是 ExecuteAsync 的伴生函数。它调用 TCTI 函数接收响应。该函数需要传入一个命令参数，即超时时间，以告知它等待多久以接收响应。下面是一个等待 20ms 从 TPM 2.0 接收响应的示例：

```
rval = Tss2_Sys_ExecuteFinish(sysContext, 20);
```

③ 函数 Tss2_Sys_Execute，是一个同步方法，等同于先调用 Tss2_Sys_ExecuteAsync 函数，接着调用一个无限超时的 Tss2_Sys_ExecuteFinish 函数。下面是一个例子：

```
rval = Tss2_Sys_Execute(sysContext);
```

④ 函数 Tss2_Sys_XXXX，是一次调用"完成所有"函数。TPM 2.0 规范第三部分中的每一个命令都有一个这样的函数。例如 Tpm2_StartAuthSession 命令的一次调用函数是 Tss2_Sys_StartAuthSession。与函数 Tss2_Sys_XXXX_Prepare 配合使用，可以处理任何类型的授权。下面是一个一次调用的实例，没有命令和响应授权：

```
rval = Tss2_Sys_GetTestResult(sysContext, 0, &outData, &testResult, 0);
```

### 4. 命令完成函数

这组函数是命令后处理所需要的。如果会话为加密会话，那么本组函数还用于响应 HMAC 计算和响应参数解密。

① 函数 Tss2_Sys_GetRpBuffer，获得一个指针和长度值，指针指向响应参数字节流，长度值就是该字节流的大小。调用者使用这两个值，计算响应 HMAC 值，并将它和响应授权区域里的 HMAC 值作比较。

② 函数 Tss2_Sys_GetCommandCode，取得命令码。

③ 函数 Tss2_Sys_GetRspAuths，取得响应授权域，用来检查响应 HMAC 值，以验证响应数据没有被篡改。

④ 函数 Tss2_Sys_GetEncryptParam 和 Tss2_Sys_SetEncryptParam，在加密会话中使用，分别用来解密加了密的响应参数，并将解了密的响应参数插到响应字节流中。

⑤ 函数 Tss2_Sys_XXXX_Complete，用于解析响应字节流。因为每个命令都有不同的响应参数，所以 TPM 2.0 规范第三部分中的每个命令都有一个这样的函数。该函数的一个调用示例如下。

```
rval = Tss2_Sys_GetTestResult_Complete(sysContext, &outData, &testResult);
```

### 5. 简单代码示例

下面的代码示例使用了 TPM2_GetTestResult 命令的三种方式：一次调用、同步调用和异步调用。CheckPassed()用于比较返回值是否与 0 相等。如果不相等，表明发生错误，打印出一个错误信息，清空内存并退出测试程序。

```
void TestGetTestResult() {
    UINT32 rval;
```

```
    TPM2B_MAX_BUFFER outData;
    TPM_RC testResult;
    TSS2_SYS_CONTEXT * systemContext;

    printf("\nGET TEST RESULT TESTS:\n");
    //初始化系统上下文结构
    systemContext=InitSysContext(2000,resMgrTctiContext, &abiVersion );
    if (systemContext == 0) {
    //处理失败、清空和退出
        InitSysContextFailure();
    }

    //首先测试一次调用接口
    rval = Tss2_Sys_GetTestResult(systemContext, 0, &outData, &testResult,0);
    CheckPassed(rval);

    //现在测试同步、非一次调用接口
    rval = Tss2_Sys_GetTestResult_Prepare(systemContext);
    CheckPassed(rval);
    //同步执行命令
    rval = Tss2_Sys_Execute(systemContext);
    CheckPassed(rval);
    //得到命令结果
    rval = Tss2_Sys_GetTestResult_Complete(systemContext, &outData, &testResult);
    CheckPassed(rval);

    //现在测试异步、非一次调用接口
    rval = Tss2_Sys_GetTestResult_Prepare(systemContext);
    CheckPassed(rval);
    //异步执行命令
    rval = Tss2_Sys_ExecuteAsync(systemContext);
    CheckPassed(rval);
    //获取命令响应,等待响应最多 20ms
    rval = Tss2_Sys_ExecuteFinish(systemContext, 20);
    CheckPassed(rval);
    //获取命令结果
    rval = Tss2_Sys_GetTestResult_Complete(systemContext, &outData, &testResult );
    CheckPassed(rval);
    //清空系统上下文

    TeardownSysContext(systemContext);
}
```

### 4.3.4 TPM 命令传输接口

TPM 命令传输接口(TCTI)将命令字节流传送到 TPM 2.0,从 TPM 2.0 接收响应字节流。TCTI 上下文结构体告知 SAPI 函数如何与 TPM 通信。这个结构体包含了一些函数指针,指向 TCTI 的两个重要函数 transmit 和 receive 以及较少使用的函数,如 cancel、setLocality 函数等。如果一个应用程序需要与多个 TPM 2.0 交互,它会创建多个 TCTI 上下文,为每个上下文设置合适的函数指针,以便与每个 TPM 2.0 通信。每个进程、每个 TPM 2.0 都有一个 TCTI 上下文结构体,由初始化代码创建。一些进程须确定 TPM 是本地 TPM 2.0,还是远程 TPM 2.0,并用合适的通信函数指针初始化一个上下文结构体。初始化和发现过程都不在 SAPI 和 TCTI 规范的范围之内。TCTI 里的常用函数有以下几个。

① 函数 transmit 和 receive,是最常用到的函数,都需要获得一个指向缓冲区的指针和一个缓冲区大小的参数。在它们做好发送和接收数据准备后,SAPI 函数调用它们,完成数据发送和接收。

② 函数 cancel,取消一个长时间运行的 TPM 2.0 命令,这是 TPM 2.0 增加的一个新功能。例如,在一些 TPM 2.0 上,生成密钥需要 90s 的时间。如果操作系统触发了睡眠操作,此函数可以提前撤销长时间运行的命令,系统才能休眠。

③ 函数 getPollHandles,当 SAPI 采用异步方式发送命令和接收响应时,该函数所获得的句柄用于测验是否满足响应就绪条件,它是一个与具体操作系统相关的函数。

④ 函数 finalize,用于在 TCTI 连接终止前进行清空操作。

### 4.3.5 TPM 访问代理与资源管理器

TPM 访问代理(TAB)用来控制和同步对一个单一共享 TPM 2.0 的多进程访问。当一个进程向 TPM 2.0 发送命令和从 TPM 2.0 接收响应时,不允许其他进程发送命令和接收响应。这是 TAB 的第一个职责。另一个职责是,阻止进程访问不属于它的 TPM 2.0 会话、对象和序列。

资源管理器(RM)相当于操作系统中的虚拟内存管理器。因为 TPM 2.0 通常片内存储空间有限,对象、会话和序列需要在 TPM 2.0 和外部存储器之间交换,以让 TPM 2.0 命令能够执行。一个 TPM 2.0 命令最多可以使用三个实体句柄和三个会话句柄,所有这些都需要存储在 TPM 2.0 内部易失性存储空间中,供 TPM 2.0 执行命令所用。RM 的工作是拦截命令字节流,确定什么资源需要加载到 TPM 2.0 中,交换出能够装载所需资源的足够空间,再装载所需资源。就对象和序列而言,它们被重载到 TPM 2.0 后,有不同的句柄,RM 需要在将它们返回给调用者之前虚拟化这些句柄。

TAB 和 RM 通常被整合成一个部件 TAB/RM。如果一个单独的 TAB/RM 被用来提供对所有可用 TPM 2.0 的访问,那么 TAB/RM 就需要区隔属于不同 TPM 2.0 的句柄。TAB 和 RM 通常都以透明的方式运作,这两层都是可选的。上层都以相同的方式发送命令与接收响应,不管它们是与 TPM 2.0 直接交互,还是通过 TAB/RM。如果没有实现 TAB/RM,栈中的上层在发送 TPM 2.0 命令前,须承担 TAB/RM 的职责,命令才能正确地执行。一般来说，在多线程或者多进程环境中运行的应用程序需有一个 TAB/RM，这样可以使应用程序的编写者不用管底层细节。单线程和高度嵌入的应用，通常都不需要 TAB/RM 层。

### 4.3.6 设备驱动

在 FAPI、ESAPI、SAPI、TCTI、TAB 和 RM 已经完成它们的工作之后，设备驱动就要开始工作了。设备驱动接收一个命令字节缓冲区和缓冲区大小，执行必要的操作，将那些字节发送给 TPM 2.0。当被栈中的高层请求时，驱动程序会等待，直到 TPM 2.0 准备好响应数据，然后读取响应数据，将其返回给栈上层。

驱动程序与 TPM 2.0 通信的物理和逻辑接口在具体的平台规范中定义。目前，PC 中的 TPM 要么选择先进先出(FIFO)的字节传输接口，要么选择命令响应缓冲(CRB)接口。FIFO 利用单一硬编码地址实现数据传输和接收，其他附加地址用于握手和状态操作。FIFO 可在 SPI 或者 LPC 接口总线之上进行操作。CRB 接口是针对 TPM 2.0 的新接口，使用共享存储器缓冲来交互命令和响应。

## 4.4 中国的可信软件栈

### 4.4.1 中国可信软件栈规范的进展

我国也在制定自己的可信计算技术规范，其中也包括可信软件栈的规范。国家密码管理局从 2006 年开始，组织国内相关单位开展可信计算密码技术应用研究工作，最终形成了我国可信计算密码技术要求与应用方案——《可信计算密码支撑平台功能与接口规范(国标版)》。该规范目前已由全国信息安全标准化技术委员会归口，报批稿已经在网上公示。该规范以我国可信计算密码技术要求与应用方案为指导，描述了可信计算密码支撑平台的功能原理与要求，并定义了可信计算密码支撑平台为应用层提供服务的接口规范，用以指导我国相关可信计算产品开发和应用。可信计算密码支撑平台主要由可信密码模块(TCM)和 TCM 服务模块(TSM)两大部分组成，其功能架构如图 4-7 所示。

可信计算密码支撑平台功能与接口规范(国标版)与 TCG 规范的主要差异如下。

1) 密码算法的改变

① 杂凑算法、消息验证码算法：分组长度为 512 位，杂凑值长度为 256 位；TCG 的 TPM 1.2 为 160 位。

② 对称密码算法：密钥长度为 128 位，明文分组长度为 128 位，密文分组长度为 128 位，存储保护都使用对称密码算法；TCG 的 TPM 1.2 没有定义对称密码算法。

③ 非对称密码算法：密钥长为 256 位的 ECC 算法；TCG 的 TPM 1.2 使用 RSA，EK 密钥固定为 2048 位。

2) 协议的精简及变化

① 使用自主设计的 AP 代替 TCG 的 TPM1.2 中的多个授权协议(如 OIAP、OSAP 等)。

② 协议中使用对称密码算法保护请求和响应数据的秘密性。

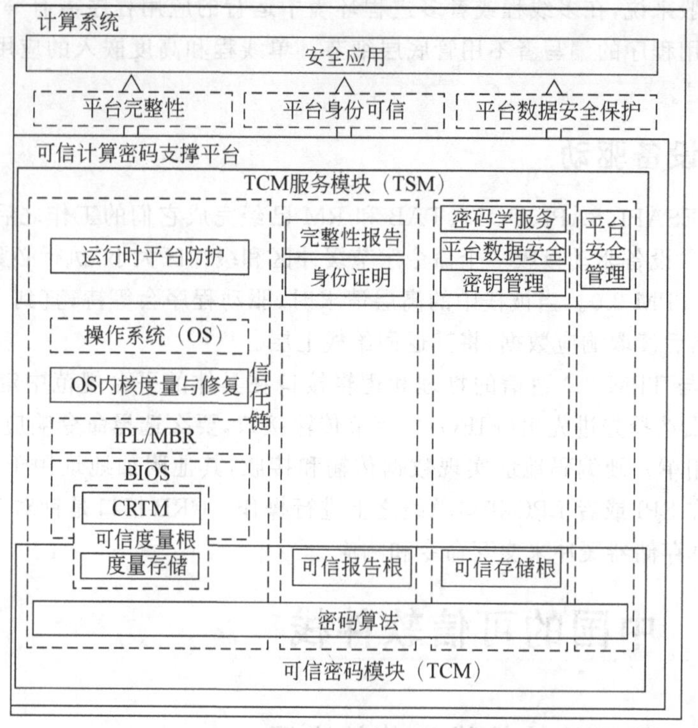


图 4-7　国标可信计算密码支撑平台功能架构

③ 由于存储保护使用对称密码算法，存储主密钥为对称密钥，因此密钥迁移协议也做了相应改动。

3）证书的减少

减少为两种证书：密码模块证书和平台身份证书，其中平台身份证书是双证书，包括签名证书和加密证书。

4）密钥类型的简化

现在只有 EK、PIK、SMK 和 UK。

## 4.4.2　满足可信平台控制功能要求的可信软件栈结构

可信平台控制模块软件栈体系中提出了操作系统信任基（Trust Base in Operating System，TBOS）的概念，该体系认为可以把 TBOS 定义为 OS 中为计算平台的可信性提供支持的所有元素的集合。TBOS 为监测应用系统的可信性和确保应用系统的可信运行提供 OS 层次的功能支持。TBOS 由基本信任基、可信基准库、控制机制、度量机制、判定机制和支撑机制等主要部分组成，其体系结构框架如图 4-8 所示。

TCG 软件栈规范是立足解决可信软件的开发问题，但 TCG 软件栈规范只是定义了在不同软件层次上调用 TPM 功能的方法，为此，应考虑向应用系统传递可扩展的 TPM（ETPM）的硬件可信功能，同时要考虑用硬件的可信功能可以开发什么样的可信基础软件的问题。

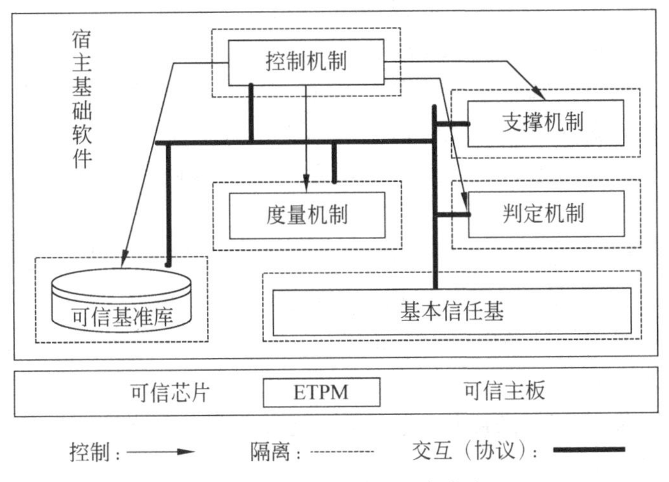


图 4-8　TBOS 的体系结构框架

下面从控制对象、控制目标和控制框架三方面对可信软件栈体系上的监控问题展开讨论。

1）控制对象

控制对象是可信软件栈所需保护的对象，它可包括可信软件基（TSB）内部的主客体对象，也包括软件基的宿主基础软件，如宿主操作系统（Host OS）中的安全部件。这些部件应该受到可信软件栈的有效监控，通过保障这些部件的可信运行，从而确保这些部件在系统中所扮演的角色，即提供的安全功能的正确性与有效性，从而确保系统在可信软件栈的支撑下实现可信计算平台的运行态可信。

为了实现有效的监控，TSB 内部对象与 Host OS 的安全部件在设计上要考虑可监控能力，即各个部件需要向 TSB 的控制与度量模块提供控制点和度量点。在这里，度量点的作用是向 TSB 提供度量策略与度量内容，由 TSB 的度量模块实施具体度量。控制点则可以依据控制策略，保障安全部件的可信性，实施对于被控对象的控制操作。

从具体实现形态看，度量点的设计可以是一种通用框架形式，包括被度量对象本身的描述和度量策略要求的描述。度量对象描述定义的是度量的对象形式是什么，包括系统状态子集、网络状态子集，状态子集中包括输入/输出参数、系统不变量、系统变量在某个时刻应达到的状态等；度量策略要求是指被度量的对象所应满足的策略要求，如时序要求、参数依赖要求、标记关系要求等。通过这些描述，就能清楚地描述出度量的要求，从而可以围绕这些参数要求，关联合理的度量方法，从而实现对系统部件的有效度量。相应的控制对象也应该与度量对象相关，其中对象描述与度量类似，策略要求方面是关于如何对被控对象进行控制的具体策略手段，这些策略应该遵从 TSB 内部判定机制约束的要求。在这里，度量点与控制点的选择可以由软件厂商提供，也可以由第三方提供，其目标为能够提供受控对象软件的运行形态与状态信息，通过相应的度量方法能够验证软件的安全状态描述，并对软件行为实施有效的控制。

2）控制目标

控制目标为控制机制提供控制所应满足的功能要求。从软件基的实现要求看，其应反映出各功能部分的隔离、控制、度量、判定等能力。

从总体隔离的目标看，在逻辑上应该保障 TSB 不同层次之间，以及 Host 的安全部件与外部威胁之间的隔离。就具体实现而言，从技术上应该包括逻辑隔离和硬件隔离两种技术。硬件的隔离措施应该来源于可信平台的硬件基础设施，而逻辑隔离则由 TSB、Host OS 合作实现。相应地，从控制度量角度，需要对这两个层面的隔离措施实施有效的度量与控制。

对于控制、度量与判定要求的控制问题，TSB 的控制度量模块应能度量上层 TSB 是否有效实施该类能力，度量 Host OS 软件是否提供相应的度量控制点接口与功能，从而确保各功能模块在要求的范围内进行了正确的功能提供与行为处理，具体而言，度量的要求至少包括以下四方面。

① 对对象基本静态特征的度量，这主要围绕对象自身实体完整性、对象身份正确性、对象相关数据完整性等进行度量。

② 对对象交互行为和动态特征的度量，这主要围绕对象交互中参数正确性的度量，以及对象运行中系统运行状态的度量等。

③ 对策略要求正确实施的度量，这包括对象描述中相应的控制、度量与判定的策略正确性描述的度量，以及对象相应策略正确性访问的度量等。

④ 对上层服务是否正确调用或引用了相应功能接口的正确性与有效性度量，这主要解决被调用者与调用者之间反向监控的问题。

对于安全交互能力，需要度量评判系统是否遵从策略实施了有效的策略，并判别是否有相应可信的访问通道等问题。

3）控制框架

可信计算平台中，可信软件基和宿主系统均是层次化设计的，且二者的层次之间相互对应，它们之间是一种耦合关系。从可信角度考虑，可信计算平台的上下层之间存在着控制传递关系、支撑传递关系与信任传递关系。

如图 4-9 所示，控制关系是可信软件基中各组件之间，依据度量机制的要求，对 TSB 对象以及宿主系统中安全部件进行度量，并遵从相应控制策略所实施决策所形成的一种 1∶1、1∶$n$ 的关系。在这一控制关系的传递过程中，TSB 对象以及安全部件一环扣一环，该关系从系统监控基础出发，不断在系统中扩展，从而将控制要求遍布整个系统，实现整个可信软件基础设施的可信。通过这一控制关系的传递，可以使得 TSB 对象以及宿主操作系统的安全部件所处的环境满足实施隔离、交互控制等控制手段要求，确保对象的行为不受环境干扰。

在这里，基本监控基是由硬件支撑的系统信任部件，其安全由物理手段与管理手段保障。基本监控基对 TSB 的第 0 层部件和 HostOS 的第 0 层安全部件实施有效的监视与控制，由于硬件自身缺乏足够对动态性监控的灵活性，因此这里硬件主要解决的控制问题是静态控制问题，而对 HostOS 第 0 层安全部件的动态监控问题交由 TSB 的第 0 层部件执行。从图 4-9 中可以看到，第 0 层 TSB 对象集受基本监控基的度量控制，第 0 层 TSB 对象集主要完成三方面的控制：其一为对同层宿主操作系统的安全部件的监控；其二为对上层 TSB 对象集的监控；其三为对上层宿主操作系统中安全部件的监控。而 0 层宿主

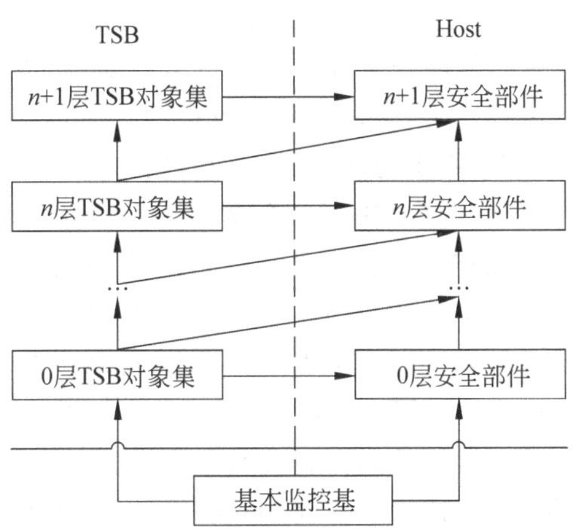


图 4-9　可信软件栈不同层间控制传递关系

操作系统的安全部件则只对上层宿主操作系统的安全部件进行监控。如此反复，从而将来源于基本监控基的控制关系推及整个系统。

支撑关系是指在可信软件栈体系结构中，由下层 TSB 对象、下层安全部件或同层 TSB 对象提供给本层其他对象的安全服务和可信服务功能过程中所产生的一种关系。如图 4-10 所示，基本支撑基也应该是由硬件和固件所构成的一套可信部件，它为 0 层 TSB 对象集和 0 层安全部件提供基本的安全功能，供其调用。Host 的安全部件可通过与下层 Host 安全部件间的交互获取安全服务，也可通过与同层 TSB 对象之间的交互获取可信服务，而 TSB 对象则既可与同层或下层 TSB 对象交互，也可与下层 Host 安全部件交互以获取可信服务。相对于控制传递关系，支撑传递关系存在一些差异性的部分。从图 4-10 中可以发现，0 层安全部件和 0 层 TSB 对象集对上层的 TSB 对象集都存在支撑关系，而 0 层 TSB 对象集对上层安全部件集合却没有相应的支撑关系，这是因为从 TSB 对象集的功能规模角度看，由于为了确保 TCB 的安全性，作为 TCB 一部分的 TSB 应该满足尽量小的要求，代码量的减少势必导致功能规模受限，因此不可能构造 TSB 是一个

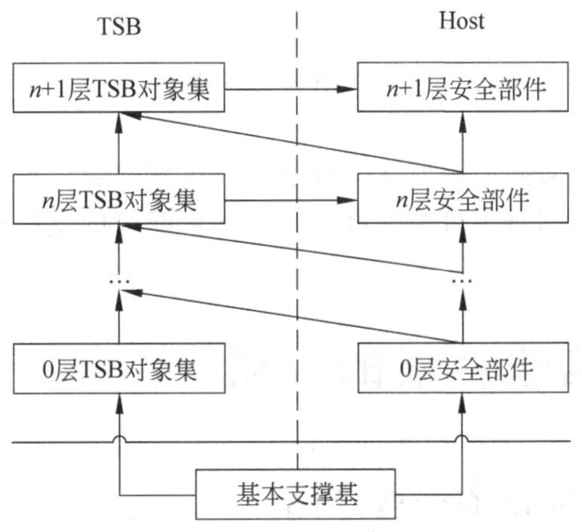


图 4-10　可信软件栈不同层间支撑传递关系

绝对独立的闭环系统，这样对于上层功能的要求是不适合的。同时，由于控制传递关系的存在，低层 TSB 对象集可以对低层安全部件集进行有效监控，因此低层安全部件集所提供的安全功能对于上层 TSB 对象集而言应该是可信的。通过这一支撑传递关系进行构建，能够使得整个系统的依存关系更为清晰，从而方便在实现过程中进行有效实施。

而信任传递关系则是可信计算中的一个重要概念。可信计算平台的规范中，信任实际上从可信平台模块传递到操作系统引导之前就截止了，而操作系统之后的可信问题对于用户而言实际上是一个更为重要的问题。如图 4-11 所示，基本信任基是可信计算平台中软件可信链扩展的源头。它的可信支撑服务和可信控制机制依赖于系统中的可信硬件。可信计算平台中其他的 TSB 对象和宿主系统安全部件则是由底层向上逐层扩展的。对宿主系统的安全部件所处环境的控制机制由底层安全部件实施，而底层安全部件实施控制时，可能依赖于同一层面 TSB 对象的度量和决策结果，因此宿主系统中安全部件的环境控制机制的可信性依赖于下层 TSB 对象和安全部件的可信性。当系统中某指定对象的环境控制机制是可信的，同时该部件可以被系统中已有的可信部件有效地实施可信控制，能够向该对象提供符合要求的可信服务来支撑该对象的功能，并判别该对象已经达到可信状态时，则可以认为信任链已经扩展到了该对象。如此反复继续，则整个系统能达到一种可信的状态。

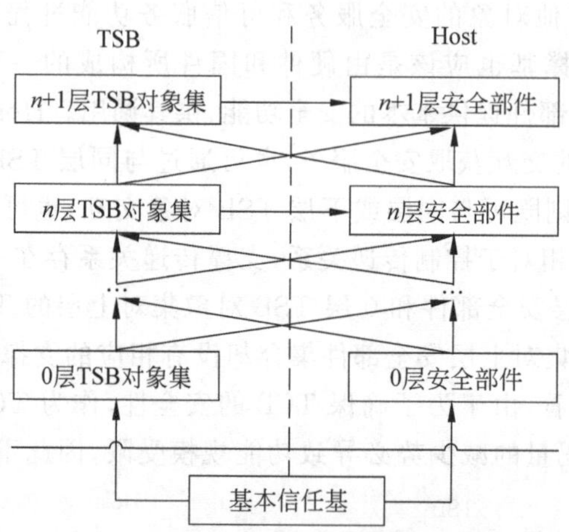


图 4-11　可信软件栈不同层间信任传递关系

通过以上研究，我们对如何拓展现有可信软件栈结构建立可信运行环境有了一些初步认识，这些工作将为我国自主可控的可信计算平台配套的支撑软件标准制定工作起到一些抛砖引玉的作用。

## 4.5 可信软件栈的应用

### 4.5.1 可信软件栈的一些产品

国内外的可信软件栈产品和实现大多参照 TCG 制定规范，符合 TSS1.1 或 TSS1.2

规范的主要产品和实现有以下 3 个。

(1) Infineon 公司的 TPM Professional Package 3.6：包括符合 TCG 规范的 TSS，其主要功能如下。

① TPM Cryptographic Service Provider (CSP)；

② Infineon 桌面管理软件，提供策略执行和安全特征管理功能；

③ 目前能支持 Windows 7 平台。

(2) IBM 公司的 TrouSerS：IBM 公司从 2004 年开始研发的开源软件是 Linux 平台下 TCG TSS 规范的实现。TrouSerS 也是首款实现了 TCG TSS 1.2 规范的软件产品，其主要功能包括：

① RSA 密钥对生成、密钥存储；

② RSA 加密和解密；

③ RSA 签名和验证；

④ PCR 管理和事件管理；

⑤ 封装数据到 PCR 中；

⑥ 随机数生成。

(3) 欧洲 OpenTC 的 TSS：欧洲于 2006 年 1 月启动的名为"开放式可信计算(Open Trusted Computing)"的研究计划基于开放源代码的形式开发可信计算基础架构和安全计算系统，包括传统的计算机平台和嵌入式平台。项目中包括以下功能：基础接口(Basic Interface)、可信操作系统内核(Trusted OS Kernels)、安全管理(Security Management)、应用(Applications)等。其中基础接口中是对 TCG TSS 的一个实现，主要功能包括：

① TSS 1.2 的实现；

② AMD 虚拟层；

③ TPM 提供的加密接口和简单的加密服务；

④ 集成 JVM 和封装的 Java 接口。

目前，该项目还没有看到成熟的产品出现。

### 4.5.2　可信软件栈的应用实例

4.5.1 节介绍的产品主要是可信软件栈的实现，目前使用可信软件栈的应用相对较少，相信随着可信计算平台的逐步普及，上层应用的需求会越来越多。下面介绍几个比较成功的应用。

(1) 联想公司的 Client Security Solution：IBM 公司是最早将 TPM 嵌入式安全芯片和笔记本/台式机捆绑销售的厂商，2005 年联想公司收购 IBM 公司的全球 PC 业务，继续推进安全芯片配套的研究工作，为配合安全芯片开发的可信应用为 Client Security Solution(简称 CSS)。CSS 的主界面由 Client Security Setting、Password、Fingerprint Software、Advanced Security 和 Data Protection 等部分组成，能够提供如指纹、口令安全存储、数据安全保护等功能。

(2) HP 公司的 ProtectTools：基于 Infineon TPM Professional Package TSS，其功能与 IBM CSS 基本相同。区别在于其加密功能可以基于 EFS，加密密钥不再直接存在系

统中，而是由 TPM 保护(从而实现全盘加密 Drive encryption for HP ProtectTools)。

(3) SafeNet 公司的可信移动计算套件 SafeZone：让开发者快速和可靠地为移动环境构建安全应用。SafeZone 包括在移动或嵌入设备上启用可信平台功能的所有软件元素。此工具包实现了可信计算组织的 TCG TSS 架构，并为应用提供完整的可信 API 服务。

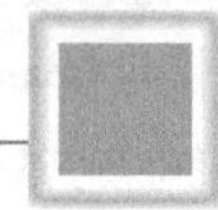

## 4.6 本章小结

可信软件栈基于 TPM，为应用程序提供可信支撑功能接口。本章首先介绍了 TCG TPM 1.2 软件栈，该软件栈具有结构分层、应用程序方便使用等优点。接着介绍了 TCG TPM 2.0 软件栈，在保持 1.2 软件栈一些优点的基础上，支持资源受限的嵌入式环境、多处理器、服务器平台等不同的应用场景，支持同步和异步调用，支持所有功能一步完成的单一接口调用，也支持细粒度多步完成的多接口调用。然后介绍了满足可信平台控制功能要求的中国可信软件栈，引入监控机制，实现 TCB 在软件部分的可信扩展。最后介绍了可信软件栈的应用。通过本章的学习，希望读者能够对可信软件栈的设计思路与基本方法有一定了解，为进一步基于可信软件栈的应用开发提供帮助。

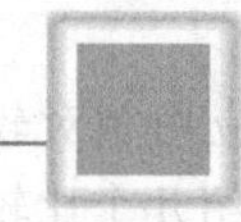

## 习题

(1) 什么是可信软件栈？当前主要的可信软件栈典型架构有哪些？

(2) TCG 的可信软件栈如何实现对底层操作的透明化？

(3) 面向可信平台控制模块的可信软件栈体系核心思想是什么？

(4) TCG 的可信软件栈有什么不足？

(5) 中国可信软件栈对 TCG 的可信软件栈作了哪些改进？

(6) 从软件安全角度思考，可信软件栈架构还应考虑哪些安全要素？

## 实验

(1) 基于 Linux 发行版中所自带的可信软件栈 API：

① 完成一个 TPM 设备状态的读取功能模块；

② 完成一个对数据进行平台绑定加密的功能模块；

③ 完成对平台配置寄存器的读取与写入功能模块。

(2) 下载，编译，安装，试用软件 TPM 2.0 模拟器、Intel TPM2-TSS、TPM2-abrmd 以及 TPM2-Tools，结合试用情况及代码理解、验证 TPM 2.0 TSS 的工作原理。实验要求：

① 在 https://github.com/tpm2-software/tpm2-tss/处下载 Intel 的 TPM2-TSS，按照其说明文件进行编译、安装；

② 在 https://github.com/tpm2-software/tpm2-abrmd/处下载 TPM2-abrmd，按照

其说明文件进行编译、安装、配置服务、启动服务；

③ 在 https://github.com/tpm2-software/tpm2-tools/处下载 TPM2-Tools，按照其说明文件进行编译、安装；

④ 使用 TPM2-Tools TPM 2.0 完成生成密钥、加密、解密、签名、验证、会话和策略，以及 NV 索引等操作；

⑤ 结合实验验证与相关代码分析，理解 TPM 2.0 TSS 的工作原理；

⑥ 理解 TAB 如何实现多进程或多线程同时访问同一个 TPM 2.0，且只能访问属于它的 TPM 2.0 会话、对象和序列等；

⑦ 理解 RM 如何实现对 TPM 2.0 内部非易失性存储空间的扩展管理。

(3) 下载，编译，安装，试用软件 TPM 2.0 模拟器、IBM TPM 2.0 TSS(https://sourceforge.net/projects/ibmtpm20tss/)，结合试用情况及代码理解、验证 IBM TPM 2.0 TSS 的工作原理，分析 IBM 与 Intel TPM 2.0 TSS 的异同。

# 第5章 可信PC

可信PC是最早开发,并已经得到实际应用的可信计算平台。在中国国家标准GB/T 29827—2013《信息安全技术 可信计算规范 可信平台主板功能接口》中,根据TPM是否早于PC主CPU先启动,TPM是否能对PC Boot ROM引导代码先进行可信度量,将可信PC分为兼容型和增强型可信PC。本章主要介绍可信PC的系统结构、中国可信PC实现实例和操作系统安全增强。

## 5.1 可信PC的系统结构

兼容型可信PC通常在普通PC的主板上利用已有总线接口,集成TPM,对主板硬件结构基本上不做调整。增强型可信PC需对主板硬件结构进行一定调整,以实现TPM早于PC主CPU先启动,完成对PC Boot ROM(BIOS/EFI)启动代码的完整性度量。兼容型和增强型可信PC在系统结构上有所差异。

### 5.1.1 兼容型可信PC的主板结构

TCG在其发布的可信PC规范里提出了兼容型可信PC的组成结构。兼容型可信PC的主要特征是在主板上嵌有可信构建模块(Trusted Building Block,TBB),它包括可信度量根核(Core Root of Trust for Measurement,CRTM)和TPM,以及它们与主板之间的连接,如图5-1所示。基于TBB和信任链机制,就可实现可信性的度量、存储、报告机制,确保系统重要资源的完整性和平台的安全可信,为用户提供可信服务。在兼容型可信PC里,TPM通常通过LPC(Low Pin Count)、$I^2C$(Inter IC)、SPI(Serial Peripheral Interface)、EPI(Extended Peripheral Interface)等总线与ICH(IO Controller Hub)或PCH(Platform Controller Hub)芯片相连接。兼容型可信PC的TPM与PC主CPU同时启动,CRTM就是Boot ROM(BIOS/EFI)的起始代码。

### 5.1.2 增强型可信PC的主板结构

中国国家标准GB/T 29827—2013《信息安全技术 可信计算规范 可信平台主板功能接口》提出了增强型可信PC的主板结构。增强型可信PC的主板由TPM和其他通用部件组成,以TPM可信根为核心部件实现完整性的度量、存储、报告机制,并实现平台可信

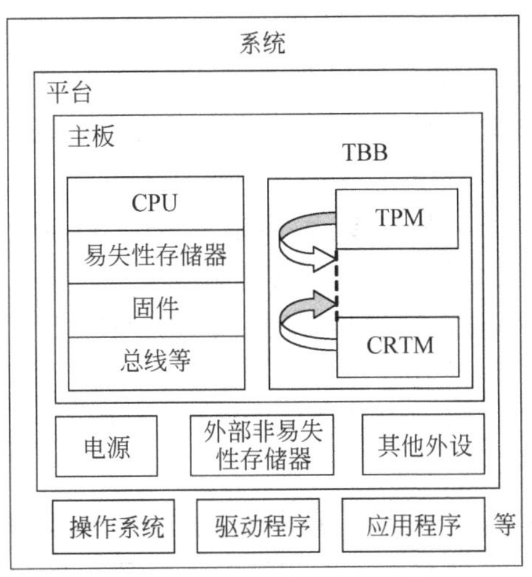


图 5-1 兼容型可信 PC 主板结构

引导功能，如图 5-2 所示。TPM 包括 TPM 硬件与固件系统，以及对外提供的驱动程序等实体。增强型可信 PC 主板是基于 TPM 模块的计算机主板，包括 CPU、动态存储器、显示控制器、总线、TPM 硬件设备、Boot ROM 固件层支撑模块及其设备驱动程序和 TPM 嵌入式系统等实体。计算机主板构建原则需确保 TPM 模块与主板的一一对应绑定关系。

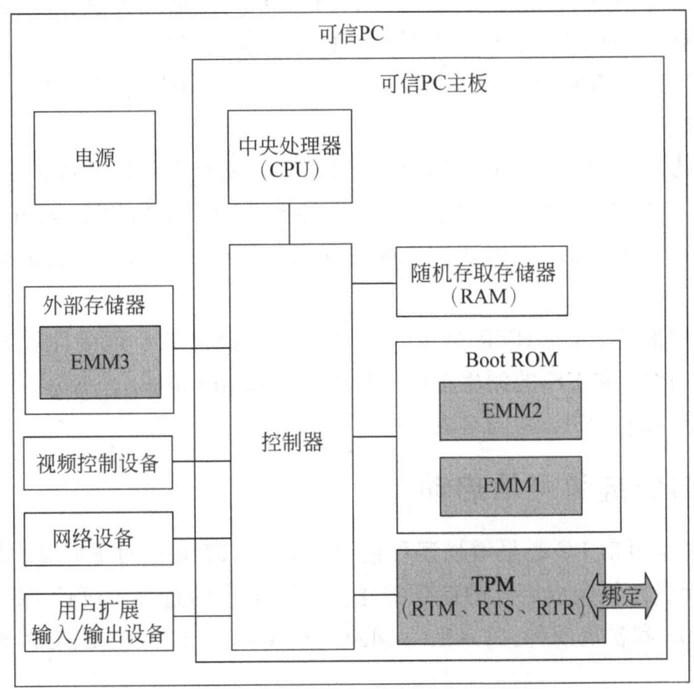


图 5-2 增强型可信 PC 的主板结构

增强型可信 PC 主板与兼容型可信 PC 主板的主要不同是，控制时序要确保计算机上电启动时 TPM 先执行最初的可信度量，然后主 CPU 再执行后续的度量。

增强型可信 PC TPM 与计算机主板其他部件的协作关系满足如下要求：

① TPM 先于计算机主板其他部件启动，包括主 CPU，为实现(Root of Trust Measure，RTM)度量 Boot ROM(BIOS/EFI)的初始引导代码 EMM1(扩展度量模块)构造必要条件。

② TPM 能够通过物理电路连接，可靠地读取主机 Boot ROM 的初始引导代码 EMM1，并对其实施完整性度量和 PCR 扩展存储操作。

增强型可信 PC 的 RTM 度量 EMM1 的完整性过程如下。

① TPM 可靠装载 RTM 程序代码。

② RTM 通过主板和 TPM 物理总线连接可靠地读取 Boot ROM 中指定地址区间的 EMM1 代码。

③ RTM 对 EMM1 执行哈希计算，并将结果扩展存储在 TPM 的 PCR 里。

④ TPM 确保能在 EMM2 请求下将 RTM 度量 EMM1 得到的结果发送给 EMM2 处理。

### 5.1.3 可信根

TPM 模块是 PC 的可信根(RT)，包括可信度量根(RTM)、可信存储根(RTS)和可信报告根(RTR)。

① 可信度量根(RTM)：RTM 是对平台进行可信度量的基点。兼容性可信 PC 的 RTM 是 Boot ROM 的起始代码，用于对计算机系统资源进行最初的可信度量，它又被称为 CRTM。增强型可信 PC 的 RTM 是 TPM 嵌入式系统中用于度量 Boot ROM 程序起始代码的执行部件。

② 可信存储根(RTS)：RTS 是对可信度量值进行安全存储以及维护密钥树和保证数据安全的基点。它由 TPM 中的一组平台配置寄存器(Platform Configuration Register，PCR)和存储根密钥(Storage Root Key，SRK)或主存储密钥(Primary Storage Key，PSK)共同组成。

③ 可信报告根(RTR)：RTR 是平台向访问客体提供平台可信性状态报告的基点。它由 TPM 中的 PCR 和 EK 的派生密钥 AIK(Attestation Identity Key)或受限签名密钥(Restricted Sign Key，RSK)共同组成。

### 5.1.4 信任链和可信启动

无论是兼容型可信 PC 还是增强型可信 PC，在 RTM 完成对 EMM1 的可信度量后，均由可信扩展度量模块完成后续的信任链建立及可信启动过程。可信 PC 的 Boot ROM 主要有传统 BIOS 和扩展固件接口(Extended Firmware Interface，EFI)两种形式，下面分别进行描述。

#### 1. BIOS 完整性度量

在使用 BIOS 的可信 PC 里，EMM1 是 BIOS 启动块，EMM2 是 BIOS Main Block，如图 5-3 所示。

PC 启动时，BIOS 启动块还不能使用 PC 的主内存，只能使用主 CPU 的寄存器。BIOS 启动块需要校验 BIOS Main Block 的完整性，若 BIOS 启动块直接用 PC 主 CPU 进行计算，由于不能使用 PC 主内存，效率会很低，校验 BIOS Main Block 的完整性会花费较长时间，整个可信 PC 的启动时间也会增加。为加快 BIOS 启动块对 BIOS Main Block 的完整性校验，BIOS 启动块将 BIOS Main Block 传送给 TPM（在 BIOS 中加入 TPM MA 驱动），由 TPM 完成哈希计算，如图 5-4 所示。

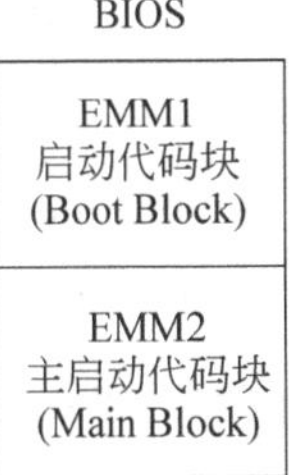


图 5-3　BIOS EMM1 EMM2 存储示意图

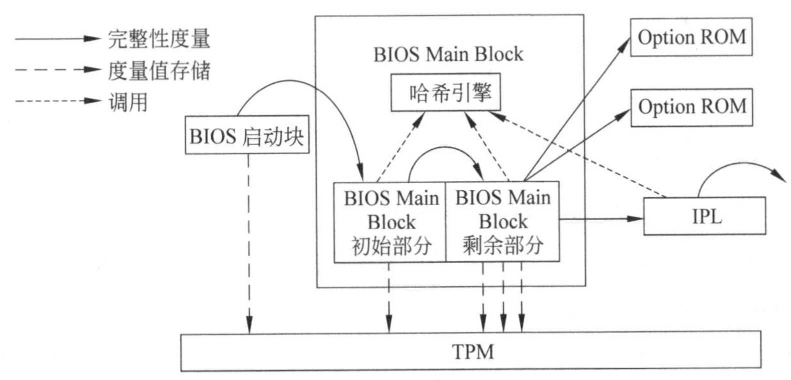


图 5-4　BIOS 完整性度量

与 PC 主 CPU 相比，TPM 的处理器的频率较低，不适宜进行大数据量的哈希运算，故 BIOS 启动块只将 BIOS Main Block 初始部分代码传送给 TPM 进行哈希计算（BIOS 中加入 TPM MP 驱动），该初始部分只包括 PC 主内存初始化模块、哈希引擎，以及调用哈希引擎对 BIOS Main Block 剩余部分进行完整性度量模块三部分。

BIOS 启动块利用 TPM 度量完 BIOS Main Block 初始部分的完整性后，便将平台主 CPU 的控制权转交给 BIOS Main Block 的初始部分。BIOS Main Block 初始部分就直接调用哈希引擎使用 PC 主 CPU 和主内存度量 BIOS Main Block 剩余部分的完整性，之后将 PC 主 CPU 的控制权转交给 BIOS Main Block 的剩余部分。BIOS Main Block 剩余部分再调用哈希引擎度量如下对象：PC 配置信息和配置事件、CPU 升级微码、Option ROM 代码、配置数据、初始程序装载器（Initial Program Loader，IPL）代码和配置数据等。在 PC 进行状态转换时，主 CPU 的控制权返回给 BIOS Main Block，完成对平台状态转换事件的度量。

BIOS 平台有关的度量对象以及该部分是否为必须度量见表 5-1。

BIOS Main Block 需要调用 TPM PCR 扩展等功能，需在 BIOS 中增加 MP（内存可用）驱动。BIOS 将 TPM 设备映射到一个基地址，负责与 TPM 进行通信。

MP 驱动的内存模式：MP 驱动的内存模型必须是保护模式。代码是浮动地址代码，不得对 EIP 的值做任何规定。

MP 驱动的基本函数如下。

表 5-1　BIOS 平台有关的度量对象以及该部分是否为必须度量

| 序号 | 度量对象 | 必须/可选 |
|---|---|---|
| 0 | BIOS Boot Block 版本标识符 | 必须度量 |
|  | POST BIOS 代码 | 必须度量 |
|  | SMM(系统管理模式)代码和建立系统管理模式的程序 | 必须度量 |
|  | ACPI Flash 数据 | 必须度量 |
|  | Embedded Option ROM：由主板厂商控制并维护的主板固件代码镜像 | 必须度量 |
| 1 | CPU 升级微码 | 必须度量 |
|  | 主机平台配置事件 | 必须度量 |
|  | ESCD、CMOS 和其他 NVRAM 数据 | 可选度量 |
|  | SMBIOS 结构 | 可选度量 |
| 2 | 被 BIOS 调用的 Option ROM Code | 必须度量 |
|  | 针对 BIOS 不可见的 Option ROM Code 部分 | 必须度量 |
|  | 固化在主机平台的主板上，但由非设备制造商控制的 Option ROM Code | 必须度量 |
| 4 | Option ROM 的配置信息 | 必须度量 |
|  | Option ROM 的静态数据 | 必须度量 |
| 5 | 平台状态转换事件：系统从 S4(休眠)和 S5(关机)状态返回到 S0(全速运行)状态的状态转换事件 | 必须度量 |

① MPInitTPM，对 TPM 和驱动进行初始化。

② MPCloseTPM，关闭对 TPM 设备的连接。

③ MPGetTPMStatusInfo，从 TPM 设备读取当前错误和状态信息。

④ MPTPMTransmit，从输入缓冲向 TPM 传送数据，并向输出缓冲读取 TPM 的响应。

## 2. UEFI 完整性度量

在使用 EFI 的可信 PC 里，EMM1 是 Boot Core，为 EFI 执行的第一条指令到 TPM 驱动加载完毕之间的代码，通过插入在 EFI BIOS 中的 GUID 标识 EMM1 代码的结束位置；EMM2 是 EFI 主启动代码，如图 5-5 所示。

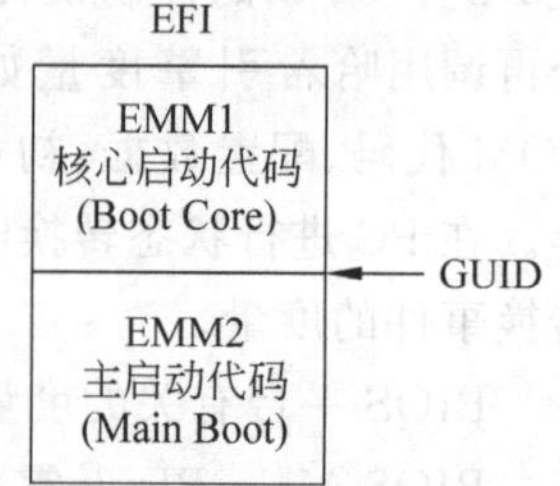

图 5-5　EFI EMM1 EMM2 存储示意图

EMM1 和 EMM2 之间包含 MAP1，MAP2，…，MAPi，EMM2 等多个度量代理点。EMM1 负责对后续加载的代码 MAP1 进行度量，然后将控制权传递给 MAP1，MAP1 再按照上述方法向后传递，信任链依此方式建立。MAP 完成对平台硬件配置信息、EFI BIOS 重要数据结构、核心代码等部件的完整性度量。各部分都度量完毕后，EMM2 度量 IPL(EMM3)，并传递控制权，如图 5-6 所示。

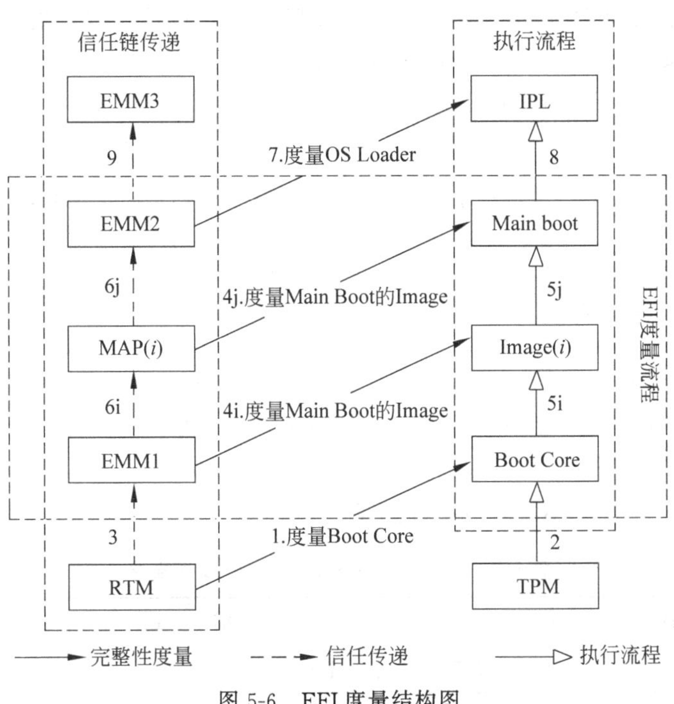


图 5-6　EFI 度量结构图

EFI 平台有关的度量对象以及该部分是否为必须度量见表 5-2。

**表 5-2　EFI 平台有关的度量对象以及该部分是否为必须度量**

| 序号 | 度 量 对 象 | 必须/可选 |
|---|---|---|
| 0 | PC 厂商提供的 EFI 固件 | 必须度量 |
| | 嵌入在系统 ROM 中的 EFI 驱动程序 | 可选度量 |
| | 静态 ACPI 表 | 必须度量 |
| 1 | 其他数据表 | 可选度量 |
| | 影响系统配置的 EFI 变量 | 可选度量 |
| 2 | 适配器中 EFI 引导服务驱动程序 | 必须度量 |
| | 适配器或外部存储中 EFI 引导服务应用程序 | 必须度量 |
| 3 | EFI 变量 | 可选度量 |
| 4 | EFI 运行时应用程序(EFI OS 装载器) | 必须度量 |
| | EFI 运行时应用程序(HBA 系统配置工具 OS 装载器) | 必须度量 |
| | EFI 运行时应用程序(EfiChkDsk.efi 或 Diskpart.efi) | 必须度量 |
| 5 | EFI 引导变量 BootOrder | 必须度量 |
| | GPT 表 | 必须度量 |
| | EFI 规范或私人定义的 EFI 静态变量 | 可选度量 |

EFI 需调用 TPM PCR 扩展等功能，在 UEFI 里增加调用 TPM 的接口 UEFI_TPM_PROTOCOL，该 Protocol 符合 UEFI 相关规范。

UEFI_TPM_PROTOCOL 定义如下：

```
GUID #define UEFI_TPM_PROTOCOL_GUID
{0xf541796d, 0xa62e, 0x4954, 0xa7, 0x75, 0x95, 0x84, 0xf6, 0x1b, 0x9c, 0xdd}
typedef struct {
    UEFI_TPM_STATUS_CHECK              StatusCheck;
    UEFI_TPM_HASH_ALL                  HashAll;
    UEFI_TPM_LOG_EVENT                 LogEvent;
    UEFI_TPM_PASS_THROUGH_TO_TPM       PassThroughToTPM;
    UEFI_TPM_HASH_LOG_EXTEND_EVENT     HashLogExtendEvent;
} UEFI_TPM_PROTOCOL;
```

UEFI_TPM_PROTOCOL 成员描述见表 5-3。

**表 5-3　UEFI_TPM_PROTOCOL 成员描述**

| 数　据 | 描　述 |
|---|---|
| StatusCheck | 反映 TPM 当前状态的服务 |
| HashAll | 哈希计算服务 |
| LogEvent | 进行事件日志记录服务 |
| PassThroughToTPM | 访问 TPM 的命令通道服务 |
| HashLogExtendEvent | 服务：进行哈希计算、将结果扩展到 TPM PCR 中、记录事件日志 |

Event Log 描述详细的完整性度量日志，在可信验证时需要使用 Event Log。pre-OS 阶段度量日志保存在 ACPI 表中。Event Log 的一条记录的结构如下。

```
typedef struct
{
    TPM_PCRINDEX                          PCRIndex;
    TPM_EVENTTYPE                         EventType;
    TPM_DIGEST                            Digest;
    UINT32                                EventSize;
    UINT8                                 Event[n];
} TPM_PCR_EVENT;
```

TPM_PCR_EVENT 成员描述见表 5-4。

**表 5-4　TPM_PCR_EVENT 成员描述**

| 数　据 | 描　述 |
|---|---|
| PCRIndex | PCR 序号 |
| EventType | 记录类型 |

续表

| 数　　据 | 描　　述 |
|---|---|
| Digest | 程序或数据哈希值 |
| EventSize | 记录内容的大小 |
| Event[n] | 所记录事件的内容 |

```
UEFI_TPM_STATUS_CHECK
typedef EFI_STATUS (EFIAPI * UEFI_TPM_STATUS_CHECK)
(
IN struct _UEFI_TPM_PROTOCOL            * This,
OUT TPCM_BOOT_SERVICE_CAPABILITY        * ProtocolCapability,
OUT UINT32                              * TPMFeatureFlags,
OUT UEFI_PHYSICAL_ADDRESS               * EventLogLocation
OUT UEFI_PHYSICAL_ADDRESS               * EventLogLastEntry
);
```

该服务用于获取 TPM 当前状况的信息以及 Event Log 相关内容。UEFI_TPM_STATUS_CHECK 函数参数描述见表 5-5。

**表 5-5　UEFI_TPM_STATUS_CHECK 函数参数描述**

| 数　　据 | 描　　述 |
|---|---|
| This | 指向 UEFI_TPM_PROTOCOL 的指针 |
| ProtocolCapability | 返回当前 TPM 的状态信息 |
| TPMFeatureFlags | 用于指示 Feature |
| EventLogLocation | 指示 EventLog 位置的指针 |
| EventLogLastEntry | 指示内存中最后一个 Entry 的起始地址 |

```
UEFI_TPM_HASH_ALL
typedef EFI_STATUS (EFIAPI * UEFI_TPM_HASH_ALL)
(
IN struct _UEFI_TPM_PROTOCOL            * This,
IN UINT8                                * HashData,
IN UINT64                               HashDataLen,
IN TPM_ALGORITHM_ID                     AlgorithmId,
IN OUT UINT64                           * HashedDataLen,
IN OUT UINT8                            **HashedDataResult
);
```

该服务用于提供哈希操作。UEFI_TPM_HASH_ALL 函数参数描述见表 5-6。

表 5-6　UEFI_TPM_HASH_ALL 函数参数描述

| 数　据 | 描　述 |
| --- | --- |
| This | 指向 UEFI_TPM_PROTOCOL 的指针 |
| HashData | 指向将要被哈希的数据缓冲区的指针 |
| HashDataLen | 用于哈希计算的数据缓冲区的长度 |
| AlgorithmId | 哈希算法标识 |
| HashedDataLen | 哈希结果的长度 |
| HashedDataResult | 指向哈希结果的指针 |

```
UEFI_TPM_LOG_EVENT
typedef EFI_STATUS (EFIAPI * UEFI_TPM_LOG_EVENT)
(
IN struct _UEFI_TPM_PROTOCOL                * This,
IN TPM_PCR_EVENT                            * TPMLogData,
IN OUT UINT32                               * EventNumber,
IN UINT32                                   Flags
);
```

该服务用于提供 Log Event 功能的操作,并将结果添加到 Event Log 的入口。UEFI_TPM_LOG_EVENT 函数参数描述见表 5-7。

表 5-7　UEFI_TPM_LOG_EVENT 函数参数描述

| 数　据 | 描　述 |
| --- | --- |
| This | 指向 UEFI_TPM_PROTOCOL 的指针 |
| TPMLogData | 指向内存中 TPM_PCR_EVENT 数据结构的首地址的指针 |
| EventNumber | 刚刚被 Log 的 Event 的数目 |
| Flags | 标志位 |

```
UEFI_TPM_PASS_THROUGH_TO_TPM
typedef EFI_STATUS (EFIAPI * UEFI_TPM_PASS_THROUGH_TO_TPM)
(
IN struct _UEFI_TPM_PROTOCOL                * This,
IN UINT32                                   TpmInputParameterBlockSize,
IN UINT8                                    * TpmInputParameterBlock,
IN UINT32                                   TpmOutputParameterBlockSize,
IN UINT8                                    * TpmOutputParameterBlock
);
```

该调用用于以字节流形式向 TPM 发送命令,以字节流形式返回 TPM 的结果。UEFI_TPM_PASS_THROUGH_TO_TPM 函数参数描述见表 5-8。

表 5-8　UEFI_TPM_PASS_THROUGH_TO_TPM 函数参数描述

| 数　　据 | 描　　述 |
|---|---|
| This | 指向 UEFI_TPM_PROTOCOL 的指针 |
| TpmInputParameterBlockSize | TPM 输入参数块的大小 |
| TpmInputParameterBlock | 指向 TPM 输入参数块的指针 |
| TpmOutputParameterBlockSize | TPM 输出参数块的大小 |
| TpmOutputParameterBlock | 指向 TPM 输出参数块的指针 |

```
UEFI_TPM_HASH_LOG_EXTEND_EVENT
typedef EFI_STATUS (EFIAPI * UEFI_TPM_HASH_LOG_EXTEND_EVENT)
(
IN struct _UEFI_TPM_PROTOCOL              * This,
IN UEFI_PHYSICAL_ADDRESS                  HashData,
IN UINT64                                 HashDataLen,
IN TPM_ALGORITHM_ID                       AlgorithmId,
IN OUT TPM_PCR_EVENT                      * TPMLogData,
IN OUT UINT32                             * EventNumber
OUT UEFI_PHYSICAL_ADDRESS                 * EventLogLastEntry
);
```

该函数用于提供哈希以及 Extends Event 的功能。UEFI_TPM_HASH_LOG_EXTEND_EVENT 函数参数描述见表 5-9。

表 5-9　UEFI_TPM_HASH_LOG_EXTEND_EVENT 函数参数描述

| 数　　据 | 描　　述 |
|---|---|
| This | 指向 UEFI_TPM_PROTOCOL 的指针 |
| HashData | 指向将要被哈希的数据缓冲区的指针 |
| HashDataLen | 将要被哈希的数据缓冲区的长度 |
| AlgorithmId | 哈希算法标识 |
| TPMLogData | 指向物理地址中包含 TPM_PCR_EVENT 结构起始位置的指针 |
| EventNumber | 刚被 Log 的 Event 的数目 |
| EventLogLastEntry | 指向物理地址中刚刚放置的 Event Log 首字节的指针 |

TPM EFI 驱动，由 TPM 厂商提供给 EFI BIOS 厂商。

该驱动实现的 PROTOCOL 的 GUID 定义如下。

```
#define EFI_TPM_TDD_PROTOCOL_GUID \
{ \
0xe5d3c9db, 0x21b1, 0x4d0f, 0x93, 0xe6, 0xb3, 0x80, 0x68, 0xef, 0x5f, 0x1b \
}
```

TPM EFI 驱动的入口原型如下：

```
EFI_STATUS EFIAPI TPMTDDEntry(
  IN EFI_HANDLE                         ImageHandle,
  IN EFI_SYSTEM_TABLE                   * SystemTable
);
```

需要完成 Startup、TPMLocalityCheck 和 TPMSelfTest 功能，其原型如下。

```
EFI_STATUS TPMStartup (IN EFI_TPM_TDD_PROTOCOL   * This);
EFI_STATUS TPMLocalityCheck(IN TPM_PRIVATE_DATA   * Private);
EFI_STATUS TPMSelfTest(IN EFI_TPM_TDD_PROTOCOL * This);
```

通过上述函数，在 TPM EFI 驱动内进行初始化并完成自我检测。

TPM EFI 驱动对外以 Protocol 的形式提供统一的调用接口 TPMTransmit；该函数完成对 TPM 基本的指令收发操作，原型如下。

```
EFI_STATUS TPMTransmit(
IN EFI_TPM_TDD_PROTOCOL *                 This,
IN UINT8 *                                InputPtr,
IN UINT32                                 InputLen,
IN UINT8 *                                OutputPtr,
IN UINT32                                 OutputLen
);
```

EFI 厂商通过 TPM 厂商提供的驱动，就能够以 Protocol 的形式调用 TPMTransmit 发送 TPM 指令并接收其返回信息，从而实现功能级驱动程序。

### 3. 操作系统装载器完整性度量

在 BIOS/EFI 即将执行完毕之后和操作系统装载器调用之前，为了确保操作系统装载器的完整性，要对操作系统装载器的相关代码进行完整性计算及校验。

BIOS/EFI 度量操作系统装载器具体流程如图 5-7 所示。BIOS/EFI 通过调用 TPM 中的哈希算法，对位于外部存储器中的操作系统装载器进行完整性度量。该度量程序应存放于 BIOS/EFI 中的 EMM2 度量部件内，通过 TPM 厂商提供的驱动程序访问 TPM 的哈希运算功能，该驱动程序应该由 TPM 制造厂商提供。位于外部存储器内部的操作系统装载器是操作系统启动前的代码，它负责装载、校验和启动操作系统内核。

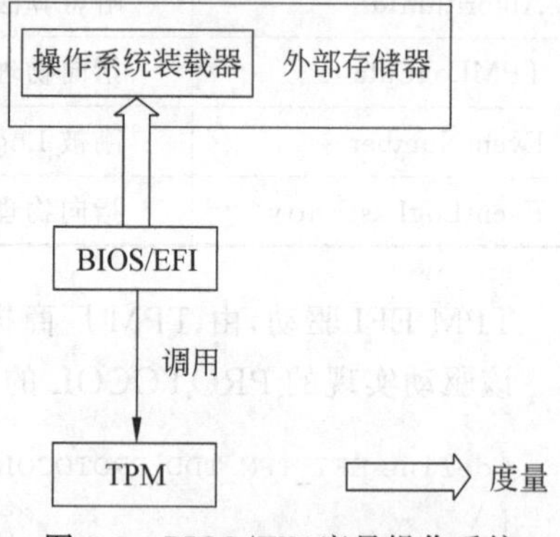

图 5-7　BIOS/EFI 度量操作系统装载器具体流程

原则上，操作系统装载器包含了磁盘启动扇区和必要启动文件。磁盘启动扇区又包含了主引导扇区和其他辅助扇区，必要启动文件包含了操作系统装载器运行所需要的辅助文件。操作系统装载器度量对象见表 5-10。

表 5-10　操作系统装载器度量对象

| 序号 | 度 量 对 象 | 必须/可选 |
| --- | --- | --- |
| 0 | IPL 代码：系统将要加载的硬件设备的控制代码 | 必须度量 |
|  | 由 IPL 代码装入的附加代码 | 必须度量 |
| 1 | IPL 配置信息和静态数据 | 必须度量 |

### 4. 操作系统内核完整性度量

位于操作系统装载器中的 EMM3 负责对操作系统内核进行度量，保证操作系统内核程序的完整性。进入操作系统装载器之后，传统 BIOS 和 EFI 在对 TPM 驱动程序支持情况上有所不同，需要在操作系统装载器中能调用 TPM 相关功能接口，以使用 TPM 哈希算法引擎对操作系统内核进行完整性度量，并将度量值扩展到 TPM PCR 中。

操作系统内核度量完成后，则运行操作系统内核，启动服务。然后度量平台运行时可信安全保护模块的完整性，该模块用于度量应用程序的完整性。这样，通过信任关系传递，度量出整个平台完整性数据。操作系统内核度量对象见表 5-11。

表 5-11　操作系统内核度量对象

| 序号 | 度 量 对 象 | 必须/可选 |
| --- | --- | --- |
| 0 | 操作系统内核程序代码和运行时监控程序代码 | 必须度量 |
| 1 | 操作系统内核程序和运行时监控程序的配置信息和静态数据 | 必须度量 |

## 5.2　中国的 SQY14 可信 PC

2000 年 6 月，作者团队与瑞达公司开始合作研制“安全计算机”；2001 年 5 月，该项目获得国家密码管理局的立项批准，所研制的安全计算机名称定为“SQY14 嵌入密码计算机”；2002 年 10 月通过国家密码管理局的技术方案论证；2003 年 7 月 15 日通过国家密码管理局的安全审查；2004 年 10 月通过国家密码管理局的技术鉴定，鉴定意见认为 SQY14 嵌入密码型计算机“设计合理，安全措施有效，是我国第一款自主研制的可信计算平台，整体技术居国内领先水平”。SQY14 可信 PC 的系统结构和主要技术路线与 TCG 可信 PC 的技术实现基本一致，并具有一定创新。由于是我国自主独立开发，所以两者之间也有差异。在这些差异中既有我们的不足，也有我们的创新。

### 5.2.1　SQY14 的系统结构

中国的 SQY14 可信 PC 在普通 PC 平台主板上嵌入了一个嵌入式安全模块(Embedded Security Module，ESM)。ESM 通过 GPIO、USB 等总线与南桥芯片相连；通过 $I^2C$ 总线与外设部件相连，物理控制 I/O 的开放和关断；通过 ISO7816 接口与读卡器及智能卡系统相连，以实现基于智能卡的用户开机身份认证，如图 5-8 所示。

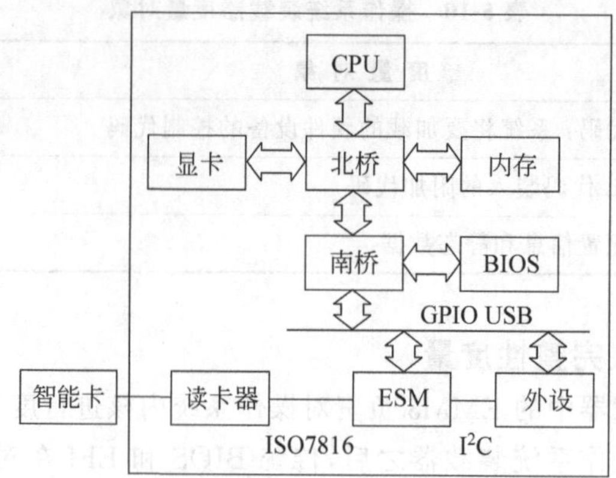


图 5-8　SQY14 可信 PC 平台组成结构

ESM 是 SQY14 可信 PC 平台的信任根，是一个硬件和固件的集合。其除嵌入 ESM 之外，还自主设计了安全增强的主板，增加了智能卡子系统，对 BIOS 和操作系统进行了安全增强，主要具有如下几个特色功能。

① 基于智能卡和口令的双因素开机用户身份验证；

② BIOS 的完整性物理保护，病毒免疫；

③ 物理控制平台 I/O 端口的开放与关闭；

④ 敏感数据在 ESM 中的安全存储；

⑤ 中国商用密码，合理的密钥管理；

⑥ 基于 ESM 的数据加解密；

⑦ 基于 ESM 的数字签名验证；

⑧ 安全增强的 ESM 与硬盘两级日志。

根据当时的国家密码政策，只提供芯片，不公开算法。第一版根芯片 J2810 中的非对称密码采用了 RSA。对称密码采用了国家密码管理局的商用密码芯片。两个芯片加上一些辅助电路，进行二次封装，构成 ESM。因此，第一版的 ESM 具有 RSA 密码和中国商用密码，能提供数据加解密和数字签名验证等功能。由于自主设计了安全增强的主板，ESM 可以安全控制 I/O 接口的开放和关断，从而形成一个封闭的安全计算环境。ESM 控制了 BIOS 芯片的写操作，因此确保了 BIOS 是病毒免疫的。ESM 中的 Flash 存储器的一部分用于存放嵌入式操作系统，还有一部分则用于为用户提供安全存储功能，包括重要日志内容的存储。日志记录是一种重要的安全措施，其记录用户访问和使用计算机资源的情况。为了增强日志系统的安全，SQTY14 可信 PC 采用了两级日志结构：一部分重要的日志内容记录在 ESM 中；其余日志内容记录在操作系统的日志文件中，增强了整个日志系统的安全性。

随着时间的迁移，国家密码政策也发生了变化。密码局向瑞达公司有条件提供了中国商用密码算法，因此第二版根芯片 J3210 中的非对称密码采用了 ECC，对称密码采用了 SM4。ESM 不再需要另外挂接国家商用密码芯片了。

## 5.2.2　SQY14 的用户身份认证与智能卡子系统

SQY14 可信 PC 通过智能卡子系统和口令实现开机时的双因素用户身份验证以及用户权限控制等功能。普通 PC 对用户身份认证常通过 BIOS 或操作系统验证用户输入的口令是否正确来完成。在 SQY14 可信 PC 中,ESM 是可信根,BIOS 受物理保护,确保病毒免疫,因此 ESM 和 BIOS 是可信的。普通 PC 的用户口令验证只能实现平台对用户的身份认证,而无法实现用户对 PC 身份的认证,SQY14 可信 PC 通过智能卡子系统还能实现用户对 PC 身份的认证。SQY14 可信 PC 平台与用户的双向身份认证如图 5-9 所示。

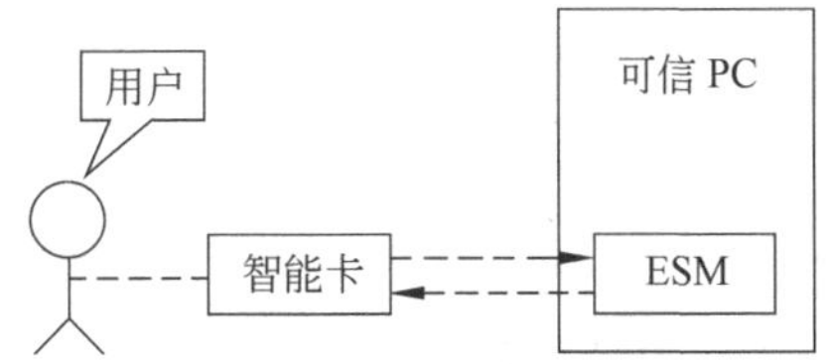


图 5-9　SQY14 可信 PC 平台与用户的双向身份认证

可信 PC 通过物理措施与 ESM 绑定,智能卡是装载用户身份信息的载体。可信 PC 与用户的双向认证转换为 ESM 与智能卡的双向认证。智能卡有全球唯一序列号,不能伪造。智能卡具有个人身份识别码(PIN),用户使用智能卡时需要输入正确的 PIN,以确认其是使用该卡的合法用户。

ESM 在制造阶段就会生成一个身份认证密钥(IK),该密钥由 ESM 序列号和一个随机数经过加密运算后生成,确保其唯一性。IK 也可以在可信 PC 部署时重新生成。然后经过一定的安全途径将 IK 导入智能卡发卡系统中。

发卡系统将 IK 写入智能卡中。同时,为智能卡生成一个身份认证密钥(CK),其也由智能卡序列号和随机数经过加密运算生成,以确保其唯一性,CK 也存储在智能卡中。这样,智能卡中就具有了 ESM 的 IK 和自己的 CK。发卡系统还要为智能卡生成默认的 PIN,智能卡发放到用户手中后,用户可自己修改 PIN。

可信 PC 的管理员在部署平台时,要对 ESM 进行初始化配置,把用户的智能卡的 CK 载入 ESM 中。这样,ESM 中就具有了用户智能卡的 CK 和自己的 IK。

IK 和 CK 就是 ESM 和智能卡各自的身份鉴别信息。IK 和 CK 都是对称密钥,其长度由 ESM 和智能卡所支持的对称加密算法决定。

ESM 和智能卡通过一方对随机数加密,另一方进行解密达到双向认证的目的。ESM 认证智能卡的过程如图 5-10 所示;智能卡认证 ESM 的过程如图 5-11 所示。

在 SQY14 可信 PC 系统中,智能卡不仅是用户的身份凭证,同时也是用户的权限凭证。SQY14 可信 PC 还通过智能卡子系统实现了对用户的权限控制。管理员在配置可信 PC 时,就会为每个用户设置不同的权限,如能够使用哪些外设和应用程序等信息,然后通过发卡子系统将权限信息写入用户智能卡中。在完成可信 PC 与智能卡(用户)之间的双向认证过程之后,ESM 从卡中读取相应的权限信息,直接从硬件上物理控制外设的打开与关闭,这样就确保了用户权限信息和外设控制不可更改,大大增强了计算机系统的安全性。

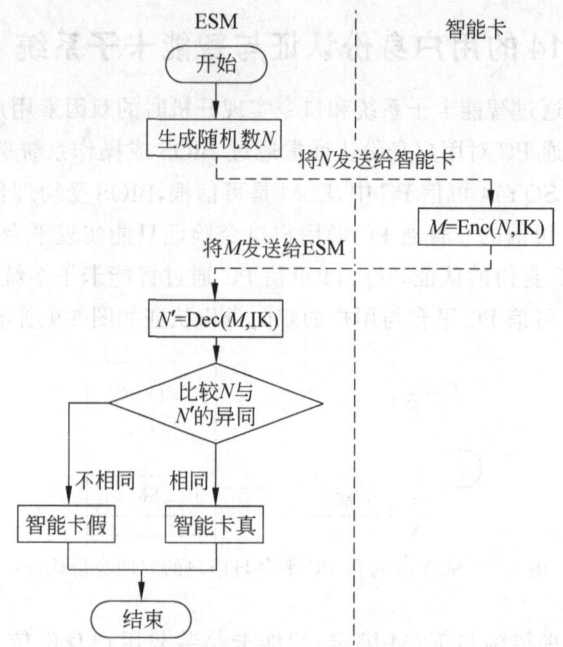


图 5-10　ESM 认证智能卡的过程

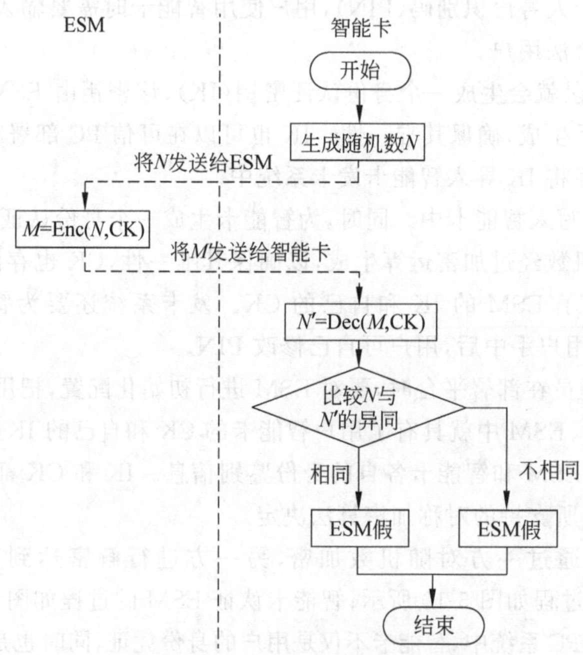


图 5-11　智能卡认证 ESM 的过程

## 5.2.3　SQY14 的启动固件及外设安全管控

在 SQY14 可信 PC 里，RTM 是 BIOS 启动块，必须受到完整性保护。可信度量根如果能被随意更改，那么其就不可能对可信 PC 启动的下一个部件进行正确的完整性度量，信任链不能正确建立。

保护可信度量根的完整性的一种实现方式是：平台启动固件 BIOS 芯片的写保护引脚与 ESM 模块相连。ESM 模块控制固件芯片是否可以被修改。默认情况下，固件芯片处于写操作受保护状态。经智能卡管理系统授权允许，通过 ESM 模块打开写保护开关，对平台启动固件进行维护和升级。没有 ESM 的授权，BIOS 是不能改写的，因此确保了 BIOS 的完整性，而且对病毒是免疫的。

ESM 模块具有 $I^2C$ 总线接口。$I^2C$ 总线是一种两线式串行总线，用于连接微控制器及其外围设备。ESM 模块的 CPU 通过 $I^2C$ 总线与另外一块安全控制芯片相连接，如图 5-12 所示。安全控制芯片进行串行/并行转换，其能把经 $I^2C$ 总线传递的串行数据与多个经 GPI/O 传送的并行数据相互转换。ESM 模块通过这些 GPI/O 引脚与可信 PC 的 I/O 部件相连，如鼠标、键盘、显卡、网卡、USB 接口等。ESM 模块通过 $I^2C$ 总线与安全控制芯片对平台的 I/O 部件进行控制。TPM 模块通过 $I^2C$ 总线与安全控制芯片相连接如图 5-12 所示。

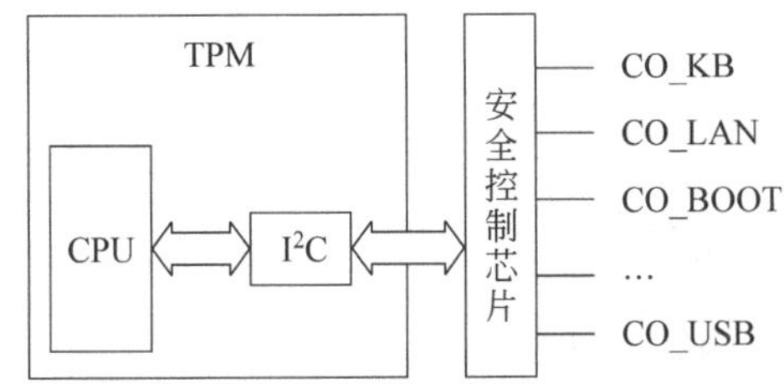


图 5-12　TPM 模块通过 $I^2C$ 总线与安全控制芯片相连接

SQY14 可信 PC 除了保护可信度量根的完整性外，还能对平台 I/O 进行控制，这样，当有需要时，能保证平台隔离封闭，增强了安全性。例如，当需要进行密钥生成等重要数据处理时，可以关断 I/O，形成一个封闭的安全计算环境，确保数据安全。

在 SQY14 可信 PC 中，GPIO 总线是自主设计的非标准 4 位总线，安全性高，速率低。USB 总线是标准的，安全性低，速率高。为了确保数据加解密的安全，密钥通过 GPIO 总线传输，明密文通过 USB 总线传输，这样就做到了安全性和效率的兼顾。

### 5.2.4　SQY14 的操作系统安全增强

根据国家密码管理局的建议，SQY14 可信 PC 采用我国自主的红旗 Linux 操作系统，并对其进行了安全增强。这里包括用户安全、自动登录，应用权限控制，以及使用中途的系统安全挂起，配合 ESM 控制 I/O 端口的开发与关断等，从多方面保证了平台的安全性。

#### 1. 用户安全、自动登录

与普通 Linux 操作系统需要用户手工输入用户名、登录密码不同，SQY14 可信 PC 安全增强的操作系统首先从智能卡中读取用户的相关信息，如 UserName、UID、GID、Class、Type 等，然后操作系统根据这些信息判断是否允许该用户登录此主机。若允许登录，则系统的 Login 程序自动调用从智能卡中读入的用户名及其相应的口令，从而自动完成操作系统的登录。在这一过程中，所有与用户相关的信息都来自智能卡，避免了外界的参与和干涉。

## 2. 应用权限控制

SQY14 可信 PC 上的安全增强操作系统对用户所能使用的系统资源有严格的权限定义，不同级别的用户有不同的操作权限。用户的权限级别信息也来自智能卡，用户无法篡改自己的权限级别。

## 3. 系统安全挂起

当用户因某些原因需暂时离开或暂停对系统的使用时，SQY14 可信 PC 会将计算机锁定，将智能卡弹出，并关断相应端口。在没有智能卡插入的情况下，用户无法对计算机进行任何操作。当用户重新插入原智能卡或级别比原智能卡级别高的合法智能卡时，系统恢复原态；若插入的智能卡不是原智能卡或级别比原卡低的智能卡，则系统会将挂起前的状态保存并重新启动，从而既防止了与安全原则相违背的操作，又不会丢失数据。SQY14 可信计算机系统安全挂起的处理流程如图 5-13 所示。

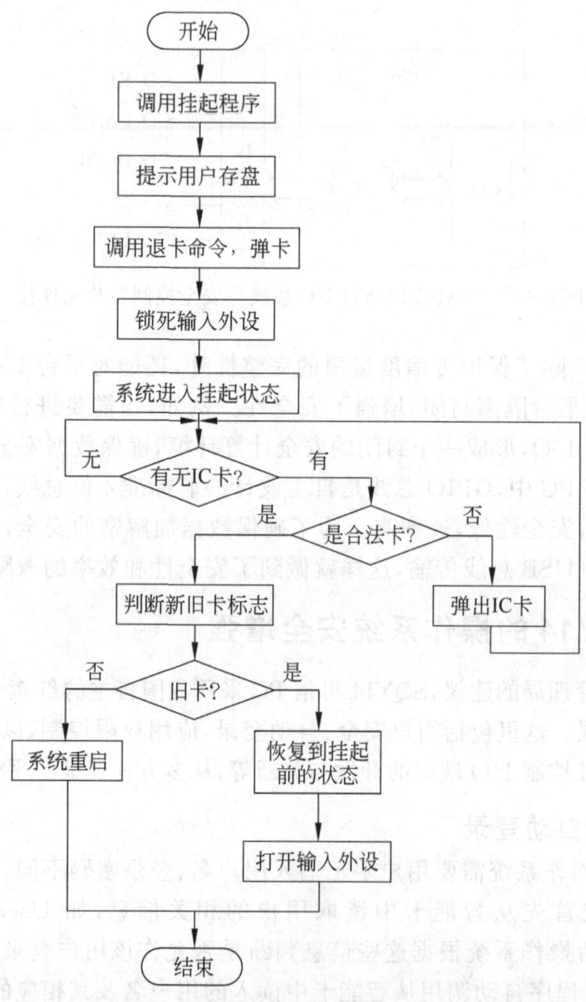


图 5-13　SQY14 可信计算机系统安全挂起的处理流程

# 5.3 可信 PC 的操作系统安全增强

可信 PC 要在主板上嵌入可信平台模块(TPM/TCM/TPCM),并要执行可信度量存储报告机制等安全可信功能。这一切没有操作系统的支持是不能实现的。普通操作系统并不具备这些可信功能,因此必须对操作系统进行安全增强。

## 5.3.1 可信计算机制增强

对于操作系统而言,可信机制的增强主要包括可信启动、加密服务、安全存储、身份标识、可信状态验证。下面以 Winows 10 为例进行相应介绍。

### 1. 可信启动

当用户在 PC 或任何支持统一可扩展固件接口(UEFI)的 PC 上运行 Windows 10 时,从启动 PC 到启动反恶意软件,可信启动可以保护 PC 免受恶意软件侵害,且即使恶意软件确实感染了 PC,也无法完全隐藏起来。即使在没有 UEFI 的 PC 上,Windows 10 也能比以前的 Windows 版本提供更好的启动安全性。

首先,让我们了解一下什么是 Rootkit 以及它们如何工作。然后展示 Windows 10 如何完成可信启动。

Rootkit 是一种复杂且危险的恶意软件,它在内核模式下运行,使用与操作系统相同的特权。因为 Rootkit 具有与操作系统相同的权限并在其之前启动,所以它们可以完全隐藏自己和其他应用程序。通常,Rootkit 是整个恶意软件套件的一部分,该套件可以绕过本地登录,记录密码和击键,传输私有文件以及捕获要加密的数据。

在启动过程的不同阶段加载不同类型的 Rootkit。

① **固件 Rootkit**。这些工具包将覆盖 PC 基本输入/输出系统或其他硬件的固件,因此 Rootkit 可以在 Windows 之前启动。

② **Bootkit**。这些套件取代了操作系统的引导加载程序(启动操作系统的一小段软件),因此 PC 会在操作系统之前加载引导套件。

③ **内核 Rootkit**。这些工具包替代了操作系统内核的一部分,因此 Rootkit 可以在操作系统加载时自动启动。

④ **驱动程序 Rootkit**。这些工具包伪装成 Windows 用来与 PC 硬件通信的受信任驱动程序之一。

Windows 10 支持以下四种功能,以助于防止在启动过程中加载 Rootkit 和 Bootkit。

① **安全启动**。可以将具有 UEFI 固件和 TPM 的 PC 配置为仅加载可信的操作系统引导程序。

② **可信启动**。Windows 会在加载启动过程之前检查每个组件的完整性。

③ **早期启动反恶意软件(ELAM)**。ELAM 在加载所有驱动程序之前会对其进行检测,并防止加载未经批准的驱动程序。

④ **度量启动**。PC 的固件记录启动过程,Windows 可以将其发送到可客观评估 PC

运行状况的受信任服务器。

图 5-14 显示了 Windows 10 启动过程。安全启动、可信启动和度量启动创建了一种从根本上抵御 Bootkit 和 Rootkit 的体系结构。此外，系统固件中包含一个隐式可信的组件，称为可信度量根核(CRTM)。在系统启动的每个步骤中，CRTM 在每个组件运行前对其软件或配置信息计算哈希值，将其作为测量值发送到 TPM 中，由 TPM 保存直至系统重新启动。由于每个组件的测量值在运行前生成，因此组件无法从 TPM 中将其删除。

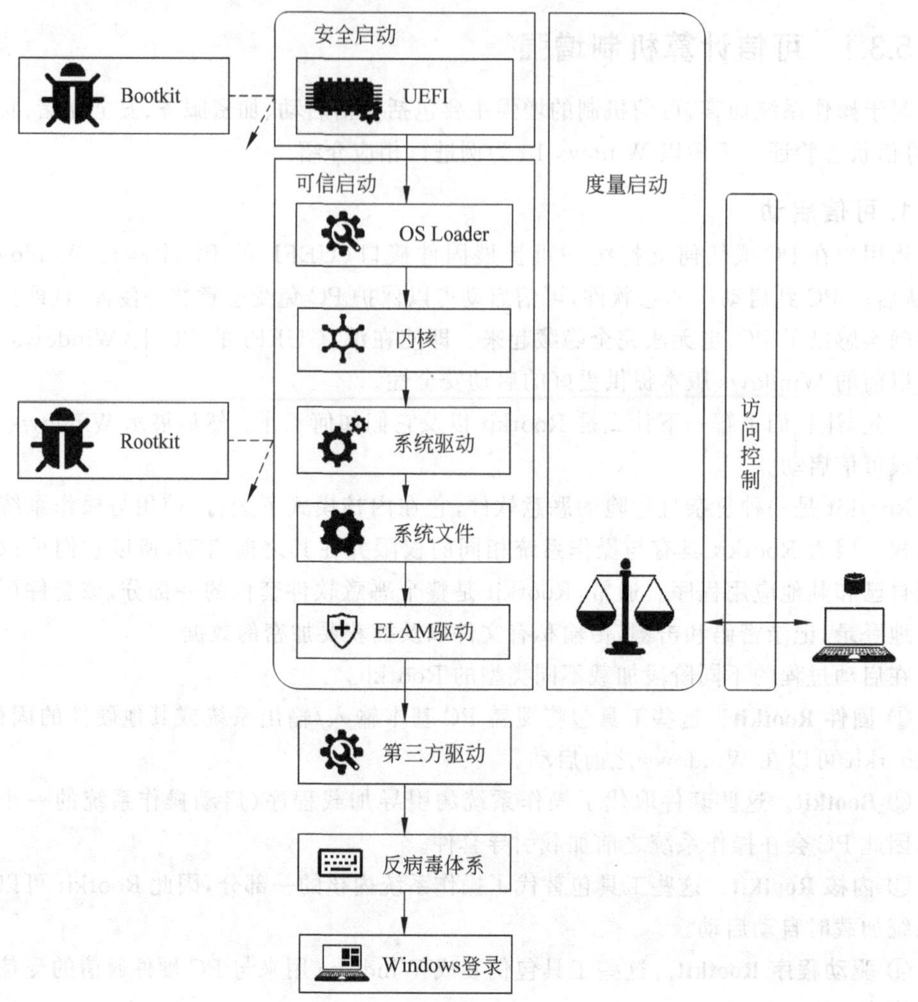


图 5-14　Windows 10 启动过程

只有在具有 UEFI 和 TPM 芯片的 PC 上才能进行安全启动和度量启动。幸运的是，所有符合 Windows 硬件兼容性计划要求的 Windows 10 PC 都具有这些组件，并且许多为 Windows 早期版本设计的 PC 也具有这些组件。

下面分别介绍安全启动、可信启动、ELAM 和度量启动。

① 安全启动。

当 PC 启动时，它首先找到操作系统的引导程序。若没有安全启动，PC 可运行硬盘驱动器上的任何引导程序，此时 PC 无法确定是可信的操作系统，还是 Rootkit。

当配备 UEFI 的 PC 启动时，PC 首先会验证固件是否经过数字签名，从而降低了固件 Rootkit 的风险。如果启用了安全启动，则固件将检查引导加载程序的数字签名，以验证其是否已被修改。如果引导加载程序是完整的，则仅当满足以下条件之一时，固件才会启动引导加载程序：

(a) **引导加载程序是使用受信任的证书签名的**。对于经过 Windows 10 认证的 PC，Microsoft® 证书是受信任的。

(b) **用户已经手动批准了引导加载程序的数字签名**。这允许用户加载非 Microsoft 操作系统。

所有基于 x86 的 Windows 10 PC 认证产品都必须满足与安全启动相关的若干要求：

(a) 它们必须默认启用安全启动。

(b) 它们必须信任 Microsoft 的证书(因此，任何 Microsoft 已签名的引导加载程序都将可信)。

(c) 它们必须允许用户将安全启动配置为信任其他启动加载程序。

(d) 它们必须允许用户完全禁用安全启动。

这些要求有助于保护用户免受 Rootkit 攻击，同时允许用户运行所需的任何操作系统。为防止恶意软件滥用这些选项，用户必须手动将 UEFI 固件配置为信任未经认证的引导加载程序或关闭安全引导。软件无法更改安全启动设置。

② 可信启动。

安全启动后进入可信启动阶段。引导加载程序会在加载 Windows 10 内核之前验证其数字签名。Windows 10 内核依次验证 Windows 启动过程中的所有其他组件，包括启动驱动程序、启动文件和 ELAM。如果文件已被修改，则引导加载程序会检测到问题，并拒绝加载损坏的组件。Windows 10 通常可自动修复损坏的组件，恢复 Windows 的完整性，并允许 PC 正常启动。

③ ELAM。

前面的安全启动保护了引导程序，可信启动保护了 Windows 内核，因此恶意软件启动的下一个机会是感染非 Microsoft 启动驱动程序。传统的反恶意软件应用程序要等到启动驱动程序加载后才能启动，这给伪装成驱动程序的 Rootkit 提供了机会。

ELAM 可以在所有非 Microsoft 启动驱动程序和应用程序之前加载 Microsoft 或非 Microsoft 反恶意软件驱动程序，从而继续执行安全启动和可信启动建立的信任链。ELAM 驱动程序在启动进程中稍后加载，由于操作系统尚未启动，且 Windows 需要尽快启动，因此 ELAM 的任务很简单：检查每个启动驱动程序并确定其是否在受信任的驱动程序列表中。如果不受信任，Windows 将不会加载它。

④ 度量启动。

如果 PC 已经感染了 Rootkit，则通过与 TPM 和非 Microsoft 软件配合，使用 Windows 10 中的“度量启动”功能确保 TPM 测量完全反映 Windows 软件和配置设置的启动状态。可以通过网络上的受信任服务器验证 Windows 启动过程的完整性。如果正确设置了安全设置和其他保护，则可以信任它们，以维护此后正在运行的操作系统的安全。

度量启动过程如下。

(a) PC 的 UEFI 固件在 TPM 中存储固件、启动加载程序、启动驱动程序,以及在反恶意软件应用程序之前加载所有内容的哈希值。

(b) 在启动过程结束时,Windows 将启动非 Microsoft 远程认证客户端。可信认证服务器向客户端发送唯一密钥。

(c) TPM 使用唯一密钥对 UEFI 记录的日志进行数字签名。

(d) 客户端可能将日志与其他安全信息一起发送到服务器。

根据实施和配置,服务器现在可以确定客户端是否安全,并向客户端授予对有限的隔离网络或整个网络的访问权限。图 5-15 说明了"度量启动"和"远程认证"过程。

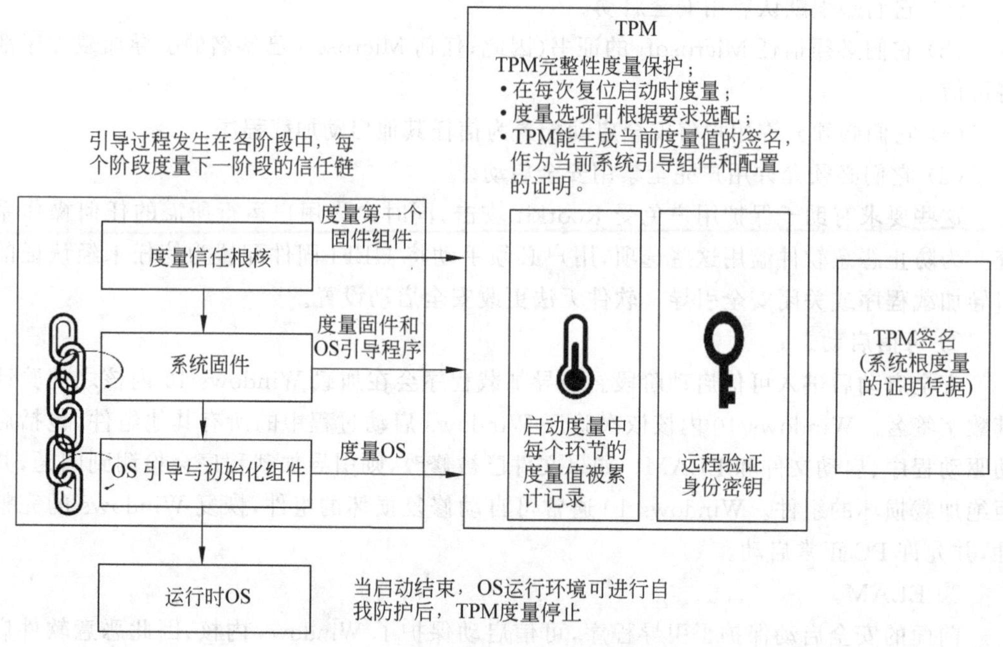


图 5-15 "度量启动"和"远程认证"过程

Measured Boot 利用 UEFI、TPM 和 Windows 10 的强大功能为用户提供了一种方法,以自信地评估整个网络中客户端 PC 的可信赖性。

### 2. 加密服务

Windows 包含一个称为"加密 API:下一代(CNG)"的加密框架,其基本方法是:使用通用的应用程序编程接口(API)调用以不同方式实现的加密算法。需要加密的应用程序可以在不了解算法实现的详细信息的情况下使用通用 API。

CNG 体现了 TPM 提供的一些优势。Windows 或第三方在 CNG 接口下方提供了一个加密提供程序(即算法的实现),该加密提供程序包括作为软件库单独实现以及软件与可用系统硬件或第三方硬件的组合实现两种实现形式。如果通过硬件实现,则加密提供程序将与 CNG 软件接口后的硬件进行通信。

Windows 8 操作系统中引入的平台加密提供程序具备以下特殊的 TPM 属性，而纯软件实现的 CNG 提供程序无法提供或不能有效提供这些属性。

① 密钥保护。平台加密提供程序可以在 TPM 中创建使用受限的密钥。操作系统能够在 TPM 中加载和使用这些密钥，而无须将其复制到容易受恶意软件攻击的系统内存中。平台加密提供程序还可以配置 TPM 保护的密钥，以使它们不可删除。若 TPM 创建某一密钥，该密钥将是唯一的，且仅位于该 TPM 中。如果 TPM 导入某一密钥，平台加密提供程序可以在该 TPM 中使用该密钥，但他人无法使用该 TPM 生成额外的密钥副本或允许在其他位置使用副本。相比之下，防止复制密钥的软件解决方案会遭受逆向工程攻击，即当密钥在内存中使用时，攻击者可计算出解决方案存储密钥或复制密钥的方式。

② 字典攻击保护。TPM 保护的密钥可能需要 PIN 等授权值。通过字典攻击保护，TPM 可以阻止通过尝试大量猜测以确定 PIN 的攻击。猜测多次后，TPM 将返回错误，指出一段时间内不得再次进行猜测。软件解决方案可以提供类似的功能，但它们不能提供相同级别的保护，尤其是在系统重启、系统时钟更改或硬盘上计算猜测失败次数的文件回滚的情况下。此外，借助字典攻击保护，PIN 等授权值可以更短且更容易记住，同时，在使用软件解决方案时，仍提供与更复杂的值一样级别的保护。

这些 TPM 功能为平台加密提供程序提供的优势明显优于基于软件的解决方案。在包含 TPM 的平台上，Windows 可以使用平台加密提供程序提供证书存储。证书模板可以指定 TPM 使用平台加密提供程序保护与证书相关联的密钥。在混合环境中，一些计算机可能没有 TPM，证书模板可能偏向使用平台加密提供程序，而非标准 Windows 软件提供程序。如果证书配置为不能导出，则证书的私钥受限且无法从 TPM 导出。如果证书需要 PIN，则 PIN 自动获得 TPM 的字典攻击保护。

### 3. 安全存储

1）BitLocker 驱动器加密

BitLocker 提供保护静态数据的全卷加密。设备配置中通常将硬盘驱动器划分为几个卷：操作系统和用户数据位于存放机密信息的一个卷中；而其他卷存放启动组件、系统信息和恢复工具等公共信息，这些卷不常用，因此不需要对用户可见。在没有其他适当保护的情况下，如果包含操作系统和用户数据的卷未加密，攻击者可以启动其他操作系统，并轻松绕过目标操作系统强制执行的文件权限，以读取任何用户数据。

在最常见的配置中，BitLocker 会加密操作系统卷，以便在计算机或硬盘于关机后丢失或被盗的情况下，卷中的数据仍保持机密性。当计算机处于打开状态，正常启动，并进行到 Windows 登录提示时，继续向前的唯一路径是用户使用其凭据登录，从而允许操作系统强制使用其正常文件权限。如果启动过程发生变动，例如从 USB 设备启动其他操作系统，那么操作系统卷和用户数据将无法读取和访问。TPM 和系统固件共同协作以记录系统启动方式的测量，包括加载的软件和配置的详细信息，例如启动是发生在硬盘驱动器，还是 USB 设备。BitLocker 依靠 TPM 实现仅在按预期方式发生启动时允许使用密钥。系统固件和 TPM 经过精心设计，可共同协作以提供以下功能。

① **用于度量的硬件可信根**。TPM 允许软件向其发送记录软件或配置信息度量结果的命令。这些信息通过哈希算法进行计算，获取哈希值。系统固件中包含一个隐式可信的组件，称为用于度量的可信根核（CRTM）。CRTM 对下一个软件组件无条件地进行哈希处理，并通过将命令发送到 TPM 记录度量值。后续组件（系统固件或操作系统加载程序）通过度量它们在运行之前加载的任何软件组件来继续该过程。因为每个组件的度量值在运行之前被发送到 TPM，所以组件无法从 TPM 中清除其度量值（系统重启时可清除度量）。在系统启动过程的每个步骤，TPM 都会保留启动软件和配置信息的度量值。启动软件或配置中的任何更改都会在该步骤和后续步骤中产生不同的 TPM 度量。由于系统固件无条件地启动度量链，所以它为 TPM 度量提供了基于硬件的可信根。在启动过程中的某个时刻，记录所有已加载软件和配置信息的值减少，度量链会停止。TPM 允许创建仅当保存度量值的平台配置寄存器具有特定值时才能使用的密钥。

② **仅当启动度量准确无误时使用的密钥**。BitLocker 在 TPM 中创建的密钥仅在启动度量与预期值匹配时可以使用。当 Windows 启动管理器从系统硬盘驱动器上的操作系统卷中运行时，计算启动过程中的步骤的预期值。Windows 启动管理器以未加密的形式存储在启动卷上，它需要使用 TPM 密钥，以便它可以解密从操作系统卷读入内存的数据，并使用加密的操作系统卷继续启动。如果已启动其他操作系统或已更改配置，TPM 中的度量值将会不同，TPM 将不允许 Windows 启动管理器使用密钥，因此操作系统上的数据无法解密，启动过程无法正常继续。如果有人试图使用其他操作系统或其他设备启动系统，TPM 中的软件或配置度量将会出错，TPM 将不允许使用解密操作系统卷所需的密钥。为了防止失败，如果度量值意外更改，用户可以使用 BitLocker 恢复密钥访问卷数据。组织可以配置 BitLocker，以将恢复密钥存储在活动目录域服务（AD DS）中。

设备硬件特征对于 BitLocker 及其保护数据的能力很重要。一个考虑事项是当系统处于登录界面时，设备是否提供了攻击向量。例如，如果 Windows 设备具有允许直接内存访问的端口，该端口能使其他人插入硬件并读取内存，那么攻击者就可以在处于 Windows 登录界面时从内存读取操作系统卷的解密密钥。为了缓解此风险，组织可以将 BitLocker 配置为当软件度量值和授权值均正确时才能获取 TPM 密钥。系统启动过程在 Windows 启动管理器处停止，并提示用户输入 TPM 密钥的授权值或插入包含该值的 USB 设备。此过程可阻止 BitLocker 将密钥自动加载到易受攻击的内存，但用户体验不太理想。

较新的硬件和 Windows 10 协作可以禁用通过端口进行直接内存访问并减少攻击途径。因此，组织可以部署更多系统，而无须用户在启动过程中输入其他授权信息。正确的硬件允许 BitLocker 与 TPM-only 配置结合使用，用户无须在启动过程中输入 PIN 或 USB 密钥，因而获取了更好的登录体验。

2）设备加密

设备加密是 BitLocker 的消费者版本，采用了相同的底层技术。其工作方式是，如果客户使用 Microsoft 账户登录且系统满足现代待机硬件要求，则在 Windows 10 中自动启用BitLocker驱动器加密。恢复密钥在Microsoft云中备份，消费者可以通过其Microsoft账户进行访问。现代待机硬件适用于部署设备加密并允许使用TPM-only配置获取简单的消费者体验。此外，现代待机硬件旨在降低测量值更改的可能性，并提示客户输入恢复密钥。

对于软件度量，设备加密依赖于提供软件组件的颁发机构的度量（基于来自OEM或Microsoft等制造商的代码签名），而不是软件组件本身的精确哈希。这将允许在不更改度量值的情况下修改组件。对于配置度量，使用的值基于启动安全策略，而不是在启动过程中记录的大量其他配置设置。这些值也较少改变。因此，设备加密以一种用户友好且能保护数据的方式在相应硬件上启用。

3）凭证保护

凭证保护（Credential Guard）是Windows 10中的新增功能，可帮助保护已部署AD DS的组织中的Windows凭据。过去，用户的凭据（例如登录密码）会进行哈希计算以生成授权令牌。用户采用该令牌访问允许其使用的资源。令牌模型的一个弱点是，具有操作系统内核访问权限的恶意软件可以仔细查阅计算机的内存，并获取当前正在使用的所有访问令牌。攻击者之后可使用已获取的令牌登录其他计算机并收集更多的凭据。这种攻击称为哈希传递攻击，即一种通过感染一台计算机来感染整个组织中的多台计算机的恶意软件技术。

与Microsoft Hyper-V保持虚拟机彼此分开的方式类似，Credential Guard使用虚拟化将对凭据进行哈希运算的进程隔离到操作系统内核无法访问的内存区域中。此隔离的内存区域在启动过程中进行初始化并受到保护，因此操作系统环境中的组件无法将其篡改。Credential Guard通过TPM测量值保护密钥，因此仅可在启动过程中单独区域初始化时访问它们，它们不适于通常的操作系统访问。Windows内核中的本地安全颁发机构代码通过传递凭据和接收返回的一次性授权令牌与隔离的内存区域交互。

最终的解决方案提供了深度的防御，即使恶意软件在操作系统内核中运行，它也无法访问实际生成授权令牌的隔离的内存区域内的机密。但该解决方案不能解决键盘记录器的问题，因为此类记录器捕获的密码会通过正常的Windows内核，但当结合使用其他解决方案（例如用于身份验证的智能卡）时，Credential Guard可大大增强Windows 10中的凭据保护。

### 4. 身份标识

1）Windows Hello企业版

由于密码可能很难记住且容易受到威胁，因此Windows Hello企业版提供了用于替代密码的身份验证方法。此外，通过“用户名-密码”解决方案进行身份验证通常会在多个设备和服务中重复使用相同的用户名-密码组合，因此，如果这些凭据遭到泄露，将会导致多处位置受到威胁。Windows Hello企业版逐个配置设备，并将在每台设备上配置的信息（即加密密钥）与其他信息结合起来，以对用户进行身份验证。在具有TPM的系统上，TPM可以保护密钥。而在没有TPM的系统中，基于软件的技术可以保护密钥。用户提供的其他信息可以是 PIN 值或者生物识别信息，例如指纹或面部识别（如果系统具有必要的硬件）。为了保护隐私，生物识别信息仅在已配置的设备上使用以访问已配置的密钥：它不会在设备之间共享。

采用新的身份验证技术要求身份提供者组织部署和使用该技术。Windows Hello 企业版允许用户使用以下各项进行身份验证：其现有的 Microsoft 账户、Active Directory 账户、Microsoft Azure Active Directory 账户，乃至支持 Fast ID Online V2.0 身份验证的非 Microsoft 标识提供方服务或依赖方服务。

标识提供方可以灵活地选择它们在客户端设备上配置凭据的方式。例如，组织可以只配置具有 TPM 的那些设备。要想区分 TPM 和运行方式类似 TPM 的恶意软件，需要用到以下几个 TPM 功能（见图 5-16）。

（a）**背书密钥（Endorsement key）**。TPM 制造商可以在 TPM 中创建名为背书密钥的特殊密钥。背书密钥证书由制造商签名，表示其存在于制造商所制造的 TPM 中。可以将证书与包含背书密钥的 TPM 结合使用，以确认场景是否真的涉及来自特定 TPM 制造商的 TPM（而不是类似 TPM 的恶意软件操作）。

（b）**认证身份密钥（Attestation identity key）**。为了保护隐私，大多数 TPM 方案都不会直接使用实际的认可密钥，而是使用认证身份密钥，而标识证书颁发机构（CA）则使用认可密钥及其证书证明一个或多个认证身份密钥实际存在于真实 TPM 中。标识 CA 颁发认证身份密钥证书。多个标识 CA 通常会看到可唯一标识 TPM 的同一个认可密钥证书，但可以创建任意数量的认证身份密钥证书来限制在其他场景中共享的信息。TPM 加密密钥管理如图 5-16 所示。

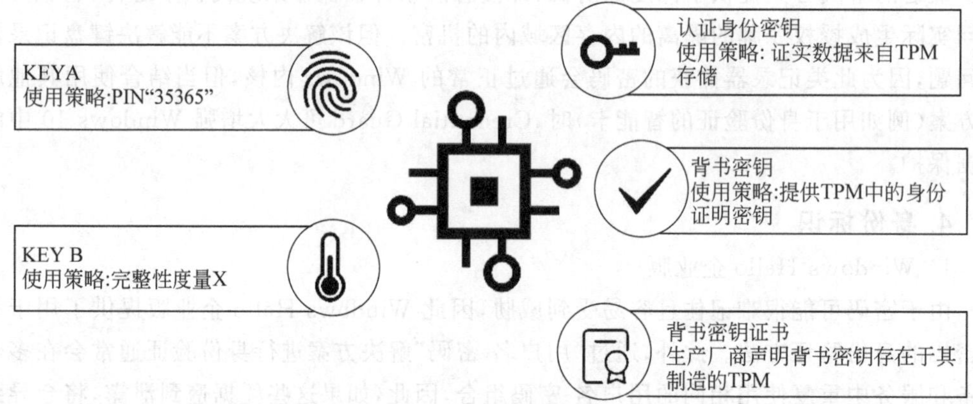


图 5-16　TPM 加密密钥管理

对于 Windows Hello 企业版，Microsoft 可以担任标识 CA 的角色。Microsoft 服务

可以为每台设备、每个用户和每个标识提供方颁发认证身份密钥证书，以确保隐私受到保护并帮助标识提供方确保在配置 Windows Hello 企业版凭据之前满足设备 TPM 要求。

2）虚拟智能卡

智能卡是一种高度安全的物理设备，通常存储单个证书和相应私钥。用户将智能卡插入内置或 USB 读卡器，并输入 PIN 进行解锁。随后，Windows 可以访问该卡的证书并使用私钥进行身份验证或解锁受 BitLocker 保护的数据卷。智能卡之所以受欢迎，是由于其提供了需要用户具有某种事物（即智能卡）和知道某些信息（如智能卡 PIN）的双因素身份验证，但又因为它们需要购买和部署智能卡和智能卡读卡器，所以难以使用。

在 Windows 中，虚拟智能卡功能允许 TPM 模仿永久插入的智能卡，此时仍需要 PIN。物理智能卡限制了 PIN 码的尝试次数，在达到一定次数后锁定卡并要求重置，而虚拟智能卡则依赖 TPM 的字典攻击保护来防止过多的 PIN 猜测。

对于基于 TPM 的虚拟智能卡，TPM 保护证书私钥的使用和存储，防止其在使用时被复制或在其他位置存储和使用。使用系统中的组件而非单独的物理智能卡可以降低总拥有成本，因为它避免了“卡丢失”和“卡遗忘在家”的情景，同时仍提供基于智能卡的多因素身份验证的好处。对用户而言，虚拟智能卡易于使用，仅需要 PIN 即可解锁。虚拟智能卡支持的情景与物理智能卡支持的相同，包括登录 Windows 或通过身份验证访问资源。

### 5. 可信状态验证

Windows 10 的一些改进可帮助安全解决方案实现远程认证。Microsoft 提供设备运行状况认证服务，可以为来自不同制造商的 TPM 创建认证身份密钥证书，并分析测量的启动信息以提取简单的安全断言，例如 BitLocker 是否打开，以用来评估设备运行状况。

移动设备管理（MDM）解决方案可以从 Microsoft 设备运行状况认证服务为客户端接收简单的安全断言，而无须应对引用或详细 TPM 测量的复杂性。MDM 解决方案可以通过隔离运行状况不好的设备或阻止其访问云服务（如 Microsoft Office 365）来对安全信息进行保护。

## 5.3.2　白名单技术

保护计算机系统和网络免于遭受恶意软件攻击及未经授权的用户入侵，首先要对需要保护的系统与资源进行明确的资产识别和边界划分，利用有效的访问控制方法对资源的访问进行授权许可。在访问控制技术方面，白名单技术和黑名单技术是两种普遍使用的有效防御技术。

白名单技术和黑名单技术都明确制定了系统访问主体集合，并在此基础上进行明确的限定。对于白名单技术而言，白名单中的实体是可以访问系统资源的，不在名单上的所有其他实体都无法得到系统的授权；相对于白名单而言，黑名单中的实体是无法访问系统资源的，不在名单上的所以其他实体都可以得到系统的授权。因此，白名单技术和黑名单技术本质上是互补的。

白名单技术符合安全最小特权、最小集合原则。从安全的角度而言，全面禁止一切，只允许少数人进入的访问控制机制更容易，也更有意义。只允许授权用户访问网络或其资源，恶意入侵的可能性将大大降低。而且，只允许运行经批准的软件和应用程序，恶意软件控制系统的可能性也会降到最低。防火墙是一种典型的白名单技术应用，在防火墙配置中，通过允许指定策略的访问流量，默认拒绝所有其他流量，不仅配置方便、简单，而且非常有效。

白名单技术的前提是能够对操作系统、网络以及应用程序进行细粒度主体识别，并在引用监控器机制上实施严格的控制。在实施白名单时，首先构建用户需要执行的所有任务的详细视图，以及用户需要执行这些任务的应用程序或进程。白名单可能包括网络基础设施、站点和位置、所有有效应用程序、授权用户、可信合作伙伴、承包商、服务和端口。更细粒度的细节可以深入应用程序依赖项和软件库、插件、扩展及配置文件的级别。另外，白名单需要时刻更新，以保证业务的更新需求。

Linux 操作系统提供了 Linux 安全模块(Linux Secure Module，LSM)，它是一种轻量级的访问控制框架。通过 LSM，不同的安全访问控制模型能够以 Linux 可加载内核模块的形式实现，用户可以根据需求选择适合的安全模块加载到 Linux 内核中，从而大大提高 Linux 安全访问控制机制的灵活性和易用性。LSM 利用内核的钩子函数(Hook)机制，可以在主体访问客体的过程中实现各种访问控制，从而实现白名单机制。

北京可信华泰信息技术有限公司推出的"白细胞"操作系统免疫平台，由可信安全管理平台、可信终端软件和可信软件库组成。可信安全管理平台遵循三权分立的管理模式，统一管理计算节点、安全组件和应用系统。可信终端软件是实现系统运行过程中度量、存储、报告的实际执行部件，能够完成对操作系统核心行为的度量。可信软件库是为应用软件提供安全检测、安全下载和安全使用的软件仓库，具有与软件配套的白名单信息库和规则库。该平台具有白名单管理功能，结合集中软件管理，登记可信终端的所有可执行程序，为可信度量提供策略依据。白名单中的程序可以通过配置管理工具增加、删除和查询，并且保护白名单不会被篡改。这是一个典型的综合白名单、可信度量以及访问控制的综合安全增强机制，可以防范多种恶意代码的攻击。

相对于白名单而言，黑名单技术禁止已知的恶意主体对系统的访问。黑名单详细说明了系统中不应允许访问或运行的已知恶意或可疑实体或网络，这些实体包括恶意软件(如病毒、特洛伊木马、蠕虫、间谍软件、键盘记录程序和其他形式的恶意软件)、恶意用户、IP 地址，以及已对企业或个人构成威胁的组织等。黑名单作为防病毒软件的一个关键技术，通常以包含已知数字签名的病毒数据库的形式出现。常用的电信诈骗电话号码也是一个典型的黑名单例子，上了该名单的电话号码往往被禁止使用或接通。

尽管对黑名单技术和白名单技术哪种更好有不同的看法，但在限制和规范对重要系统、网络资源和基础设施的访问方面，这两种方法都有各自的发挥领域。由于黑名单仅限于已知恶意实体，无法阻止尚未更新在名单上的恶意实体，因此许多专家都认为白名单具有更好的防范未知攻击的能力。但是，白名单需要花费更多的时间来制定、更新和监测实体，并且无法防范认证实体的恶意攻击。因此，很多专家赞成“两全其美”的方案，同时采用两种技术。

### 5.3.3 麒麟可信增强操作系统介绍

中标麒麟安全操作系统软件是一套典型的国产可信增强操作系统。该系统融合了可信计算技术和操作系统安全技术，中标麒麟安全操作系统软件通过信任链的建立及传递实现对平台软硬件的完整性度量；提供基于三权分立机制的多项安全功能（身份鉴别、访问控制、数据保护、安全标记、可信路径、安全审计等）和统一的安全控制中心；全面支持国内外可信计算规范（TCM/TPCM、TPM2.0）；产品支持国家密码管理局发布的 SM2、SM3、SM4 等国密算法；兼容主流的软硬件和自主 CPU 平台；提供可持续性的安全保障，防止软硬件被篡改和信息被窃取，系统免受攻击；为业务应用平台提供全方位的安全保护，保障关键应用安全、可信和稳定地对外提供服务。

麒麟软件还提供基于 Linux 操作系统的安全评估、安全优化、主机加固等安全服务和系统安全定制开发业务。中标麒麟安全操作系统可信架构如图 5-17 所示。

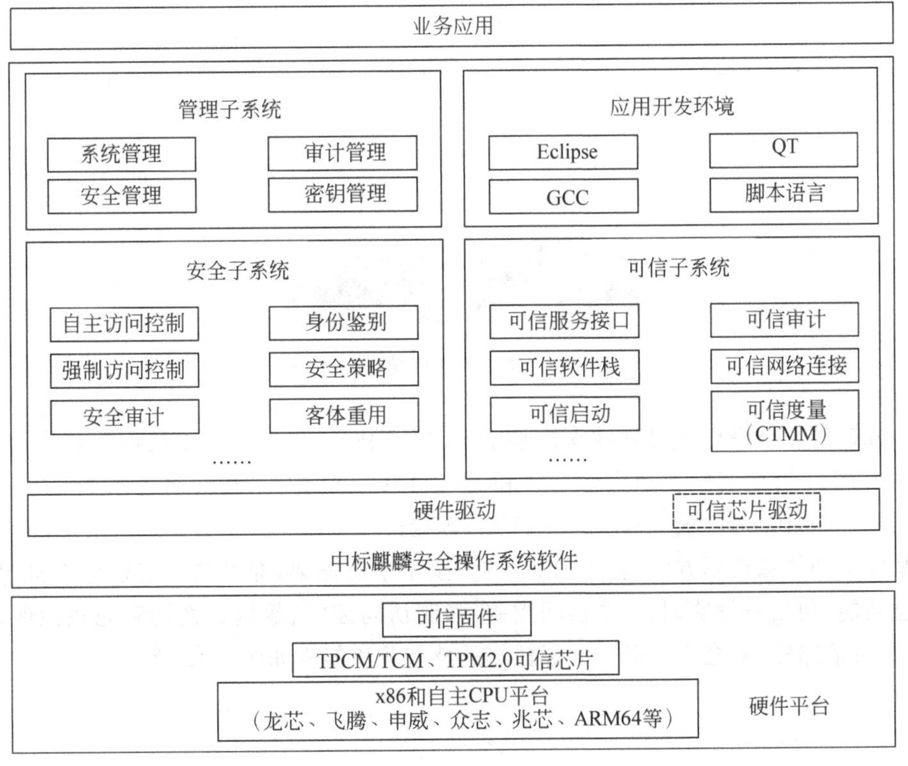


图 5-17　中标麒麟安全操作系统可信架构

该系统实现了操作系统高安全等级，其严格遵照可信计算技术规范(TCM、TPCM、TPM2.0)、GB/T 20272—2006 技术要求和国际通用准则(CC)等进行研制开发。产品从内核层和系统层支持国家密码管理部门发布的 SM2、SM3、SM4 等国密算法，通过操作系统安全的国家标准 GB/T 20272—2019 第四级(结构化保护级)测评认证并获得销售许可。

将可信计算实现在内核级，率先全面支持 TCM、TPCM 和 TPM2.0 可信计算规范的可信操作系统，支持通用和专用可信密码芯片/模块；基于中标软件可信度量模块 CTMM (CS2C Trusted Measure Module)提供可信引导和可信运行控制等功能；通过信任链的创建传递过程，实现对平台软硬件的完整性度量；提供基于可信芯片的上层可信功能(如认证、加密、签名等)和图形化的可信管理中心；并实现信任链从物理主机到虚拟化平台的拓展，提供对虚拟机的完整性度量。中标麒麟的信任链体系如图 5-18 所示。

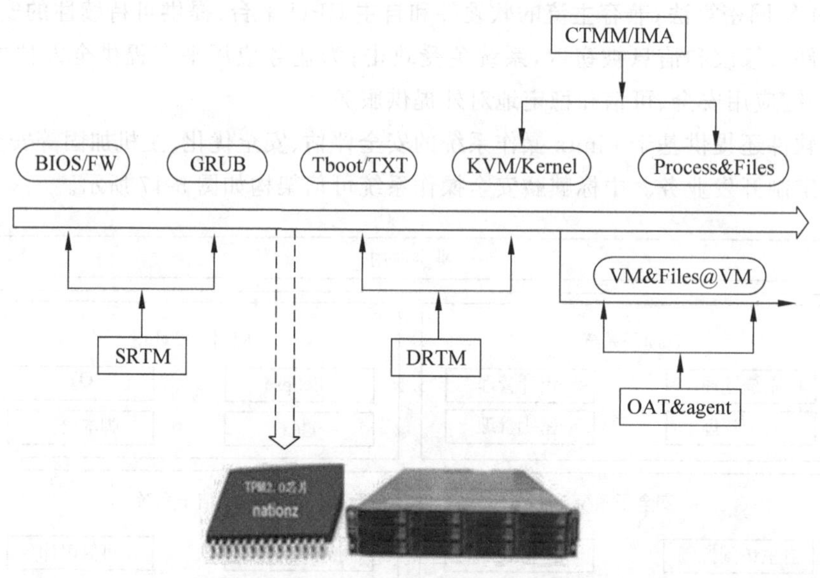


图 5-18　中标麒麟的信任链体系

中标麒麟安全操作系统软件支持基于 TCM、TPCM 和 TPM2.0 的可信芯片，包括国民技术 SSX44 可信密码模块安全芯片和 SSX1401 安全芯片、武汉瑞达和华大电子等可信密码模块、密码卡等(板载和 PCI_E、USB 等接口)。

从安全功能和机制方面，基于 LSM 的安全子系统框架，提供基于三权分立机制的多项安全功能，包括身份鉴别、自主访问控制、强制访问控制、数据机密性和完整性保护、安全标记、可信路径、安全审计等。中标麒麟的特权分离架构如图 5-19 所示。

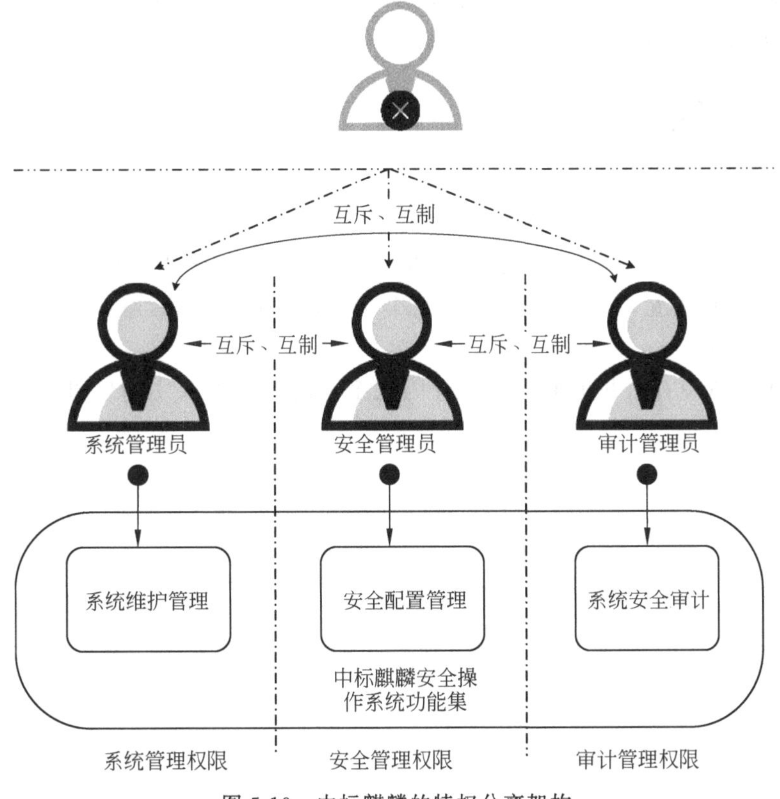


图 5-19　中标麒麟的特权分离架构

## 5.4 本章小结

可信 PC 以 TPM 为核心部件实现平台可信性的度量、存储和报告机制，并实现平台可信引导功能。兼容型可信 PC 无须修改主板硬件结构，以 Boot ROM 的引导代码为可信度量根；增强型可信 PC 的 TPM 早于 PC 主 CPU 先启动，能对 PC Boot ROM 引导代码先进行可信度量。中国的 SQY14 可信 PC 具有用户身份认证智能卡子系统，能对启动固件及外设进行安全管控，实现了用户自动安全登录、应用权限控制以及使用中途的系统安全挂起等安全增强功能。在操作系统层面，针对 Windows、Linux 生态，介绍了 Windows 中采用的可信架构，以及国产操作系统麒麟可信增强操作系统的基本思路与总体技术路线，给读者提供了可信计算硬件与基础软件协同的原理解释与思路。

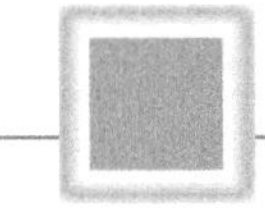

## 习题

(1) 操作系统在进行可信增强时，需要考虑的安全能力有哪些？请以你熟悉的一个典型操作系统为例简要介绍相关技术。

(2) Windows 系统和国产 Linux 系统，在可信增强时，从架构上有哪些区别，它们的可信起点分别是如何考虑的？

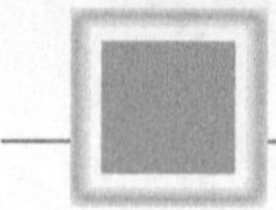

## 实验

在 Linux 中安装并配置 IMA 功能，并完成以下任务：

① 设计一个内核模块、一个可执行文件、一个脚本文件，并使用 root 权限进行加载和执行，观察 IMA 的度量输出，对所设计的三个文件进行修改，然后继续观察 IMA 的度量输出，比较二者的差异。

② 使用 EVM 功能，并把前面所设计的三个被测对象加入实时度量列表中，实现对三个对象的实时保护。

# 第6章 远程证明

本章首先对远程证明的概念和发展进行概述，然后针对远程证明的两个核心技术（证据可信性保证与度量可信性保证）进行介绍，最后对远程证明系统设计与应用进行介绍。

可信计算平台具有三个可信根，分别是可信度量根（RTM）、可信存储根（RTS）和可信报告根（RTR），支持可信度量、可信存储和可信报告三个核心功能。这三个核心功能，使得可信计算平台能够向外部实体如实报告平台身份与平台状态，这个功能也被称作远程证明（Remote Attestation，RA）。

## 6.1 远程证明核心技术

要想实现可信远程证明，需要两个前提条件：一是被验证方所提供的证据是可信的，并且证据到达验证方的过程是可信的；二是验证方具有可信的证据评估机制。因此，远程证明的核心技术在于证据可信与评估可信。证据可信与评估可信之间也存在着先后关系，要想保证评估的可信性，首先必须保证证据的可信性，否则评估得到的结果就没有意义。证据可信性的保证包括证据的可信生成、可信存储和可信提交三个过程。评估可信则需要根据提供的证据进行可信性度量，给出度量结果。首先介绍证据可信性保证，然后介绍度量可信性保证。

### 6.1.1 证据可信性保证

在进行远程证明时，必须确保用于远程证明的证据从生成到验证的所有路径都是可信的，防止证据被伪造或者篡改，否则信任度量得到的结果就是不可信的，不能作为评测的依据。要想保证证据的可信性，我们认为应该存在证据的可信传递路径，如图6-1所示。

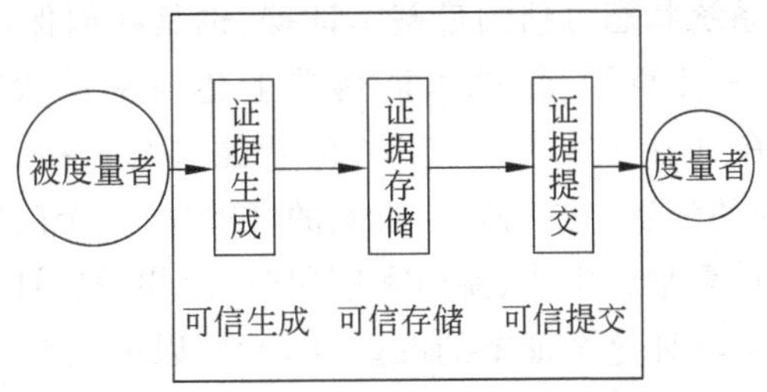


图6-1 证据的可信传递路径图

证据的可信传递路径包括证据的可信生成、可信存储和可信提交。

(1) 证据的可信生成：证据的生成源是可信的，即证据的生成源没有遭到未授权的修改；

(2) 证据的可信存储：证据生成之后存储在一个可信区域中，能够防止未授权的修改，即保证证据的完整性；

(3) 证据的可信提交：证据从一个可信的区域中通过一个可信的传输路径发送给度量者，即保证证据在传输过程中的完整性；

这里需要注意的是，我们认为证据仅供远程证明可信性度量使用，可以公开，但是不可对其进行修改，因此只要确保它的完整性即可，如果还需要考虑隐私或者秘密性，则需要另外的安全机制予以保证。

### 1. 证据的可信生成

证据的可信生成是指证据在一个可信的环境中由可信的主体生成。如果证据生成在一个不可信的环境中，或者是由一个不可信的主体生成的，那么证据本身就是不可信的。例如，感染了 Rootkit 的计算机，它的日志生成器将会被替换，导致生成的日志中不包含 Rootkit 所有者在系统中的所有操作，这样生成的日志就是不可信的。

TCG 在可信计算平台中通过信任链技术，以完整性为目标保证了可信计算平台的内部组件是没有经过篡改的，这个过程也被称作安全启动，具体可以参看本书第 3 章 3.1 节。由于操作系统和应用程序的复杂性与多样性，TCG 在 PC Client 规范中只是针对操作系统加载之前的信任链进行了规定，然后为后续的操作系统与应用程序预留了一定数量的 PCR，供操作系统厂商和应用程序开发商扩展使用。也就是说，目前的信任链只维持到操作系统之前，这条信任链相对简单、固定。

要想保证证据的可信，必须保证系统环境的可信与主体的可信，因此也必须对信任链进行扩展，实现操作系统和应用程序的信任链的延伸，为此，很多研究者纷纷提出各自的研究方案，如前面的相关研究工作中 Bear 项目与 IMA 项目的实际工作，已经在 Linux 系统上为信任链的延伸做出了贡献。

如果平台的组件能够符合安全保障的要求，并且通过了完整性度量，那么我们可以认为它处于一个相对可信的状态，这个状态中产生的证据可以认为是可信的，但是还有另外两个要求：

(1) 该平台确实是一个可信计算平台；

(2) 所有的状态转换都被记录下来作为证据。

第一个要求是保证系统状态可信的最基本证据，也是我们保证平台状态可信的前提所在。如果不是一个可信计算平台，就可能伪造上述与平台状态相关的证据。例如，TPM Emulator 就可以在某种程度上对 TPM 的功能进行模拟。对于远程的验证者来说，它无法确认对方平台的配置中是否存在真实的 TPM。这个问题还是可以通过安全保障加以解决的。在可信计算平台生成、流通和应用时，由相关验证部门提供具有 TPM 的证书即可。如果我们能够验证这个证书的准确性，就可以确认存在 TPM，从而将信任转移到签发证书的实体上，这也是社会信任的一种体现。实际上，TPM 内部都具有 TPM

厂商和平台厂商的证书，比如 TPM 的证书就是背书密钥证书（Endorsement Key，EK），证明它的唯一性。

第二个要求是将 TPM 作为参考验证机制的重要一环。只有当每个状态转换被记录下来作为证据，才能保证证据的可信性，否则漏掉某些证据或者更改了某些证据就失去了验证的意义。为此，TCG 在规范中规定了具体的、需要记录的状态转换过程，如果平台组件的设计符合规范，就可以保证证据的生成是可信的。

针对上述两个要求，有些研究者建议将 TPM 作为一个主动设备（如 TPCM），在平台 Reset 之后优先执行，将可信度量根、可信报告根和可信存储根结合起来，其本质上还是社会信任的问题，关键就看信任建立在什么基础之上。从安全、可控、可靠的角度，如果 TPM 是自己开发设计的，那么这具有改变 TCG 目前结构中 TPM 作为被动外设的缺陷的意义，能够对后续的组件进行控制，不过这样需要进行更多体系结构的调整，实施的难度也比较大。

### 2. 证据的可信存储

证据生成之后，应该在没有被篡改的情况下存放在一个保密的区域中，防止未授权的更改。在可信计算平台中，所有度量的结果都被分类保存在对应的 PCR 中，不同的是，这个保存的方式是采用对 PCR 进行扩展（Extend）的方式，也就是将 PCR 现在的值与需要度量的数据连接起来再进行 HASH 操作：PCR[$n$]←HASH（PCR[$n$]＋度量数据）。PCR 值的改变只有两种情况：一是系统重新启动 Reset，这将把 PCR 的值清零；二是调用了 TPM 的 Extend 命令，这将引起 PCR 的 Extend 操作。只要每个状态转换过程中度量主体都调用 TPM 对某个 PCR 进行 Extend 操作，就会将系统的状态转换记录下来。在证据的可信生成中已经保证了度量主体会在恰当的时候调用这个 TPM 的 Extend 命令。在对 PCR 进行 Extend 的同时，度量主体还会在存储度量日志（Storage Measurement Log，SML）中增加对该操作的一个描述结构，即对 PCR 的所有状态进行跟踪。通过 SML，可以对 PCR 所有的过程进行重构，确定系统所发生的状态转换，从而对系统的状态进行判断。在进行验证时，SML 与一组 PCR 的值将会同时交给验证方进行验证，验证方首先验证 SML 是否与 PCR 值一致。这是因为 PCR 是可信计算平台内部寄存器，每个状态转换都被记录到 PCR 中，因此 PCR 值被认为是可信的，而 SML 位于 TPM 外部，因此存在被篡改的可能，所以验证方首先根据 PCR 值验证 SML，然后再根据 SML 的内容与完整性参考清单中的值进行对比，给出验证结论。

从上面的分析可以看出，如果 SML 被篡改了，就说明系统的状态被破坏，导致系统不可信，因此 SML 可以不采取安全措施，但是如果需要对其进行保密，则可以考虑使用可信计算平台的可信存储功能将其保存在一个密封的区域。

在 TCG 制定的 PC Client 规范中，由于信任链只涉及操作系统加载之前，因此 SML 也只涉及这段信任链中的度量过程。它被保存在高级配置和电源管理接口（Advanced Configuration and Power Management Interface，ACPI）表中。ACPI 是操作系统、BIOS 和系统硬件之间的新型工作接口，为操作系统提供了一种控制电源管理和设备配置的机制。对于 TCG 来说，ACPI 可以理解为一段为 BIOS 控制的内存区域，它把 BIOS 控制权交给操作系统之前的系统度量日志写入其中，提供了信任链的 SML。ACPI 对于操作系统而言，可以认为是不可篡改的。TCG 没有对操作系统之后的信任链制定规范，只是规定了 SML 的格式，有关在何处保存 SML，以及如何设置 SML 的安全机制，需要操作系统和应用程序自行设计和实现。

### 3. 证据的可信报告

如果证据的生成与存储都是可信的，那么在将证据从可信计算平台发送给验证者的过程中还是可能存在攻击，因此必须设计安全可靠的可信报告协议让验证方能够从可信计算平台获取证据信息。可信报告协议必须保证证据信息在传输过程中的秘密性、真实性和完整性，能够防止下列威胁。

(1) 重放攻击：一个恶意的被验证平台可能会重复发送平台被破坏之前所提供的证据信息，包括一组 PCR 的值与 SML；

(2) 破坏攻击：一个恶意的被验证平台或者中间人攻击者在将 PCR 值与 SML 发送给验证方的过程中将这些证据信息破坏；

(3) 替换攻击：一个恶意的被验证平台或者中间人攻击者使用另外一个可信计算平台的 PCR 值与 SML 代替自己的 PCR 值与 SML。

因此，可信报告协议应该具有下列属性：

(1) 确保证据提供者和证据验证者之间的身份真实性，防止中间人攻击；

(2) 确保证据的完整性，防止证据被篡改；

(3) 确保证据的机密性，防止证据泄露；

(4) 确保证据的新鲜性，防止重放攻击。

TCG 并没有制定可信报告的协议，而是仅给出可信报告内容的具体 XML 模式，指出要想报告 PCR 的值，必须通过 TPM 的 Quote 命令从 TPM 中取出 Quote 结构，里面包括了使用可信计算平台的身份证明密钥(AIK)进行签名的一组 PCR 的值，从而保证 PCR 值来自该可信计算平台。

认证协议的设计是一个众所周知的难题，推荐采用已经经过形式化证明的、广为接受的认证协议，而不是自己进行设计，这样的好处在于这种广为接受的协议往往经过了众多研究者的分析与证明，对它的研究非常深入，从而保证安全。例如，国际标准 ISO/IEC DIS 11770-3 中所提出的安全协议认证草案 Helsinki 协议经过安全改进后的版本。Helsinki 协议的最初版本为

(1) $A \rightarrow B: \{A, K_I, N_a\}_{KB}$

(2) $B \rightarrow A: \{K_R, N_a, N_b\}_{KA}$

(3) $A \rightarrow B: N_b$

这里，主体 $A$ 是协议发起者，主体 $B$ 是协议响应者，$\{h\}_{KA}$ 表示应用主体 $A$ 的公开密钥 KA 对数据 $h$ 进行加密，$N_a$ 和 $N_b$ 是两个临时数；$K_I$ 和 $K_R$ 分别是 $A$ 和 $B$ 产生的部分密钥。Helsinki 协议的目标是为主体 $A$ 和 $B$ 安全地分配一个共享密钥 $K_{AB}$，它最终由 $K_I$ 和 $K_R$ 通过单向函数 $f$ 确定，即 $K_{AB}=f(K_I, K_R)$。

在 Helsinki 协议提出之后，Horng 和 Hsu 指出 Helsinki 协议存在安全问题，不能达

到安全目标。他们给出了一种内部攻击方式,即存在一个合法的协议主体 $P$,它作为中间人分别与 $A$ 和 $B$ 建立协议,然后将 $A$ 发送给它的数据转发给 $B$,导致 $A$ 认为与 $P$ 完成协议,$B$ 认为与 $A$ 完成协议,但是主体 $A$ 并不知道参与了与 $B$ 的协议过程。

Mitchell 和 Yeun 对 Helsinki 协议进行了改进,认为 Horng-Hsu 攻击成功的原因在于协议的第 2 条并没有指定消息的来源,从而导致了消息的重放。他们对协议进行了改进,在消息 2 中增加了 $B$ 的标识符,如下所示。

(1) $A \rightarrow B:\{A, K_I, N_a\}_{\mathrm{KB}}$

(2) $B \rightarrow A:\{B, K_R, N_a, N_b\}_{\mathrm{KA}}$

(3) $A \rightarrow B: N_b$

虽然 Mitchell 和 Yeun 对协议进行了改进,但是他们并没有对 Helsinki 的改进协议进行形式化的分析与证明。卿斯汉使用形式化的分析方法严格证明了 Helsinki 协议改进版本的正确性,并揭示了原 Helsinki 协议的安全缺陷。

### 6.1.2 度量可信性保证

要想实现度量的可信性,也就是可信度量,首先必须明确可信的概念,即什么是可信。TCG 认为,只要设备是生产厂商所提供的,从生产厂商到用户使用过程中没有经过篡改,配置是正确的,那么设备就是可以相信的,因此,它将信任的度量转为完整性的度量。但是,TCG 的完整性度量并不能体现其行为可预期的可信定义。

为了解决 TCG 完整性度量存在的问题,首先需要对可信的概念进行分析,进而根据其本质进行量化和评估,从而给出度量和评估机制。行为可信具有动态性、决策性、风险性、行为可预期性、安全性、可靠性等属性。可信就是可以信任,而信任是在某个相对安全可靠的上下文中,尽管可能存在不良后果,但主体仍然认为其他主体能够按照预定方式执行某些动作的可度量的信念。只有到达一定程度的信任才可能相信,因此将可信问题转化为对信任进行度量并判断是否满足预定条件的问题,引入了信任模型进行信任度量。

为了能够对信任进行度量,首先必须清晰地定义出需求,然后根据需求制定出相应的目标,根据目标细化出度量的内容,根据度量的内容制定度量机制,然后给出度量的结果,因此可信度量流程如图 6-2 所示。

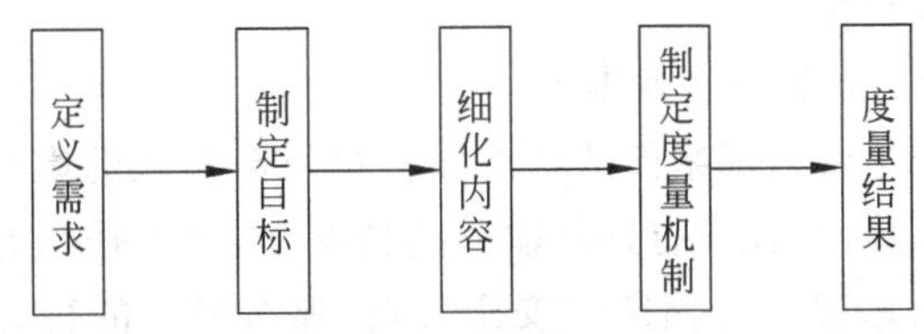


图 6-2 可信度量流程

下面根据可信度量流程对每个步骤进行分析。

#### 1. 定义需求

度量的需求是根据度量主体和度量客体在相应的环境下所制定出来的。不同的主体、客体和环境,它们所涉及的度量需求也有所不同。在可信计算中主要存在两种类型的度量需求，即平台内部度量和平台间度量，它们之间的区别在于：平台间度量也需要对平台内部度量的度量主体进行度量，因此我们将需求统一为对整个终端平台进行信任度量。

### 2. 制定目标

可信度量的目标是保证终端平台的状态是可信的。根据上面的信任定义，我们将其中能够影响信任的因素挑选出来，具体包括下列因素。

(1) 终端平台是否安全可靠？

(2) 终端平台是否处于某个上下文？

(3) 终端平台是否存在风险？

(4) 终端平台的行为是否符合预期？

接下来对这些因素进行分析，得到相应的度量目标。

(1) 终端平台是否安全可靠？

终端平台是一个集成硬件、固件和软件的系统，每个组件都有各自的设计、生产、制造过程，以及各个组件之间的集成过程，终端平台组装完成之后提交给用户实际运行。在整个流程中，每个过程都可能对终端的安全可靠产生影响，因此，要想保证终端安全可靠，必须对所有的这些流程进行检验和监督，采取有力的措施予以保障。在信息系统中，安全保障就是实现上述各种安全特性的有效机制。我们认为这个目标就是安全保障性目标。

(2) 终端平台是否处于某个上下文？

这里的上下文是指某种具体的情景，可能的因素有时间、主体、客体、任务等，一般指与任务相关的细节，往往通过策略进行定义。如果时间、主体、客体和任务不符合预定的策略，就会产生不信任。我们认为这个目标就是策略符合性目标。

(3) 终端平台是否存在风险？

终端平台在实际运行中，可能由于用户的操作不当、系统组件的配置错误、系统组件的设计与实现缺陷、系统组件的失常等导致终端平台存在一定的安全漏洞，从而形成安全风险。如果终端平台可能存在安全风险，那么对其进行可信评估时就需要对它可能存在的安全风险和严重程度进行评估。风险评估根据不同的信息系统组件和不同的上下文有所不同，因此风险的分析需要与组件的安全可靠和具体的上下文结合起来。我们认为这个目标就是风险评估性目标。

(4) 终端平台的行为是否符合预期？

终端平台的行为受平台内部组件的状态和平台外部输入的影响。一般来说，如果平台内部组件符合安全保障性，在没有外部输入的情况下，其工作状态都是正常的；如果平台外部输入的动作和信息都符合预定的安全策略，那么平台的行为就能符合预期，这是BLP形式化模型中经过证明的基本安全定理。我们需要证明平台的初始状态是可信的，并且平台的转换规则是可信的，这样也就是需要对平台的安全保障性和平台内部的安全策略实施度量，并对可能存在的风险进行监控，对行为的序列和行为结果进行比较分析。我们认为这个目标是行为监控性目标。

我们将平台可信性的目标划分为四个子目标，分别是安全保障性目标、策略符合性目标、风险评估性目标和行为监控性目标。终端可信目标是最终目标，其他四个目标是用来支撑它的。可信度量目标之间的关系如图 6-3 所示。

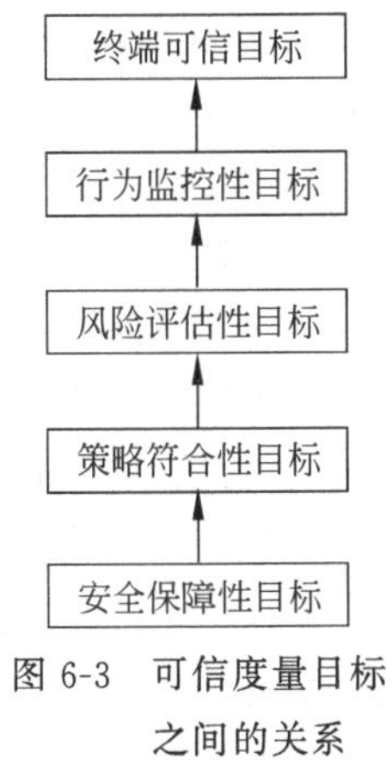

图 6-3 可信度量目标之间的关系

从图 6-3 中可以看出，安全保障性目标是关键目标，它是实现其他目标的基础，这是因为如果终端平台本身不是安全可靠的，那么其他目标也实现不了；策略符合性目标影响风险评估性目标和行为监控性目标，这是因为特定的上下文具有特定的风险评估内容和行为监控内容；风险评估性目标对行为监控性目标也有一定的影响，风险等级也不一致，监控行为的范围也不同。同时，这四个目标之间的相互关系也说明了度量属性之间的包含关系，体现了终端可信性的实际含义。下面根据这四个目标具体细化度量的内容。

### 3. 细化内容

根据上面提到的四个子目标对实现每个目标所需要的属性内容进行细化。

1）安全保障性目标

在安全保障体系中，已经为某种类型的产品从设计、实现到使用都进行了详细的评估，其中安全保证需求就描述了所需产品安全保障的证据。安全评估涉及的时间往往较长，而且评估的种类和范围也具有非常严格的要求，因此实时的安全评估是不客观，也是不符合实际的。在安全保障性目标下，需要验证的是组件的评估结果，而不是组件的相对属性，这样既可以保证验证的速度，又能够保证度量结果的客观可信性。

对于没有经过权威机构评测的组件，可以采用通过企业范围内的安全评估，将某些常用的、安全测试一段时期的组件颁发内部认证许可的方式，注意，这里可能使用证书，也可能使用较为简单的验证方式，例如采用 HASH 函数的散列值。

因此，对于终端平台的安全保障性目标，所需要提供的证据就是各个组件的证书。

2）策略符合性目标

策略一般是指针对某个任务所制定的上下文，因此策略符合性目标就需要将策略中所涉及的上下文中的证据提取出来。由于系统和应用的访问控制机制都制定了相关的策略，因此只需要将这些策略所涉及的属性全部提取出来，形成属性池，如果需要具体属性，就可以实时地从系统中提取。

以访问控制策略为例，策略中往往规定了访问主体、访问客体、访问方式、访问开始时间、访问持续时间、访问结束时间等内容，因此需要提供的属性就包括访问主体的身份信息、访问客体的信息、访问方式信息、访问过程中的相关信息等。

因此，对于终端平台的策略符合性目标，所需要提供的证据就是各种策略的属性。

3）风险评估性目标

风险评估一般都根据系统资产、系统组件、安全策略等内容进行评估，不同的信息系统和资产，所面临的风险也不同，根据风险评估所涉及的范围，将风险评估所需要的属性提取出来即可。

因此，对于某个具体的风险评估来说，当评估的内容和方式确定下来之后，所需要的相关属性也能够确定下来。例如，如果对 Foxmail 应用程序进行风险评估，就需要对它所安装的平台环境的资产、终端环境所在的内部网络的资产、Foxmail 的漏洞风险信息、Foxmail 的声誉信息等属性进行提取，综合计算得到风险量化值。

因此，对于终端平台的风险评估性目标，所需要提供的证据就是风险涉及组件和策略的各种属性。

4）行为监控性目标

行为由行为主体、行为标示、行为客体、行为状态、行为输入、行为输出以及行为属性等组成，行为状态包括行为开始状态、行为执行状态、行为中断状态、行为终止状态、行为异常状态等。行为是动态的，一个主体的行为踪迹是指一段时间内用静态快照所形成的行为序列，行为监控性的目标就是保证这个行为序列没有偏离预期的行为序列并最终的结果是符合预期的。

行为的序列是时刻发生变化的，要想精确地对行为进行监控，需要花费大量的资源，而且需要预期生成完全同步的行为序列，实际上实现很困难。只在行为的某些关键点设置监控即可，通常将其称为行为里程碑，允许行为序列有一定的偏离，但是在行为出发点、行为里程碑和行为终点处需要保持一致。

因此，对于终端平台的行为监控性目标，所需要提供的证据就是相关行为的开始点、行为里程碑和行为终点的属性。

下面给出一个示例具体分析。

某个具有可信平台模块的终端希望访问内部网络中文件服务器上的一个文件（企业核心资产）。网络的访问控制规则是：如果终端是办公室的计算机（具有可信平台模块、操作系统是 Windows 10、装有杀毒软件和防木马软件），用户是办公室的用户，那么在工作时间内可以访问，否则拒绝。

目标：接入终端的行为可信。

安全保障性属性：可信平台的证书、Windows 10 操作系统的证书、杀毒软件的证书、防木马代码软件的证书。

策略符合性属性：除了安全保障性属性之外，还包括用户证书、访问目标、访问时间、读操作。

风险评估性属性：除了策略符合性属性之外，还包括安全基线、组件漏洞信息、流行攻击。

行为监控性属性：除了风险评估性属性之外，还包括访问请求、访问执行、访问完成等属性。

将其使用图形化的方式表达出来，如图 6-4 所示。

其中圆圈表示需要度量的属性，方框表示具体的目标，这样属性和目标成为一个树状结构，由于这些属性和目标都是信任度量的对象，因此称为度量对象树（MOT）。

### 4. 制定度量机制

根据 MOT 模型，研究者提出了一种层次化的信任度量模型（Trust Measurement Model，TMM），它能对证据树中的各种证据采用相应的度量方式进行信任度量，该模型定义如下。

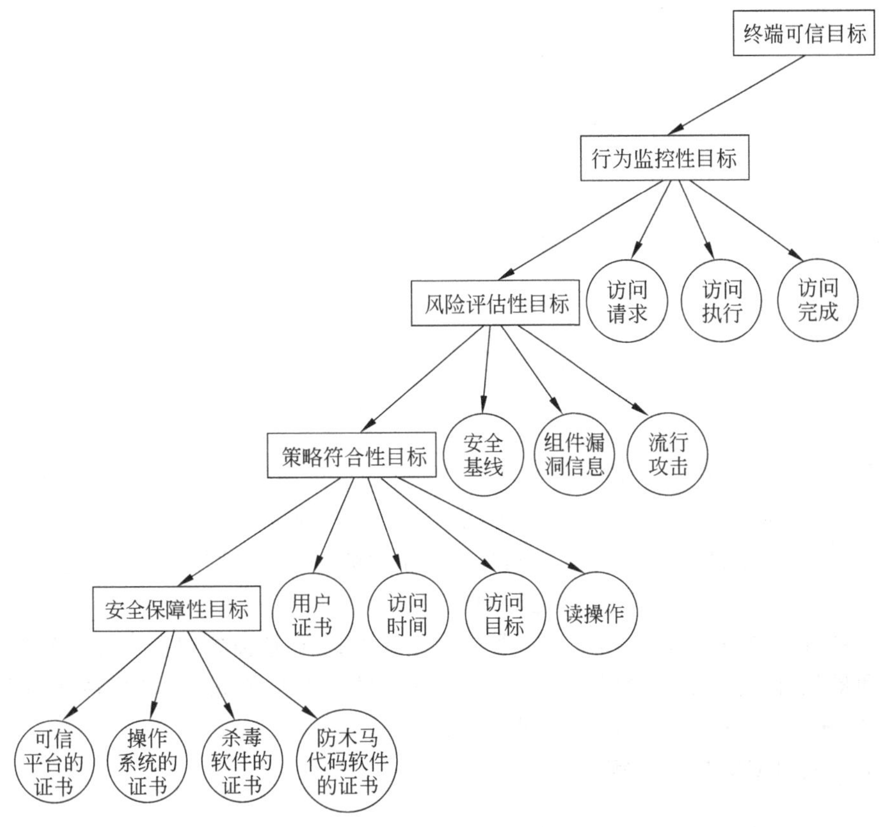


图 6-4 信任度量目标和属性示例图

**定义 6-1**：属性集合 $A=\{a_1,a_2,\cdots,a_i\}$表示信任的属性。其中 $a_i$ 是一个三元组，$a_i=$(ID,Type,Value)。ID 表示属性的名称；Type 表示属性的类型，包括模糊类型、数值类型和布尔类型；Value 表示属性的值。

**定义 6-2**：目标集合 $T=\{t_1,t_2,\cdots,t_j\}$，表示信任的目标。其中 $t_j$ 是一个六元组，$t_i=$(ID,Type,Operation,TValue,TCount,ACount)。ID 表示目标的名称；Type 表示目标的类型，包括安全性、策略性等；Operation 表示对自身的度量机制；TValue 表示目标经过度量得到的值，初始为 0；TCount$=\{0,1,\cdots,m\}$表示下层子目标的个数，如果为 0，表示这是信任的最小目标，不可再分，只有属性；ACount$=\{1,2,\cdots,n\}$表示下层属性的个数。

**定义 6-3**：节点集合 $V$ 是一个有限集合，$V=\{\mathrm{rt},T,A\}$。其中 rt 表示根目标，它是一个四元组，rt=(Operation,TMValue,TCount,ACount)。Operation 表示对自身的度量机制；TMValue 表示根目标经过度量得到的值，初始为 0；TCount$=\{0,1,\cdots,m\}$表示下层子目标的个数，如果为 0，表示这是信任的最小目标，不可再分；ACount$=\{1,2,\cdots,n\}$表示下层子属性的个数。

**定义 6-4**：边集合 $E$ 表示组合关系，它代表权重值。

**定义 6-5**：信任度量系统可以表示为 TMM$=(V,E)$，其中 $V$ 表示节点集合，$E$ 表示边的集合。

TMM 模型如图 6-5 所示。

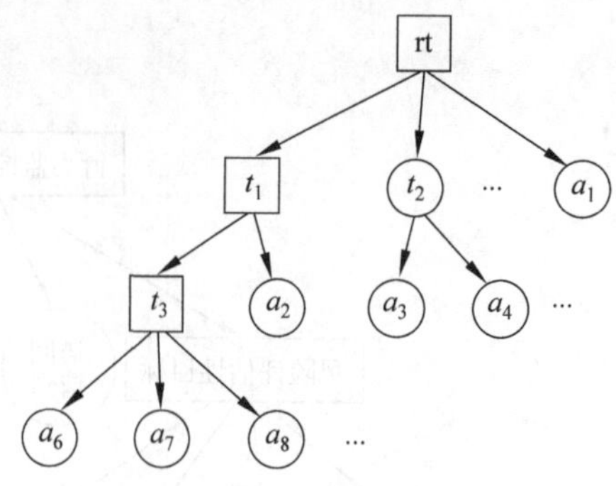


图 6-5　TMM 模型

在图 6-5 中，$a_1$ 至 $a_8$ 为信任的基本属性，根目标 rt 具有子目标 $t_1$ 和 $t_2$ 等以及属性 $a_1$，$t_1$ 具有子目标 $t_3$ 和属性 $a_2$，$t_2$ 具有属性 $a_3$ 和 $a_4$，$t_3$ 具有属性 $a_6$、$a_7$ 和 $a_8$。从图 6-5 中可以看到，信任度量目标为根，层次目标作为中间的树枝，属性作为树的叶子节点，度量模型将度量目标使用子目标和属性进行细化。

在度量过程中，每个目标的属性需要量化为具体的值，这需要根据信任参考值进行对比分析和量化，而每个节点的度量函数就是对这些量化值进行处理的函数，它们的形式不一定相同，根据各自所处理的属性不同而有所区别。

**定义 6-6**：TMM 的度量算法。

```
Funciton: Compute(V)
{
If (Vi.TCount>0) then
For(j=1;j<=Vi.TCount;j++)
      Compute(Vj);
   Else if(ACount>0)
      Operation(Acount,Value,E);
}
```

此算法是一个深度优先算法，通过将叶子节点属性的值汇聚到各个子目标，然后汇聚到总目标得到最终的可信度。

**定义 6-7**：某个实体 $E$ 的可信度 $T(E)$是指经过 TMM 度量得到的值。

信任度量的方式是从叶子节点将度量值通过计算汇聚到根节点的过程。由于各个目标、属性对于总体信任度的构成具有不同的贡献程度，因此需要为这些目标和属性设置权重值，以表示各个目标之间的重要程度。在信任度量模型中，使用边表示权重关系。那么，如何为边设置权重关系呢？

根据信任评估模型，需要一种层次化分析方法找到各种信任属性的权重关系供决策使用，因此采用了层次分析过程（Analysis Hierarchy Process，AHP）方法，它是一种多准则思维的方法，把定性分析和定量分析结合起来，将人们的思维过程层次化和数量化，在目标结构复杂且缺乏必要的数据情况下尤为实用。AHP 方法自 20 世纪 70 年代美国运筹学家 T.L. Saaty 提出以来，由于它的简单性、直观性和易用性，此方法在实际应用中发展很快，广泛用于统计、数据挖掘与分析等领域。

对于两层的模型来说，层次分析过程将复杂的多因素综合比较问题转化为简单的两因素相对比较问题，首先找出所有两两比较的结果，并且把它们定量化，然后再运用适当的数学方法从所有两两相对比较的结果中求出多因素综合比较的结果。如果模型由多层次构成，计算同一层次所有因素对于最终目标相对重要性的过程是由最高层到最低层逐层进行的。设上一层次 $A$ 包含 $m$ 个因素 $A_1, A_2, \cdots, A_m$，其总排序的权重值分别为 $a_1, a_2, \cdots, a_m$；下一层次 $B$ 包含 $k$ 个因素 $B_1, B_2, \cdots, B_k$，它们对于 $A_j$ 的层次单排序的权重值分别为 $b_1, j, b_2, j, \cdots, b_k, j$（当 $B_i$ 与 $A_j$ 无联系时，$b_i, j=0$）；此时 $B$ 层 $i$ 元素在总排序中的权重值可以由上一层次总排序的权重值与本层次的层次单排序的权重值复合而成，结果为

$$w_i = \sum_{j=1}^{m} b_{i,j} a_j \quad i = 1, 2, \cdots, k$$

通过层次分析过程，可以得到每个属性和目标相对于最终目标的权重值，从而在度量模型中最终计算出信任度。如果能够事先比较确定地描述出各个属性和目标之间的权重，或者可以描述出一部分，那么剩下的还是可以通过这种方法计算得出，这样会简化计算的流程。

## 5. 度量结果

通过上面的度量机制，可以得出具体的度量结果。根据预期设置或计算出的可信度阈值，做出相应的信任决策。

**定义 6-8**：可信度阈值：$T_w$ 是根据经验或者计算得到的一个值，用来作为信任决策的评判标准。

**定义 6-9**：如果一个实体 $E$ 是可信的，当且仅 $T(E) \geqslant T_w$。

## 6. 分析

本文将对 TMM 与 TCG 的完整性度量模型进行分析比较，对比内容为信任度量的流程，涵盖目标、需求、细化内容、度量机制和度量结果等方面，见表 6-1。

**表 6-1　可信度量机制的对比表**

| 对比内容 | TMM | TCG 的完整性度量模型 |
|---|---|---|
| 目标 | 安全保障性、策略符合性、风险评估性、行为监控性 | 完整性 |
| 需求 | 安全可靠的平台，尽管可能存在不良后果，但是行为还是可预期的 | 可信计算平台行为可预期 |
| 细化内容 | 包括安全保障、安全策略、风险评估、行为监控等内容，依据实际情况应用但不细致 | 各个组件的完整性参考值 |
| 度量机制 | 根据证据树进行层次化分析的度量模型，度量函数自定义 | 只提供完整性值的比较，无具体评估机制 |
| 度量结果 | 综合信任度 | 二进制结果 |
| 可扩展性 | 强 | 弱 |

从表 6-1 中可以看出，作者团队提出的度量模型在目标、需求、度量机制、度量结果和可扩展性等方面相对于 TCG 的完整性度量模型更加符合实际需求，能够从更广的角度对信任进行评估，从而保证度量的可信性。

# 6.2 远程证明概述

## 6.2.1 远程证明的概念

远程证明源自 TCG 的架构概览规范（TCG Specification Architecture Overview），在该规范中将证明（Attestation）作为可信计算平台的基本功能，其定义为：证明是对信息准确性进行保证的过程，外部实体可以对隔离区域、保护能力以及信任根进行验证。可信计算平台能够对其影响平台完整性的平台特征描述进行证明。所有形式的证明都需要被验证方提供可靠的证据。证明（以及验证）分为几个维度，包括 TPM 证明（Attestation by TPM）、外部向平台证明（Attestation to Platform）、平台向外部证明（Attestation of Platform）以及平台的认证（Authentication of Platform）四方面。

通俗地说，远程证明是指可信计算平台将自身的平台配置信息通过可信报告功能发送给外部实体进行验证。它不仅能够将平台的身份提供给验证方，还能把平台的配置信息和当前系统状态发送给验证方供评估使用，因此，相对于基于身份的认证机制而言，它进一步丰富和扩展了认证的内容，使得验证主体能够对验证客体进行更深层次、更细粒度的验证，这有效地扩展了目前信息安全领域中认证机制的含义。

基于身份认证而建立信任关系的安全机制具有较大风险，因为实体的身份认证只能保证交互实体的身份是真实的，但是对于声称该身份的实体以及该实体的安全状态一无所知，这导致很多安全攻击都来源于此，例如，身份冒用攻击就是由于密码泄露或者被木马控制而冒用该身份进行的攻击。远程证明不仅对用户和平台的身份进行了认证，还进一步对平台的安全状态、软硬件配置等信息进行了验证，保证平台的状态符合预期的安全策略，因此它能够从源头上消除大量潜在的安全攻击。

正是因为远程证明的上述优点，使得其具有广阔的应用前景。从网络设备统一化配置管理的角度而言，远程证明能够让验证方检测用户计算机所发生的变化，有效防止用户计算机硬件、软件和配置的改变，进一步实现企业内部计算平台的管理和控制。另外，这种提供细粒度远程平台验证的能力使得精细化访问控制成为可能，能够有效地检测平台安全配置，防范潜在的平台安全威胁，为各种高安全级别网络应用（如网上银行、网上支付、网上拍卖、数字版权管理等）提供有效支撑，因此，远程证明一直是信息安全学术界与工业界的研究热点。

然而，远程证明也存在一些不足。例如，TCG 在可信计算规范中提出的远程证明本质上是基于二进制代码的完整性验证方法，它利用 TPM 进行平台完整性保护，虽然相关产品已经大量出现，但是基于完整性验证的方法仍有一定缺陷。首先，用描述系统资源数据完整性的二进制代码反映平台的可信性，不直观，不易被用户理解。其次，这种反映系统资源数据完整性的二进制代码在软件升级或打补丁后需要及时更新。这在操作系统经常升级或打补丁的 PC 环境中是非常麻烦的。最后，这种基于系统资源数据完整性的二进制代码的远程证明泄露了平台的配置信息，有可能被恶意攻击者或商业竞争对手所利用。

### 6.2.2　远程证明的发展

在 TCG 提出远程证明概念之后，远程证明系统是基于完整性的二进制远程证明(Binary-based Remote Attestation，BRA)；由于完整性的远程证明本身受到完整性管理的相关限制与约束，具有一些缺陷，如静态验证、泄漏隐私、不可扩展以及平台绑定等不足之处，因此一些研究者提出了基于属性的远程证明(Property-based Remote Attestation，PRA)。基于属性的远程证明对验证属性进行抽象，在系统层次上证明平台配置或者应用程序所拥有的属性是否存在。还有一些研究者针对远程证明的形式和内容进行扩展，有些不依赖于可信计算平台，有些对验证内容进行丰富，考虑到与远程证明的区别，将这类研究工作统称为远端验证。

#### 1. 基于二进制的远程证明

20 世纪 90 年代已经出现了基于硬件芯片向验证者证明平台上二进制代码完整性的研究工作。自 TCG 提出远程证明以及支持远程证明的安全协议以来，很多工作在此基础上实现了 Linux 系统中的远程证明机制。在这些研究工作中，比较典型的是达特茅斯大学的 Bear 项目和 IBM 公司的 IMA 项目。

2003 年，达特茅斯大学在 Bear 项目中进行了一些试验，用来解决可信环境的问题。首先，他们修改了 LILO 装载器的内容，将存有内核内容的值传递给 TPM，然后 TPM 将该部分内容的哈希值存入 PCR 中，系统启动时会计算内核映像的散列值并与 PCR 中的值进行比较，以实现对 Linux 内核的完整性度量。另外，他们为 Linux 2.6 内核实现了一个叫作 Enforcer 的 Linux 安全模块。当内核初始化 Enforcer 之后，Enforcer 将在 LSM 框架中注册自己的钩子函数，对模块进行验证，如果模块是可加载的，那么 Enforcer 在该模块运行时验证配置文件的签名，如果是内核模块，那么在文件系统加载时对其进行验证。在运行时，Enforcer 对所有的 inode 查询设置钩子，通过配置文件检查完整性，使用/etc/enforcer 目录存放经过它签名的配置文件和公钥信息。Enforcer 是第一个对信任链从操作系统加载到应用程序进行拓展的模块，它将系统的信息根据易变程度进行分类，结合公钥证书与完整性进行验证，从某种程度上考虑了系统信息的易变性。

IBM Waston 实验室的 Reiner Sailer 等提出了完整性度量架构(Integrity Measurement Architecture，IMA)，实现了信任链从操作系统到应用程序的动态转换。他们采取的是经过修改过的 Clark Wilson 模型 CW-Lite，将 CW 模型中过于严格的转换过程进行修改，从而变得更加实用。IMA 的基本思想是 BIOS 和 BootLoader 负责度量内核的初始化代码，然后内核初始化代码对增加到内核空间的模块进行度量，对用户空间创建的进程进行度量，度量的内容不仅是需要执行的代码，而且需要将执行代码所需要使用到的外部连接、配置文件和脚本文件等都进行度量，保证进程输入的完整性，操作系统提供强制访问控制策略限制非度量的输入，并防止对被保护数据的修改。IMA 需要事先对操作系统、关键应用程序和配置文件等生成一个标准的散列值表，用于在验证这些文件的完整性情况时提供标准对比。这样，IMA 实现了操作系统对应用程序的动态度量机制，而且更加贴近 TCG 提出的思路，因此 IMA 对后续的研究工作影响深远。

### 2. 基于属性的远程证明

德国鲁尔大学的 Ahmad-Reza Sadeghi 首次提出基于属性的远程证明的概念。Sadeghi 认为 TCG 的远程证明机制实际上误解了验证者的要求。验证者对平台进行验证的目的不是准确了解平台的硬件、固件和组件的配置，而是希望平台能够证明它具有某些方面的属性，也就是说，TCG 是答非所问。在这里，属性是指平台能够提供的满足某些需求的证据，它是一个比较抽象的概念。一个平台的属性可能是要求平台具有符合隐私性法律的内置度量机制，或者是能够提供多层安全访问控制策略的能力，它往往与某种能力相关，例如要求符合通用规则的保护性描述(Protection Profile，PP)。

为此，Sadeghi 提出了一种理想的可信计算组件，它独立于 TPM 之外，能够通过系统的配置判断系统是否具有某个属性，这个组件能够满足下列需求。

(1) 安全：它只能对认证平台的配置进行证明；

(2) 可靠：行为是可信任的；

(3) 可撤销性：能够在某种情况下选择撤销 TPM；

(4) 不可识别性：询问者不能获取到配置的详细信息；

(5) 无关性：询问者不能将两次不同的验证会话关联起来；

(6) 简单性：不能过于增加系统的复杂性。

但是，实际上要让这个组件符合这么多的要求是非常困难的，因此最终使用可信第三方实现系统配置与属性之间的转换，通过可信第三方提供的属性证书证明平台具有某种属性。为了达到这个目的，Sadeghi 提出了两种方案：一种是对现有的 TPM 进行扩展，在 TPM 内部增加由可信第三方所签发的表明自身是否符合该属性的证书；另二种是在不修改 TPM 的基础上，在软件层面增加一个负责可信验证服务的代理，负责将用户的需求、平台的配置与可信第三方进行通信，获取可信证书。Sadeghi 推荐使用具有可验证的微内核操作系统，而不是商用操作系统来维护系统与服务的可信性，同时对如何处理证书过期、配置更新等方面内容进行了探讨。

德国 Sirrix AG 安全公司 Ulrich Kuhn 等试图在现有的可信硬件与软件上实现基于属性的证明。他们设计了一个实体，在启动阶段将完整性度量转换为由可信第三方签发的属性证书，无须对现有操作系统和上层软件进行更改。为了实现这个目标，需要对可信度量根等组件进行更改，需要使用额外的平台配置寄存器对属性证书进行度量，需要额外的存储空间存储属性证书和相关信息，以及需要解决证书在信任链中的更新问题。作者的目的是将可信第三方或属性证书转换代理内置到可信计算平台内部，并不影响上层的操作系统和应用软件，但是目前受到相当多的限制，难以实现。

基于属性的远程证明试图将系统的相关细节信息归结到属性，提供更加直观的证据。本质上这符合可信计算的远程证明思想。但是，为了实现这种属性的证明，往往需要一个可信第三方实现中间代理机制，或者基于零知识证明的方式确认对方具有这种属性，这需要引入更多的管理机制，而且基于证书的方式往往需要解决证书的签发、验证、回收等问题，因此在实现上较为困难。

### 3. 远端验证

远端验证实际上也具有远程证明的思想，但是它可以不依赖可信计算平台，而是通过其他方式实现证明机制。另外，远端验证中需要验证的内容与远程证明中的平台配置或属性也有所不同，它与具体的项目相关，包括语言验证、程序执行过程验证、动态属性验证以及行为验证等内容。

Pioneer 系统是一个完全基于软件验证的系统，可用来保证代码的远端执行。它的核心组件是一个运行在远端平台上的校验和函数。Pioneer 系统通过验证远端系统的反应时间检测潜在的攻击。它的核心思想是：如果验证的反应时间超过一个阈值，那么一定存在某种不正常现象。所以 Pioneer 系统需要精确的计算执行时间。尽管 Pioneer 系统不需要可信硬件的支持，但是由于它过于复杂，并且和相关软硬件架构绑定，所以很难进行扩展。基于软件的验证 SWATT 是用来验证嵌入式系统完整性的方法，和 Pioneer 系统很类似。

Vivek Haldar 等提出一个基于编程语言虚拟机的语义远端证明架构。该架构的主要思想是：使用编程语言的虚拟机生成平台独立代码，这些代码由于在编译的时候被虚拟机插入了额外的属性，因此可以确认软件的行为。基于软件验证的方法可以验证远端软件的真实性和正确性，但是并没有对软件的运行情况进行保证。

BIND 基于 CPU 安全机制（AMD SKINIT 功能），提供了一种对代码段进行细粒度证明的方法，使用密码学方法将代码的输出数据与生成该输出的代码绑定。Flicker 与 BIND 类似，基于动态可信根功能进行度量和执行相关代码段，此时系统的其他部分完全停止运行，因此无法干扰正在执行的代码。但如果被证明的代码本身具有脆弱性，基于该代码进行的恶意攻击仍然会成功。Copilot 使用一个外部硬件模块周期性地对整个内存进行散列验证，检测其完整性是否遭到破坏。文献[89-90]在 Linux 内核内存的动态结构实现了一种监视器。文献[89]提出的监视器验证了内核的动态数据结构，并且能按需或者基于系统事件进行响应。文献[90]提出系统能通过周期性检查内核的功能指针监测内核控制流。ReDAS 提出了一种对程序动态属性（例如栈结构指针等）进行完整性监测的方法，检查结果扩展到平台配置寄存器中，留给后续证明使用。基于模型的行为证明对策略模型所允许的行为进行分析，能证明平台执行了这些行为的子集。这种方法假设软件组件能正确运行实施策略控制，因此需要结合其他证明机制一起使用。

## 6.3 远程证明系统的设计与实现

在设计远程证明系统时，考虑使用可信 PDA 对终端进行平台可信性验证。在如下的应用场景中：当可信 PDA 持有人 Alice 需要使用某台终端完成某项关键任务时，Alice 并不知道该终端的安全状态和可信性。这时 Alice 可以使用自己的可信 PDA 对该终端进行远程证明（该终端具有可信计算平台），根据可信 PDA 对该终端的判断结果决策是否使用该终端完成任务;同时,该终端也可以对可信 PDA 进行远程证明。

在上述场景中具有以下假设条件:

(1) 可信 PDA 和该终端置于同一个局域网中;

(2) 可信 PDA 可以通过无线网络和该终端连接和通信;

(3) 为了支持可信第三方验证,在局域网中部署了证书中心和可信参考服务器,证书中心作为 Private CA 为终端和可信 PDA 签发 AIK 证书,可信参考服务器上具有终端组件的完整性参考值。

表 6-2 列出了远程证明系统中平台各组件的软硬件配置。

**表 6-2 远程证明系统中平台各组件的软硬件配置**

| 组　件 | 属　性 |
|---|---|
| 可信 PDA | 具有 JetWay2810 TPM,Samsung ARM9-2410 硬件平台,IEEE 802.11b/g 无线网卡,嵌入式 Linux,TPM 驱动,可信软件栈(TSS),远程证明服务(RAS) |
| 可信终端 | HP6300 笔记本,带有 Infineon 1.2 版本 TPM,Ubuntu Linux,TPM 驱动,TSS,RAS |
| 证书中心 | Ubuntu Linux,Open CA 服务器 |
| 可信参考服务器 | Ubuntu Linux,完整性值数据库 MySQL |

远程证明的系统架构如图 6-6 所示。

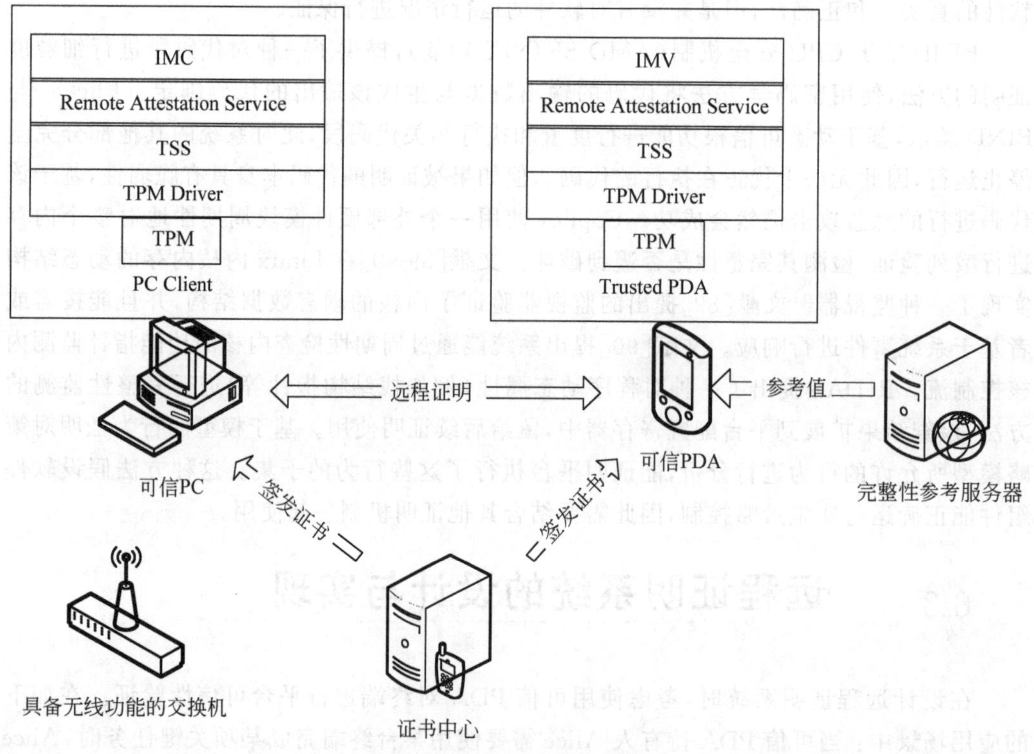


图 6-6 远程证明的系统架构

在可信 PC 与可信 PDA 上，设计并实现了基于 Socket 的远程证明服务用于安全协议通信。可信 PC 的完整性度量收集器(Integrity Measurement Collector，IMC)负责收集自身的 SML。可信 PDA 的完整性度量验证器(Integrity Measurement Validator，IMV)负责通过 PCR 值验证可信 PC 传递过来的 SML，并访问完整性参考服务器验证 SML 的正确性。

远程证明的验证流程如下。

(1) 可信 PDA 向可信 PC 请求完整性报告；

(2) 可信 PC 的 IMC 收集 SML，远程证明服务调用 TSS 的 Quote 命令；

(3) 可信 PC 将签名的 PCR 值和 SML 发送给可信 PDA；

(4) 可信 PDA 接收到可信 PC 的数据，完整性报告过程结束；

(5) 可信 PDA 验证可信 PC 身份证书的有效性，如果无效，可信 PC 平台不可信，退出；

(6) 可信 PDA 根据 SML 计算得到 PCR 值，将其与可信 PC 提供的 PCR 值进行比较，如果不一致，可信 PC 平台不可信，退出；

(7) 可信 PDA 根据 SML 向完整性参考服务器请求标准的完整性参考值，将 SML 中的值和标准的完整性参照值进行比较，如果不一致，可信 PC 平台不可信，退出；

(8) 可信 PC 平台状态为可信，完整性报告与验证流程结束。

为了进行远程证明，可信 PC 需要将自身的存储度量日志和 PCR 值报告给可信 PDA。由于可信 PC 中具有 TPM，BIOS 实现也符合 TCG 的 1.1 规范，因此可以将可信 PC 存放在 ACPI 表中的 Pre-BIOS 度量日志提取出来。

从 ACPI 表中格式化存储度量日志流程如图 6-7 所示。

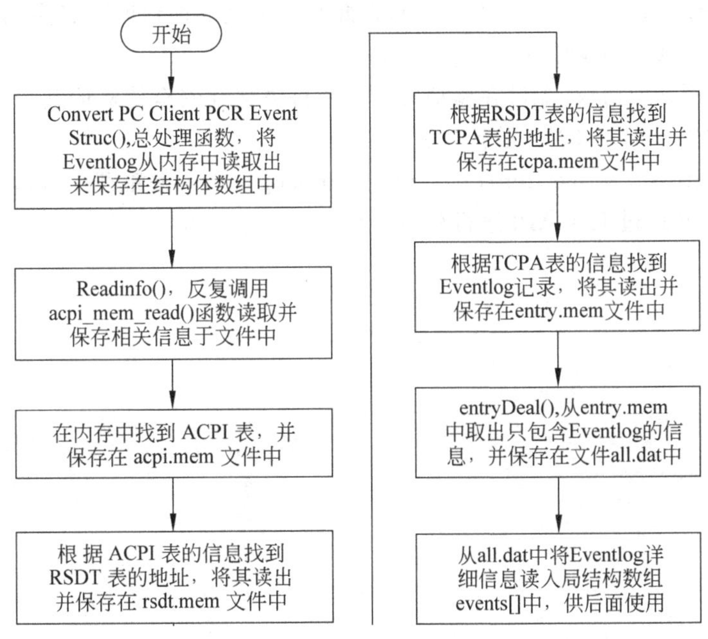


图 6-7　从 ACPI 表中格式化存储度量日志流程

通过上面的模块,可以把 Pre-BIOS 的存储度量日志格式化为存储度量日志文件,利用 IMA 架构获取操作系统和应用程序相关的存储度量日志,然后将这两个存储度量日志进行合并,作为统一的存储度量日志报告给可信 PDA。由此,完成一次远程证明的流程。

## 6.4 本章小结

本章介绍了远程证明的概念、发展和优缺点,并对远程证明的核心技术证据可信性保证与度量可信性保证进行了分析,介绍了证据可信传递路径以及 TMM。在系统设计与实现方面,介绍了远程证明原型系统。通过对上述内容的介绍,读者可对远程证明有较为全面和深入的了解,为进一步学习和应用可信计算技术奠定了基础。

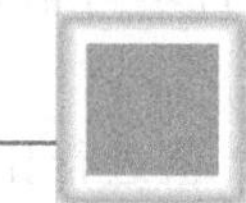

## 习题

(1) TCG 的远程证明具有哪些局限性?

(2) 如何确保远程证明的安全性?

(3) 如果将远程证明作为一个系统服务,应该如何设计与实现?

## 实验

(1) 下载,编译,安装,试用软件 TPM 2.0 模拟器、IBM TPM2.0 TSS(https://sourceforge.net/projects/ibmtpm20tss/),在此基础上完成远程证明实验,实现以下要求:

a. 完成 PCR Quote 功能;

b. 实现远程证明协议,能够在验证方与被验证方之间安全传输信息;

c. 实现 PCR 验证和 SML 验证过程。

(2) 访问 https://gitee.com/openeuler/kunpengsecl,了解鲲鹏平台远程证明安全库的设计与实现,并通过 RestAPI 进行测试分析。

# 第7章 可信网络连接

自从2003年TCG成立以来，可信计算技术得到迅速发展。人们已经意识到，在面对现有各种安全风险与威胁时，不仅需要自顶向下的安全体系设计，还需要从终端开始自底向上地保证计算系统可信；不仅要保证终端计算环境可信，还要把终端计算环境的可信扩展到网络，使得网络成为一个可信的网络环境。

2004年5月，TCG成立了可信网络连接分组（Trusted Network Connection Sub Group，TNC-SG），主要负责研究及制定可信网络连接（Trusted Network Connection，TNC）框架及相关的标准。经过几年的发展，TNC已经具有70多名成员，形成了以TNC架构为核心、多种组件之间交互接口为支撑的规范体系结构，实现了与Microsoft的网络访问保护（Network Access Protection，NAP）之间的互操作，并将IF-TNCCS 2.0规范与IF-M 1.0规范作为建议草稿提交到互联网工程任务组（International Engineer Task Force，IETF）的网络访问控制（Network Access Control，NAC）规范并获得批准，其中IF-TNCCS 2.0规范命名为PB-TNC，IF-M 1.0规范命名为PA-TNC。目前已经有多家企业的产品支持TNC体系结构，如Extreme Networks、HP ProCureve、Juniper Networks、Meru Networks、OpSwat、Patchlink、Q1Labs、StillSecure、Wave Systems等；也有开放源代码的软件，如libTNC、FHH、Xsupplicant等。

可信网络连接既是对可信平台应用的扩展，又是可信计算机制与网络接入控制机制的结合。它是指在终端接入网络之前，对用户的身份进行认证；如果用户身份认证通过，则对终端平台的身份进行认证；如果平台身份认证通过，则对终端的平台可信状态进行度量；如果度量结果满足网络接入的安全策略，则允许终端接入网络，否则将终端连接到指定的隔离区域，对其进行安全性修补和升级。TNC旨在将终端的可信延伸到网络中，从而确保网络连接可信。

可信网络连接的出发点是为了从终端入手解决网络的安全和可信问题，无论是理论还是技术都非常符合解决网络可信的需求。总体上，可信网络连接技术是成功的，但还存在一些需要解决的问题。

目前，各国研究机构，大学、企业的研究部门，军事和国防机构都对TNC开展深入的研究。本章对TNC的现状和发展进行总结，对TNC的优势与局限性进行分析，对中国可信连接架构（Trusted Connection Architecture，TCA）进行介绍，并对TNC的未来发展趋势进行探讨，力求对TNC技术的研究与发展进行客观和全面的介绍。

# 7.1 TNC 架构

## 7.1.1 TNC 的发展历程

2004 年 5 月，TCG 建立的 TNC 子工作组 TNC-SG，意图在网络访问控制和终端安全领域制定开放的规范。2005 年 5 月，TNC 发布了 v1.0 版本的架构规范和相应的接口规范，确定了 TNC 的核心。2006 年 5 月，TNC 发布了 v1.1 版本的架构规范，添加了完整性度量模型的相关内容，展示了完整性度量与验证的示例，发布了第一个部署实例，针对无线局域网、完整性度量与验证、网络访问、服务器通信等相关的产品进行了发布。2007 年 5 月，TNC 发布了 v1.2 版本的架构规范，增加了与 Microsoft NAP 之间的互操作，对已有规范进行了更新，并发布了新的接口规范，更多的产品开始支持 TNC 架构。2008 年，TNC 架构中最上层的 IF-M 接口规范进入公开评审阶段，这意味着耗时 3 年多的 TNC 架构规范终于完整公开。2008 年 4 月，TNC 发布了 v1.3 版本的架构规范，增加了可信网络连接协议 IF-MAP(Interface for Metadata Access Point)，使得 TNC 架构具有安全信息共享和动态策略调整功能。2009 年 5 月，TNC 发布了 TNC 1.4 版本的架构规范，同时增加了 IF-T：Binding to TLS、Federated TNC 和 Clientless Endpoint Support Profile 三个规范，进一步对跨域场景和无 TNC 客户端的场景进行支持。2010 年 3 月，TNC 发布了 IF-M TLV Binding 规范，为 IF-M 协议制定了消息标准。2010 年 4 月，TNC 发布了 TNC 规范认证计划，Juniper 公司的 EX3200、EX4200 交换机通过了 IF-PEP for RADIUS 规范认证，TNC@FHH 通过了 IF-IMV 与 IF-IMC 规范认证。2010 年 6 月，TNC 发布了 IF-MAP Binding for SOAP 规范，对 IF-MAP 规范进行了修订。

## 7.1.2 TNC 架构介绍

TNC 架构如图 7-1 所示，包括三个实体、三个层次和若干个接口组件。该架构在传统的网络接入层次上增加了完整性评估层与完整性度量层，实现对接入平台的身份验证

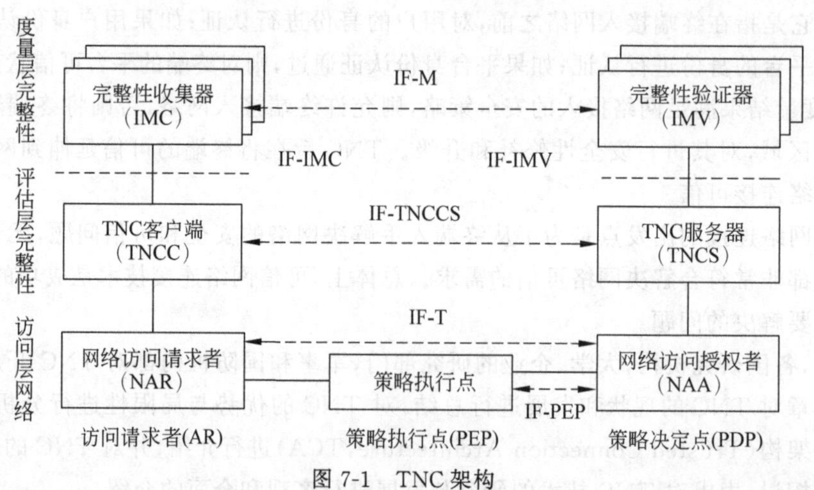


图 7-1 TNC 架构

与完整性验证。

三个实体分别是访问请求者(Access Requestor,AR)、策略执行点(Policy Enforcement Point,PEP)和策略决定点(Policy Decision Point,PDP)。其中 AR 发出访问请求,收集平台完整性可信信息,发送给 PDP,申请建立网络连接;PDP 根据本地安全策略对 AR 的访问请求进行决策判定,判定依据包括 AR 的身份与 AR 的平台完整性状态,判定结果为允许/禁止/隔离;PEP 控制对被保护网络的访问,执行 PDP 的访问控制决策。

AR 包括三个组件:网络访问请求者(Network Access Requestor,NAR)发出访问请求,申请建立网络连接,在一个 AR 中可以有多个 NAR;TNC 客户端(TNC Client,TNCC)收集 IMC 的完整性测量信息,同时测量和报告平台和 IMC 自身的完整性信息;IMC 测量 AR 中各个组件的完整性,一个 AR 上可以有多个不同的 IMC。

PDP 包括三个组件:网络访问授权者(Network Access Authority,NAA)对 AR 的网络访问请求进行决策。NAA 可以咨询上层的可信网络连接服务器(Trusted Network Connection Server,TNCS)决定 AR 的完整性状态是否与 PDP 的安全策略一致,从而决定 AR 的访问请求是否被允许;TNCS 负责与 TNCC 之间的通信,收集来自 IMV 的决策,形成一个全局的访问决策传递给 NAA;IMV 将 IMC 传递过来的 AR 各个部件的完整性测量信息进行验证,并给出访问决策。

三个层次分别是网络访问层、完整性评估层与完整性度量层。网络访问层支持传统的网络连接技术,如 802.1X 和 VPN 等机制;完整性评估层进行平台的认证,并评估 AR 的完整性;完整性度量层收集和校验 AR 的完整性相关信息。

在 TNC 架构中存在多个实体,为了实现实体之间的互操作,需要制定实体之间的接口。接口自底向上包括 IF-PEP、IF-T、IF-TNCCS、IF-IMC、IF-IMV 和 IF-M。IF-PEP 为 PDP 和 PEP 之间的接口,维护 PDP 和 PEP 之间的信息传输;IF-T 维护 AR 和 PDP 之间的信息传输,并对上层接口协议提供封装,针对 EAP 方法和 TLS 分别制定了规范;IF-TNCCS 是 TNCC 和 TNCS 之间的接口,定义了 TNCC 与 TNCS 之间传递信息的协议;IF-IMC 是 TNCC 与各个 IMC 组件之间的接口,定义了 TNCC 与 IMC 之间传递信息的协议;IF-IMV 是 TNCS 与各个 IMV 组件之间的接口,定义了 TNCS 与 IMV 之间传递信息的协议;IF-M 是 IMC 与 IMV 之间的接口,定义了 IMC 与 IMV 之间传递消息的协议。目前各个接口的定义都已经公布,接口与协议的定义比较详细,有的已经给出了编程语言与操作系统的绑定。

在 TNC 架构中,平台的完整性状态将直接导致其是否被允许访问网络。如果终端由于某些原因不能符合相关安全策略,TNC 架构还考虑提供终端修补措施。在修补阶段,终端连接的是隔离区域。TNC 并没有强制要求终端具有可信平台,但是如果终端具有可信平台,那么针对可信平台的相关特性 TNC 还提供了相应的接口。带有可信平台模块与修补功能的 TNC 架构如图 7-2 所示。

图 7-2 中的修补层由两个实体组成:配置和修补应用程序(Provisioning & Remediation Application, PRA)与配置和修补资源(Provisioning & Remediation Resource, PRR)。PRA 可以作为 AR 的一个组成部分,向 IMC 提供某种类型的完整性

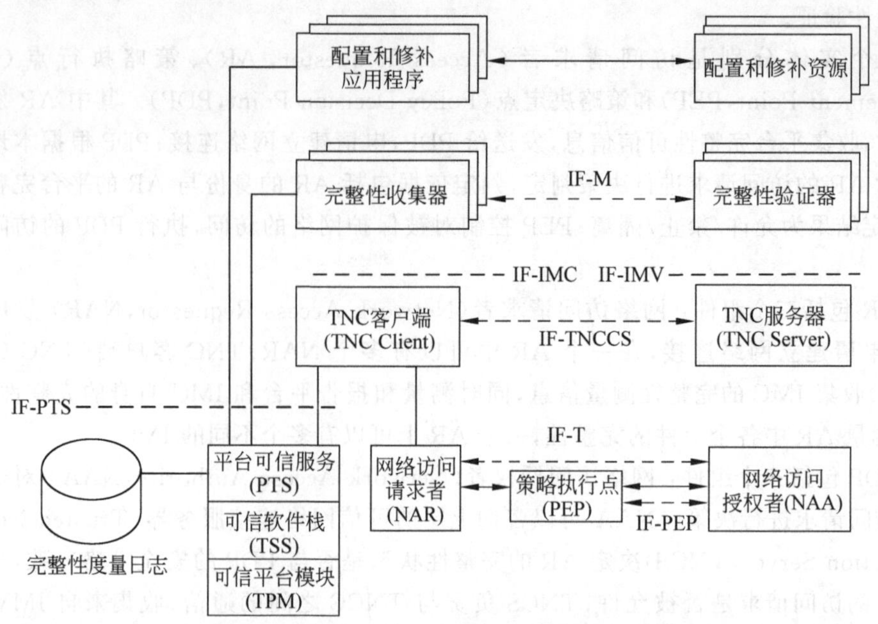


图 7-2 带有可信平台模块与修补功能的 TNC 架构

信息。PRR 作为修补更新资源，能够对 AR 的某些组件进行更新，使其通过完整性检查。平台可信服务接口(Platform Trust Services,IF-PTS)将 TSS 的相关功能进行封装，向 AR 的各个组件提供可信平台的功能，包括密钥存储、非对称加解密、随机数、平台身份和平台完整性报告等。完整性度量日志将平台中组件的度量信息保存起来。

## 7.1.3 TNC 基本流程

以 TNC 1.4 版本为例，一次完整的 TNC 基本流程如图 7-3 所示。

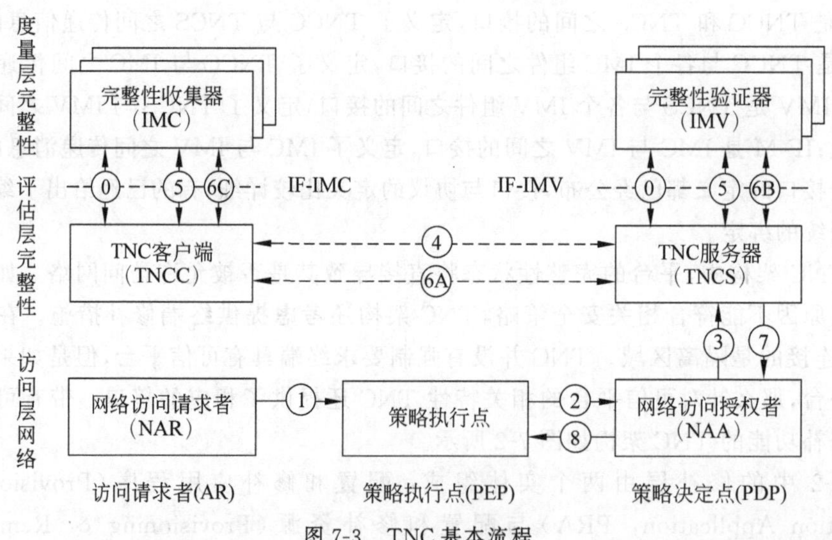


图 7-3 TNC 基本流程

步骤 0：在进行网络连接和平台完整性验证之前，TNCC 需要对每个 IMC 进行初始化。同样，TNCS 也要对 IMV 进行初始化。

步骤 1：当有网络连接请求发生时，NAR 向 PEP 发送一个连接请求。

步骤 2：PEP 接收到 NAR 的访问请求之后，向 NAA 发送一个网络访问决策请求。假定 NAA 已经设置成按照用户认证、平台认证和完整性检查的顺序进行操作。如果有一个认证失败，则其后的认证将不会发生。用户认证可以发生在 NAA 和 AR 之间。平台认证和完整性检查发生在 AR 和 TNCS 之间。

步骤 3：假定 AR 和 NAA 之间的用户认证成功完成，则 NAA 通知 TNCS 有一个连接请求到来。

步骤 4：TNCS 和 TNCC 进行平台验证。

步骤 5：假定 TNCC 和 TNCS 之间的平台验证成功完成。TNCS 通知 IMV 新的连接请求已经发生，需要进行完整性验证。同时，TNCC 通知 IMC 新的连接请求已经发生，需要准备完整性相关信息。IMC 通过 IF-IMC 向 TNCC 返回 IF-M 消息。

步骤 6A：TNCC 和 TNCS 交换完整性验证相关的各种信息。这些信息将会被 NAR、PEP 和 NAA 转发，直到 AR 的完整性状态满足 TNCS 的要求。

步骤 6B：TNCS 将每个 IMC 信息发送给相应的 IMV。IMV 对 IMC 信息进行分析。如果 IMV 需要更多的完整性信息，它将通过 IF-IMV 接口向 TNCS 发送信息。如果 IMV 已经对 IMC 的完整性信息做出判断，它将结果通过 IF-IMV 接口发送给 TNCS。

步骤 6C：TNCC 也要转发来自 TNCS 的信息给相应的 IMC，并将来自 IMC 的信息发给 TNCS。

步骤 7：当 TNCS 完成和 TNCC 的完整性检查握手之后，它发送 TNCS 推荐操作给 NAA。

步骤 8：NAA 发送网络访问决策给 PEP 来实施。NAA 也必须向 TNCS 说明它最后的网络访问决策，这个决策也将会发送给 TNCC。PEP 执行 NAA 的决策，这一次的网络连接过程结束。

上述的流程没有包括完整性验证没有通过的情况。如果完整性验证没有通过，AR 可以通过 PRA 访问 PRR，对相关的组件进行更新和修复，然后再次执行上述流程。更新和修复的过程可能重复多次，直到完整性验证通过。

### 7.1.4　TNC 的支撑技术

尽管完整性度量与报告是 TNC 的核心技术，但是 TNC 架构中采用了现有的一些技术来为上层的可信计算机制提供支撑，主要包括网络访问技术、安全的消息传输技术与用户身份认证技术。

TNC 的网络访问层基于现有的网络访问技术，主要包括 IEEE 802.1X、虚拟专用网(VPN)和点对点协议(PPP)。IEEE 802.1X 提供基于端口的访问控制，能够通过受控端口与非受控端口对网络连接进行控制，这也是目前应用的最为广泛的网络接入方法。VPN 使用 IPSec 协议或安全套接字 SSL 协议在 Internet 上建立安全连接，保证数据传输安全，提供远程接入功能。PPP 是用于在两个网络节点间建立连接的数据链路协议，能够提供连接认证和传输加密功能。

TNC 架构需要在多个实体的多个组件中传递消息，因此安全的消息传输技术比较关键。可扩展认证协议(Extensible Authentication Protocol,EAP)提供了认证框架，支持不同的 EAP 方法。它不仅可以传输认证信息，而且通过 EAP 方法还可以传递终端完整性度量信息。HTTP 协议和 HTTPS 适用于传输应用程序相关的信息。安全传输层协议 TLS 可以传递完整性报告，以及和完整性检查的消息握手。

在网络访问控制的用户身份认证中，TNC 并没有强制使用任何协议，但是可以利用现有的 Radius 协议和 Diameter 协议。

可以看出，在 TNC 架构中，底层的网络访问层基本上沿用了现有的网络访问控制技术，尤其是认证协议。消息传输也使用了现有的规范，使得 TNC 架构易于兼容现有的网络接入技术和标准。

## 7.1.5 TNC 架构分析

TNC 是一个开放的、支持异构环境的网络访问控制架构，它建立在 TCG 相关规范和其他广泛应用的行业标准与规范之上。它在设计过程中既要考虑架构的安全性，又要考虑与现有标准和技术的兼容性，在一定程度上进行了折中考虑，因此，TNC 既具有一定的优点，也具有一定的局限性。下面分别针对它的优点和局限性进行分析。

### 1. TNC 的优点

(1) 开放性。TNC 架构本身就是针对互操作的，所有规范都面向公众开放，研究者可以免费获得相关的规范文档。另外，它采用了很多现有的标准与规范，如 EAP、IEEE 802.1X 等，使得该架构可以适应多种环境的需要，没有与某个具体的产品相绑定。它与 NAC 架构、NAP 架构的互操作也说明了该架构的开放性。

(2) 安全性。TNC 是对传统网络接入控制技术的扩展，在传统的基于用户身份认证的基础上增加了平台身份认证与完整性验证。这将对接入网络的终端提出更高的要求，反过来这也增强了提供接入的网络的安全性。同时，每个规范中针对安全问题与隐私问题都具有相应的探讨与解决方案。

(3) 指导性。TNC 的规范内容详细，考虑的问题全面，很多接口定义规范提供了具体的消息流程、XML Schema 和相关操作系统及编程语言的绑定，如 IF-IMC、IF-IMV 和 IF-TNCCS 等，易于指导产品的实现。

(4) 系统性。TNC 规范自身为一个完整的体系结构，每个相应的接口都有规范文档进行详细定义，有关完整性度量、报告等核心问题专门成立了完整性工作组(Integrity Working Group,IWG)来制定相应规范与参考模型，与可信计算整体规范既有关联，又自成一个体系。

### 2. TNC 的局限性

虽然 TNC 具有上述优点，但是它也有一定的局限性，有些局限性是与可信计算本身相关的。

(1) 局限于完整性。TNC 对终端的可信验证基于完整性。完整性只能保证信息的来源可信与未被修改,并不能保证信息的内容可信。而且,目前基于完整性的可信验证只能确保软件的静态可信,尚不能确保软件的动态可信。因此,TNC 并不能完全保证接入终端的平台可信。另外,TNC 基于完整性验证的架构比较复杂,难于扩展,实现成本高。

(2) 单向性的可信评估。TNC 的出发点是保证网络的安全性,因此该架构没有考虑如何保护终端的安全。终端在接入网络之前,除了要提供自身的平台可信性证据之外,还应该对接入网络进行可信性评估,否则无法保证从网络中获取的服务可信。

(3) 缺乏安全协议支持。TNC 架构中,多个实体需要进行信息交互,如 TNCC 与 TNCS 之间、TNCC 与 IMC 之间、TNCS 与 IMV 之间、IMC 与 IMV 之间都需要进行大量的信息交互,但是 TNC 架构本身并没有给出相应的安全协议,只是简单介绍了如何进行消息的传递。

(4) 缺乏网络接入后的安全保护。TNC 只是在终端接入网络的过程中对终端进行了平台认证与完整性验证,在终端接入网络之后就没有相应的措施对网络和终端进行保护。终端平台有可能在接入之后发生状态的改变,因此有必要增加整个接入过程的控制机制。在 TNC1.3 架构中增加了安全信息动态共享,一定程度上增强了动态控制功能。

(5) 应用范围具有局限性。TNC 应用目前局限在企业内部网络,难以提供分布式、多层次、电信级、跨网络域的网络访问控制架构。在 TNC1.4 架构中增加了对跨网络域认证的支持,以及对无 TNC 客户端场景的支持,一定程度上改善了应用的局限性。

## 7.2　中国可信连接架构

2005 年 1 月,全国信息安全技术标准化委员会成立了我国可信计算工作小组。2007 年 2 月,以产学研用多家单位结合的方式,成立了可信平台控制模块、可信平台主板功能接口、可信基础支撑软件以及可信连接架构四个标准工作组,制定可信计算的相关技术方案并开展实验论证,在此基础上拟定我国的可信计算规范建议稿。其中,可信连接架构标准工作组拥有包括西电捷通无线网络股份有限公司、武汉大学、北京天融信网络安全技术有限公司在内的 30 多家成员单位,本着“自主创新、自主可控、适用实用”的编制原则,历经数十次集中讨论与修改,在 2013 年 11 月 12 日发布可信连接架构(Trusted Connection Architecture,TCA)标准 GB/T 29828—2013《信息安全技术 可信计算规范 可信连接架构》,并于 2014 年 2 月 1 日实施。

### 7.2.1　TCA 与 TNC 的区别

由于 TCA 的适用范围和场景与 TNC 较为相似,因此,在 TCA 规范的制定过程中,TCA 标准工作组也参考了相关的 TNC 规范和技术路线。在深入分析 TNC 架构及相关规范的基础上,特别是针对 TNC 架构可能存在的安全问题和威胁进行了研究和论证,经过多次演变,最终形成 TCA。相对于 TNC,TCA 在设计方面具有以下几个重要特征。

(1) 基于三元对等架构。在 TNC 局限性中提到,TNC 本质上是一个二元架构,网络接入方处于控制地位,网络请求者无法对网络接入方进行验证,导致可能出现安全隐患。

针对上述问题,在设计 TCA 时,采用了三元对等架构,访问请求者和访问控制器作为对等实体,策略管理器提供访问请求者与访问控制器之间双向的身份认证与平台可信性评估支持,使得访问请求者与访问控制器一样具有控制连接的能力。这种三元对等架构也使得 TCA 架构三个层次之间的协议与控制方式与 TNC 具有显著区别。

(2) 基于可信第三方。三元对等架构需要一个可信第三方为参与网络连接的两个对等实体进行身份认证与平台可信性评估。在 TCA 中,将策略管理器作为可信第三方,实现对网络请求者与网络接入者之间的双向认证。这种方式既简化了身份管理、策略管理和证书管理机制,又保证了终端与网络的双向认证,具有一定的创新性。

(3) 采用国家自主知识产权的鉴别协议。由于采用了三元对等架构,因此需要在协议层面上对架构进行支持。TCA 基于国家自主知识产权的三元对等实体鉴别及访问控制方法,在网络访问控制层采用三元鉴别可扩展协议(TAEP)实现 TCA 的实体鉴别,支持序列 TAEP 鉴别和隧道 TAEP 鉴别两种实现方式;采用三元对等鉴别的访问控制方法(TePA-AC)实现端口访问控制,支持全端口控制和部分端口控制两种实现方式。

(4) 统一完备的访问控制协议与接口支持。由于 TCA 涉及实体较多,需要支持实体身份鉴别、平台完整性评估、访问控制等多重实体交互,因此协议与接口较为复杂。在 TNC 架构中,为了降低系统实现难度,采用了接口和相关协议层次化与模块化设计的方式,相关的接口与协议等规范多达十余个,虽然从功能与实现层面上较为清晰,但是不利于整体实现。在设计 TCA 规范时,采用自底向上、支持完整实现的方式,将 TCA 的协议进行统一定义,在一个规范中包含了所有协议与接口功能的支持,并通过自定义与保留字段的方式支持协议扩展。TCA 产品设计人员可以较为清晰地了解所有相关的接口定义和协议流程。

### 7.2.2 TCA 规范概述

TCA 规范中制定了 TCA 的层次、实体、部件、接口、实现流程、隔离修补服务、完整性管理和安全策略管理等内容,用于解决终端连接到网络过程中终端与网络之间的双向的用户身份鉴别、平台身份鉴别和平台完整性评估问题,适用于具有可信平台控制模块的终端与网络的可信连接。

TCA 架构如图 7-4 所示。TCA 架构中存在三个实体:访问请求者(Access Requestor, AR)、访问控制器(Access Controller, AC)和策略管理器(Policy Manager, PM),从上至下分为三个抽象层:完整性度量层、可信平台评估层和网络访问控制层。在每个实体中,矩形方框表示实体中的部件。部件之间存在相应的接口,用带名称的双向虚线箭头表示。

AR 和 AC 都具有 TPCM,AR 请求接入受保护网络,AC 控制 AR 对受保护网络的访问。PM 对 AR 和 AC 进行集中管理。AR、AC 基于 PM 实现 AR 和 AC 之间的双向用户身份鉴别和平台鉴别,其中平台鉴别包括平台身份鉴别和平台完整性评估,PM 在用户身份鉴别和平台鉴别过程中充当可信第三方。

AR 中的部件为网络访问请求者(NAR)、TNC 客户端(TNCC)和完整性度量收集者(IMC),其中 TNCC 和 IMC 之间的接口为完整性收集接口(IF-IMC)。AC 中的部件为网

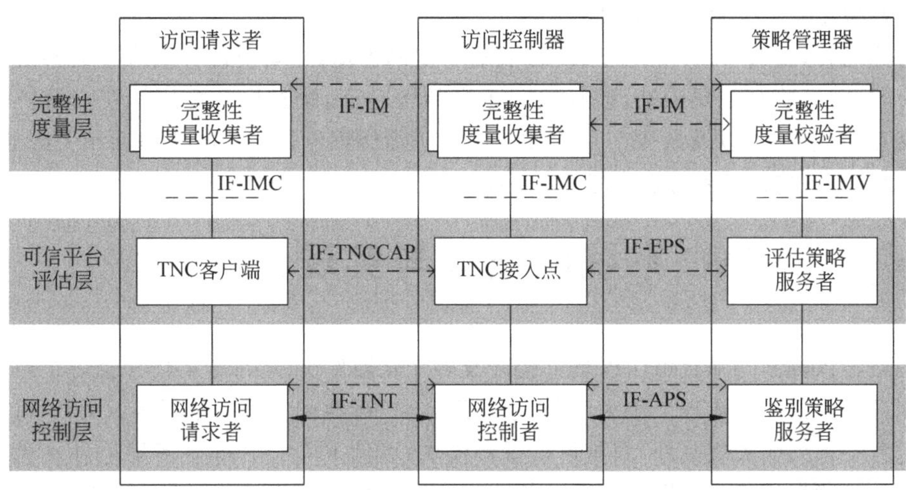


图 7-4　TCA 架构

络访问控制者(NAC)、TNC 接入点(TNCAP)和 IMC,其中 TNCAP 和 IMC 之间的接口为 IF-IMC。PM 中的部件为鉴别策略服务者(APS)、评估策略服务者(EPS)和完整性度量校验者(IMV),其中 EPS 和 IMV 之间的接口为完整性校验接口(IF-IMV)。

网络访问控制层包含的部件为 NAR、NAC 和 APS,其中 NAR 和 NAC 之间的接口为可信网络传输接口(IF-TNT),NAC 和 APS 之间的接口为鉴别策略服务接口(IF-APS)。可信平台评估层包含的部件为 TNCC、TNCAP 和 EPS,其中 TNCC 和 TNCAP 之间的接口为 TNCC-TNCAP 接口(IF-TNCCAP),TNCAP 和 EPS 之间的接口为鉴别策略服务接口(IF-EPS)。完整性度量层包含的部件为 IMC 和 IMV,其中 IMC 和 IMV 之间的接口为完整性度量接口(IF-IM)。

在网络访问控制层,TCA 规范制定网络传输机制与访问控制机制。网络传输机制采用三元鉴别可扩展协议(TAEP)。利用隧道方法建立 AR 和 AC 之间的安全隧道,在安全隧道中传输内 TAEP 包。平台鉴别协议承载在内 TAEP 包中,并通过内 TAEP 鉴别方法进行传输。控制机制采用基于三元对等鉴别的访问控制方法(TePA-AC),利用外 TAEP 鉴别方法实现 AR 和 AC 之间的双向用户身份鉴别。TePA-AC 是一种基于端口的访问控制技术,存在两种实现方式:全端口控制实现方式和部分端口控制实现方式。全端口控制实现方式是指完全采用端口控制实现 TCA 的允许、禁止和隔离,部分端口控制实现方式是指采用端口控制实现允许和禁止,而采用其他应用层技术实现隔离。

在可信平台评估层,TCA 规范利用平台鉴别基础设施(Platform Authentication Infrastructure, PAI)实现 AR 和 AC 之间的双向平台鉴别,包括 PAI 管理模型和 PAI 协议两部分。PAI 管理模型制定了网络连接管理的相关角色与管理约定;PAI 协议制定了 PAI 的相关角色、协议分组格式定义以及协议流程。

在完整性度量层,TCA 规范制定了 IF-IM 消息协议、IF-IMC 消息协议以及 IF-IMV 消息协议。IF-IM 是 IMC 和 IMV 之间的接口,它定义了 IMC 和 IMV 之间的消息交换协议,包括消息传递模型与消息格式定义。IF-IMC 与 IF-IMV 定义了相关的功能函数与协议交互模型实现平台鉴别协议。

总体而言，虽然 TCA 相对于 TNC 具有一定的创新，在安全性方面有所改善，但是仍然具有与 TNC 类似的局限性，包括局限于完整性验证、缺乏接入之后的安全保护、缺乏安全交互协议支持，以及缺少应用支撑等。由于篇幅限制，TCA 的流程和相关细节不再详细介绍，有兴趣的读者可以参考 TCA 规范。

## 7.3 TNC 系统的设计与实现

网络接入控制与平台可信度量过程涉及多个软硬件实体，每个实体包括多个组件，组件与组件之间的协议流程也较为复杂，这导致 TNC 架构的实现非常复杂。另外，除 TNC 架构包含一系列相关规范外，其与可信平台模块、可信 PC、TSS 等众多规范息息相关，与网络接入控制架构与完整性管理架构紧密融合，因此，要想设计一个符合 TNC 规范的系统，其难度是比较大的，需要在可信硬件、可信软件、远程证明、可信网络等方面具有扎实的研究与项目开发经验，本节介绍可信网络连接方面的一些系统实现工作。

作者团队设计并实现了符合 TNC 标准的原型系统。在硬件方面，选用自主研发的可信 PDA 以及带有 TPM 的可信计算机作为网络接入与认证实体；在软件方面，设计并实现了符合 TSS 规范的可信软件、基于 IEEE 802.1X 的访问控制系统和远程证明系统；在规范协议方面，设计并实现了 TNC 规范中的相关组件，完成了协议流程，以此为基础实现可信网络连接原型系统。由于可信 PDA 与可信软件栈在本书的其他章节中有详细介绍，因此本节主要介绍基于 IEEE 802.1X 的网络接入控制系统的设计与实现，以及可信网络连接原型系统的设计与实现的相关内容。

### 7.3.1 基于 IEEE 802.1X 的网络接入控制系统的设计与实现

要想实现 TNC，首先必须从底层实现网络接入控制系统。网络接入控制可以采用不同机制，如 DHCP、VPN 和 IEEE 802.1X。本文选择 IEEE 802.1X 进行设计与实现，原因在于它是目前网络访问控制的主流机制和国际标准，很多网络设备都提供对 IEEE 802.1X 的支持。

#### 1. IEEE 802.1X 介绍

IEEE 802.1X 起源于 IEEE 802.11 协议。IEEE 802.11 协议定义的局域网本来并不需要接入认证，只要用户能接入局域网控制设备，就可以访问局域网中的设备或资源，这在早期企业网有线局域网应用环境下并不存在明显的安全隐患。但是，随着移动办公及网络运营等应用的大规模发展，服务提供者需要对用户的接入进行控制和配置，尤其是无线局域网的应用和局域网接入在电信网上大规模开展，有必要对端口加以控制以实现用户级的接入控制，IEEE 802.1X 就是 IEEE 为了解决基于端口的接入控制（Port-Based Network Access Control）而定义的一个标准。

基于端口的访问控制能够在利用 IEEE 局域网的优势基础上提供一种对连接到局域网设备或用户进行认证和授权的手段。通过这种方式的认证，能够在局域网这种多点访问环境中提供一种点对点的用户识别方式。在 IEEE 802.1X 中，端口是一个逻辑概念，它是指连接到局域网设施的一个访问点，它可以是媒质访问控制桥的物理端口、连接服务器或路由器到局域网设置的物理端口，也可以是在无线局域网中站点和访问点之间的无线连接。

IEEE 802.1X 中规定了端口访问控制的操作流程，制定了端口访问控制架构，给出了应用在端口访问控制架构中的各个组件之间的状态转换和协议，为实现 IEEE 802.1X 系统提供了设计支持。

IEEE 802.1X 是一个客户端/服务器的逻辑架构，一般由三个组件组成，分别是客户端系统(Supplicant)、认证系统(Authenticator)和认证服务器(Authentication Server)，它们之间的关系与通信如图 7-5 所示。

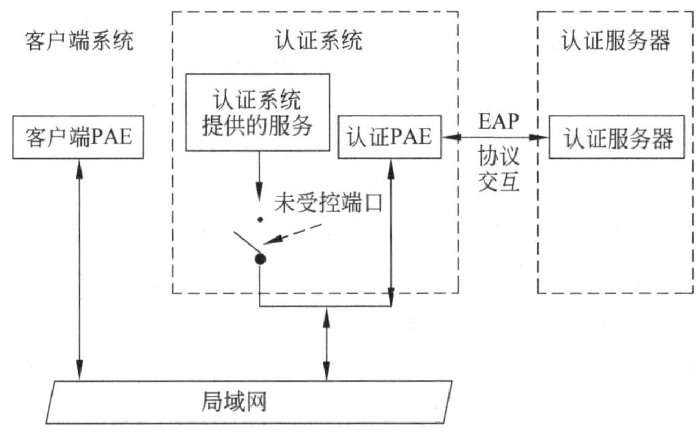


图 7-5 IEEE 802.1X 体系结构

客户端系统一般作为用户终端系统，通常具有一个客户端软件，用户通过该软件启动 IEEE 802.1X 协议的认证过程。为支持基于端口的接入控制，客户端系统需要支持 EAPOL(Extensible Authentication Protocol Over LAN)协议。客户端 PAE 是指客户端上的端口访问实体(Port Access Entity)，它是为了完成端口访问控制机制而设计的与端口相关的协议实体，负责控制端口的状态变化。

认证系统通常为支持 IEEE 802.1X 的网络设备，例如交换机。该设备通常包含多个接收用户访问的端口，每个端口具有两个逻辑端口：受控端口(Controlled Port)和非受控端口(Uncontrolled Port)。非受控端口始终处于双向连通状态，主要用来传递 EAPOL 协议帧，保证客户端始终可以发出或接收认证协议信息。受控端口只有在认证通过的状态下才打开，用于传递网络资源和服务。受控端口可配置为双向受控和仅输入受控两种方式，用来适应不同的应用环境。如果用户未通过认证，则受控端口处于未认证状态，用户无法访问认证系统提供的服务。认证系统的 PAE 通过非受控端口与客户端 APE 进行通信，二者之间运行 EAPOL 协议。认证系统的 APE 与认证服务器之间通过 EAP 协议进行认证与授权信息交换。认证系统和认证服务器之间的通信可以通过网络进行，也可以使用其他的通信通道，如果认证系统和认证服务器集成在一起，两个实体之间的通信就可以不采用 EAP 协议。

认证服务器通常为远程认证拨入用户服务(Remote Authentication Dial-In User Service,RADIUS)服务器。它可以存储用户相关的属性信息,比如用户所属的虚拟局域网(VLAN)、优先级、用户的访问控制列表等。当用户通过认证后,认证服务器会把用户相关信息传递给认证系统,由认证系统构建动态的访问控制列表,用户的后续流量就将接受上述参数的监管。认证服务器和 RADIUS 服务器之间通过 EAPOR(Extensible Authentication Protocol Over Radius)协议进行通信。

在 IEEE 802.1X 规范中,对实体的 PAE 状态机进行了详细的描述,在本节中不做过多的描述。另外,由于组件之间使用了 EAP、EAPOL、EAPOR 和 RADIUS 协议,下面对这四个协议进行概要介绍,具体内容请参考每个协议的规范文档。

EAP(Extensible Authentication Protocol)是一个通用的认证框架,常用于无线网络与点对点连接的认证。它在 RFC 3748 中制定,由 RFC 5247 进行更新。EAP 是一个开放性的认证框架,提供了一些被称作 EAP 方法的常用功能,包括 EAP-MD5、EAP-OTP、EAP-TLS、EAP-PEAP 等。EAP 本身并不提供认证功能,只是定义了消息的格式,每个使用 EAP 的其他协议都定义了一种在协议中封装 EAP 消息的封装方式。

EAPOL 协议中定义了一种封装格式,使得 EAP 消息可以直接被局域网的 MAC 服务进行传递,用于在 Supplicant PAE 与 Authenticator 的 PAE 之间传递消息。

EAPOR 协议中定义了一种封装方式,使得 EAP 可以嵌入在 RADIUS 协议中,在 Supplicant PAE 与 RADIUS 服务器之间传递消息。

RADIUS 协议最初仅是针对拨号用户的认证、授权与记账(Authentication,Authorization,Accounting,AAA)协议,随着用户接入方式的多样化发展,RADIUS 也发展为适应多种用户接入方式,如以太网接入、ADSL 接入等通用 AAA 协议。它通过认证授权提供用户接入服务,通过记账收集、记录用户对网络资源的使用。RADIUS 在 RFC 2865 和 RFC 2866 中定义,后来又进行了一系列扩展,包括 RFC 2867、RFC 2868 和 RFC 2575 等。RADIUS 也是一种客户端/服务器结构的协议,使用 UDP 数据包传递消息。

## 2. 基于 IEEE 802.1X 的网络接入系统的设计与实现

基于 IEEE 802.1X 协议的网络接入系统架构如图 7-6 所示。

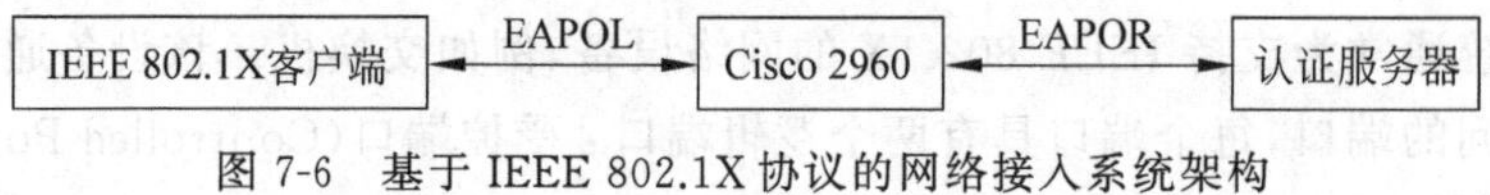


图 7-6 基于 IEEE 802.1X 协议的网络接入系统架构

该系统设计并实现了 IEEE 802.1X 规范中的三个组件:Supplicant、Authenticator 和 Authentication Server。IEEE 802.1X 客户端的设计完全遵从 IEEE 802.1X 协议中的 Supplicant PAE,实现了它的状态机模型。IEEE 802.1X 客户端模块如图 7-7 所示。

IEEE 802.1X 客户端分为认证模块、管理模块与用户接口模块。认证模块提供 IEEE 802.1X 认证系统中 Supplicant 的功能,支持 3 种认证方式:用户名认证、用户名+口令认证以及用户名+口令+MAC 地址认证。它分为三个子模块:状态机模块、EAPOL/EAP 模块与数据发送与接收模块。数据发送与接收模块负责接收来自 IEEE 802.1X 交换机的数据帧,发送认证授权数据帧给交换机;EAPOL/EAP 模块负责在收到数据发送与接

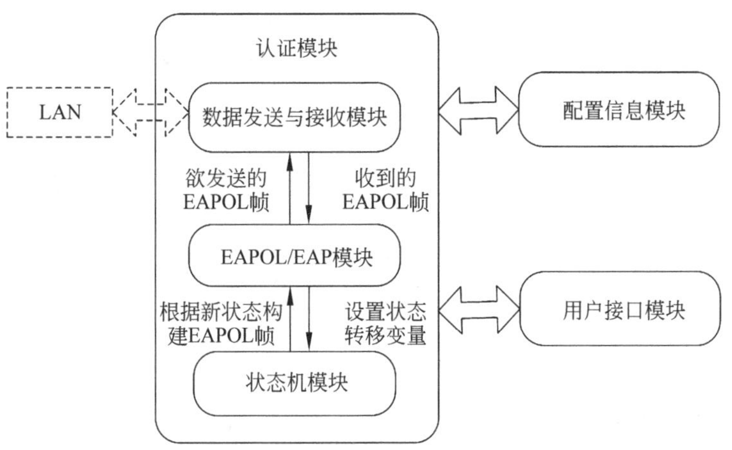


图 7-7　IEEE 802.1X 客户端模块

收模块的 EAPOL 数据帧时，根据 EAPOL 数据帧和 EAP 消息格式进行解析，当 IEEE 802.1X 客户端完成状态迁移并且新状态需构建 EAPOL 数据帧时，负责封装相应数据帧并送至数据发送与接收模块；状态机模块负责实现 IEEE 802.1X 规范中的 Supplicant PAE 状态机。管理模块负责对认证客户端的配置文件进行读写操作。用户接口模块负责提供用户对配置信息与客户端软件进行控制的功能。

IEEE 802.1X 客户端基于 Windows 平台，使用 Visual Studio 6 进行开发。数据包的发送与接收利用了 WinPcap 库，它是一个 Windows 平台上对网络数据包进行处理与分析的开发包。该客户端实现了 IEEE 802.1X 中 EAP 的认证过程，并采用扩展方式实现了多种认证方式。

交换机采用了 Cisco 2960，它内置了针对 IEEE 802.1X 的支持，提供了 Authenticator 的相关功能，端口的状态具有受控、非受控与 AUTO 三种模式，可以根据配置实施端口的访问控制。默认情况下 IEEE 802.1X 是没有启用的，需要通过配置模式对其进行设置，具体设置可以参考随机附带的参考手册。

我们在 Windows Server 2003 系统上对 Windows 因特网验证服务（Internet Authentication Service，IAS）进行了扩展开发。IAS 是 RADIUS 服务器和代理服务器的 Microsoft 实现，它能够执行多种类型网络访问的集中式连接身份验证、授权和记账，也能够向其他 RADIUS 服务器转发身份验证和记账消息。IAS 是一个可以进行扩展的认证与授权框架，可以编写自己的认证与授权模块，通过 DLL 的形式插入 IAS 框架中，实现自主的认证与授权。

认证服务器模块如图 7-8 所示。

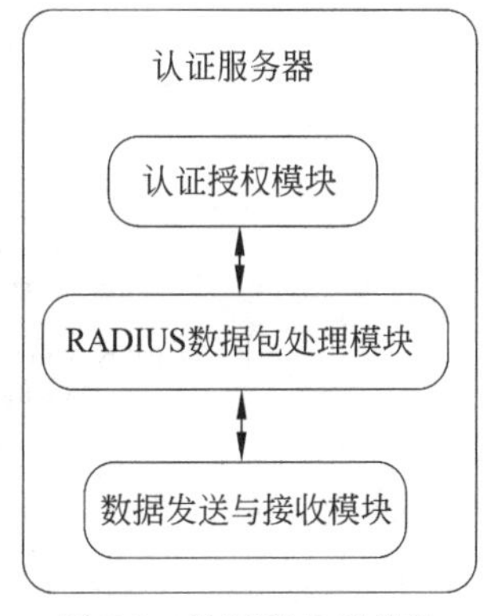


图 7-8　认证服务器模块

认证服务器包括数据发送与接收模块、RADIUS 数据包处理模块和认证授权模块。数据发送与接收模块从 IAS 设置钩子，获取相应的数据包并发送相应的数据包。RADIUS 数据包处理模块将接收到的 RADIUS 数据包进行分析，提取或设置相关的属性值。认证授权模块根据 RADIUS 数据包中的相关属性值，查询数据库进行认证与授权操作，它是整个认证服务器的核心。认证与授权模块如图 7-9 所示。

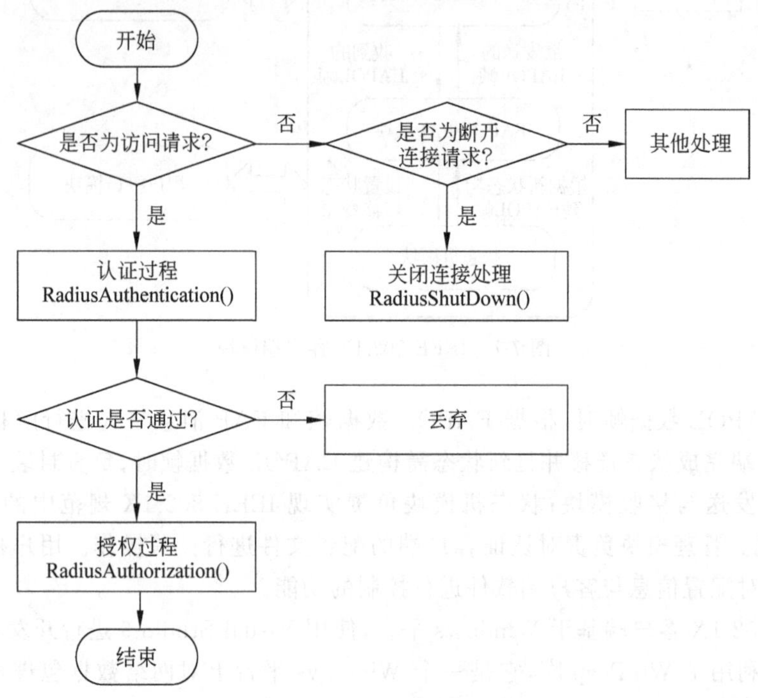


图 7-9 认证与授权模块

从图 7-9 中可以看出用户请求的处理过程，其中认证过程和授权过程都是自行设计的认证方案。认证方法采用 EAP-MD5 的方式，以用户名＋密码＋MAC 地址的认证方式为例说明在认证过程中各个模块之间的交互过程，该过程的协议交互图如图 7-10 所示。

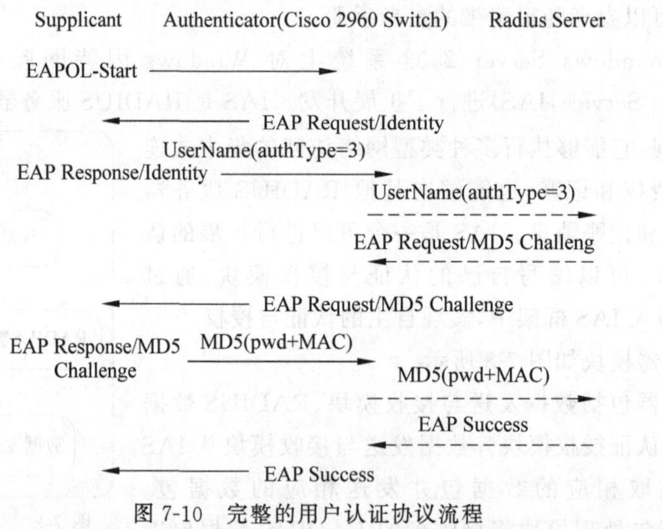


图 7-10 完整的用户认证协议流程

(1) 认证客户端向 IEEE 802.1X 交换机发送 EAPOL-Start 数据帧,开始 IEEE 802.1X 接入认证;

(2) 交换机收到 EAPOL-Start 帧后,向请求接入认证的客户端发送 EAP Request/Identity 数据帧,要求认证客户端上报用户名;

(3) 认证客户端回应一个 EAP Response/Identity 帧给交换机,完成用户名以及认证方式(用户名+密码+MAC 地址)的上报;

(4) 交换机将 EAP Response/Identity 数据帧拆封重装到 RADIUS Access-Request 报文中,发送给认证服务器;

(5) 认证服务器生成一个 MD5 Challenge,发送 RADIUS Access-Challenge (EAP Request/MD5 Challenge)到交换机;

(6) 交换机将包含 MD5 Challenge 的 EAPOR 数据报重新封装,发送 EAP Request/MD5 Challenge 数据帧给认证客户端;

(7) 认证客户端将收到的 MD5 Challenge 和用户密码、MAC 地址作 MD5 摘要,并把得到的摘要封装到 EAP Response/MD5 Challenge 数据帧发送给交换机;

(8) 交换机将 EAP Response/MD5 Challenge 转至认证服务器;

(9) 认证服务器比对在服务器端计算得到的摘要。如果正确,则发送认证成功的消息给交换机;

(10) 交换机发送 EAP Success 数据帧给认证客户端,告知认证成功;

(11) 交换机打开受控端口。

上述流程实现了一次标准的 IEEE 802.1X 认证流程。

### 7.3.2　可信网络连接原型系统的设计与实现

作者团队在开源项目的基础上,结合远程证明机制和基于 IEEE 802.1X 的网络接入控制机制,实现一个面向可信计算平台的基于链型信任的可信网络连接原型系统。该系统将完全按照 TNC1.2 规范进行实现,并且实现客户端和服务器端的双向证明。TNC 架构的实现如图 7-11 所示。

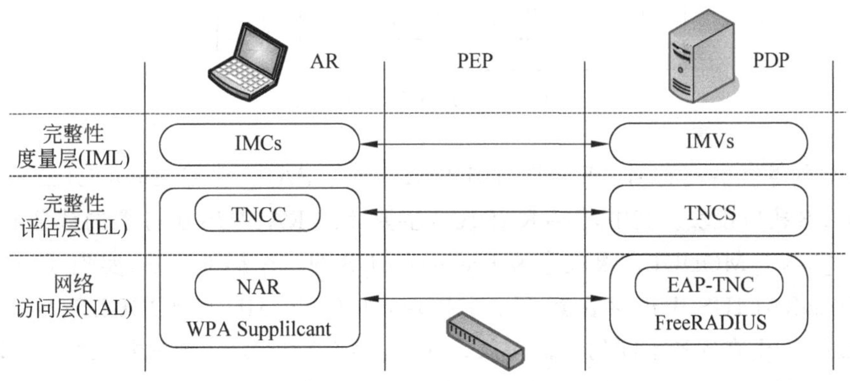


图 7-11　TNC 架构的实现

TNC架构的最底层为网络访问层(NAL),可采用基于IEEE 802.1X的网络接入控制技术(该技术的实现已经在本节的上一部分进行了介绍)。在TNC架构的上两层,客户端与服务器端的组件都一一对应。在完整性度量层(IML),完整性度量收集模块IMC与完整性度量验证模块IMV的功能相对应,实现了IF-IMC和IF-IMV接口。在完整性评估层(IEL),TNC客户端TNCC与TNC服务器端TNCS的功能相对应,实现了IF-TNCCS接口。由于实现的相似性,我们将以服务器端为重点进行介绍。图7-12所示为策略决策点(PDP)的总体架构。

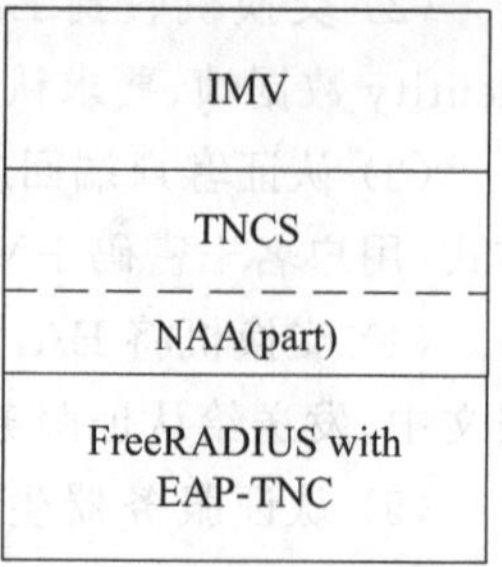


图7-12 PDP的总体架构

从图7-12可以看出,最下层是FreeRADIUS,利用FreeRADIUS提供的认证授权以及EAP-TNC等功能,实现了网络访问授权者(NAA)。向上依次是可信网络连接服务器(TNCS)层和完整性度量验证(IMV)层。NAA与TNCS之间的接口也属于NAA部分,但为了实现方便,将NAA与TNCS编译链接在一起,在FreeRADIUS启动时被加载。IMV被NAA-TNCS加载。图7-13所示为NAA的实现架构。

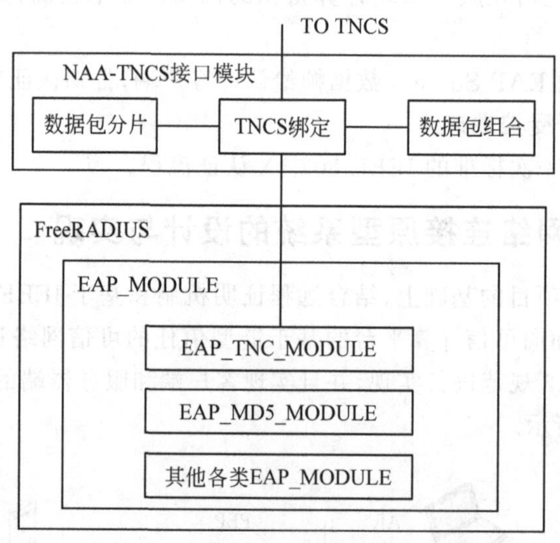


图7-13 NAA的实现架构

NAA主要包括三部分:FreeRADIUS服务器、EAP_TNC_MODULE模块以及NAA-TNCS接口模块。其中,FreeRADIUS主要完成RADIUS服务器的认证和授权功能。EAP_TNC_MODULE模块作为FreeRADIUS的一个插件模块,实现TNC认证功能。在FreeRADIUS中还存在其他多个模块,如EAP_MD5_MODULE、EAP_TLS_MODULE等,用来支持不同的认证协议。在NAA-TNCS接口模块中,TNCS绑定组件通过调用数据包分片和数据包组合两个组件,实现与EAP_TNC_MODULE模块的数据交互,并协调其与上层TNCS之间的交互。

介绍完 NAA 的实现,下面对 TNCS 进行介绍。TNCS 层的模块结构如图 7-14 所示。

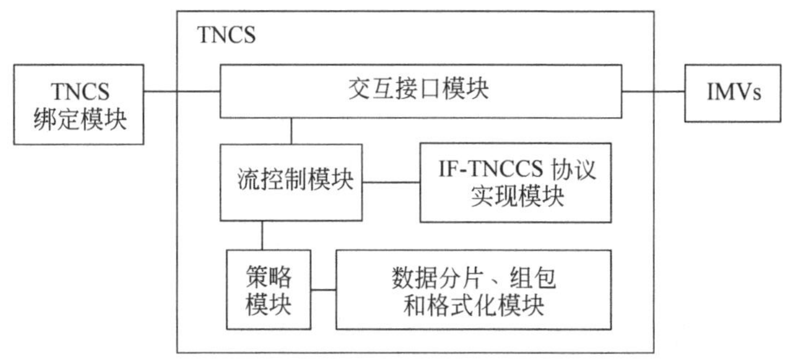


图 7-14 TNCS 层的模块结构

从图 7-14 可以看出,TNCS 主要包括五个模块:交互接口模块,流控制模块,策略模块,数据分片,组包和格式化模块,以及 IF-TNCCS 协议实现模块。其中,交互接口模块主要用来与上层的 IMVs 进行交互,并且和底层的 TNCS 绑定模块进行通信,负责传递包含完整性信息的数据包。流控制模块主要用于控制协议握手和消息收发。接入策略的定义功能由策略模块完成。数据分片、组包和格式化模块负责完成与底层和上层通信时涉及的数据包格式转化,以及当数据包过长时的分片和组包功能。IF-TNCCS 协议实现模块用于实现 IF-TNCCS 接口协议,完成和 TNCC 之间的信息交互。EAP-TNC 数据包需要由上层安全协议实现安全功能,我们采用了 EAP-TTLS 协议建立安全隧道,并在其中承载 EAP-TNC 数据包,以保证通信和数据传输的安全。

完整性度量验证组件 IMV 与完整性度量收集组件 IMC 成对出现,IMC 负责完整性信息收集,IMV 负责完整性信息验证。作者团队利用 TNC@FHH 项目提供的 TNCUtil 库,使用 C++ 面向对象的程序语言编写了 IMV/IMC。其中 IMVEventRA 和 IMCEventRA 是利用可信计算技术实现的提供远程证明功能的 IMV 和 IMC。图 7-15 所示的是 PDP 上完整性验证的流程。

图 7-15 中,链接验证是指计算收到的 Eventlog,判断其是否与 PCR 值相一致,而逐项验证度量条目主要指对 Eventlog 自身的验证。

以上介绍的是 PDP 的体系结构及关键组件的设计和实现,由于访问请求者端 AR 与 PDP 中的组件大多有对应关系,在设计和实现上较为相似,所以在此只简要介绍一下 AR 上各个组件的实现。

网络访问请求者 NAR 和可信网络连接客户端 TNCC 组件是利用开源软件 wpa_supplicant 实现的。wpa_supplicant 是一个网络接入客户端软件,能够提供对 IEEE 802.1X 协议和包括 EAP-TNC 在内的多种 EAP 的支持。IMCEventRA 的设计与实现也与 IMVEventRA 类似。利用 IMCEventRA 在访问请求者 AR 上进行完整性信息收集的流程如图 7-16 所示。

在对策略执行者 PEP 的选择上,延用 Cisco 2960 交换机。该交换机能够在 TNC 框架中提供基于端口的访问控制功能。经过测试,该交换机能够很好地支持上述完整性评

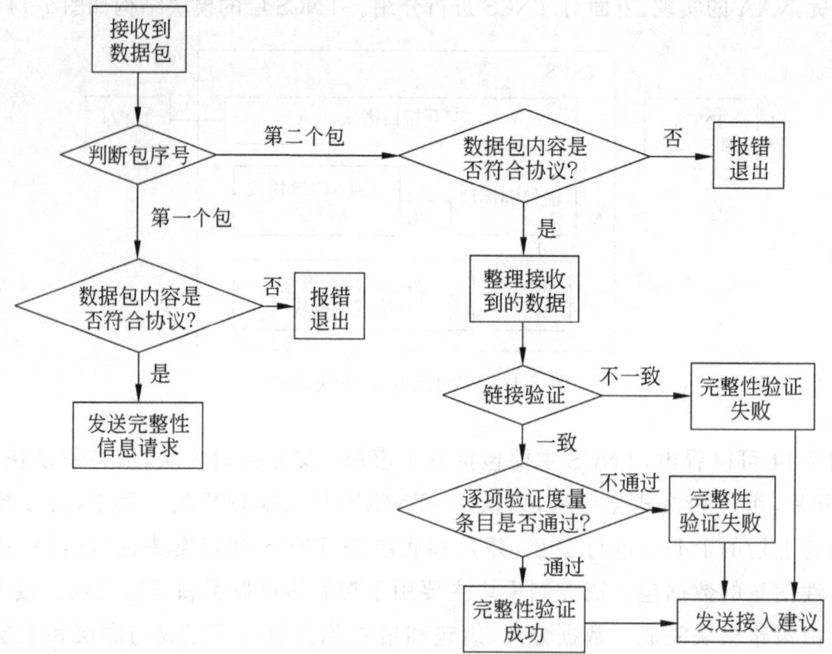


图 7-15 PDP 上完整性验证的流程

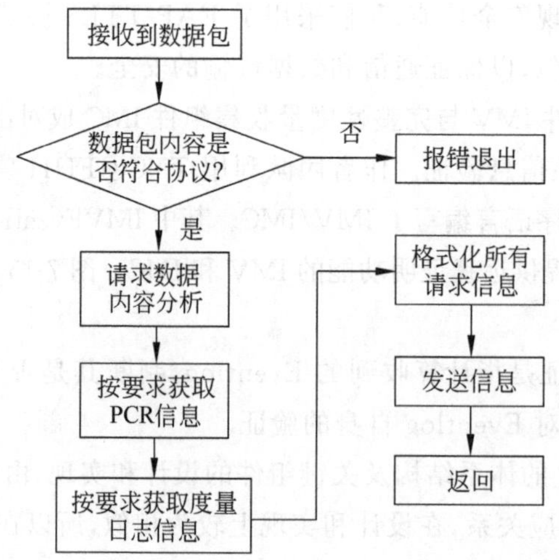


图 7-16 利用 IMCEventRA 在访问请求者 AR 上进行完整性信息收集的流程

估和度量。

根据对可信网络连接系统架构中对访问请求者 AR、策略决策者 PDP 和作为策略执行者 PEP 的交换机这三方实体的设计和实现，搭建了相应的实验平台。可信网络连接系统中各实体的配置见表 7-1。

表 7-1　可信网络连接系统中各实体的配置

| 实　　体 | 配　　置 |
| --- | --- |
| 访问请求者 AR | Ubuntu Linux 操作系统，wpa_supplicant 接入客户端，IMCEventRA 完整性度量收集器 |
| 策略执行者 PEP | Cisco 2960 交换机 |
| 策略决策者 PDP | Fedora Core 7 Linux 操作系统，FreeRADIUS 认证服务器软件，TNCS-NAA 功能插件，IMVEventRA 完整性度量验证器 |

采用基于属性的远程证明方法对服务器进行验证。基于属性的远程证明更关注平台抵抗外在安全威胁的能力，而并非详细的配置信息。可由可信第三方对平台配置信息进行判断，对满足条件的平台颁发相应的属性证书，详细内容参见 6.2.2 节远程证明的发展。这样可以在满足客户端对服务器端的认证需求的基础上，解决上述三个问题，即服务器无须向客户端提供敏感的配置信息，也无须由客户端鉴别其配置信息，就能够判断出服务器的安全状态和能力，使得恶意终端难以从中获取有利于对服务器发起攻击的信息。这样，在客户端与服务器端之间进行双向的认证过程如图 7-17 所示。

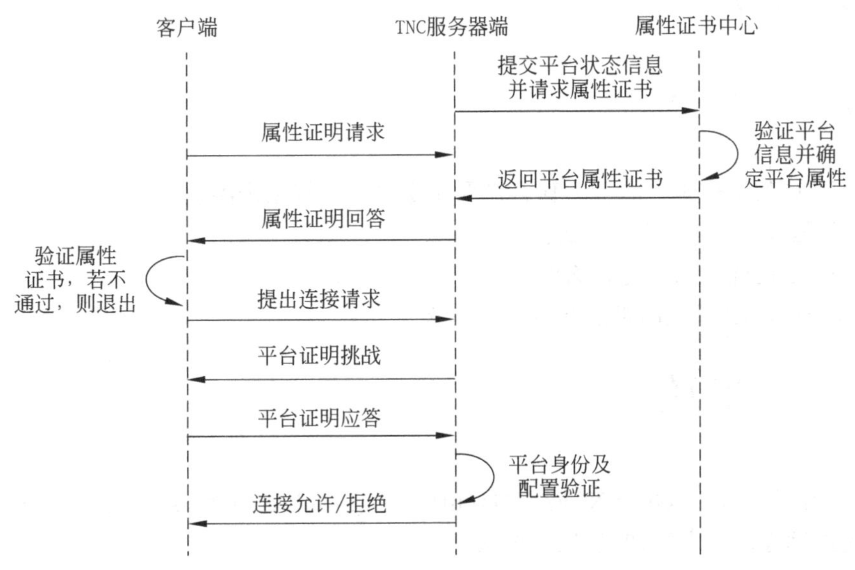


图 7-17　在客户端与服务器端之间进行双向的认证过程

该认证过程中，TNC 服务器首先向可信第三方属性证书中心提交其平台状态信息，并请求属性证书。属性证书中心对其配置信息进行验证，若满足条件，则向服务器颁发相应的属性证书。然后客户端向 TNC 服务器端提出属性证书请求，在收到服务器发来的属性证书后，对其进行验证。若验证不通过(即证书不可信)，或服务器不能满足客户端提出的敏感信息保护的要求，则客户端退出接入流程；若验证通过，客户端提出连接请求，并将自己的配置信息和平台其他的可信状态信息提交给 TNC 服务器，服务器根据策略判断是否允许该客户端接入网络。

由此，作者团队实现的 TNC 不仅完全符合 TNC1.2 架构规范及各个接口规范，而且解决了如下问题。

(1) 项目研发时尚未有基于 TPM 的可信网络连接架构的系统实现；

(2) 接入时只进行单向平台认证；

(3) 客户端可信状态的证明机制有待加强；

(4) 服务器端的接入策略过于简单。

## 7.4 本章小结

本章首先对 TNC 的现状和发展进行了概括和总结，详细介绍了 TNC 架构、基本流程、支撑技术，并对 TNC 架构的优势与局限性进行了分析。其次，对中国可信连接架构(TCA)进行了介绍，并分析其与 TNC 架构的不同之处。最后，介绍了 TNC 的系统实现工作，包括基于 IEEE 802.1X 的网络接入控制系统，以及可信网络连接原型系统。

通过本章的介绍读者可以了解，TNC 旨在将终端的可信延伸到网络中，从而确保网络连接的可信。总体上，可信网络连接是成功的，但仍然存在一些需要解决的问题，这些问题为进一步研究提供了空间。

## 习题

(1) TNC 的架构是什么？为什么需要制定这么多规范来实现 TNC？

(2) 我国 TCA 的特色是什么？

(3) TNC 的优缺点各是什么？

(4) 实现 TNC 系统的重点和难点是什么？

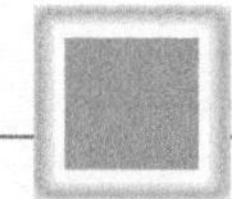

## 实验

下载、编译、安装、试用 TNC@FHH(https://github.com/trustathsh/tnc-fhh)，在此基础上完成远程证明实验，实现以下要求：

(1) 搭建基本的 TNC 框架；

(2) 实现 TNC 流程，能够查看各类协议信息；

(3) 利用 TNCSIM 验证 TNC 流程。

# 第3篇

# 可信计算新技术

# 第8章 可信嵌入式系统

## 8.1 嵌入式可信计算机

### 8.1.1 嵌入式系统的安全需求

#### 1. 嵌入式系统的特点

嵌入式系统指的是以应用为中心，以计算机技术为基础，软硬件可剪裁，适应应用系统对功能、可靠性、成本、功耗有严格要求的专用计算机系统。随着物联网(Internet of Things，IoT)技术的发展，IoT 的应用越来越广泛，涉及工业、农业、通信、医疗、消费电子等领域，其安全问题也随之日益凸显。因为 IoT 需要更多的传感器和芯片，这给运营带来更多的硬件成本。嵌入式系统的优势是微型化、成本低，恰恰可以在 IoT 产业中发挥它的作用。嵌入式系统在 IoT 产业中的角色可以理解为降低成本和提升智能化，越来越多的运营商将嵌入式技术应用到成熟的平台和产品上，这样可以扩展物体的感知能力，形成强大的智能终端。在 IoT 网络中，嵌入式系统为产品提供更精确的数据，它和传感器一起组成一个智能的大数据网络，实现人与物体的信息交流。在早期的 IoT 里，嵌入式系统更多扮演着通信功能，实现互联。随着集成电路和人工智能的发展，嵌入式系统的作用更大，扮演着更大的角色，如今的嵌入式系统能进行硬件的分配、任务调度和控制。甚至在某些工业互联网领域，嵌入式系统集成了智能传感器，实现了数据自动采集和处理。

嵌入式系统的硬件在设计和应用场景上，都与传统 PC 系统完全不同。嵌入式系统除使用冯·诺依曼结构外，还使用哈佛结构。哈佛结构认为 CPU 应该分别通过两组独立的总线对接指令和数据，而冯·诺依曼结构认为 CPU 通过一组总线分时获取指令和数据即可。哈佛架构的设计分离了数据和指令的总线，这样可以提高数据的吞吐，也有利于提高 CPU 在数据处理时的性能。

嵌入式设备根据芯片的封装类型可以分为 MCU(Micro Control Unit)和 SoC(System on Chip)。MCU 叫微控制器，是指随着大规模集成电路的出现及其发展，将计算机的 CPU、RAM、ROM、定时计数器和多种 I/O 接口集成在一片芯片上，形成芯片级的芯片，比如 Intel 8051、AVR、Cortex-M 这些芯片。因为 MCU 内部除了 CPU 外，还有 RAM、ROM，所以直接加连简单的外围器件(如电阻、电容等)就可以运行代码。SoC 指的是片上系统，MCU 只是芯片级的芯片，两者是有区别的。SoC 是系统级的芯片，也就是说可以运行操作系统。一般来说，MCU的复杂度比SoC小得多，且MCU大多应用在即时控制环境，所以MCU软件的主要平台是即时操作系统(Real-Time Operating System，RTOS)。而SoC能够运行更加复杂的、多任务的操作系统，例如(嵌入式)Linux。目前绝大多数智能手机都是SoC芯片。

### 2. 嵌入式系统的安全问题

嵌入式系统在IoT的应用越来越广，除了工业物联网，还有农业物联网和家居物联网等，未来随着市场的推进，更多的网络中将出现嵌入式系统。随着嵌入式系统逐步应用到各个领域，其应对安全威胁能力不足的缺陷也逐渐显现出来，众多黑客纷纷将攻击目标转向嵌入式系统。2009年，"震网"病毒攻击伊朗布什尔核电站嵌入式工业控制系统，直接破坏了纳坦兹铀浓缩厂的近千台离心机，导致核电站延期启动，对伊朗国家核计划造成重大影响；2010年，在加州奥克兰召开的安全会议上，加州大学圣地亚哥分校和华盛顿大学的研究者展示了攻击车载嵌入式系统的技术，该技术能够恶意篡改车载自适应刹车控制器、速度表等重要的嵌入式控制模块，对车载嵌入式系统造成重大的安全威胁，甚至会导致严重的交通事故；2012年，在加州召开的设计年会西部会议上，Mocana高级分析师Vamosizhan介绍了针对打印机、数字机顶盒的攻击。这些攻击往往会严重威胁到系统的安全性、可用性和可靠性，将会对依赖嵌入式系统执行重要控制任务的诸多基础行业带来极大的安全挑战。

### 3. 嵌入式系统的安全需求

由于嵌入式硬件往往应用于专门领域，其硬件复杂程度低于传统PC系统，这就给不同的硬件制造商提供了灵活的设计和制造机制。一方面，在嵌入式硬件的设计过程中，不良制造商可以将恶意电路(又称"硬件木马")植入硬件芯片中，从硬件底层发起对系统的攻击，达到其窃取数据的目的。另一方面，利用基于功耗与时间信息的"侧信道"攻击，也能窃取关键密码算法中的密钥数据。更进一步，出于对嵌入式硬件成本、功耗等方面的考虑，硬件芯片中的存储部件往往没有采取足够的保护措施。普通用户即使没有这些专业的攻击手段，如果能物理接触到这些设备，也能轻而易举地获取存储在其中的敏感数据。

相对于硬件攻击，软件攻击的实施成本更加低廉，由于嵌入式系统需要由软件实现相应的控制逻辑，而软件系统由于其自身固有的复杂特性，更难确保其安全，因而成为近年来黑客的主要攻击目标。嵌入式软件系统面临诸多攻击威胁，根据不同的攻击目的，可以将这些攻击细分为篡改(修改代码)、破坏(对运行的软件发起攻击)和窃取(获取机密数据或用户隐私)。软件攻击除能窃取到敏感数据外，还能修改软件运行方式，对嵌入式设备以及整个物联网系统造成伤害。

嵌入式技术的发展极大地丰富了终端设备接入网络方式的种类，如4G/5G移动网络、WLAN(无线局域网)、Bluetooth(蓝牙)、RFID(射频识别)等无线接入技术相继出现，在方便人们获取信息的同时，也对嵌入式设备的安全性提出了更高的要求。特别是针对物联网设备，如果缺少应有的安全机制，可能使得物联网上的设备被攻击，这种攻击包括但不限于网络拥塞、物理破坏、资源耗尽攻击等。

手机是一种典型的嵌入式计算机系统，2020年《通信业统计公报》披露，中国的手机用户目前已经达到15.94亿。然而，人们对嵌入式系统安全问题的关注程度远没有提高到应有的高度，如现在一些智能手机上病毒、木马等威胁有愈演愈烈的趋势，如何保护嵌入式系统的安全性成为亟待解决的问题。

**4. 嵌入式系统安全问题的解决办法**

目前，对于嵌入式设备安全问题的解决方案有以下几种，但是都存在一定问题。

安全启动：设备首次开机时，采用数字证书对运行的系统和软件做认证。但是，如果没有可信硬件支撑，同样也会受到来自软件或硬件方面的安全威胁。

访问控制：采用不同的访问和资源控制方式，限制应用对设备的访问，即便产生攻击，也能让攻击影响最小化。但是，如果这种访问控制没有硬件的强力支持，就容易被恶意软件绕过。

设备认证：在传输和接收数据前，IoT 设备应该与连接网络进行认证。与安全启动类似，如果没有可信硬件支持，同样会受到攻击。

防火墙/IPS：企业环境内的 IoT 设备需要 DPI（深度包检查）或防火墙的防护，以便于流量控制。部署 IPS 或者防火墙需要成本和人力来维护，而一般的消费者并不会采取这些措施。

理论与实践证明，将可信计算技术引入嵌入式领域以解决嵌入式系统的安全问题不失为一个很好的解决方案。借鉴 PC 可信计算的思想，在嵌入式系统中添加一个专用的可信平台模块，并实施可信安全措施，可以使其成为一种可信嵌入式系统。

但是，与通用计算机平台相比，嵌入式系统具备自身的一些特点：以应用为中心，嵌入式系统往往有特定应用场景；硬件设计自由，嵌入式系统的硬件往往可以自主设计；系统软、硬件设计灵活，具有可裁剪性；嵌入式系统往往对功能、可靠性、成本、体积 、功耗等有严格要求。由此可见，随着嵌入式系统的高速发展，如何构建可信嵌入式系统，成为对可信计算提出的新需求和新挑战。

由于通用 PC 的处理器具有较强的处理、调度能力，因此传统的 TPM 作为协处理器即可适应其安全需求。但是，嵌入式系统中的处理器的处理能力和调度能力往往相对较弱，无法进行复杂的调度与分配，难以像 PC 那样进行信任链的度量与扩展。

与此同时，嵌入式系统具有软硬件可裁剪性，在系统研发和使用过程中，极有可能根据实际环境对其上的软、硬件进行改动，去除其中部分不需要的模块或者增加一些必要模块。这些改动都需要经过可信嵌入式平台的完整性度量，这无疑加重了处理能力本就较弱的嵌入式处理器的负担。若嵌入式系统中的 TPM 具有更好的控制能力，能够控制嵌入式平台的信任链扩展过程，将会对可信嵌入式系统的效率和灵活性起到较大帮助。

### 8.1.2　嵌入式可信平台设计

嵌入式系统灵活多变的环境与 TPM 主控能力之间的矛盾，激发了对嵌入式系统 TPM 的新挑战：该环境下的 TPM，需要增强自身对平台的控制能力，从通用 PC 中的协处理器，转变为一个主控设备，控制嵌入式系统的信任度量与扩展。为了适应嵌入式系统对可信的需求，出现了嵌入式可信平台模块（Embedded Trusted Platform Model, ETPM）的概念。TCG 也已经提出了与此相关的可信手机模块规范。

手持嵌入式设备一般是具有集信息的输入、存储、管理和传输等功能于一体的移动嵌入式设备。其因具有小巧、方便移动的特点，容易丢失，由此可能被冒用，造成信息泄露；其次，由于存储器技术的发展，手持嵌入式设备的存储器越来越多地采用大容量、低成本、可编程的 FLASH 器件。FLASH 器件具有多次擦除会增大其损坏的物理特性，因此一些手持嵌入式设备采用不得已不擦除的策略。这使得手持嵌入式设备系统隐私保护的需求更加突出，而且容易遭受病毒等恶意代码的攻击。此外，手持嵌入式设备的主要通信方式为无线通信，容易产生电磁辐射而造成通信信息泄露。

目前，对手持嵌入式系统安全增强的方法，大部分还是采用诸如 SD 卡加密等对敏感数据进行保护的传统安全技术。这种安全保护并没有从体系结构和操作系统等软硬件底层提供根本性的安全保障。结合可信嵌入式系统的设计理念，为手持嵌入式设备设计具有数据恢复功能的星型信任度量结构，并使用总线仲裁等技术管理 ETPM 和嵌入式 CPU，可以解决安全控制和系统应用之间的矛盾，提高嵌入式系统的可信性和工作效率。可信手持嵌入式设备还支持基于硬件的存储设备加密、基于硬件的外部设备安全管理、操作系统安全增强和可信网络连接，基本实现了可信计算对嵌入式系统安全的期望。

可信手持嵌入式设备除能够提供一般手持嵌入式设备的功能外，更重要的是能为用户提供安全保障。信任度量技术是确保计算平台可信的重要手段，它是可信手持嵌入式设备平台的核心机制之一。作者团队在国家 863 计划项目支持下，研制出我国第一款可信手持嵌入式设备——可信 PDA。它采用可信计算机制和星型信任度量模型，提高了系统的可信性和安全性。其体系结构可划分为三部分：TPM 核心芯片、FPGA、ARM。可信 PDA 的整体结构如图 8-1 所示。

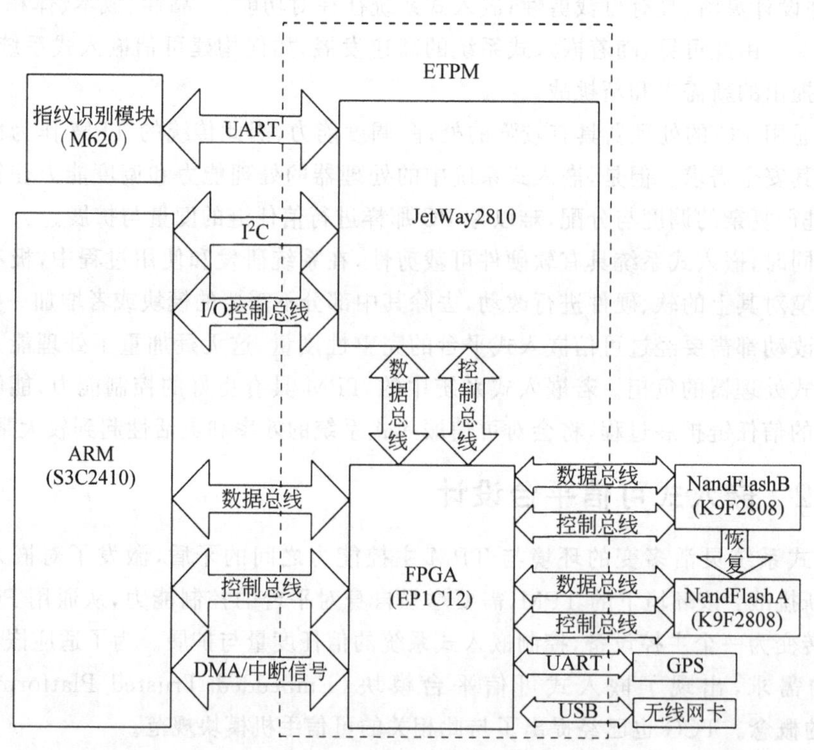


图 8-1　可信 PDA 的整体结构

这种可信手持嵌入式设备由 S3C2410×ARM CPU、JetWay2810 安全芯片、FPGA、指纹识别模块、GPS、无线网卡等控制芯片构成，并有 TFT 触摸屏、USB 等外部输入/输出设备。系统软件采用包含图形界面的嵌入式 Linux 作为操作系统。除保持传统嵌入式设备的特点外，还根据可信≈可靠＋安全的学术思想，实现了具有数据恢复功能的星型信任度量模型，获得了丰富的安全可信特性。

图 8-1 中各模块之间的关系如下。

(1) 以 JetWay2810 为 ETPM 核心芯片，FPGA 以总线形式与 JetWay2810 相连，构成完整的 ETPM，其中 FPGA 主要负责可信手持嵌入式设备的总线仲裁和部分硬件加密功能。FPGA 还对部分外设通信通道的通断进行物理管控，如 USB 设备(包括无线网卡和 GPS)。

(2) ETPM 与 ARM 之间使用总线通信，并连接 I/O 控制总线，负责数据传输以及 TSS 调用。

(3) 指纹识别模块与 ETPM 使用串口相连，负责开机身份验证。

(4) ARM 作为可信手持嵌入式设备的 CPU，负责可信手持嵌入式设备的操作系统启动之后的相关工作。

(5) NandFlashA 和 NandFlashB 通过 FPGA 与 ARM 相连。其中，NandFlashA 作为系统默认存储器，NandFlashB 作为备份数据存储芯片，如果 ETPM 检查出 NandFlashA 中的内容被非法改动，将自动使用 NandFlashB 进行恢复。

(6) GPS、无线网卡等外设通过 FPGA 与 ARM 相连，ARM 通过使用 FPGA 实现对 GPS 和无线网卡的开/关控制。

这样的硬件设计包含了诸如 ETPM 及总线仲裁等一些新结构。以 JetWay2810 安全芯片为 ETPM 核心芯片，FPGA 以总线形式与 JetWay2810 相连，构成了包括总线仲裁和对称密码算法模块的完整 ETPM(如图 8-1 中虚线部分)。这是对 TCG 规范的一个改进。可信 PDA 上电伊始就以 ETPM 为主控设备，主动对系统进行可信度量和用户身份认证。具体地，用 ETPM 主动控制指纹模块对用户身份进行识别，之后主动对所有启动部分实施完整性度量。只有经完整性度量确认环境安全之后，才允许 ARM 平台启动。相对于目前可信 PC 的实现方案，本方法确立了 ETPM 的主控地位，从而提高了安全性。JetWay2810 芯片还通过 FPGA 对部分外设通信信道的硬件通断进行物理层控制，如 USB 设备(包括无线网卡和 GPS)。这样就做到了既安全又可控，符合我国政府的信息安全政策。

### 1. 嵌入式 ETPM 硬件设计

为了应对嵌入式系统对 TPM 技术提出的新挑战，增强嵌入式系统的可靠性，可信嵌入式系统在设计上需要对传统的 TPM 做一系列改进，并且需要使用星形信任度量模型。为此，在原有 TPM 的基础上，新增了总线仲裁模块、对称密码引擎和备份恢复模块。其中，总线仲裁模块用于提高 TPM 的控制能力；对称密码引擎提供对称密码的硬件加解密功能；备份恢复模块提高了整个系统的可靠性。ETPM 逻辑结构如图 8-2 所示。

由于当时国内尚无适合星形信任度量模型的 ETPM 成品，为满足可信手持嵌入式设

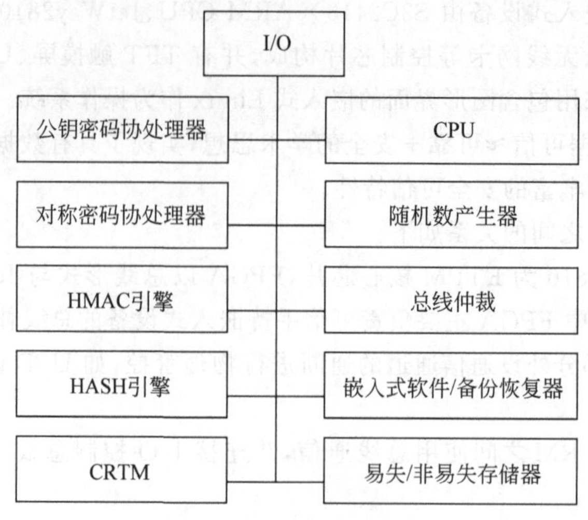


图 8-2　ETPM 逻辑结构

备的功能需求，这里以 JetWay2810 为 ETPM 核心芯片，结合 FPGA 设备构成了一种新的可信平台模块结构 ETPM。

JetWay2810 的安全芯片是一款通过国家密码管理局认证的可信计算平台模块芯片。它是与 Intel 80186 兼容，并进行了安全增强的 16 位微控制器芯片。它采用了 SOSCA (Secure Open Smart Card Architecture)内存隔离保护技术，并对其指令集进行了扩充增强。此外，它还集成了大容量存储器，多体制密码引擎以及 USB、GPIO、$I^2C$、7816/7814 等多种外围控制器。该芯片具有基本的密码计算和 PCR 数据存储功能，经过添加嵌入式操作系统 JetOS，JetWay2810 可以完成 TCG 规定的 TPM 的基本功能，并提供 TSS 的底层接口。

ETPM 的整体设计如图 8-2 所示。其中，公钥算法采用了 RSA 的 2048 位(也可使用 ECC)，对称密码算法采用了 SM4，另外还有完成正常启动顺序的总线仲裁、备份恢复模块。然而 JetWay2810 没有提供上述几种模块，故而采用 FPGA 硬件实现功能扩展。ETPM 构成了可信 PDA 的核心根模块，可以很好地实现星形信任度量结构的功能，形成了一种支持嵌入式系统的可信计算体系结构模块。

1) 总线仲裁

可信计算平台中，TPM 的引入带来两个问题：一是启动流程，上电后，TPM 必须先进行完整性检验，此时平台处理器和外设还不能启动，在 TPM 校验通过后，才允许平台处理器和外设启动；二是 TPM 与平台处理器都要读取外部存储器的数据，这就存在一个对存储器的互斥访问问题。

传统 PC 的处理器调度能力较强，以上两个问题由 CPU 控制解决。而嵌入式系统的处理器调度能力较弱，整个信任度量与扩展过程需要由 TPM 控制执行。针对这种需求，将总线仲裁模块加入 ETPM 的设计中，主要负责嵌入式系统的启动控制和存储器的互斥访问。其工作方式如图 8-3 所示。

为了解决 S3C2410 ARM CPU 和 TPM 都需要读取 NandFlash 值的问题，需要对

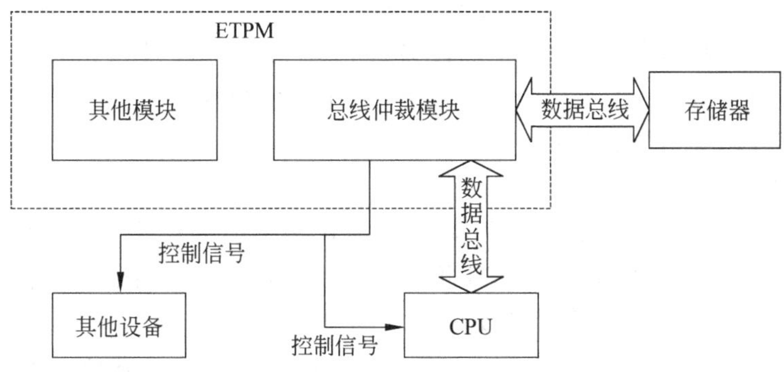


图 8-3　ETPM 总线仲裁模块

Flash 读取的总线进行仲裁。总线仲裁模块如图 8-4 所示。

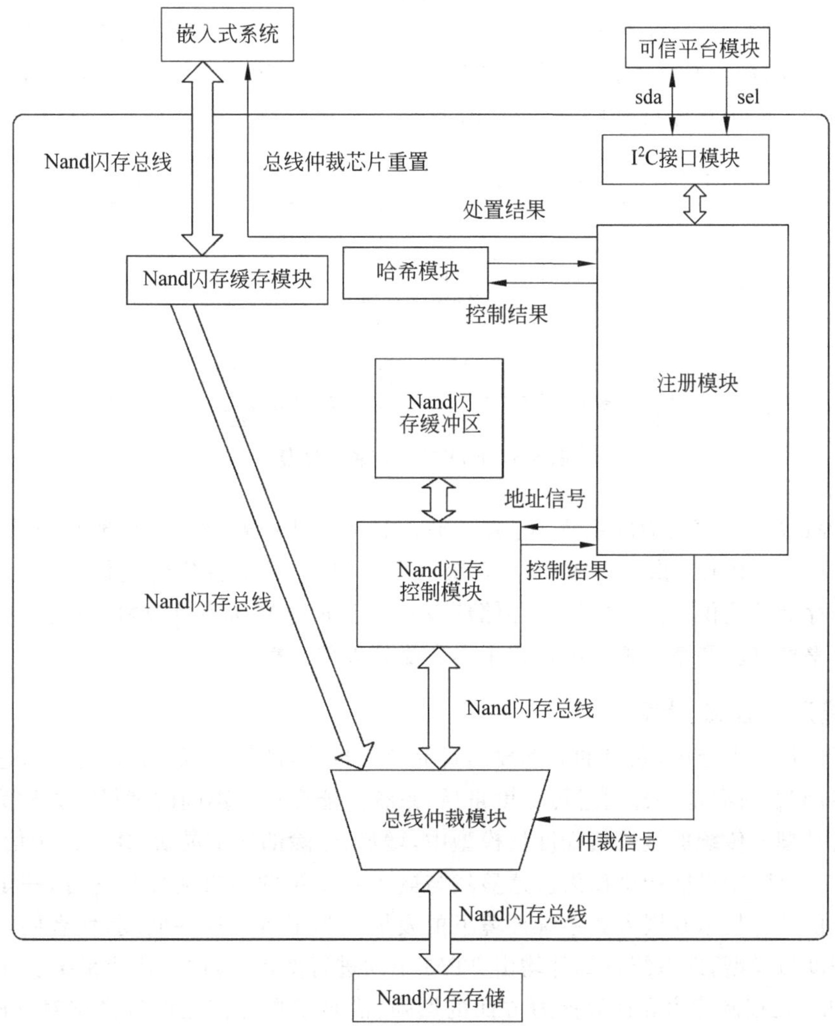


图 8-4　总线仲裁模块

在图 8-4 中,使用 FPGA 实现 S3C2410 和 TPM 对 NandFlash 的分时操作。TPM 为控制核心,由它控制可信手持嵌入式设备的启动流程。可以根据度量情况随时将 S3C2410 关断和启动。这种方法解决了可信 PC 中可信根度量和 BIOS 同时工作的尴尬局面,真正使 TPM 处于主控地位。

2) 备份恢复

ETPM 中加入了独有的备份恢复模块,该模块提高了整个可信计算平台的可靠性。在进行系统的可信度量时,如果 ETPM 检测到系统数据被篡改,便启动备份恢复模块将其恢复,大大提高了系统的可靠性和安全性。

对 TCG 规范所规定的 TPM 结构进行扩展,在 ETPM 内部添加一个受物理保护的系统备份存储器,将平台引导程序和部分操作系统关键数据存储在 ETPM 内部。TPM 在可信平台启动之前对其引导程序代码和部分操作系统关键代码进行完整性校验,若校验未通过,则认为以上内容被篡改,ETPM 使用总线仲裁机制获取总线控制权,并从受保护的备份存储器中读取标准可执行代码,将其写入平台外部工作用存储器,写入后将再次进行完整性校验,若通过校验,表明系统恢复成功,ETPM 将交出总线控制权,允许计算机系统启动。ETPM 系统备份恢复如图 8-5 所示。

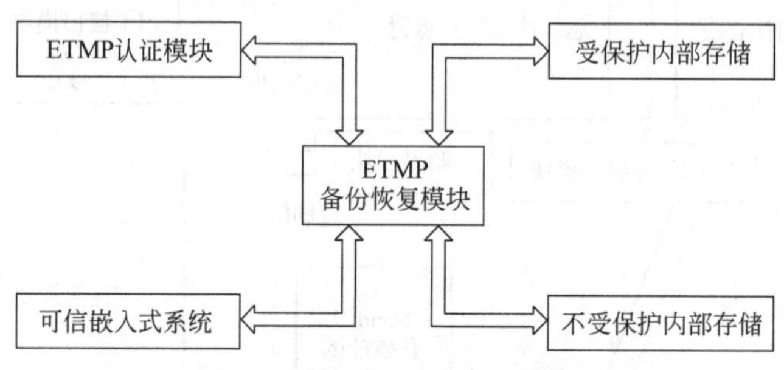


图 8-5　ETPM 系统备份恢复

ETPM 备份恢复能力的引入,增强了平台的可用性和安全性。与现有的技术相比,该方式还有如下优点:由 ETPM 作为系统的可信根,对可执行代码进行完整性校验,同时为备份存储器提供受保护的安全存储环境。由于 ETPM 拥有计算机总线控制权,所以在进行完整性校验和系统恢复的过程中不会受到外部干扰。

### 2. 星形信任度量模型

在可信计算平台中,系统的启动要通过完整性校验,即可信根 TPM 对平台进行完整性度量,只有在所有部件都通过可信度量后,系统才能启动。不同的度量方式称为不同的信任度量模型。传统的链式信任度量模型中,增加、删除部件不灵活,并且由于信任链长,信任在传递过程中可能产生损失。这显然与嵌入式系统的高灵活性相违背,一定程度上阻碍了可信计算技术在嵌入式系统环境下的发展。为了解决这些问题,作者团队提出了星形信任度量模型,即系统各部件均由 TPM 主动进行度量,通过后才让系统启动。

ETPM 在控制能力和计算能力方面的增强,满足了星形信任度量模型对 TPM 的需求。ETPM 的设计与实现,为实现嵌入式系统环境下的星形信任度量模型提供了有力支撑。

可信手持嵌入式设备实现了星形信任度量模型，支持了嵌入式平台的安全引导机制。以 ETPM 为可信根，作为整个嵌入式平台的可信度量和控制器，嵌入式平台作为从机，ETPM 使用硬连线控制嵌入式平台的运行；ETPM 内部采用物理方式集成可信计算根、可信存储根和可信报告根，对其自身以及连接电路有良好的物理保护；嵌入式平台启动之前，ETPM 对系统引导程序(BootLoader)、操作系统(OS)分别进行完整性度量，并将该次完整性度量结果与 ETPM 中预先存储的完整性度量值进行比较，之后确定其是否可信，只有被 ETPM 判定为可信的代码，才能在嵌入式平台上执行。基于星形信任链的可信手持嵌入式设备信任度量如图 8-6 所示。

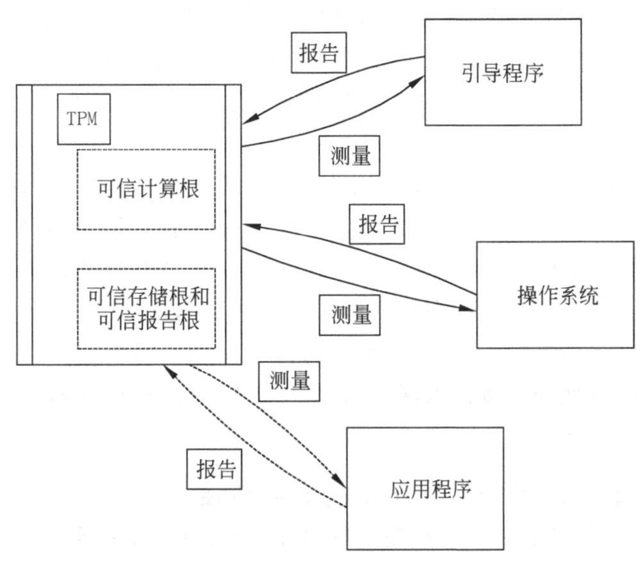


图 8-6　基于星形信任链的可信手持嵌入式设备信任度量

### 3. 软件设计

在软件层构建可信微内核，独立于现有通用操作系统。该设计思想基于这样的原因：现有通用操作系统种类繁多，且代码经过多年迭代，如果直接在其基础之上进行修改和增强，势必会引入新的安全问题。因此，从零开始独立设计的可信微内核既能做到代码量最小，又能充分利用硬件层中的可信协处理器，独立运行于 SCP 核中，能较好地保证实时性与隔离性。

另外，在通用操作系统之上，还应借鉴容器思想构建“安全轻量容器”(Secure Light Container，SLC)，对运行于嵌入式系统中的 App 进行有效的安全隔离。SLC 的安全性直接由新构建的可信微内核保证，由后者通过动态的方式对 SLC 发起实时度量。这种架构既能充分发挥原有操作系统的功能，最大化代码复用 SLC 能力，又能保障 SLC 的安全性，让其能够运行于有安全漏洞甚至恶意的操作系统之上。

### 4. 可信网络层设计

传统的技术认知中，设备安全是嵌入式开发者的事，而网络安全是 IT 工程师的事，然而 IoT 带来了技术的融合，也需要相关专业人士的意识与知识重构。

IoT 设备的无线通信协议一般是 WiFi、BLE、ZigBee 等。加密密钥一般在固件闪存芯片中(使用 JTAG 或者其他技术可以获取到)。一旦攻击者获得这些密钥，则攻击者可以实现嗅探、篡改、伪造数据包。例如实现一个蠕虫，感染整个网络。开发者最好能保证加密的强度和完整性的校验来提升无线通信过程的安全性。

另外，不安全的网络通信是最常见的安全问题之一，这会导致攻击者获取到敏感信息(on the fly)，甚至搞清楚 IoT 设备的工作方式。例如，在智能家居开发的过程中，由于不安全的网络通信，我们可以伪造各类指令，实现控制整个系统。开发者和攻击者都需要能实现中间人攻击的工具，实现拦截、篡改、发送数据包的功能。

在嵌入式系统面临各种安全风险与威胁时，不仅需要自顶向下的安全体系设计，还需要从设备终端开始自底向上地保证嵌入式系统的可信。因此，整个安全系统不仅要保证嵌入式终端环境的可信，还要把这种可信扩展到网络，使得网络也成为一个可信的计算环境。

在脱离嵌入式设备，与外界交互的网络层，需要建立一套可信的网络连接机制，以保障接入网络系统中的每个嵌入式终端的通信安全。可以借助 TCG 研究和制定的框架实现可信网络层。基于此框架，构建这样一种安全机制：嵌入式设备终端在接入网络之前，先对其终端身份进行认证，如果终端的身份认证通过，则再对终端平台的身份进行认证；进而，当平台身份认证通过后，再对终端平台的可信状态进行度量；如果度量结果满足网络接入的安全策略，则允许终端接入网络，否则将终端连接到指定的隔离区域，对其进行安全修复和升级。

### 5. 可信手持嵌入式设备的操作系统安全增强

可信手持嵌入式设备的操作系统安全增强如图 8-7 所示，包括 SD 卡上的文件加密系统、存储隔离保护、访问控制增强、日志系统等安全功能，提供全面的操作系统安全保障，为上层应用软件安全提供基础。

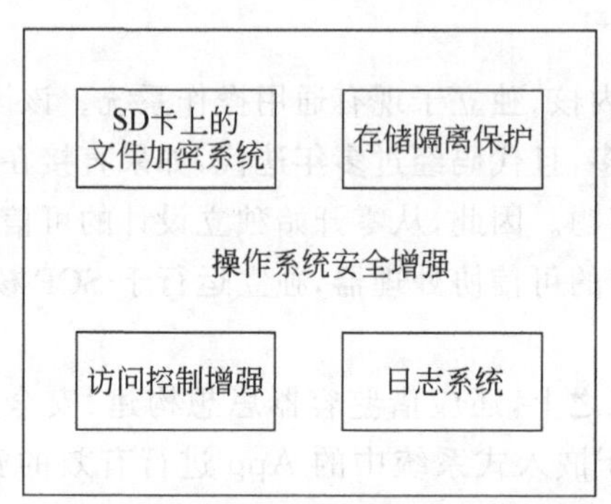


图 8-7　可信手持嵌入式设备的操作系统安全增强

1) SD 卡上的文件加密系统

在手持嵌入式设备的存储设备中，SD 卡是最重要的一种移动存储设备。因为手持嵌入式设备一般内置的存储空间小，并且有可信平台模块进行保护，所以 SD 卡上的文件内容保护就显得尤为重要。

为了保护 SD 卡上的数据安全，在向 SD 卡写入数据之前，SD 卡加密文件系统先判断写入设备，如果是 SD 卡，则先对数据进行加密，然后才执行实际的存储器写入操作；在读出数据之后，首先进行数据解密，然后再将解密的明文交给应用程序。对于非 SD 卡，则直接进行读写操作。

SD 卡安全存储模块开发于内核级别，这样可以保证缓冲区中为明文，以便充分利用 Linux 的缓冲机制提高加密文件系统的性能，且使用硬件加密芯片实现加解密操作，在系统的性能和物理安全上都有极大的提高，将密钥存入 TPM 中，由 TPM 提供保护。实现的加密文件系统对授权用户可以像使用普通文件系统一样，安全操作对用户来说是透明的。本系统是在页高速缓存层和通用块层之间添加了数据加解密功能。该系统对于上层用户是透明的，使用户感觉不到文件的加密过程，不修改文件系统的数据结构且用户访问加密文件的过程也不变。

本加密文件系统主要分为加密引擎和密钥管理两部分。加密引擎是在内核合适的加解密位置调用硬件加密芯片完成加解密操作；密钥管理是使用 TSS 密钥安全存储接口访问 TPM 芯片从而利用其加密以及平台绑定功能保证密钥的可信和安全性。SD 卡加密文件系统体系结构如图 8-8 所示。

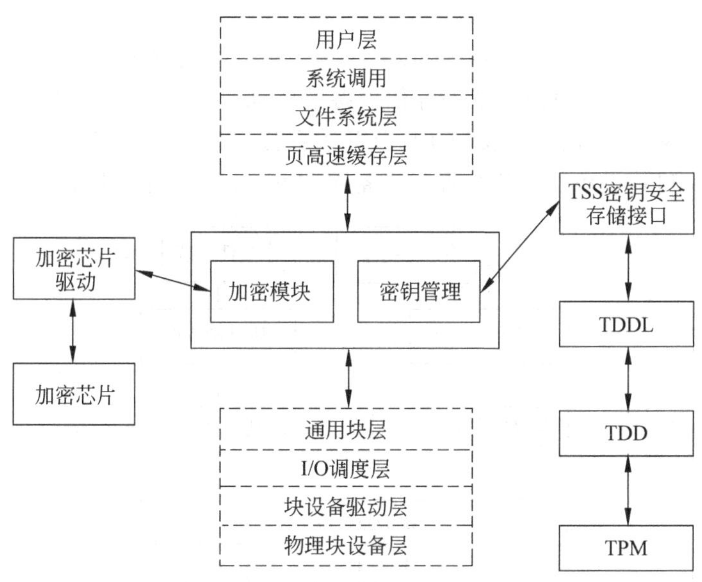


图 8-8 SD 卡加密文件系统体系结构

在图 8-8 中，虚线框部分为原有的 Linux 文件系统结构，其余是为实现加密文件系统所添加的部分，这部分是加在原有的页高速缓存层和通用块层之间的。当应用程序要向存储设备写入数据时，在页高速缓存层调用加密模块，并由加密模块调用自行设计的 FPGA 硬件加密芯片完成加密工作，再将加密结果交给通用块层执行之后的设备写入操作。读取数据时流程相反，先用加密芯片解密数据，然后再写入页高速缓存层并交付给上层应用程序。

本加密文件系统的主要功能模块是加密引擎,用硬件完成对文件数据的加解密操作。由于本系统为嵌入式系统,资源有限,而硬件加密速度较之软件实现速度快 100 多倍,因此可以提高系统性能,且可在物理上保证高度安全的数据存储。密钥管理模块和加密引擎中涉及的文件级密钥、用户级密钥、平台级密钥以及平台校验值,利用 TPM 的安全存储和平台绑定功能实现对密钥更安全的保护。

2) 存储隔离保护

嵌入式系统中,BootLoader、内核和根文件系统是保障系统安全的重要区域,要求用户进程不能随便改动,否则将导致系统出错甚至无法使用。但用户存储区内的数据可由用户任意添加、删除和修改。因此有必要对嵌入式的存储空间进行划分,以用户是否可以自由改动为依据,可以将存储空间划分为用户数据区和系统数据区。

存储隔离保护设计的核心思想是在存储介质 NandFlash 上划分出一个重要分区进行写操作保护。因为文件系统建立在 NandFlash 上,在读写请求被提交给 NandFlash 驱动时,NandFlash 驱动要检查写操作,如果写的位置是这些重要区域,那么 NandFlash 驱动就阻止这次写操作,并直接返回错误值给进程,以防止这些区域被篡改。NandFlash 之下是 MTD 块设备,所以确定在存储技术设备驱动中进行修改,对于 NandFlash,在执行写操作前,要检查写的地址是不是在指定的地址,如果是,则直接返回错误,否则发起写操作,从而提供完整性保护。

存储技术设备(Memory Technology Device,MTD)是用于访问存储设备的 Linux 的子系统。MTD 的主要目的是使新的存储设备的驱动更加简单,为此它在硬件和上层之间提供了一个抽象的接口。一般将 CFI(公共闪存接口)的 MTD 分为四层,从上到下依次是设备节点、MTD 设备层、MTD 原始设备层和 Flash 硬件驱动层,如图 8-9 所示。

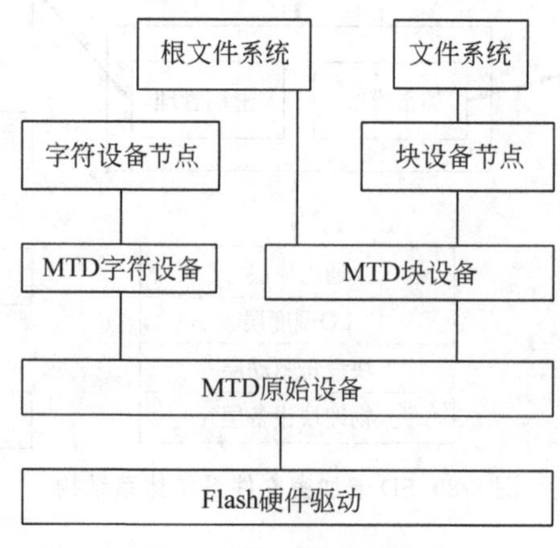


图 8-9　MTD 层次结构

Flash 硬件驱动层负责在初始化时驱动 Flash 硬件;MTD 原始设备层一部分是 MTD 原始设备的通用代码,另一部分是各个特定的 Flash 的数据,例如分区,定义了大量关于 MTD 的数据和操作函数;MTD 设备层基于 MTD 原始设备,定义出 MTD 的设备号以及注册设备操作;设备节点层负责建立 MTD 字符设备节点(主设备号为 90)和 MTD 块设备节点(主设备号为 31),通过访问此设备节点即可访问 MTD 字符设备和 MTD 块设备。

3）访问控制增强

当前的 GNU/Linux 系统存在如下问题。

(1) 文件系统未受到保护。系统中的许多文件很容易被修改。

例如/bin/login，一旦黑客入侵后，可以上传修改过的 Login 文件来代替/bin/login，然后就随意登录系统。这常被称为特洛伊木马(Trojan Horse)。一些不友好的代码可以写成模块加入内核，这些代码就会重定向系统调用并且作为一个病毒运行。

(2) 进程未受到保护。系统上运行的进程是为某些系统功能服务的，例如 HTTPD 是一个 Web 服务器，用于满足远程客户端对 Web 的需求。Web 服务器是没有严格保护的程序，因此很容易被黑客攻击。

(3) 系统管理未受到保护。如果用户的 ID 是 0，很多系统管理(如模块的装载/卸载、路由的设置、防火墙规则)很容易被修改，所以当入侵者获得 root 权限后，系统变得很不安全。

(4) 超级用户可能滥用权限。超级用户拥有 root 权限可以为所欲为，甚至可以对现有的权限进行修改。

综上所述，在现有的 Linux 系统中，现有控制模式不足以建立一个安全的 Linux 系统。为了增强内核的安全性，需要在内核中实现访问控制的增强，以便保护敏感文件。

具体实现方法是：在内核中加入钩子函数，当需要访问时，首先检查是否符合既定的安全策略，如果符合，则通过本次访问，否则拒绝。在 Linux 内核中，文件操作主要通过 namei.c、readdir.c、open.c、read_write.c 几个文件实现，其中 namei.c 主要负责文件名到文件节点的映射，readdir.c 用于读取目录信息，open.c 负责打开和关闭文件，read_write.c 用于进行文件的实际读写操作。钩子函数被放置于 namei.c、open.c 和 readdir.c 的相关函数中，打开文件时，钩子函数先查找策略配置文件中的相关策略，如果符合策略，则通过 read_write.c 文件中的相关函数执行读写操作；如果不符合策略，则直接返回错误。图 8-10 所示为钩子函数的调用过程。策略文件中保存了主体(可执行文件)、客体(数据文件)、节点号、访问权限信息，用以指明哪个主体可以哪种方式访问哪个客体。

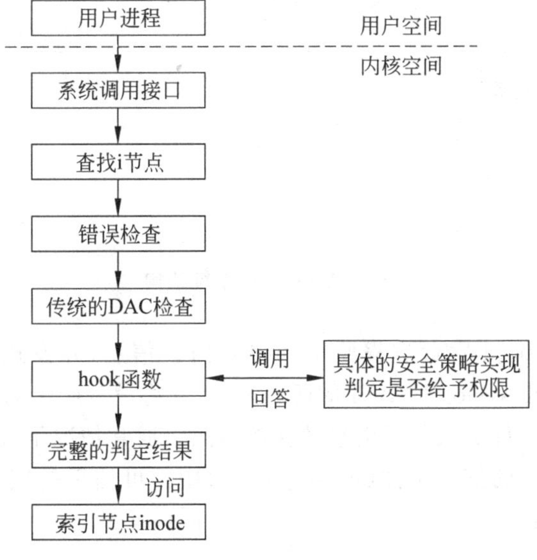


图 8-10　钩子函数的调用过程

该强制访问控制实现简单，策略易于定制，提供策略管理工具，适于可信手持嵌入式设备的应用。

4）日志系统

普通的嵌入式 Linux 并不带有日志功能，为了让用户了解可信手持嵌入式设备的运行状态，进一步增强可信手持嵌入式设备的安全性，我们为可信手持嵌入式设备增加了日志功能。

可信手持嵌入式设备在嵌入式 Linux 内核源码中编译加入了 syslog 模块，能够有效节省空间。同时，syslog 带有日志轮转功能，能够通过对 syslog 加命令行参数打开日志轮转的功能，不需要另外增加 logrotate 程序，以提高日志记录效率。经过综合考虑与原型系统的实验，由于可信 PDA 目前所要记录的日志量不大，种类也不多，为实现简单起见，采用交叉编译的方法将 syslog 编译到 busybox 中即可，不需要另外添加 logrotate 工具。

大部分的 Linux 系统中都要使用 syslog 工具，syslog 是相当灵活的，能使系统根据不同日志输入项采取不同的活动。syslog 工具由一个守护程序组成。它能接受访问系统的日志信息并且根据配置文件中的指令处理这些信息。程序、守护进程和内核提供了访问系统的日志信息。因此，任何希望生成日志信息的程序都可以向 syslog 接口呼叫生成该信息。通常，syslog 接受来自系统的各种功能的信息，每个信息都包括重要级。根据配置文件，syslog 能依据设备和信息重要级别的不同来报告信息。

内核和任何程序都可以通过 syslog 系统记录事件消息，并将消息定位到一个文件或设备中，还可以通过网络进行传送。syslog 系统构架如图 8-11 所示。

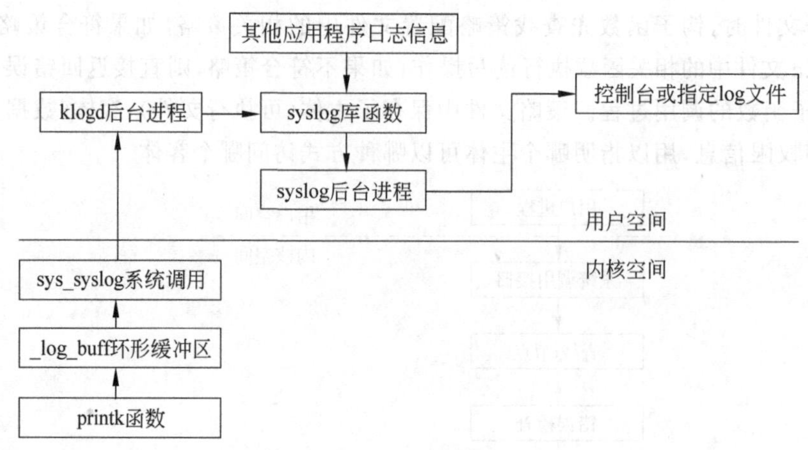


图 8-11 syslog 系统架构

如图 8-11 所示，klogd 后台进程监听和得到内核信息，并发送到 syslog 后台进程。syslog 监听和处理来自 syslog 库 API 的所有消息，并将设备产生的错误消息定稿到指定的日志文件中。配置文件定义每类消息的存放地点。通常情况下，syslog 信息写入/var/adm 或/var/log 目录下的信息文件（messages.＊）中。可信手持嵌入式设备上的日志系统主要记录以下事件：

(1) 内核的输出信息；

(2) 应用程序的日志；

(3) 系统出错信息。

通过对日志的分析，用户能够了解可信手持嵌入式设备的运行状况，及时发现安全隐患，防患于未然。

## 8.2　智能手机中的可信计算技术

移动智能平台也称智能手机，是将手机的移动通信功能与 PC 的强大数据处理功能融合在一起所形成的计算平台，是未来移动终端的基本形态。根据智能手机的操作系统进行分类，这里分别对 Android 和 iOS 中的可信计算技术进行介绍。

### 1. Android 的可信计算技术

Android 系统大多使用 ARM 处理器，而 TrustZone 是 ARM 处理器所特有的安全计算环境。不同于 Intel SGX 可以生成多个完全封装的 Enclaves，TrustZone 将一个 CPU 划分为两个平行且隔离的处理环境，一个为普通运行环境，另一个为可信运行环境。因为两个环境被隔离，所以很难跨环境操作代码及资源。同时，在程序想进入可信运行环境中时，需要执行安全监控中断指令，让操作系统检查其安全性，只有通过检验的程序才能进入安全区。此机制确保了 TrustZone 的安全性，但也意味着整个系统的安全性由底层操作系统全权负责。随着 ARM 芯片的普及，TrustZone 可信环境得到更广泛的应用。

TrustZone 技术可用于智能手机的安全启动，系统上电后，首先执行 ROM 中固化的 BootLoader，然后进行第二阶段的引导。首先，加载非易失存储器中的签名后的 BootLoader，并对签名的 BootLoader 进行签名验证，若验证成功，则启动安全 OS，该过程与启动 BootLoader 类似。普通运行环境 OS、软件的完整性由可信运行环境 OS 保证，可由开发者实现。TrustZone 的安全启动能够保证系统的启动状态可信，在 BootLoader、可信运行环境 OS、安全应用等被破坏时，及时发现，防止敏感信息泄露等。

此外，利用可信计算的基本思想，在 ARM TrustZone 环境下实现软件可信平台模块(STPM)，提供类似硬件 TPM 实现的核心服务。基于 TrustZone 设计的软件安全模块为移动智能终端的可信启动、完整性度量等核心功能的实现提供了有效的安全基础支撑，保障移动智能终端安全可信。

### 2. iOS 的可信计算技术

iOS 是苹果公司开发的移动操作系统。其设备在处理器内都集成有一段名为 Boot Room 的代码，此代码被烧制到处理器内的一块存储上，并且只读，可以认为是可信的。系统启动时，Boot Room 通过苹果的 Apple Root CA Public 证书对 Low-Level BootLoader 进行验证，如果通过验证，Low-Level BootLoader 将运行 iBoot，校验高层次的 BootLoader，如果这一步也通过，那么 iBoot 将运行 iOS 的内核，XNU 系统开始运行。若以上几个步骤中的任一步骤无法通过，都将导致系统无法启动，这样，内烧制的 Boot Room 保证了 iOS 只能在 Apple 自家设备上运行，而这些设备也将无法运行 iOS 之外的系统。

所有运行在 iOS 上的代码都是需要签名的。苹果自带应用已经打上了苹果的签名，而第三方应用需要开发者账号进行签名，而开发者账号都是通过苹果官方实名审核的账号，从开发者源头上控制了程序的安全性，也就是说，系统内所有运行的程序都是可信的，且是知道来源的。这个签名就是在 Xcode code signing 选项里选择的账户。

此外，iOS 的强大硬件功能之一是 Secure Enclave。苹果的 iOS 虽然使用 ARM 处理器，但是不使用 TrustZone，而是使用自己研发的类似于 Intel SGX 机制的 Secure Enclave（安全飞地）处理其安全相关的任务。Secure Enclave 是一种特殊的硬件元素，旨在保护用户的敏感数据，包括设备具有 Touch ID 传感器时的指纹等生物特征数据，以及在使用 Face ID 的情况下进行面部扫描的功能。即使黑客访问设备 RAM 或磁盘存储，Secure Enclave 仍可确保此类数据是安全的。事实是，这些数据永远不会到达 RAM，也不会被操作系统或用户空间中的程序处理。操作系统或程序只能使用预定义的命令集与 Secure Enclave 硬件进行交互，这些命令不允许访问原始数据。除了生物特征数据，Secure Enclave 还可以存储加密密钥。这样的密钥是在此硬件元素内部生成的，并且永远不会“离开”。

本节主要针对最常见的两类手机操作系统中的最重要的可信计算技术进行介绍，随着科学技术的进步和人们对信息安全的重视，可信计算技术也会继续在智能手机的平台下发展壮大。

## 8.3 本章小结

本章介绍了嵌入式系统中的可信计算环境，根据嵌入式系统的安全需求，描述了嵌入式可信平台模块的设计思路。作为可信嵌入式系统的实例，本章介绍了作者团队开发的我国第一款可信 PDA，此后又介绍了智能手机中的可信计算技术。

## 习题

(1) 嵌入式系统面临的安全威胁有哪些？

(2) 嵌入式系统的安全需求是什么？

(3) ETPM 与 TPM 有何异同？

(4) 思考在智能手机中实现 TCG 的可信计算机制的难点。

## 实验

(1) 设计 SD 卡上的文件加密系统。

(2) 设计一种可信 PDA 中的硬件对称密码算法。

# 第9章 可信云计算基础设施关键技术

## 9.1 云计算的概念

云计算(Cloud Computing)是一种以互联网络为基础、面向服务的分布式并行计算模式,本质上是通过虚拟化技术实现计算资源、网络资源的弹性调度和管理,从而整合、管理、调配分布在网络各处的计算资源,以统一的界面通过互联网络同时向大量用户提供服务。

相对于其他计算模式而言,云计算具有按需服务、资源池、普适网络连接、超大规模、弹性伸缩等特点。云计算服务提供商将计算资源、存储资源、网络资源等汇聚成资源池,云计算用户以租用服务的方式,通过互联网络接入资源池中,按照需求动态地调配服务资源使用服务,并通过计时、计次等方式支付服务费用。云服务提供商拥有海量的计算、存储或网络资源,能够支持不同规模、不同类型的各类用户对资源的使用。

典型的云计算服务交付模型为SPI模型,即从上到下依次为软件即服务(Software as a Service, SaaS)、平台即服务(Platform as a Service, PaaS)和基础设施即服务(Infrastructure as a Service,IaaS)。软件即服务是指将应用软件通过Web作为服务提供给用户使用,典型的应用包括企业关系管理系统、财务管理系统、办公软件等,典型的服务提供商包括Google Doc、Salesforce、金蝶等。平台即服务是指将支持软件开发、运行、调试、维护等服务的平台通过Web作为服务提供给用户使用,典型的应用包括软件开发平台、软件调试平台、软件运行环境及容器等,典型的服务提供商包括Microsoft Azure、Google App Engine、Force.com、Sina App Engine等。基础设施即服务是将计算、存储、网络等基础设施通过Web作为服务提供给用户使用,典型应用包括IT基础设施、虚拟计算资源、虚拟存储资源等,典型的服务提供商包括Amazon EC2、Amazon S3、OpenStack、阿里云等。

典型的云计算部署模型包括公有云、私有云、社区云和混合云。公有云是面向大众或大型组织提供云基础设施,云基础设施归云服务提供商所有。私有云是单独为某个机构建立的云基础设施,它可以由机构自己管理,也可以由第三方管理;既可以部署在机构内部,也可以部署在机构外部。社区云是由几个机构共享的云基础设施,用于支持具有共同关注点的特定社区。混合云是两种以上云(私有云、公共云和社区云)的结合,每个云都作为一个单独实体,通过标准或专有技术绑定在一起。

### 9.1.1 基础设施即服务

基础设施即服务(IaaS)的本质是使得用户无须关心计算中心的地理位置,将计算中心的任务分隔开,即以服务的形式交付计算机基础设施。作为最底层和最基础的服务,IaaS 将基础设施(计算和存储资源)作为服务能力出租,代表了一种以标准化服务方式在互联网上提供基本存储和计算能力的手段。IaaS 为用户提供一个虚拟机镜像,该镜像在一个或多个虚拟服务器上被调用。IaaS 是作为服务计算的最原始的形式,主要提供对物理基础设施的访问。

NIST 对 IaaS 的定义如下:"为客户提供了一种供应处理器、存储、网络和其他基础计算资源的能力,客户能够在所提供的计算资源上部署和运行任何软件,包括操作系统和应用程序。客户不对底层云基础设施进行管理和控制,但是对操作系统、存储、部署的应用程序具有控制能力,可能对某些网络组件(例如防火墙等)具有有限的控制能力"。

一般来说,企业在计算系统基础设施方面的投入占据企业的大部分开销。专用硬件和软件的购买和租赁,以及雇佣内部技术人员和购买技术咨询的费用,成为企业的主要开支。采用 IaaS 模型(通常还附带 SaaS 或 PaaS 模型)能够提供一定程度的灵活性,能够快速地随需应变,这种能力是传统 IT 基础设施在获取、实现以及维护方面所无法企及的。

### 9.1.2 平台即服务

平台即服务(PaaS)的本质是使得用户无须关心计算平台的操作系统以及软件环境配置与管理,于 IaaS 之外提供更高封装的服务。PaaS 可描述为一个完整的虚拟平台,它包括一个或多个服务器(在一组物理服务器上虚拟而成)、操作系统以及特定的应用程序(如支撑基于 Web 的应用程序的 Apache 和 MySQL)。PaaS 与 IaaS 的不同之处在于,它不像 IaaS 只提供虚拟硬件,也提供软件栈。例如,除虚拟服务器和存储外,PaaS 还提供特定的操作系统和应用程序集(通常作为一个虚拟机或文件,如 VMware 的.vmdk 格式),以及对必需服务(如 MySQL 数据库或其他专用本地资源)的访问。

NIST 对 PaaS 的定义如下:"为客户提供了一种在云基础设施上部署客户所创建的应用程序的能力,以及在云基础设施上部署客户所获取的、使用提供商支持的编程语言和工具所创建的应用程序的能力。客户无须管理和控制底层的云基础设施,包括网络、服务器、操作系统和存储,不过需要对已部署的应用程序进行控制,并且需要对应用程序所在的环境进行配置"。

PaaS 厂商为应用程序开发者提供了如下服务。

① 虚拟开发环境;

② 应用程序标准,通常建立在开发者的需求上;

③ 为虚拟开发环境所配置的工具集;

④ 为公共应用程序开发者提供的、现成的发布渠道。

PaaS 模型为应用程序设计者和发布者提供了一个低成本的途径,支持完整的 Web

应用软件开发生命周期，从而减少了使用硬件和软件资源的需求。PaaS 解决方案可以由一个完整的端对端应用开发、测试和部署解决方案组成，它也可以是一个较小的、更加专业化的解决方案，聚焦在某个特定领域，如内容管理。

一个软件开发平台要想成为一个真正的 PaaS 解决方案，需要具有以下几个基本要素。

① 应该对应用程序的使用情况进行基线监控，用于促进平台流程改进；

② 解决方案应该提供与其他云资源的无缝集成，例如 Web 数据库和其他 Web 基础设施组件和服务；

③ 支持动态多租户，通过云可以比较容易地在整个软件开发生命周期中实现开发者、客户端以及用户之间的协作；

④ 安全性、隐私性和可靠性必须作为基本服务进行维护；

⑤ 开发平台必须是基于浏览器的。

### 9.1.3　软件即服务

软件即服务(SaaS)解决方案是通过 Web 交付应用软件。SaaS 提供商通常利用某个许可收费模型按照客户需求部署软件。SaaS 提供商可以将应用程序部署到自己的服务器中，也可以使用其他厂商的硬件设备。

应用程序的许可既可以直接发放给一个组织、一个用户或一组用户，也可以通过第三方管理用户和组织间的多个许可，例如应用程序服务提供商(ASP)。用户通过任何事先约定的或授权的 Internet 设备访问应用程序，通常都是利用 Web 浏览器。一个完整的 SaaS 应该将一个功能齐全的应用套件作为服务按需提供出来，在云上作为一个应用程序实例运行，为多个组织用户和个人用户提供服务。

NIST 对 SaaS 的定义如下："为客户提供一种使用运行在云基础设施上的、由服务提供商所提供的应用程序的能力。这些应用(如 We 电子邮件)可以在各种客户端设备上通过一个瘦客户端接口(如 Web 浏览器)进行访问。用户无须管理和控制底层的云基础设施，包括网络、服务器、操作系统、存储，以及个别应用程序的性能，一些较为有限的、用户相关的、应用程序配置设定除外"。

与传统购买并安装软件的方式(通常指购置费用或许可费用)不同，SaaS 用户通过营运费用模式(按使用付费或认购协议)租赁软件的使用权。按使用付费的许可模型也称为按需许可模型，是指某些通过 SaaS 模型交付的应用程序，其收费模型是通过计次使用或计时使用的方式，而不是传统许可的那种预支付费用的方式。

## 9.2　云计算架构及安全需求

### 9.2.1　云计算架构

如图 9-1 所示，云计算架构基本可以分为前端和后端两部分。前端和后端通过网络通信。前端是指云计算系统的客户端部分，由访问云计算平台所需的接口和应用程序组成，例如 Web 浏览器、客户机、移动设备等。后端为前端提供支持，它包含提供云计算服务所需的所有资源，包括海量数据存储、虚拟机、安全机制、服务、部署模型、服务器等。后端通常包括以下 7 个组件。

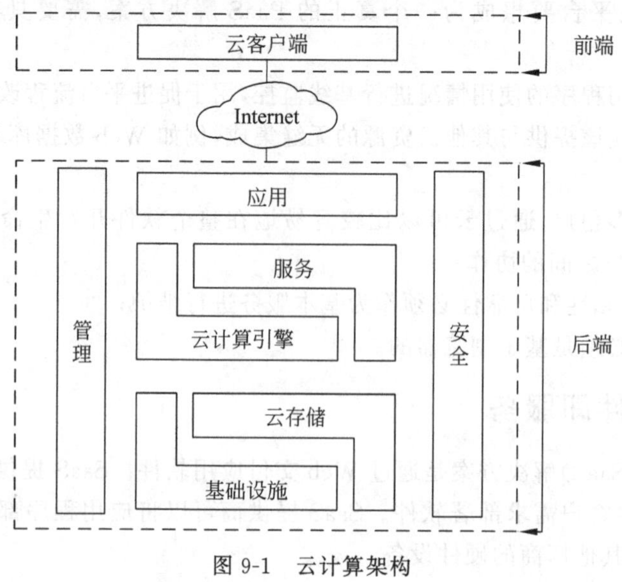


图 9-1 云计算架构

(1) 应用。应用程序可以是客户端想访问的任何软件或平台。

(2) 服务。云服务根据客户的需求提供服务类型。云计算提供以下三种类型的服务：SaaS、PaaS、IaaS。

(3) 云计算引擎。云计算引擎是服务运行的地方。它类似于云中的操作系统，通过使用虚拟化等技术允许在同一台服务器上提供多个运行环境。

(4) 云存储。存储是云计算的重要组件之一，提供数据存储和管理能力。一些流行的存储服务包括 Amazon S3、Microsoft Azure、Oracle Cloud-Storage。

(5) 基础设施。云基础设施包括支持云计算模型所需的底层硬件和软件资源，如服务器、存储设备、网络设备、虚拟化软件和其他资源。

(6) 管理。管理部分主要管理后端中的组件，如应用程序、服务、云计算引擎、云存储、基础设施及其安全问题，并协调各个组件的运行。

(7) 安全。安全是后端架构不可或缺的一部分，它为云平台构建安全策略，保障云平台正常运行，并为终端用户提供安全可靠的服务。

## 9.2.2 云基础设施平台

IaaS 是将计算、存储、网络等基础设施通过 Internet 方式提供给用户使用。虚拟化技术是 IaaS 的重要组成部分。

虚拟化是云计算的核心技术。虚拟化技术将一台物理计算机虚拟化为一台或多台虚拟计算机系统，每个虚拟计算机系统都拥有能提供独立的虚拟机执行环境的虚拟硬件(包括 CPU、内存、设备等)。虚拟化层的引入使得在一台物理机上同时运行的不同的虚拟机拥有不同的操作系统，每个虚拟机都认为自己在独占地使用软硬件资源。虚拟化技术的关键是虚拟机监控器(Virtual Machine Monitor，VMM)。虚拟机结构如图 9-2 所示。在虚拟环境中，VMM 负责管理底层物理硬件，给上层软件呈现虚拟的硬件平台。

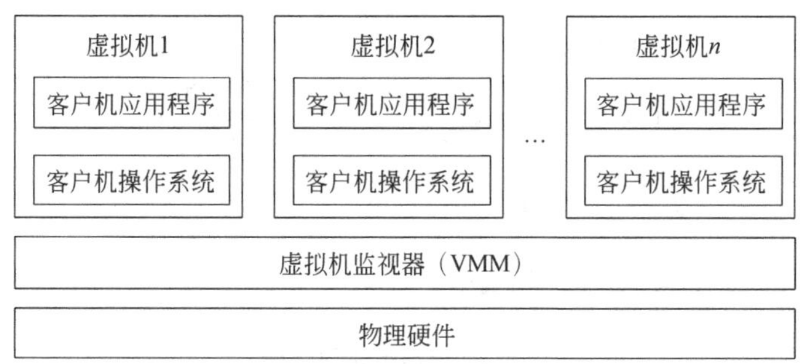


图 9-2　虚拟机架构

虚拟化技术包括全虚拟化和半虚拟化。全虚拟化依赖于优先级压缩和二进制代码翻译相结合来实现。VMM 运行在 Ring 0 上，客户机操作系统运行在 Ring 1 上，用户程序运行在 Ring 3 上。处于非特权 Ring 1 上的客户机操作系统在执行相关特权指令时会引发异常，此时处于特权 Ring 0 上的 VMM 就可以截获引起异常的特权指令并对其进行虚拟化。全虚拟化的结构如图 9-3 所示。

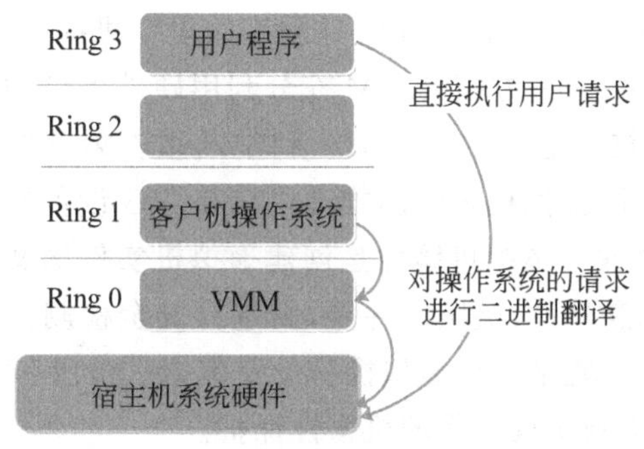


图 9-3　全虚拟化的结构

半虚拟化是通过在客户机操作系统和 hypervisor 之间通信提高虚拟化的性能和效率。半虚拟化需要修改操作系统的内核，用能直接与虚拟化层 hypervisor 通信的 hypercalls 替换那些难以被虚拟化的指令。hypervisor 还会给其他例如内存管理，中断处理和时钟等重要的内核操作提供 hypercalls 接口。半虚拟化的结构如图 9-4 所示。

### 9.2.3　云基础设施平台的安全需求

(1) **VMM 的安全性**。在以虚拟化为支撑技术的云平台中，VMM 在物理机上拥有最高权限。由于虚拟机监控器对下实现对硬件资源的管理，对上提供对多个虚拟机实例的管理，因此，VMM 容易成为系统中的攻击目标。由于 VMM 相对于操作系统而言，复杂性和代码量要小很多，因此可以通过静态分析或动态分析增强 VMM 代码的安全性与可

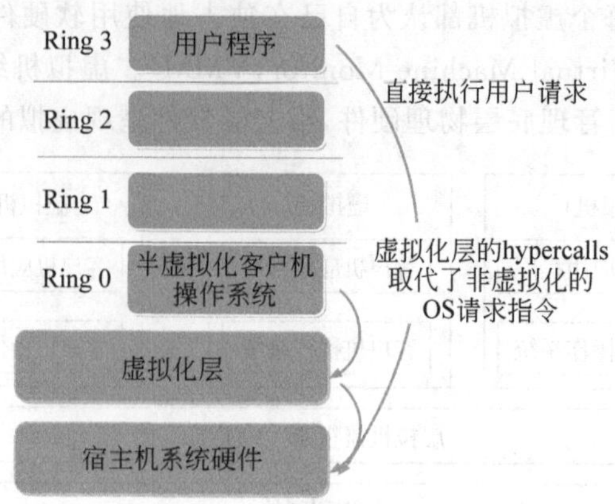


图 9-4　半虚拟化的结构

靠性，在系统启动过程中可以通过验证 VMM 的完整性验证其有没有被篡改。下面以 KVM 为例介绍 VMM 的安全性。KVM 是利用 CPU 虚拟化技术与 Linux 内核实现的全虚拟化解决方案。在 KVM 体系结构中，Linux 内核作为 VMM，KVM 虚拟机作为 Linux 中的一个进程。KVM 包括两个组件：一个是运行在内核模式的设备驱动程序，该程序管理 CPU 提供的虚拟化硬件；另一个是运行用户模式的 Qemu 模拟器，用来模拟 PC 硬件执行 I/O。KVM 架构中的多个虚拟机相当于多个 Linux 进程，通过 Linux 系统的多进程调度与隔离机制予以保护。一方面，KVM 并没有为虚拟机提供单独的安全机制，而是充分利用 Linux 的安全机制；另一方面，KVM 充分利用硬件提供的虚拟化技术进行安全防护，例如，Intel 的 VT-d 技术通过加入 DMA 和中断重映射支持 I/O 虚拟化，通过创建 DMA 保护域实现针对不同虚拟机之间的物理内存和 I/O 设备的隔离。

（2）**VM 镜像的安全性**。虚拟机镜像是创建虚拟机实例的文件模板。虚拟机镜像来源是否可靠，是否包含恶意软件、盗版软件等，需进行安全检测。为了确保虚拟机镜像安全，可通过镜像的完整性校验来验证虚拟机身份及虚拟机镜像有没有被篡改。此外，还可以通过虚拟机镜像加密机制实现镜像的机密性保护。

（3）**VM 安全监控与执行验证**。虚拟机实例是通过虚拟机监控器创建出来的、运行在虚拟执行环境中的系统。虚拟机实例所面临的安全风险包括：不安全启动，执行过程中不安全，不安全销毁。虚拟机实例启动时，可以通过对关键部件完整性校验确保启动过程中的部件没有被篡改和破坏。虚拟机实例启动后，可以通过在虚拟机实例中部署防病毒软件、入侵检测软件，在内核中部署强制访问控制机制等对虚拟机实例进行安全性增强，通过部署安全审计模块等对执行过程中的安全事件进行扫描，确保虚拟机实例自身安全。在虚拟机实例回收过程中，确保虚拟机实例中的数据已经被完全清除，不存在敏感数据和用户相关文件，符合虚拟机退役安全策略。

（4）**云端软件的运行隔离与侧信道攻击防护**。在云计算中，不同用户的 VM、云端应用可能运行在同一个物理机器上，共享同一个物理 CPU 和内存，这为攻击者进行侧信道攻击带来了便利。云平台需对云端软件的运行进行安全隔离，提供防侧信道攻击的防护机制。

(5) **云平台应用软件安全**。各类云应用自身的安全性直接关乎云计算产业的发展，首先需要预防应用本身固有的安全漏洞，同时设计针对云计算特点的安全与隐私保护机制，提高应用安全性。

(6) **云平台软件安全审计**。在云计算中，为获得用户信任、满足各种合规性要求和明确安全事故责任，服务商需提供必要的支持，以能对云平台软件的运行进行安全审计。安全审计必须提供满足审计事件的所有证据以及证据的可信度说明，且不应泄露其他用户的信息。

(7) **云平台软件安全恢复**。整体恢复难以保持业务的连续性，不太适用于云计算服务。云平台需针对进程、软件、系统等不同层次，提供相应的软件安全恢复机制。

**可信计算是增强云基础设施平台安全的有效技术途径**。通过可信计算技术可以对云宿主机和虚拟机的关键部件，如 BIOS、虚拟 BIOS、BootLoader、内核及关键应用进行完整性度量，保证核心模块不被攻击者篡改。此外，可信计算可以为虚拟机提供密码服务，从而使得用户可以通过调用虚拟 TPM 的密码功能保护自身数据的安全。可信计算的远程证明技术可以对虚拟机的可信状态进行验证，从而使得云平台管理员和用户可以及时感知虚拟机的安全状态。

## 9.3 虚拟可信平台模块

在云计算虚拟化环境下，一台服务器上可以启动几十甚至上百个虚拟机。基于物理 TPM 实现虚拟机的可信是一种直接的方法，但是由于物理 TPM 一般一台服务器上只有一个，其能够提供的资源和计算能力有限，因此用物理 TPM 保护数量较多且动态可变的虚拟机是非常困难的。鉴于此，虚拟可信平台模块(Virtual Trusted Platform Module, vTPM)被提出。vTPM 通过虚拟化技术在一个物理平台上创建多个虚拟可信平台模块，从而为每个虚拟机提供一个虚拟可信根。虚拟可信平台能够模拟出硬件 TPM 的接口和功能，为在一台物理机上运行的多台虚拟机提供共享且可复用的 TPM 资源，使得每台虚拟机都感觉自己独占了一个 TPM 芯片，并在不受外界干扰的情况下使用 TPM 资源。

本节主要介绍在 TPM 2.0 的规范下，设计并实现 XEN 和 KVM 架构下的 vTPM 2.0。

TPM 2.0 规范相对于 TPM 1.2 增加了以下几个新特性。

(1) 密码算法的灵活支持。TPM 2.0 规范对选用何种密码算法给予了极大的灵活性。TPM 2.0 可以根据需要选取任何哈希算法，它还增加了对称密码算法(如 AES)和非对称密码算法(如椭圆曲线算法 ECC)的支持。增加对对称密码算法的支持使得密钥可以由对称密钥加密并且存储在芯片之外。这个在密钥存储方面的重大改变使 TPM 2.0 能选用任何加密算法。

(2) 增强的授权机制(Enhanced Authorization, EA)。TPM 2.0 规范中使用的授权机制主要有密码、HMAC、签名、与额外数据一起签名、PCR 值充当系统状态的代理、Locality 充当每条命令发出源头的代理、时钟、内部计数器的值、NV 索引的值、NV 索引。还可以将上述授权方式进行逻辑 AND 或 OR 组合产生新的授权方式。

(3) 更快地加载密钥。在 TPM 2.0 规范中,由 TPM 使用外部空间存储的密钥都是对称密钥加密过的,且加密速度非常快。TPM 2.0 中密钥加载速度的提高使得用户在使用 TPM 时无须考虑延时。

(4) 稳固的 PCR。在 TPM 2.0 中,用户可将数据或密钥密封到一个由特定的 Signer 指定的 PCR 值中,而不是某个特定的 PCR 值(TPM 1.2 中是这样要求的)。这代表只要 PCR 值的状态通过了特定授权的评定(一般进行数字签名),就可以解除密封,获得需要的数据。这种机制是通过 TPM2_PolicyAuthorize 命令实现的,从而让策略实施变得更灵活。

(5) 灵活的管理机制。相对于 TPM 1.2 中 TPM 在同一时间只能存在拥有者授权和 SRK 授权的机制,TPM 2.0 把拥有者授权在各种不同应用下的角色区分开,将之应用于不同的授权策略,以及应用于 TPM 中的不同层次。其中,字典攻击逻辑会在重置字典攻击计数器时设置自己的密码。其他的都包括在 TPM 2.0 的标准存储层、平台层、背书层、空层次中。除空层次外的其他层次都有自己的授权密码和授权策略。

(6) 通过名字认证资源。在 TPM 2.0 中,资源都由自身的名字进行标识,这些名字绑定了密码以降低被攻击的风险。除此之外,还可以使用 TPM 密钥对名字进行签名来证明名字没有被篡改。由于名字包含了密钥的策略,签名可以用于证明密钥授权使用的方式。

### 9.3.1 Xen 架构下的 vTPM 2.0

要实现硬件虚拟化的 vTPM,需要在虚拟域和 vTPM 域之间增加一层驱动转换的过程,基于硬件虚拟化的虚拟机不需要修改驱动,只通过驱动转换层与 vTPM 域交互,就可以满足其虚拟化 vTPM 的需求。另外,因为 vTPM 的主要功能实现是在 vTPM 域中,vTPM 2.0 的实现应该以 TPM 2.0 规范为标准进行修改。

如图 9-5 所示,带 vTPM 的 HVM 虚拟机的特点是在 vTPM 域和 Domain U 之间多了一个 XenDevOps 层,同时 Domain U 域中添加了 Qemu tpm1.2 TIS 和 Xenstubdoms backend 两部分。Qemu tpm1.2 TIS 是 Qemu 模拟的一个设备,它实现了 HVM 虚拟机的 tpm tis 接口,每台 HVM 虚拟机都对应一个该设备。vTPM Xenstubdoms driver 是 Qemu 的 vTPM 驱动,这个驱动提供了 vTPM 的初始化功能,并实现了与之前半虚拟化 vTPM 域进行数据通信和命令传输的功能。XenDevOps 注册了 Xen 的 stubdom vTPM 前端驱动,实现了 TPM Xenstubdoms driver 和 Xen vTPM stubdom 之间的请求/回复传输功能,是这两部分通信的纽带。新增两部分的主要功能如下。

Xenstubdoms: 又称为 vTPM Xenstubdoms driver。这个驱动提供了 vTPM 的初始化以及与 vtpm-stubdom 通信的功能(包括发送数据和命令)。

XenDevOps: 注册了 Xen stubdom vTPM 的前端驱动,为 TPM Xenstubdoms driver 和 vTPM stubdom 提供了通信功能,在这两者之间传递一些请求与响应。

在现有的 Xen+vTPM 架构中,vTPM 的功能由 vTPM 域中的 vTPM-emulator 实现,目前只支持 vTPM 1.2,因此研究工作就是对 vTPM-emulator 进行一定程度的改造或者重构,以实现 vTPM 2.0。

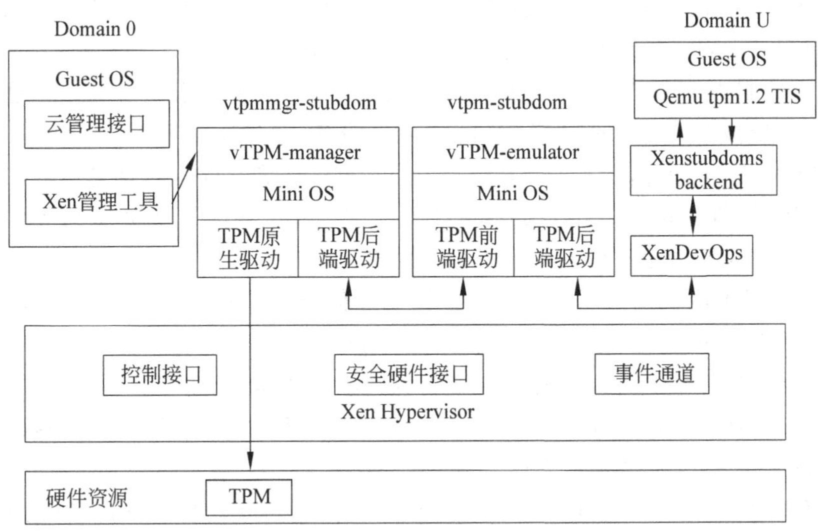


图 9-5 基于 Xen 的全虚拟化 vTPM 架构

具体实现方法是：先实现 Libtpm 2.0 库，再向 vtpm-stubdom 中添加 TPM 2.0 模块，最后升级客户机中的 TPM 驱动为 2.0 版本驱动。

(1) Libtpm 2.0 库的实现。

由于 xen-vtpm 架构中把 Libtpm 2.0 模块放在一个 mini-os(vtpm-stubdom)里，所以对底层 C 库调用都会发生相应改变，同时，与 Xen 中的调用接口和顺序也会有相应的改动。主要改动 NV 处理部分，添加 Libtpm 2.0 中 RSA、SM、AES 相关算法操作对 GMP 大数库的支持。

(2) 在 vtpm-stubdom 中添加 TPM 2.0 模块。

设计方案是将这一部分剥离出来并把 Libtpms 2.0 的代码功能放进去，这里要修改 Xen 的代码及一些编译时的依赖关系。基于 Qemu-xen 的项目需要在 Xen 中添加一些函数，主要用于对 NV 的处理，但是 Xen 中已经有一套自己的对 NV 的处理机制。本工作是在 vtpm-stubdom 中对 TPM 进行初始化，在 vtpm.c 文件中添加对 Libtpm 2.0 库的调用入口实现添加 TPM 2.0 模块。

(3) 客户机 TPM 2.0 驱动升级。

需要根据 TPM 2.0 的接口规范对客户机中对应的驱动程序进行重新编写。

## 9.3.2 Qemu+KVM 架构下的 vTPM 2.0

KVM (Kernel-based Virtual Machine)是一个开源的虚拟机软件。本节根据 TPM 2.0 标准规范，在 Qemu+KVM 的平台上设计实现 vTPM 2.0，也就是虚拟化的 TPM 2.0。

TPM 设备本质上可分为两部分：一部分是内存映射 I/O(Memory Mapped I/O, MMIO)接口，TCG 为了实现这些接口，定义了称为 TPM Interface Standard (TIS)的标准规范；另一部分是用来处理 TPM 命令的 TPM 计算部分。TIS 接口规定了在内存中必须注册的地址范围(从 0xFED40000 到 0xFED44FFF)，TPM 与上层操作系统的所有数据通信都是在这一段虚拟内存地址中进行的。TIS接口会收集系统的TPM请求并发送给TPM设备，TPM将处理结果返回到TIS中，通常还会产生中断来通知驱动去接收。

对这一机制的理解与研究使得tpm_passthrough方式很快被提出，通过tpm_passthrough，虚拟机中会呈现虚拟的/dev/tpm0设备，对这个设备的访问实际上都会被传递给底层的TPM硬件，所有与TPM相关的计算工作和存储工作都是由TPM硬件完成的。从TIS的角度分析passthrough的过程是这样的：在虚拟机发出TPM请求时，虚拟机中的tpm_tis驱动会和由Qemu模拟出的TPM TIS前端通信，然后这个TPM TIS前端再和宿主机上的真实/dev/tpm0设备进行通信处理TPM请求。但是，由于一台宿主机上通常只有一块TPM芯片，导致passthrough方式的最大弱点是只能支持实现单个虚拟机中的vTPM。此外，TPM中存储的持久性状态数据(如拥有者信息、持久性的密钥等)以及易失性状态(如PCR的值、加载的密钥等)无法随VM一起迁移，使用这种passthrough驱动的VM也不能迁移。

vTPM 2.0的架构是在vTPM 1.2的基础上设计的。基于Qemu+KVM的vTPM 2.0架构如图9-6所示，该架构最重要的突破在以下两方面。

① 对TPM 2.0进行了Linux下的虚拟化，vTPM 2.0得以实现；

② vTPM 2.0能够支持多虚拟机并发运行。

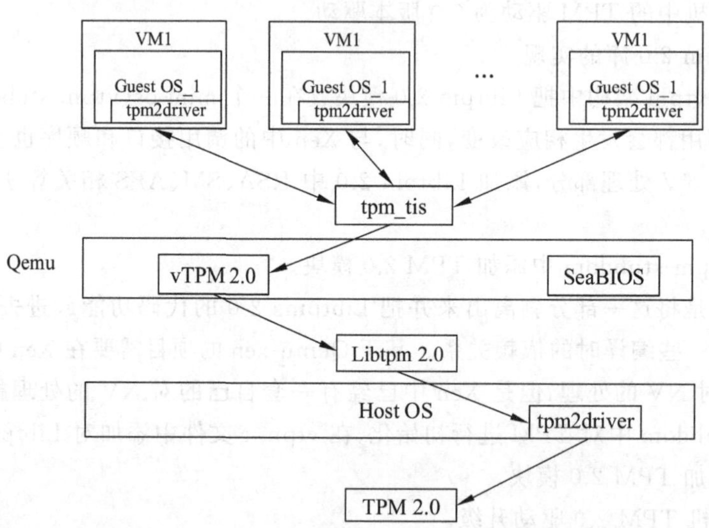


图9-6 基于Qemu+KVM的vTPM 2.0架构

实现vTPM 2.0的工作包括以下四方面：TPM 2.0在Linux下的虚拟化实现、客户机操作系统中编写支持TPM 2.0的驱动、Qemu端编写调用虚拟化后的TPM 2.0的接口，以及支持多虚拟机并发运行。下面详细介绍这四部分。

### 1. TPM 2.0模拟器移植实现

这部分主要实现将TPM 2.0模拟器移植到Linux平台下。首先来看TPM 2.0模拟器的结构，如图9-7所示。

其中simulator模块处于最外层的位置，负责实现模拟器与上层TSS之间的socket

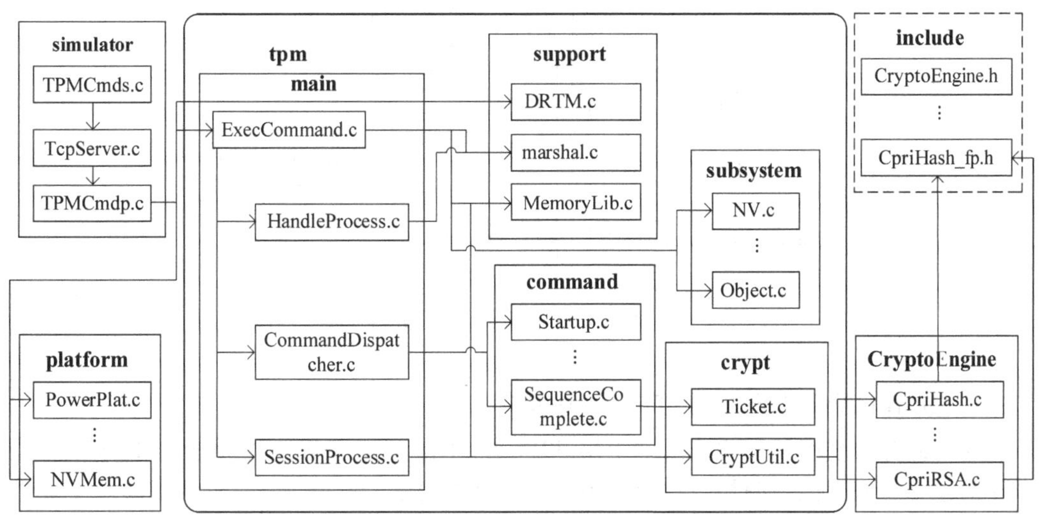


图 9-7　TPM 2.0 模拟器的结构

通信。通过设置 socket 套接字和端口号，simulator 接收上层 TSS 发来的所有 TPM 命令并转发至其他模块处理，再将返回结果通过套接字传回给上层应用。tpm 模块是整个模拟器的核心，几乎包含了实现 TPM 所有的接口。它有 5 个子模块：main 子模块负责对命令的转发处理、句柄的处理以及会话的处理；support 子模块包含各种未在核心子系统中实现的但在实际调用中不可缺少的部分函数接口、属性配置及通用函数等；command 模块负责所有命令的调用实现；subsystem 子模块包含所有实体对象（如 NV、时钟等）的函数调用；crypt 子模块包含 TPM 命令中所有涉及密码和 ticket 操作的接口。

移植工作的具体步骤是修改源码，使其能在 Linux 下运行。要修改的位置有：simulator 下的全部文件（Socket 差异、Windows 头文件差异）；include 下的 CryptoEngine.h、Swap.h 以及其子文件夹 OpenSSL 中的 Rand.h（头文件差异）；platform 下的 Clock.c、Entropy.c、LocalityPlat.c、NVMem.c、PowerPlat.c（头文件差异）；tpm 下的 CommandCodeAttributes.c（头文件差异）。修改好之后重新编译就基本完成了 TPM 2.0 在 Linux 下的虚拟化工作。

### 2. 虚拟内核 TPM 2.0 驱动实现

在实现了 TPM 2.0 虚拟化后，接着就要实现上层虚拟机内核对 TPM 2.0 的支持。需要重新编写 TPM 2.0 驱动并编译进客户机操作系统内核。驱动程序主要用于在应用程序调用能打开、读写相应设备时执行相应的函数。设备驱动的结构如图 9-8 所示。

根据 Linux 下设备驱动的固定框架，仿照 tpm_tis 编写 tpm2_tis，主要编写的部分有：①加载驱动和卸载驱动的入口函数部分；②驱动初始化函数 tpm2_tis_init()；③自检函数 tpm2_do_selftest()；④发送 TPM 命令和接收结果的函数 tpm2_tis_recv() 和 tpm2_tis_send()；⑤TPM 2.0 的设备属性组 tis_attr_grp。这些都是 TPM 2.0 驱动的核心代码。

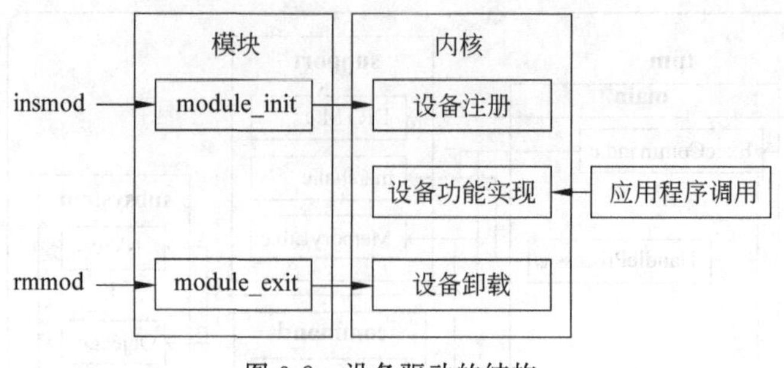


图 9-8　设备驱动的结构

### 3. Qemu 端调用虚拟化 TPM 2.0 实现

这一部分实现中间层 Qemu 与上层 TPM 2.0 驱动支持以及下层物理机 TPM 2.0 虚拟化的连接。向上能正确接受客户机发送的 TPM 请求,并调用下层的库文件对请求进行处理,将处理结果返回给虚拟机。简单说,就是实现 Qemu 与上下层的正常通信。

### 4. 多虚拟机支持实现

上述内容实现了单个虚拟机的 vTPM 2.0,接下来实现多虚拟机的 vTPM 2.0 支持。vTPM 2.0 无法支持多台虚拟机的冲突点有两个:①vTPM 2.0 设备在内存空间分配上的冲突,即多个 vTPM 2.0 在内存空间上重合,相互之间冲突了;②vTPM 2.0 设备在磁盘空间分配上的冲突,即多个 vTPM 2.0 对应的 NVRAM 文件的分配问题。

对于冲突点①,解决办法是通过实验证明是否有冲突;对于冲突点②,解决方法是通过传递 NVRAM 路径给 TPM 2.0 的库文件 Libtpm 2.0,给每台虚拟机分配一个不同的 NVRAM,从而解决硬盘空间上的冲突问题。解决完这两个问题后,多虚拟机的支持实现就完成了。

## 9.3.3　虚拟化可信平台模块的安全增强

### 1. 基于 KMC 的 vTPM 2.0 安全增强方案

vTPM 能够为虚拟机提供完整性保护、敏感信息存储和远程证明等功能。但这些功能实现的前提是 vTPM 在虚拟环境中仍能保持自身的各种安全属性,如密钥的安全管理、信任链的可信传递以及安全存储等。然而,vTPM 在实际使用过程中还面临诸多安全方面的问题,这些问题包括可信身份属性问题、数据的安全存储问题,以及迁移虚拟机带来的 vTPM 迁移安全性问题。现有的方案是在 vTPM 和物理 TPM 之间建立强联系,使信任链从物理机扩展到虚拟机中,从而为虚拟机提供和硬件 TPM 相同的功能。

本节的主要工作是建立 vTPM 2.0 和硬件 TPM 之间的绑定关系,设计基于 TPM 2.0 的虚拟可信平台 vTPM 2.0 的安全保护机制。该方案是通过引入密钥管理中心(KMC)来为 vTPM 派发基础密钥,使 vTPM 2.0 能够实现与物理 TPM 2.0 相同的密钥层次,在此过程中还间接实现了 vTPM 和物理 TPM 的绑定,并详述了借助 KMC 对密钥进行备份和恢复的流程,避免 TPM 突然损坏导致的数据不可用及其他安全问题,有效地增强了 vTPM 2.0 的安全性。该可信安全机制具体阐述如下。

首先介绍 TPM 2.0 的密钥层次。TPM 2.0 中强调对层次的划分，层次可以理解为相关实体（包括永久的对象，如层次句柄，充当层次根的基础对象及层次树中的其他对象，如密钥等）的集合且作为一个组被管理。每个层次的密码根是一个基础种子（seed），即一个由 TPM 生成的大的随机数。每个层次还有与之相关的检验值。检验值可以由层次种子派生，通常用于确保提供给 TPM 使用的值原本是由此 TPM 产生的。

TPM 2.0 除了通过拥有者授权和 SRK 实现一个层次外，还扩展了三个可持续的层次：背书层次、平台层次、存储层次。通过这三个层次，可将 TPM 当作密码协处理器使用。其中背书层次用于解决用户隐私方面的忧虑，主要用于执行隐私-敏感的数据操作；平台层次由平台制造商使用，通过嵌入平台中的早期启动代码对其进行控制；存储层次由平台拥有者（企业 IT 部门或终端用户）使用，用于进行非隐私和非敏感的数据操作。

TPM 2.0 中定义了三种基础种子：背书基础种子（Endorsement Primary Seed，EPS）、平台基础种子（Platform Primary Seed，PPS）、存储基础种子（Storage Primary Seed，SPS）。这些种子永久存储在 TPM 中，用于在密钥派生函数（Key-Derivation Functions，KDF）中作为秘密输入参数，并且一个基础种子的位数最少是 TPM 中实现的对称或非对称算法的安全位数的两倍。EK 由 EPS 派生，SRK 由 SPS 派生。这些密钥层次树中基础种子能让在 TPM 的 NV 存储上受到限制的 TPM 产生数量不受限制的根密钥。

在该可信安全机制中通过引入密钥管理中心（Key Mangement Center，KMC）为虚拟机中的 vTPM 2.0 派发种子，对 vTPM 2.0 的密钥及相关数据进行备份，以间接的方式建立物理 TPM 2.0 和 vTPM 2.0 之间的绑定关系，以此保护 vTPM 2.0 使其安全。KMC 能为系统提供密钥的生成、保存、备份、更新、恢复及查询等密钥服务，是当前公钥基础设施中的重要组成部分。引入 KMC 后，虚拟机和物理平台都可以通过配置信息（如 IP 地址、端口号等）与 KMC 通信。

(1) vTPM 2.0 的基础种子派发流程如图 9-9 所示。

① 虚拟机（VM）在启动之初调用 API 请求派发基础种子，其 UUID 作为参数；

② TSS 根据配置的 KMC 地址，向 KMC 发送消息请求提供保护密钥；

③ KMC 从 TPM 密钥保护体系中选择一个非对称密钥对（以 RSA 为例）为保护密钥，并读取其公钥，将保护密钥的公钥返回到 TSS；

④ TSS 调用 TPM2_Load 命令加载保护密钥公钥到物理 TPM，加载成功后，调用 TPM2_RSA_Encrypt 命令将 UUID 及其他信息加密，并把消息密文发送给 KMC，请求派发基础种子；

⑤ KMC 接收到请求密文后，调用 TPM 接口，用密钥对私钥部分对密文解密得到请求明文，使用 OpenSSL 库中的随机数生成功能，将 UUID 作为随机数发生器的参数之一为 VM 生成基础种子；

⑥ KMC 将基础种子和 UUID 存储在数据库中，用密钥对公钥对基础种子和其他信息进行加密，将密文结果返回到物理平台上；

⑦ TSS 调用 TPM2_RSA_Decrypt 解密消息密文，将基础种子返回给 VM。

KMC 根据 UUID 为对应 VM 派发基础种子，VM 得到基础种子后即可创建 vTPM 2.0

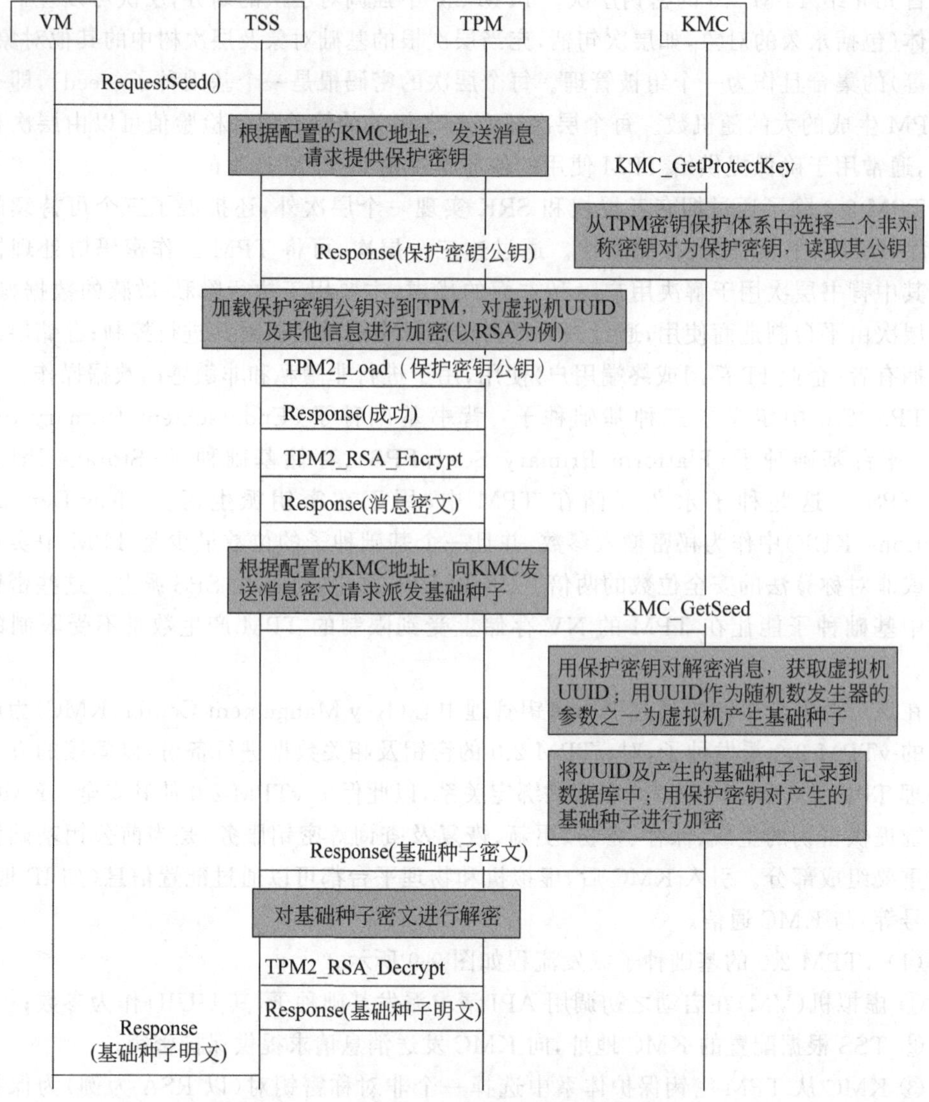


图 9-9　vTPM 2.0 的基础种子派发流程

的背书密钥 vEK、存储根密钥 vSRK 等根密钥。VM 中 vEK 的功能与物理 TPM 中 EK 的功能相同，用于验证 vTPM 的身份。vSRK 作为 vTPM 中存储密钥层次的根密钥，也可以产生支持不同算法（如 RSA、ECC、AES 等）不同类型的密钥并对这些密钥进行保护。这种方式在间接地实现 vTPM 和 TPM 之间绑定关系的同时没有破坏 vTPM 的密钥层次，保证 vTPM 2.0 拥有和硬件 TPM 完全相同的密钥层次。

(2) VM 中 vTPM 2.0 产生根密钥的流程如图 9-10 所示。

① 应用程序（App）调用 TSS 2.0 API 创建 vTPM 存储根密钥 vSRK，创建时需指定算法类型、密钥参数和密钥描述；

② 判断 vTPM 是否创建了背书密钥 vEK，若尚未创建，则 TSS 使用 TPM2_CreatePrimary

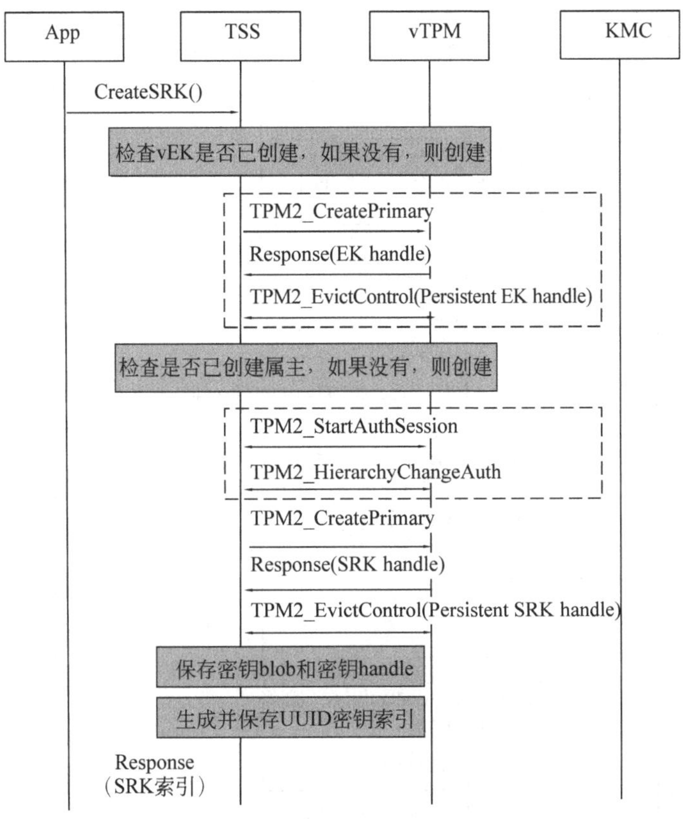


图 9-10　VM 中 vTPM 2.0 产生根密钥的流程

命令为 vTPM 创建 vEK，当 TSS 接收到 vTPM 返回的 vEK 句柄时，表示创建成功，vEK 在创建属主（Owner）的会话中会起到加密的作用；

③ 判断 vTPM 是否创建了属主，若尚未创建属主，则 TSS 生成一个到 vTPM 的会话，修改存储控制域（Storage Hierarchy）的授权数据（Auth value，即口令）。属主权限能控制 vTPM 资源的分配（包括存储控制域的开启和关闭，创建根密钥，将密钥对象持久化保存到 TPM 的 NVRAM 等），但属主权限不能直接访问密钥，因此可由 TSS 自己管理属主口令，使用随机值（TSS 生成并保存）或特定值（TSS 代码固定值）作为属主口令；

④ TSS 使用属主授权数据（口令）和应用程序输入的密钥参数，调用命令 TPM2_CreatePrimary 在 vTPM 中创建 vSRK，接收返回的 vSRK 句柄即创建成功；

⑤ 创建成功后，TSS 发送 TPM2_EvictControl 到 vTPM，将 vSRK 持久化到 vTPM 的 NVRAM 中，便于将来使用（系统重启后不用重新加载，不会被其他密钥对象换出内存），该命令使用属主口令；

⑥ TSS 保存密钥 blob 和密钥句柄 handle，生成 SRK 的密钥索引并返回给应用程序。

（3）虚拟机中 vTPM 2.0 创建受保护密钥的流程如图 9-11 所示。

① 应用程序（App）调用 TSS API 创建密钥，需要指定父密钥索引、算法类型、密钥类

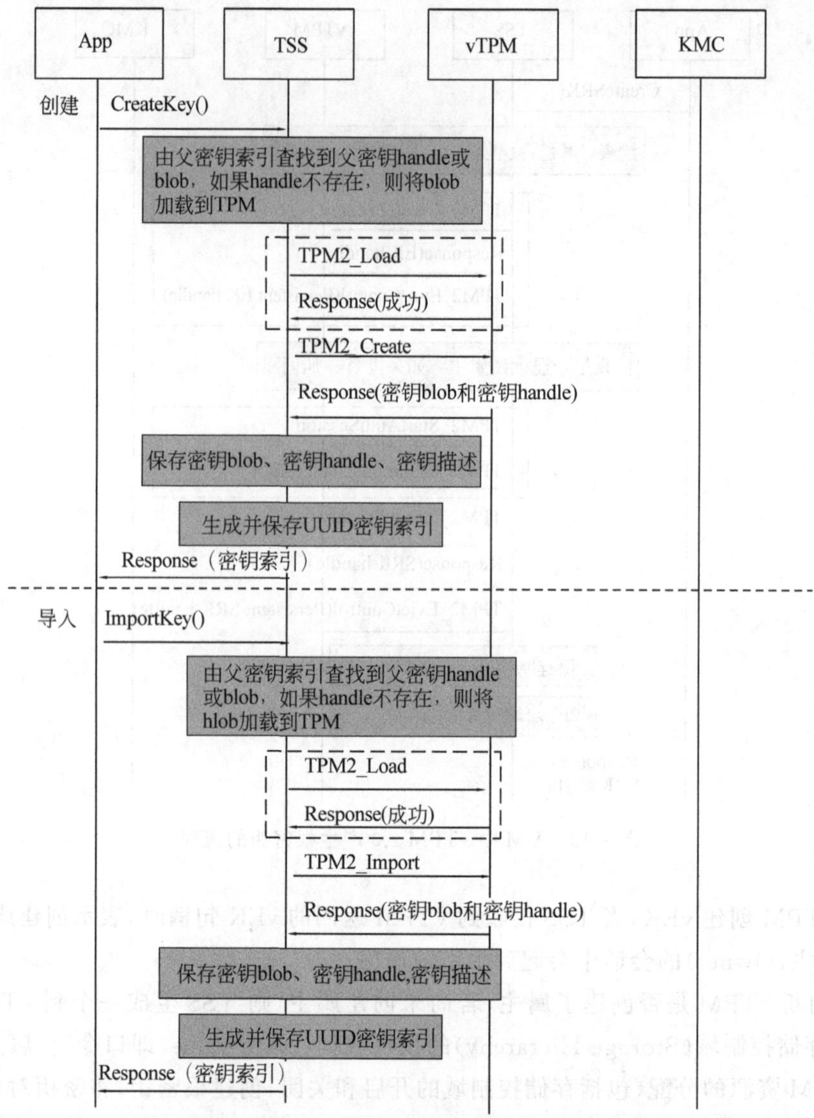


图 9-11　虚拟机中 vTPM 2.0 创建受保护密钥的流程

型、密钥参数、密钥描述；

② TSS 通过父密钥索引查找父密钥句柄或 blob，如果父密钥尚未加载，句柄不存在，则使用 TPM2_Load 命令将其加载到 vTPM 中，若返回成功，则表明已完成加载；

③ TSS 发送 TPM2_Create 命令到 vTPM，vTPM 处理后会返回密钥 blob（即受父密钥保护的密钥数据块）和密钥句柄。TSS 将返回的密钥 blob、密钥句柄和密钥描述保存起来，生成密钥索引并返回给应用程序；

④ 导入密钥的流程类似，导入时除了需要将父密钥索引、算法类型、密钥类型、密钥参数和密钥描述传递给 TSS，还需传递密钥数据。TSS 查找父密钥，如果父密钥未加载，则将其加载到 TPM；

⑤ 加载成功后给 vTPM 发送 TPM2_Import 命令，返回后保存密钥 blob 和句柄，生成密钥索引并返回给应用程序。

为了防止 TPM 或主板损坏时出现相关密钥及数据不可用的情况，本设计提出将受 vTPM 保护的相关密钥及数据备份到 KMC 中。即便 TPM 损坏不可用，重要的用户数据也不会丢失，进行恢复即可继续使用。这一过程同样适用于虚拟机中 vTPM 迁移的情景，将 vTPM 中的可迁移密钥和数据进行备份，完成迁移后在新的平台上再对这些数据进行恢复，以此保证虚拟机中数据的安全性。

(4) vTPM 2.0 中密钥的备份流程如图 9-12 所示。

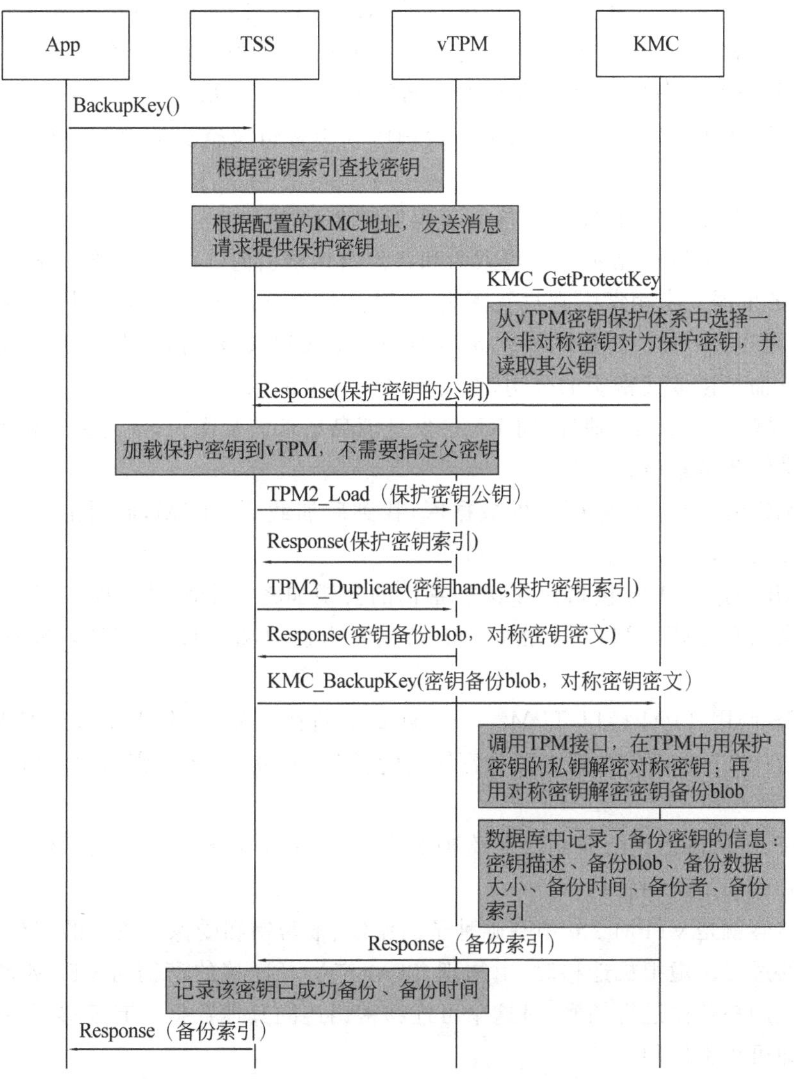


图 9-12　vTPM 2.0 中密钥的备份流程

① 应用程序(App)调用 TSS 进行密钥的备份，需要指定被备份密钥的密钥索引；

② TSS 根据密钥索引调用相应接口在 vTPM 中查找密钥，并根据配置的 KMC 地

址，向 KMC 发送消息请求 KMC 提供保护密钥；

③ KMC 从 vTPM 密钥保护体系中选择一个非对称密钥对为保护密钥，并读取其公钥，将保护密钥的公钥返回到 TSS；

④ TSS 使用 TPM2_Load 命令将保护密钥公钥加载到 vTPM，不指定其父密钥，vTPM 返回保护密钥的索引，然后调用 TPM 接口用该保护密钥公钥加密一个临时对称密钥，用该对称密钥加密待备份的密钥的私密部分；

⑤ TSS 发送 TPM2_Duplicate 命令到 vTPM 将密钥复制，返回密钥备份 blob 和对称密钥密文，TSS 再调用相关接口将密钥密文备份到 KMC 中；

⑥ KMC 调用 TPM 接口用保护密钥的私钥解密对称密钥，再用对称密钥解密密钥备份 blob，再将解密后的备份密钥信息（如密钥描述、备份 blob、备份数据大小、备份时间、备份者和备份索引）存储到 KMC 的数据库中，并返回备份索引；

⑦ 密钥备份成功后，TSS 会记录该密钥已成功备份及备份的时间，将备份索引返回到应用程序。

(5) vTPM 2.0 中备份密钥的恢复流程如图 9-13 所示。

① 应用程序（App）指定父密钥索引和备份密钥索引向 TSS 请求恢复备份密钥；

② TSS 根据父密钥索引查找父密钥，查看其是否已加载到 vTPM 中，如果未加载到 vTPM，则调用 TPM2_Load 命令将其加载，获取到父密钥索引，然后调用 TPM2_ReadPublic 命令读取父密钥的公钥，作为恢复流程中的保护密钥；

③ 根据配置的 KMC 地址，向 KMC 发送消息请求恢复密钥，消息参数包括保护密钥的公钥和密钥备份索引；

④ KMC 用备份密钥索引检索数据库，找到后加载到 vTPM，同时加载 TSS 传来的保护密钥的公钥；

⑤ KMC 调用 TPM 接口用该保护密钥的公钥加密一个临时对称密钥，用保护密钥的公钥加密对称密钥，用该对称密钥加密待恢复密钥的私密部分，将待恢复密钥 blob 返回到 TSS；

⑥ TSS 调用 TPM 接口 TPM2_Import 命令将待恢复密钥 blob 和父密钥索引导入 vTPM 中，在 vTPM 内依次解密对称密钥、恢复密钥 blob，再将解密后的待恢复密钥用父密钥保护；

⑦ TSS 记录该密钥已成功恢复及恢复时间，将密钥 blob 和密钥句柄保存起来，产生密钥索引并返回给调用者。

上述内容就是 vTPM 2.0 中基础种子的派发、根密钥和受保护密钥的产生及导入、备份及恢复的过程。虚拟机迁移时，由物理 TPM 产生可迁移的密钥对 vTPM 的所有种子密钥及相关用户数据进行加密，将这个可迁移密钥连同其他数据一起迁移至新的平台上，解密之后即可正常使用。

该可信安全机制是通过使用硬件 TPM 对虚拟机向 KMC 发送基础种子请求的数据进行加密，并对返回的结果进行解密来间接建立 vTPM 与物理 TPM 的绑定关系，以此证明 vTPM 的身份属性。这种方式相对于前人提出的通过建立证书链扩展信任链方式的优势有两个：第一，能够在 vTPM 中实现与物理 TPM 相同的密钥层次；第二，避免每次

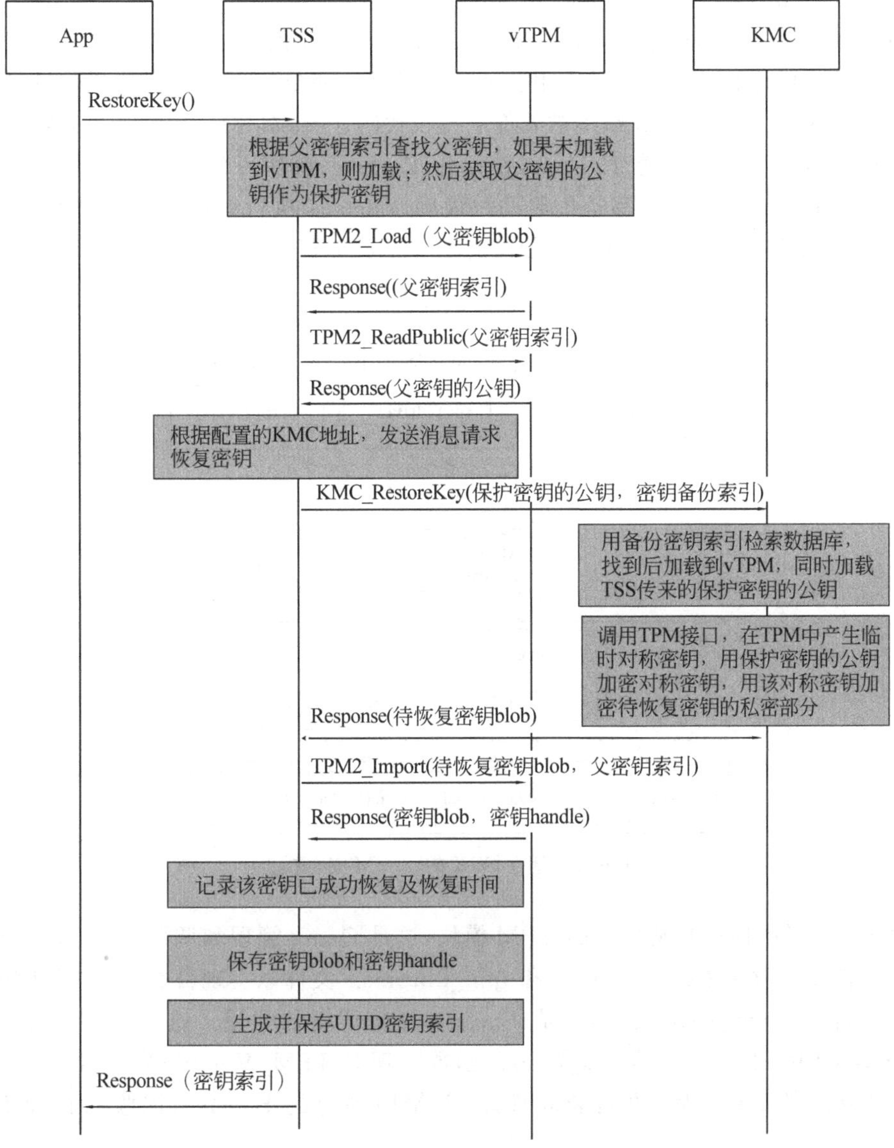


图 9-13 vTPM 2.0 中备份密钥的恢复流程

迁移时都需根据新的物理平台重新生成证书，重建信任链。此外，使用 KMC 对 vTPM 中的关键密钥和数据进行备份能够在物理 TPM 或主板损坏时不引起数据丢失。这都能一定程度上增强 vTPM 的安全性。

### 2. 基于 SGX 的 vTPM 2.0 安全增强方案

前面已经介绍了 Qemu+KVM 的 vTPM 2.0 架构设计，接下来的工作是在该架构的基础上设计基于 SGX 的虚拟可信根安全保护架构，并完成 Qemu 端对安全保护的实现、软件库 Libtpm 2.0 的实现和基于 SGX 技术的多虚拟机支持实现。接下来详细阐述这三方面工作。

1）Qemu 端对安全保护的实现

首先分析一下应用程序如何使用 SGX 技术保护自身的安全性。如图 9-14 所示，是应用如何安全执行的过程。一个应用会被分割成可信部分和不可信部分，其中可信部分运行在 Enclave 可信安全区域，不被外部的特权代码、OS、VMM、BIOS 和 SMM 等访问；而不可信部分主要负责创建 Enclave，初始化 Enclave，调用可信执行函数进入 Enclave 执行并保证额外的数据访问都是拒绝的。最后，Enclave 执行结束返回不可信部分完成收尾工作，比如销毁临时数据和销毁创建的 Enclave 安全环境。

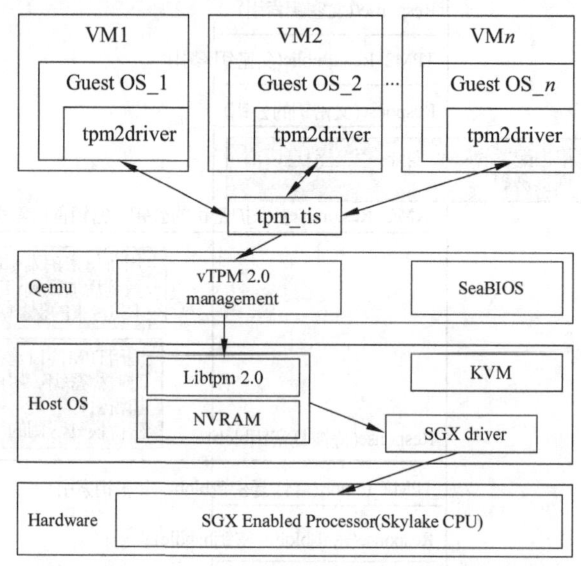


图 9-14　基于 SGX 的 vTPM 安全模型

Qemu 涉及的模块是硬件下的 TPM 模块，这是 Qemu 管理和调用下层 Libtpm 库的调用层。需要修改库中的 tpm_tis.c 和 tpm_libtpms.c 文件以实现目的，具体做法如下。

首先，修改 tpm_tis.c 文件，完成 Enclave 可信环境的调用。这一步需要先初始化 Enclave，再使用 SDK 提供的 sgx_ecall()函数实现对 TPM_VolatileAll_Store()函数的 ECall 调用。完成调用后，再封装软件库，并销毁创建的 Enclave，回收内存和不可信资源；

接着，重点修改 tpm_libtpms.c 文件。在 TPM 初始化阶段创建并初始化 Enclave，为调用的每个函数实现 ECall 接口函数。替换初始化过程中的软件库函数，使用定义好的接口函数完成可信调度。在 TPM 命令执行阶段，修改 tpm_ltpms_process_request()函数，方法同上，需要在相应位置将原来的 ExecuteCommand 替换为 ecall_sgx_ExecuteCommand()函数。

完成这些工作，基本上就完成了 Qemu 端的实现。注意：最后都要销毁 Enclave，回收资源，保证系统的利用率和可靠性。

2）软件库 vTPM 2.0 的实现

这部分是基于 SGX 技术需保护的部分。首先，确定需保护的数据结构和代码。然后数据结构和代码加载到独立可信库 Independent Software Vendors (ISV) 中。ISV 做出安全分析,并且决定哪些代码和数据需要加载到 Enclave 里。SGX 通过 EDL(Enclave Definition Language)文件定义可信与不可信部分。因此,首先分析 Libtpms 软件库,提取出需要保护的代码和数据。

图 9-15 展示了 Libtpms 软件库的主要功能模块。

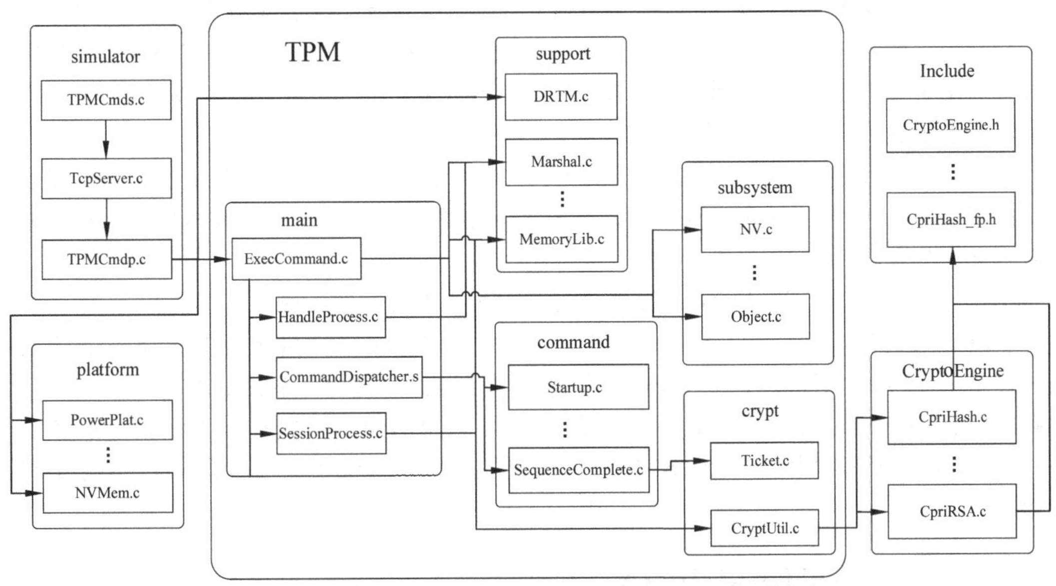


图 9-15 Libtpms 软件库的主要功能模块

主要工作是对 main 模块、platform 模块、support 模块和 command 模块进行可信封装。首先是对 main 模块,针对模块内关键函数 ExecuteCommand,我们把它作为可信部分进行封装。这样,在函数执行时,可以在一个安全的 Enclave 中执行,外部不可信环境无法破坏其执行过程。封装过程的关键步骤是定义可信函数,将 ExecuteCommand 封装为可信的。还需要使用 SGX 官方 SDK 提供的 Edger8r 工具生成 Enclave_t.c 文件,该文件的主要作用是提供不可信应用与 Enclave 之间的接口,这样就能在 Qemu 中创建对应的 Enclave 容器,然后使用 ECall 调用进入 Enclave 调用保护函数 ExecuteCommand()。

其次,对于 support 模块,我们要封装模块中的 TPM_Manufacture()、TPM_VolatileAll_Store()、TPM_VolatileAll_Load()三个函数。这三个函数分别负责初始化 TPM 相关属性值,用于虚拟机的迁移工作,以及迁移后在目的端恢复 TPM 状态信息。封装三个函数的步骤与封装 main 模块类似,需要封装多个可信函数并导入 Enclave 中。最后,在 Enclave_t.c 中实现对应 support 模块的函数接口。

再者,针对 command 模块,只封装一个函数_TPM_Init()即可。该函数负责 TPM 完成初始化的后续工作。同样,也要在 Enclave_t.c 中实现对该模块的函数接口。接口定义为 sgx_ecall_TPM_Init。

最后,针对 platform 模块,重点关注 NVMem.c 下的_plat_NVEnable_Path()、_plat_NVInit()、_plat_NVLoad()三个函数,需要将这三个函数封装起来。该模块的封装步骤

是：创建 platform.edl 文件封装 NVMem.c 下的三个函数，定义三个回调函数的不可信封装，并在 Enclave_t.c 文件中实现对三个函数的可信接口定义。最后，在 Enclave_u.c 中编写对不可信函数的接口。

至此，对软件库 Libtpm 2.0 的实现就结束了。

3）基于 SGX 技术的多虚拟机支持实现

在实现基于 SGX 的安全保护之前，vTPM 2.0 项目是支持多虚拟机同时运行的，即平台上启动多个虚拟机，系统的内存不会出现混乱，且命令须正常执行。多虚拟机支持很好地利用了虚拟化的作用，同时每个虚拟机都有属于自己的 TPM 功能。基于 SGX 技术的多虚拟机支持遇到的问题主要有以下两个。

① 因为 SGX 技术也是对内存的保护，所以多个虚拟机因为 SGX 技术的引入可能出现内存空间上的冲突，继而导致互相影响。这个问题主要取决于 SGX 技术内存保护机制对内存的分配限制。

② 支持 SGX 的 CPU 能否为多个虚拟机提供共同运行的环境。

对于问题①，因为 SGX 技术是保护内存，所以为每个虚拟机运行的程序分配的空间都是不一样的，不管是否基于 SGX 技术，最终都能互不影响，不会出现冲突。对于问题②，因为 CPU 的设计模式比较复杂，所以我们采用实验的方式进行验证。经过实验验证，以上两个问题都不存在，SGX 对多虚拟机是支持的，多虚拟机的工作不会受到影响。

## 9.4 可信云平台

### 9.4.1 可信云服务器的静态度量

#### 1. 服务器静态度量

在可信服务器宿主机启动过程中，硬件开机自检，将控制权交给 BIOS/EFI，BIOS/EFI 启动完毕之后，将控制权交给 Boot Loader，引导操作系统启动从而将控制权转交给操作系统，有必要保证 Boot Loader 引导过程的可信。使用 GRUB 引导操作系统启动，在引导过程中，使用 TPM 对操作系统内核项（kernel、initrd、module）和相关配置选项进行度量，将度量结果交由上层验证模块进行验证，保证启动过程中涉及的重要文件的完整性，与其他模块共同协调完成可信启动。

宿主机静态度量模块包括 GRUB 主体部分以及度量功能模块，由 GRUB 主体在加载命令时调用度量模块对相应文件进行度量，通过 TPM 命令与 TPM 进行交互，将度量值扩展至 PCR，并将记录写入日志文件，最后通过自启动模块将度量值传出，如图 9-16 所示。

其过程描述如下。

(1) BIOS 将控制权交给 GRUB；

(2) 在 kernel、initrd、module 命令中加载操作系统内核镜像及其他 module，GRUB 引导操作系统启动，同时进行度量（即/boot/menu.lst 中对应启动项的参数），将哈希值扩

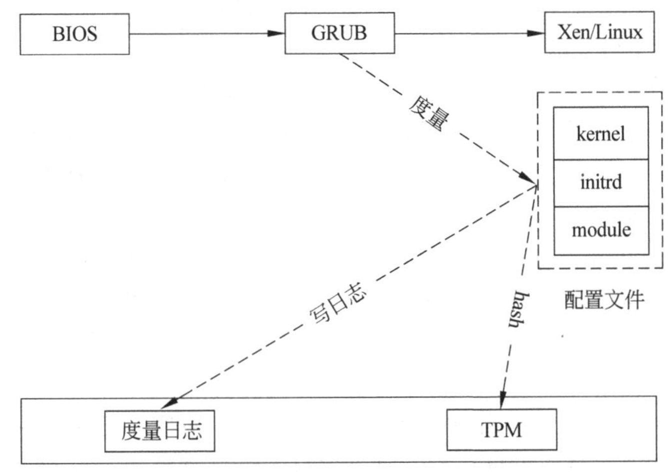


图 9-16 可信服务器宿主机静态度量结构

展到 TPM PCR10,将记录写入度量日志;

(3) 度量配置文件列表中的文件,将哈希值扩展到 TPM PCR10,将记录写入度量日志;

(4) 执行 boot 命令,操作系统启动;

(5) 在操作系统启动后,传值模块自启动,将宿主机静态度量信息传出;

对可信服务器宿主机的静态度量支持配置文件度量可选,度量分为三个层次:不执行度量功能、度量操作系统内核选项、度量操作系统内核和配置文件列表,增加度量模块后的启动延时受度量文件数量、度量文件大小的影响。

可信服务器宿主机静态度量的具体过程如图 9-17 所示。

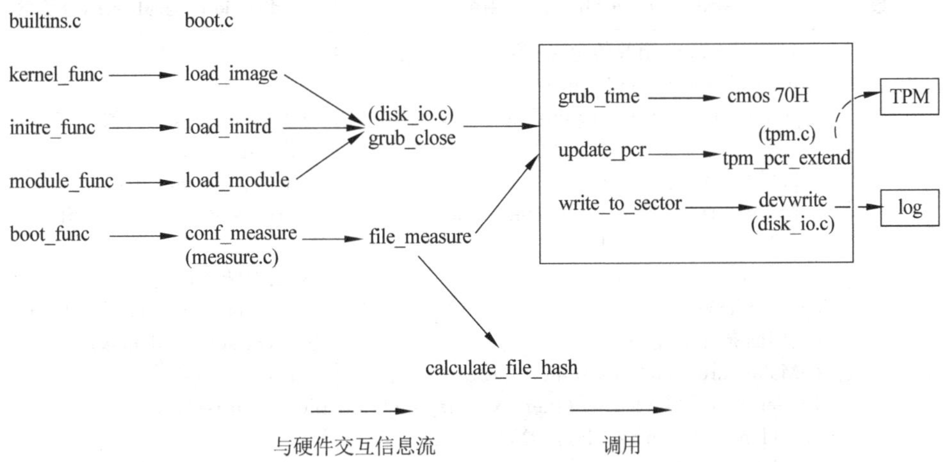


图 9-17 可信服务器宿主机静态度量的具体过程

(6) GRUB 运行 kernel 命令调用 load_image()加载内核镜像,再运行 initrd 命令调用 load_initrd()加载 initrd 文件,然后运行 module 命令调用 load_module()加载别的模

块,这三个函数均需要文件操作获取内容,在 grub_close()函数中完成文件哈希值的计算,然后进行扩展和写日志;

(7) GRUB 在操作系统启动之前运行 boot 命令,在 boot_func()函数中调用 conf_measure()函数进行配置文件的解析,然后调用 file_measure()进行文件度量。file_measure 的过程为:先计算文件哈希值,然后扩展至 TPM,并写入日志,度量结束后开始正常的操作系统启动;

(8) grub_time()函数通过 cmos 70H 获取时间信息,update_pcr()读入哈希值,调用 tpm_pcr_extend()将哈希值扩展到 PCR,write_to_sector()函数将获得的度量时间、文件名、文件大小、文件哈希值信息整理为 xml 格式写入日志文件,调用 devwrite 将信息写入指定的磁盘扇区。

GRUB 在打开文件时需要当前的上下文环境为文件对应的分区,但 GRUB 不具备自动查找功能。如果当前要打开的文件和上一次打开的文件位于不同分区,这个文件将打开失败。若/boot 和配置文件、日志文件、配置文件列表中的文件位于不同的磁盘分区(一般情况下根目录"/"占用一个分区),则度量功能无法顺利进行。

1) 对 TrustedGRUB 1.1.5 的改进

具体实现时,使用 TrustedGRUB 1.1.5 提供的度量接口,支持用户定制的 xml 配置文件列表,修改与 TPM 交互的方式,支持 locality 机制访问 TPM,并添加写日志功能。

① 打上 unsigned-blocks-n-offsets 补丁,解决 GRUB 在硬盘太大情况下找不到有些文件(如/etc 目录下文件)的问题。将补丁复制至 TrustedGRUB 1.1.5 外层目录,使用 patch -p1 -i 命令打上补丁。因为 TrustedGRUB 1.1.5 中有些文件在 GRUB 0.97 基础上做了修改,有两处补丁添加失败,需要手动修改,详见表 9-1。

**表 9-1 TrustedGRUB 1.1.5 的修改以打上 unsigned-blocks-n-offsets 补丁**

| 文件/函数 | disk_io.c grub_read()函数 | disk_io.c grub_seek()函数 |
|---|---|---|
| 补丁 | /* 1.grub_read()函数的定义,参数类型变化 */<br>- grub_read (char * buf, int len)<br>+ grub_read (char * buf, unsigned len)<br>{<br>/* 2.判断条件变化 */<br>/* Make sure "filepos" is a same value */<br>- if ((filepos < 0) \|\| (filepos > filemax))<br>+ if (filepos > filemax)<br>filepos=filemax;<br>/* 3.判断条件变化 */<br>/* Make sure "len" is a same value */<br>- if ((len < 0) \|\| (len > (filemax - filepos)))<br>+ if ((len > (filemax - filepos)))<br>len=filemax - filepos;<br>} | /* 1.grub_seek()函数的定义,参数类型变化 */<br>- grub_seek (int offset)<br>+ grub_seek (unsigned offset)<br>{<br>/* 2.判断条件变化 */<br>- if (offset > filemax \|\| offset < 0)<br>+ if (offset > filemax)<br>return -1;<br>filepos=offset;<br>} |

由于 GRUB 0.97 中没有文件写操作,补丁仅对读磁盘的函数进行了 int 到 unsigned 的转换,而写日志文件需要用到磁盘写操作,因此手动对写磁盘的函数进行相同处理,具

体修改见表 9-2。

**表 9-2　TrustedGRUB 1.1.5 磁盘写函数的修改**

| 文　件 | 函　　数 | 修改(sector 参数类型) |
|---|---|---|
| lib/device.c | write_to_partition() | int write_to_partition (char **map, int drive, int partition, int sector, int size,const char * buf);<br>int write_to_partition (char **map, int drive, int partition, unsigned sector, int size, const char * buf); |
| lib/device.h | write_to_partition() | int write_to_partition (char **map, int drive, int partition, int offset, int size, const char * buf);<br>int write_to_partition (char **map, int drive, int partition, unsigned sector, int size, const char * buf); |
| stage2/disk_io.c | devwrite() | int devwrite (int sector, int sector_len, char * buf);<br>int devwrite (unsigned sector, int sector_len, char * buf); |
| stage2/disk_io.c | rawwrite() | rawwrite (int drive, int sector, char * buf);<br>int rawwrite (int drive, unsigned sector, char * buf); |
| stage2/shared.h | devwrite() | int devwrite (int sector, int sector_len, char * buf);<br>int devwrite (unsigned sector, int sector_len, char * buf); |
| stage2/shared.h | rawwrite() | rawwrite (int drive, int sector, char * buf);<br>int rawwrite (int drive, unsigned sector, char * buf); |

② 删除文件 TrustedGRUB-1.1.5/util/create_sha1.c、TrustedGRUB-1.1.5/util/verify_pcr.c、TrustedGRUB-1.1.5/util/sha1.c,增加了表 9-3 中所列文件(除 measure.h、measure.c、print.h、tbstdbool.h 外的文件或函数均来自 TBoot)。

**表 9-3　TrustedGRUB 1.1.5 中增加的文件列表**

| 文 件 名 | 功　　能 | 主 要 函 数 |
|---|---|---|
| stage2/measure.h | 声明在 measure.c 定义的函数和全局变量 | |
| stage2/measure.c | 文件度量和写日志 | grub_time()、file_measure()、conf_measure()、logfile_info() |
| stage2/print.h | 声明在 boot.c 中添加的打印十六进制数据的函数 | print_hash()、print_hex()、reverse_copy() |
| stage2/tbstdbool.h | 引进 bool 型 | |
| stage2/tbstring.h | 声明在 tbstring.c 中定义的变量 | |
| stage2/tbstring.c | 字符串操作 | strtoul()、tbstrlen()、tbmemcpy() |
| stage2/tpm.h | 定义一些 TPM 宏、变量和类型;声明在 tpm.c 中定义的函数 | |
| stage2/tpm.c | TPM 芯片接口函数 | read_tpm_reg()、write_tpm_reg()、tpm_validate_locality()、tpm_write_cmd_fifo()、tpm_submit_cmd()、tpm_pcr_read()、tpm_pcr_extend() |

③ TrustedGRUB 1.1.5 中修改的文件列表见表 9-4。

**表 9-4 TrustedGRUB 1.1.5 中修改的文件列表**

| 文　件 | 改　动 |
| --- | --- |
| stage1/stage1.S | 删除 TCG extension 部分 |
| stage2/start.S | 删除 TCG extension 部分 |
| stage1/tgrub.h | 改名为 tsgrub.h,其中定义的宏 TGRUB_HDD 影响 stage1.S |
| stage2/boot.c | update_pcr,修改与 TPM 交互方式<br>Load_image 时,添加一个获取当前秒数的操作<br>添加 reverse_copy()、print_hash()、print_hex() |
| stage2/builtins.c | boot_func() |
| stage2/char_io.c | init_age() |
| stage2/cmdline.c | enter_cmdline()、run_script() |
| stage2/disk_io.c | grub_open()、grub_read()、grub_close() |
| stage2/stage2.c | C 语言的 main()函数 |

2) 度量日志

度量日志文件的默认路径为/var/hw_measurement/hostname_st_log.xml,格式如下。

```
<measure>
<Host_name>xxxx</Host_name>
<VM_UUID>xxxx</VM_UUID>
<PCR_tag>10</PCR_tag>
<modules>
<module>
<id>/boot/grub/stage1</id>
<value>7cfc8065f6aed37931c448865b588d6b965a9e0f</value>
<time>Tue May 11 09:47:03 2013</time>
<fileSize>512</fileSize>
</module>
<module>节点</module>
</modules>
</measure>
```

GRUB 程序中的写操作为直接写磁盘扇区,无法更改文件大小,因此日志文件的空间需要事先预留,如果写入超过文件现有长度的内容,读取时仍只能读取现有长度的内容。GRUB 编译时将一个 256KB(262144B)的空日志文件复制至指定目录,除文件头和文件尾部的 xml 标签(非度量记录)信息外,可支持 1022 条日志记录写入,此外,在上层下发新的配置列表时,同时下发一个 256KB 的空日志文件,使得日志文件始终保持 256KB 的容量,确保能写入宿主机静态度量的所有记录。

### 2. 虚拟机静态度量

1）虚拟机镜像的完整性度量

VM 静态度量模块是可信服务器信任链中的重要一环，主要是在镜像解密之后对镜像重要文件进行哈希计算，获得迭代散列值，验证镜像是否遭到非法篡改，并将度量结果上传给管理中心，供其做出虚拟机是否可以启动的决策。

度量的主要对象为下发镜像的内核文件、启动文件、系统驱动以及容易遭受攻击的核心库文件。根据云管理中心下发的配置文件，生成度量文件链表（Windows 镜像主要文件分属两个分区，生成两个度量链表，而 Linux 只有一个）。实现方法为：先将镜像挂载在相应位置，然后根据度量链表逐一度量。当虚拟机镜像核心文件遭到篡改后，在度量结果上能够反映出值的变化，比对度量日志，能够查看哪个核心文件遭到篡改或者删除。

在 NFS（网络文件系统）下，虚拟机镜像在管理节点，而 VM 静态度量模块在计算节点上。由于网络传输与磁盘 I/O 的限制，mount 的时间占用 CPU 较大份额，若同时开启虚拟机过多，虚拟机静态度量性能会急剧下降。

（1）度量配置文件

Windows 度量配置文件 win_vm_st_configure.xml 的内容如下。

```
<?xml version="1.0" encoding="UTF-8"?>
<!DOCTYPE measurefile>
<measurefile>
<boot>
<filename>bootmgr</filename>
</boot>
<kernel>
<filename>Windows/System32/ntoskrnl.exe</filename>
</kernel>
<dll>
<filename>Windows/System32/ntdll.dll</filename>
<filename>Windows/System32/keymgr.dll</filename>
<filename>Windows/System32/kernel32.dll</filename>
<dll>
</measurefile>
```

Linux 度量配置文件与 Windows 配置文件结构类似，度量类别分别为 boot、kernel、etcfile、bin、lib 等。

（2）VM 静态度量流程

VM 静态度量流程如图 9-18 所示。

VM 静态度量在执行度量操作前需要的操作主要有以下几个。

① 获得镜像文件系统类型并写入指定目录，主要函数为 write_os_type((int)domid, disk_path)，定义的辅助结构体 partition_desc 如下。

```
typedef struct partition_desc
```

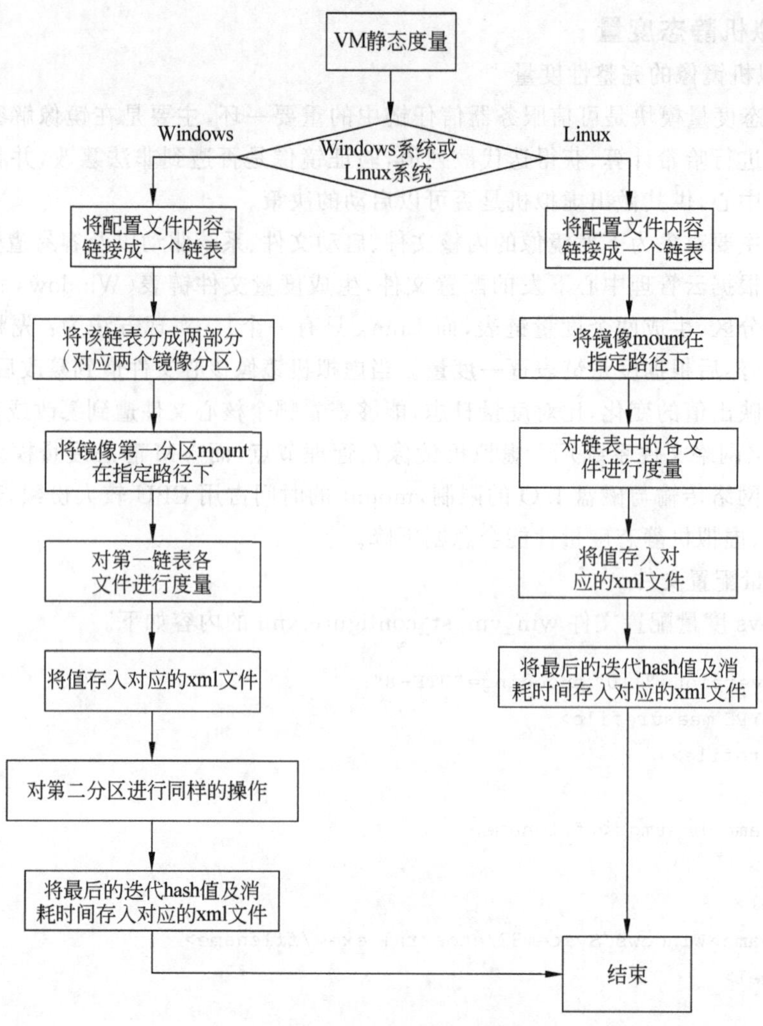


图 9-18　VM 静态度量流程

```
{
        __u8 activity_flag;
        __u8 begin_head;
        __u8 begin_section;
        __u8 begin_cylinden;
        __u8 file_system;
        __u8 end_head;
        __u8 end_section;
        __u8 end_cylinden;
        __u32 befor_section;
        __u32 total_section;
} partition_desc;
```

write_os_type 使用的主要子函数如下。

```
fseek(file,446,0);                   //446 是分区表的开始位置
partition=(partition_desc *)malloc(sizeof(partition_desc));
memset(partition,0,sizeof(partition_desc));
fread(partition,sizeof(partition_desc),1,file);
```

通过判断 filesystem 是否为 NTFS 格式，将文件格式写入/var/lib/xen/domid.os 中，供之后获取文件类型函数使用。

② 获得解密之后的镜像文件路径。

主要代码为 disk_path＝get_disk_name((int)domid)，该函数定义在 measurementbin 文件夹的 static_common 中，通过编译链接，可调用该文件内的函数。其主要步骤为读取加解密过程已写入/var/lib/xen/domid.txt 中的镜像路径。

③ 获得 VM 的 UUID。

主要代码为 uuid＝get_uuid(domid)，与前面获得镜像路径的方法相似，从加解密过程已经生成的/var/lib/xen/domid.uuid 中获取。

④ 获得 VM 的操作系统类型。

主要代码为 get_ostype(domid，ostype)，实现方法与上面类似。

⑤ 为了满足对文件挂载、生成文件存储等统一管理的需求，在 static_common_measure.c 中定义了以下函数。

```
create_directory(uuid, dpath);        //创建度量结果文件存放路径
create_mnt_dir(uuid, mnt_path);       //创建镜像挂载点路径,并获得镜像文件系统类型
```

⑥ VM 静态度量的调用。

针对 Xen 的特点，在外部先对 VM 静态度量代码进行编译链接，生成可执行文件，并将其存放于/bin/下，再使用可执行的 shell 文件，以找到合适的入口地址，把系统因为并发运行而导致的不稳定性降到最低。

修改 image.py 文件，在＃ Handle disk/network related options 模块下紧跟着镜像解密过程添加如下代码段：

```
shellcommand="measurement"+vbdparam+str(self.vm.getDomid())
os.system(shellcommand)
```

以上两步的主要作用是先得到 measurement 执行文件需要的参数，然后执行该文件，即 VM 静态度量的入口。

VM 静态度量代码主要在 static_common_measure.c 中。

① 根据镜像文件类型分别进入 Windows 或者 Linux 的 VM 静态度量函数。

```
static_measurement_windows(imgpath, uuid, dpath);
static_measurement_linux(imgpath, uuid, dpath);
```

② 读取配置文件(xml 文件)中的文件路径，并将其链接成一个链表，然后根据不同的分区将其分割成两个链表。主要函数如下。

(a) read_measure_filename(measure_windows_srcfile，measurefile_list，filename_ rear, uuid); // 将 Windows 镜像度量的配置文件链接成一个链表

度量节点结构体为

```
typedef struct measure_poin
{
    int id;
    char *measure_filename;
    struct measure_point *next;
}Measure_point;
```

(b) get_boot_measure_filename(measurefile_list, boot_measure_filename_list, FIRST_PVALUE);

//将 Windows 度量列表文件按照给定的 FIRST_PVALUE 分成两段，即按照所需度量的第一、

//第二分区分为两个度量列表

(c) 获取分区偏移量，挂载第一分区，主要函数如下。

```
get_partition_offset(img_filepath,partition_offset);
do_mount_windows(img_filepath,partition_offset[0], dest_filepath);
```

获取分区偏移量的方法为：先将镜像前 2MB 的二进制文件映射入内存中，然后将 454 以后 4 字节内容取出，转换为 int 类型，再乘以 512。该方法获得的偏移量可以通过 fdisk -l(镜像名)获得的起始位乘以 512 获得，第二分区获得方法与第一分区类似，将 454 换成 470 即可。

(d) 对第一分区中的各文件进行哈希计算。

先初始化，HashReset(&ctx)，再对第一分区中的各个文件进行哈希计算，对最终的文件哈希值做迭代哈希操作，主要函数如下：

```
measure_file_hash(&sha,boot_measure_filename_list, hash_result);
HashInput(&ctx,(const unsigned char *)(hash_result),32);
```

(e) 对第二分区中的各文件进行哈希计算，步骤与第一分区基本相同。

(f) 将结果存入 xml 文件。

```
xmladdvalue_static((xmlChar *)measure_windows_destfile, (xmlChar )uuid,
(xmlChar*)host_name,(xmlChar*)pcr_tag,(xmlChar*)measure_temp,(xmlChar*)
xml_file,(xmlChar)hash_result_0x,time_s,(xmlChar*)fsize);
```

(g) 性能测试，度量操作开始前计时，度量结束时再计时，将两次的值相减，获得时耗结果，主要代码如下。

```
gettimeofday(&start,0);
gettimeofday(&stop,0);
tim_subtract(&diff,&start,&stop);
sprintf( time_consume,"%d s,%d us",(unsigned int )diff.tv_sec,
      (unsigned int )diff.tv_usec);
xmladdvalue_static((xmlChar *)consuming_windows_log,(xmlChar *)uuid,
```

```
(xmlChar * ) host_name, (xmlChar * ) pcr_tag, (xmlChar) measure_temp, (xmlChar * ) xml
_final, (xmlChar ) time_consume, time_s, NULL);
```

生成 VM 静态度量耗时文件 time_consuming.xml，如图 9-19 所示。



```
▼<measure>
  <VM_UUID>ed40e26f-06aa-b7f2-6a8e-475b4811b20d</VM_UUID>
  <Host_name>root.site</Host_name>
  <PCR_tag>0</PCR_tag>
 ▼<modules>
  ▼<module>
     <id>static_measurement</id>
     <value>3 s,934458 us</value>
     <time>Sat Jun 1 21:44:32 2013</time>
     <fileSize/>
   </module>
  ▼<module>
     <id>static_measurement</id>
     <value>0 s,730102 us</value>
     <time>Sun Jun 2 10:38:43 2013</time>
     <fileSize/>
   </module>
  ▼<module>
     <id>static_measurement</id>
     <value>0 s,912348 us</value>
     <time>Sun Jun 2 10:40:17 2013</time>
     <fileSize/>
  …
```



图 9-19　VM 静态度量耗时文件 time_consuming.xml

(h) 释放生成空间。

```
while(measurefile_list != NULL)
{
    temp_free = (void * )(measurefile_list ->next);
    gettimeofday(&start,0);
    free(measurefile_list);
measurefile_list = (Measure_point * )temp_free;
}
```

以上代码为释放空间的一个实例，其他节点的释放与之类似。

对 Linux 的度量，与 Windows 操作基本相同，主要区别在于：Linux 所要度量的文件都存放在第一个分区下，省去了构建两个文件链表的步骤；所要度量的文件的分类不同；文件系统类型不同，挂载方式不同，Windows 为 NTFS，Linux 为 EXT3。

(3) 虚拟机度量日志文件

虚拟机度量日志文件 static_destfile.xml 与配置文件结构类似。VM 静态度量日志文件如图 9-20 所示。

2) 基于 SeaBIOS 的虚拟机可信启动

除虚拟机镜像的完整性度量外，根据可信计算组织的一级认证一级的基本思想，可信云平台下用户虚拟机要想实现静态完整性信任链，必须解决关键性的问题——如何通过虚拟的 SeaBIOS 实现对虚拟机的引导区进行度量？

根据可信计算中可信静态完整性度量的基本思想，基于 SeaBIOS 虚拟机可信启动度

```
▼<measure>
  <VM_UUID>ed40e26f-06aa-b7f2-6a8e-475b4811b20d</VM_UUID>
  <Host_name>root.site</Host_name>
  <PCR_tag>0</PCR_tag>
 ▼<modules>
  ▼<module>
    <id>/mnt/ed40e26f-06aa-b7f2-6a8e-475b4811b20d/Boot/BCD</id>
    <value>ADBBAAF01FB9F840C37B3F154B3706051569BC4A</value>
    <time>Tue Jun 4 13:43:00 2013</time>
    <fileSize>28672</fileSize>
   </module>
  ▼<module>
    <id>/mnt/ed40e26f-06aa-b7f2-6a8e-475b4811b20d/bootmgr</id>
    <value>900889155F2ED72D82739C4290AB5893AE3C6894</value>
    <time>Tue Jun 4 13:43:00 2013</time>
    <fileSize>383562</fileSize>
   </module>
  ▼<module>
   ▼<id>
     /mnt/ed40e26f-06aa-b7f2-6a8e-475b4811b20d/Boot/BOOTSTAT.DAT
    </id>
    <value>CD618370E76DDBB7DACAFBF5D565AEE173BE0D94</value>
    <time>Tue Jun 4 13:43:00 2013</time>
    <fileSize>65536</fileSize>
   </module>
  ▼<module>
   ▼<id>
     /mnt/ed40e26f-06aa-b7f2-6a8e-475b4811b20d/Windows/System32/ntoskrnl.exe
    </id>
    <value>7E07ABC59036A51A470BE3F9B424699BA125186B</value>
    <time>Tue Jun 4 13:43:00 2013</time>
    <fileSize>3902312</fileSize>
```


图 9-20　VM 静态度量日志文件

量架构如图 9-21 所示。

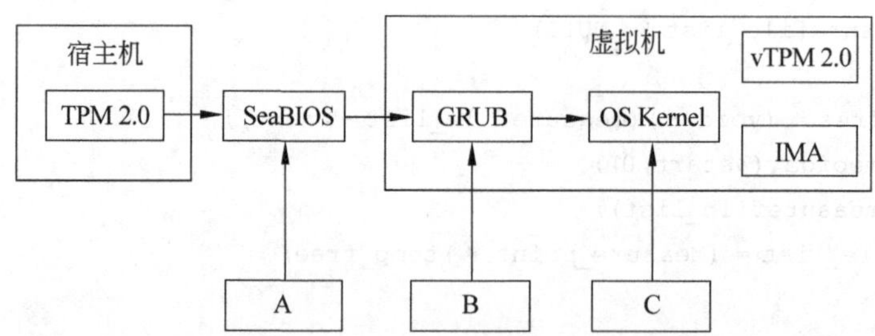


图 9-21　基于 SeaBIOS 的虚拟机可信启动度量架构

在可信平台中，A 所对应的 SeaBIOS 由宿主机度量提供安全保障，对虚拟机的 GRUB 的度量动作由 SeaBIOS 完成。再通过 GRUB 度量虚拟机的系统内核，这样层层递进，一层认证下一层，一级信任下一级。通过这种方式构建虚拟可信云平台上虚拟机的完整可信链。

GRUB 通常划分为 stage1 和 stage2 两部分。stage1 通常被称为引导区，由主引导记录(MBR)、磁盘分区表和引导记录标识三大部分构成。MBR 的详细组成见表 9-5。

引导区的结构为：引导程序段占 446B(最大为 446B，也有的 MBR 结构作 440B 处理)，分区表占 64B，启动记录日志占 2B，表 9-5 中所示为 0x55AA 标识合法的引导扇区，若为其他值，则标识引导扇区不合法。在虚拟可信云平台中，虚拟机的静态完整性度量所构建的可信链与实体的可信云平台大体相似，不同点在于，通过对比，很容易发现虚拟云平台的 BIOS 是没有度量认证功能的，也就是说，BIOS 无法认证下一级的 GRUB。当前，在基于 vTPM 2.0 的云平台下，虚拟机所用的 BIOS 是 SeaBIOS，因此需要对 SeaBIOS 做度量扩展，遵循 stage2 中度量流程的思想设计 SeaBIOS 对 GRUB 中引导区的度量。

**表 9-5　MBR 的详细组成**

<table>
<tr><th colspan="2">地址</th><th colspan="2" rowspan="2">描　述</th><th rowspan="2">字节大小/B</th></tr>
<tr><th>Hex</th><th>Dec</th></tr>
<tr><td>+000h</td><td>+0</td><td colspan="2">启动代码区</td><td>446</td></tr>
<tr><td>+1BEh</td><td>+446</td><td>Partition entry#1</td><td rowspan="4">分区表(4 个分区为主要分区)</td><td>16</td></tr>
<tr><td>+1CEh</td><td>+462</td><td>Partition entry#1</td><td>16</td></tr>
<tr><td>+1DEh</td><td>+478</td><td>Partition entry#1</td><td>16</td></tr>
<tr><td>+1EEh</td><td>+494</td><td>Partition entry#1</td><td>16</td></tr>
<tr><td>+1FEh</td><td>+510</td><td>55h</td><td rowspan="2">启动记录日志</td><td rowspan="2">2</td></tr>
<tr><td>+1FFh</td><td>+511</td><td>AAh</td></tr>
<tr><td colspan="4">合计总大小:446+4*16+2</td><td>512</td></tr>
</table>

具体设计实现分为两部分：SeaBIOS 对 TPM 2.0 支持接口的改进和 SeaBIOS 对引导区度量功能的引进。

(1) SeaBIOS 对 TPM 2.0 支持接口的改进：由于是在 SeaBIOS 1.6.3 的基础上展开，该版本是根据可信计算组织 TPM 1.2 规范对 SeaBIOS 扩展支持可信平台模块，所以需要比对 TPM 2.0 和 TPM 1.2 规范，将不同的接口进行修改，达到完成支持 TPM 2.0 后，再进行下一步的引入度量功能。此部分主要需要修改的地方集中在 tcgbios.h 中的以下几个接口函数。

```
int has_working_tpm(void);                    //对可信平台模块状态的检测函数
u32 tcpa_startup(void);                       //TPM 启动初始化
u32 tcpa_add_bootdevice(u32 bootcd, u32 bootdrv);
                                       //对启动设备进行修改,包括修改部分的设备驱动接口
u32 tcpa_start_option_rom_scan(void);         //便于后面的度量
```

(2) SeaBIOS 对引导区度量功能的改进：在启动的文件 boot.c 中先增加对 MBR 位置文件的访问，然后对引导程序区、分区表及启动记录进行 Hash 计算，最后对以上 3 个 Hash 结果再做一次 Hash 计算，结果最终扩展到平台配置寄存器中。度量功能需要使用的一些函数包括：访问控制函数、文件度量函数、度量结果扩展函数。

主要设计的功能函数如下。

```
tcpa_ipl( enum bootcd, const u8 * addr,u32 length)
//对指定文件的访问
tcpa_add_measurement_to_log_simple(4,EV_IPL, addr, length);//度量地址文件
hash_log_extend_event( const struct hleei_short * hleei_s, structhleeo *
```

```
hleeo)
//度量结果扩展
tpm_extend(pcpes-> digest, hleei_s-> pcrindex);
//最终保存到定义专门存储度量结果的 digest 中,u8digest[SHA1_BUFSIZE];
```

## 9.4.2 可信云服务器的动态度量

### 1. 服务器动态度量

宿主机动态度量用于在宿主机运行过程中对其进行周期性或用户发起的完整性度量,并将度量值传给管理服务器进行匹配验证,以确认当前运行的宿主机的运行环境是否为安全的,未被非法篡改。

宿主机动态度量方案基于 UEFI 并结合 SMM 和 TPM,通过在 UEFI 加入具有度量功能的 SMI handler 实现对上层 VMM 的定时和手动度量,其度量的主要内容为内存中 VMM 的代码段和关键数据段,并将度量值扩展到 TPM 的 PCR11 中,生成度量日志存入指定内存中,从而实现一种有效针对 VMM 的动态度量,可以对云环境中运行的 VMM 随时进行动态度量,以检测其运行状态是否可信。宿主机动态度量方案的系统结构如图 9-22 所示。

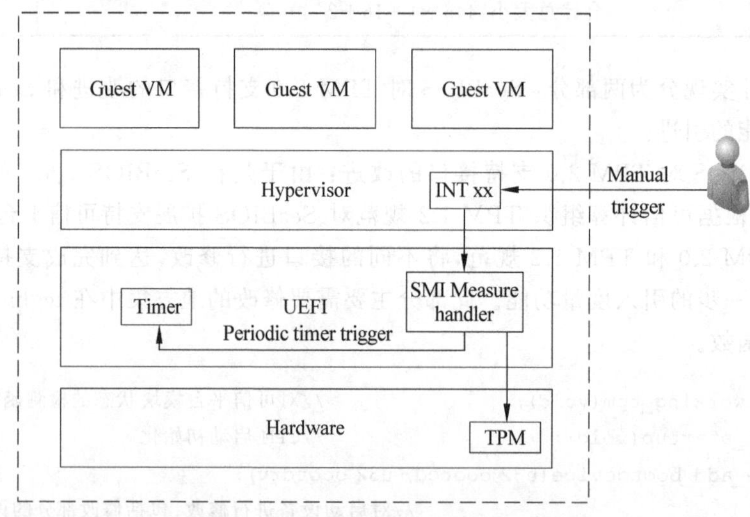


图 9-22　宿主机动态度量方案的系统结构

SMI handler 的寻址能力有限,只能访问 4GB 以内的内存空间,度量的数据不太全面,不过 VMM 主要运行的数据和代码大部分在 4GB 内。EFI 与上层 Xen 之间的交互受限,且无法生成 Xen 可见的文件,所以对 VMM 度量的日志信息放在特定内存中,由上层 Xen 读取后生成日志文件。在一个具体实施例中,执行一次动态度量的时间为 100ms 左右,若 640s 度量一次,则平均 CPU 资源消耗不超过 2%。

1) 手动动态度量

手动动态度量的流程如图 9-23 所示。

① 由管理员或云认证管理服务器向 Dom0 发起度量请求;在 Xen 中加入一个超级调用(hypercall),Dom0 利用中断将度量请求向下传给 Xen(见图 9-23 中流程 1);

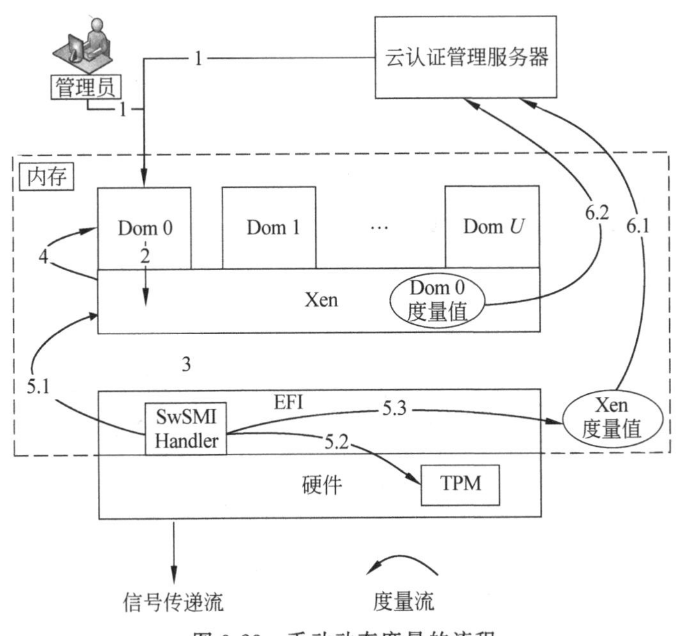


图 9-23　手动动态度量的流程

② Xen 响应 Dom0 的超级调用，调用中断处理程序_outp(b2h，xx)，向 0xb2 端口写特定索引数值(具体实施时采用 0xCC)来触发 SwSMIHandler(见图 9-23 中流程 2、流程 3)；

③ 该 Handler 对 Xen 的.text 和.rodata 等进行度量(见图 9-23 中流程 5.1)，在 CMOS 0x70～0x73 中写入 xen_phys_start(Xen 内核起始物理内存地址)，在 CMOS 0x74～0x77 中写入度量范围的大小，并将度量值写入 TPM(见图 9-23 中流程 5.2)，最后生成度量日志信息并将其写入内存中(见图 9-23 中流程 5.3)；

④ Xen 对 Dom0 进行动态度量，分别针对 Dom0 的 GDT、IDT 和加载模块进行度量，将度量值暂存在临时文件中，与 Xen 的度量日志一起传送给云认证管理服务器(见图 9-23 中流程 6.1、6.2)。

2) 定时动态度量

定时动态度量分为两部分，针对 Xen 的度量由 EFI 定时触发，由 PeriodicTimerDispatcher 根据所定时时间实现，利用这个 Protocol 向 EFI 中注册一个可以周期性自动运行的 SMI Handler，每隔一定时间自动运行；针对 Dom0 的度量由 Xen 中的定时器产生时间信号来实现。定时动态度量的流程如图 9-24 所示。

3) 度量日志

对 Xen 的度量日志，其默认物理内存地址为 xen_phys_start＋0x1000，见表 9-6。

表 9-6　日志信息表

| 地　　址 | 信　　息 |
|---|---|
| xen_phys_start＋0x1000～xen_phys_start＋0x1000＋0x20 | 哈希值 |
| xen_phys_start＋0x1000＋0x20～xen_phys_start＋0x1000＋0x20＋0x7 | 时间信息 |

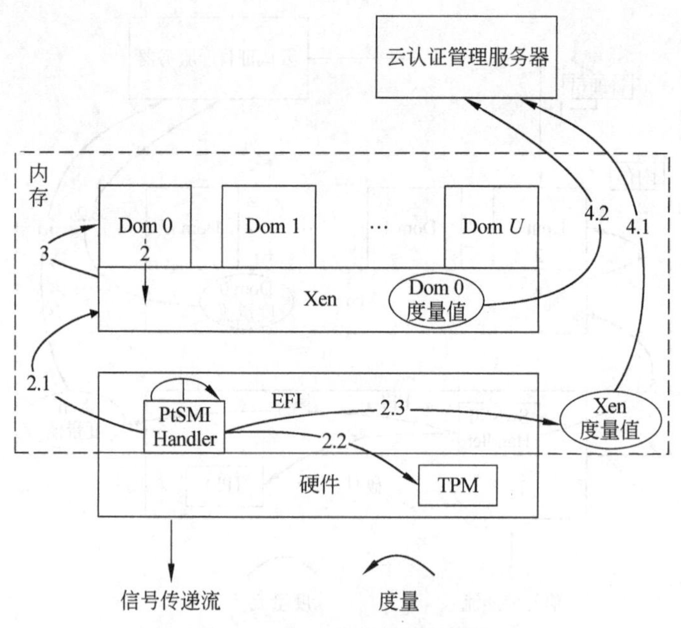


图 9-24　定时动态度量的流程

Xen 会定时读取这部分数据并生成 xml 格式的日志文件，默认路径为/var/log/hwlog/dynamic/Domain0.xml，格式如下。

```
<measure>
<Host_name>xxxx</Host_name>
<VM_UUID>xxxx</VM_UUID>
<PCR_tag>11</PCR_tag>
<modules>
<module>
<id>UEFI_XEN</id>
<value>7cfc8065f6aed37931c448865b588d6b965a9e0f</value>
<time>Tue May 11 09:47:03 2013</time>
<fileSize>12560</fileSize>
</module>
<module>节点</module>
</modules>
</measure>
```

## 2. 虚拟机动态度量

一般地，动态度量是指在系统运行过程中，度量执行代码与重要数据文件（如系统配置文件等）的完整性，以确保系统运行的预期性和安全性。

这里的动态度量主要讨论对系统运行后的数据文件可信性和安全性进行监控，防止恶意攻击程序通过对特殊数据文件（如系统配置文件）的修改达到入侵的目的。动态度量对系统的可信性和安全性保护贯穿于整个运行过程，提高了系统的安全性。

基于可信技术的 VM 动态度量系统结构如图 9-25 所示，分为管理模块、调度模块、Hypervisor 安全模块和 UEFI 固件安全模块。管理模块在管理域中，调度模块和 Hypervisor 安全模块在虚拟化软件（Hypervisor）中，UEFI 固件安全模块在硬件与上层 Hypervisor 接口的 UEFI 接口层。

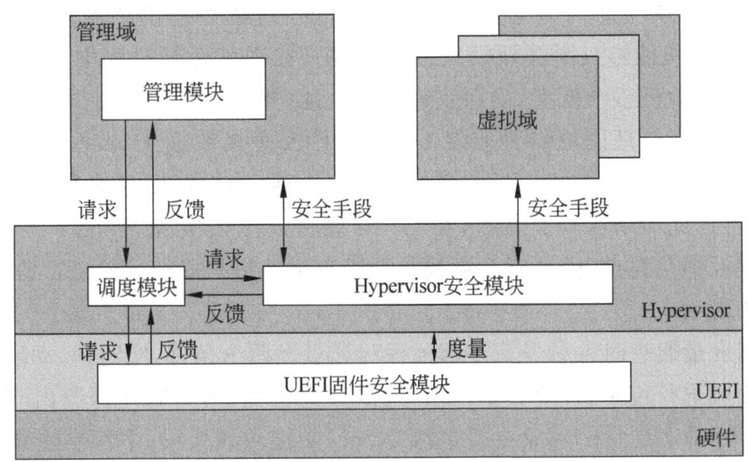


图 9-25　基于可信技术的 VM 动态度量系统结构

UEFI 固件安全模块为固件层可信基。模块中运行的程序以固件形式存放，无法被篡改。该模块根据一定的安全机制和策略，设置相应的安全验证方法，调用硬件接口，基于硬件为上层 Hypervisor 提供保护。在没有 TPM 的条件下，安全机制也可通过程序实现安全验证。对于有 TPM 的机器，此模块将 TPM 纳入本模块一部分，调用 TPM 相关接口，实现安全机制。主要功能包括触发 SMI，执行 SMI Handler，在 SMI Handdler 的 EntryPoint 中初始化整个 SMM 运行环境并注册回调函数，然后在执行时直接调用所注册的回调函数，如 PtSmiMeasureCallback()、SwSmiMeasureCallback()，实现定时度量和手动度量。

Hypervisor 安全模块被可信根 UEFI 固件安全模块度量，以确保其安全性。Hypervisor 安全模块属于度量模块。此模块根据一定的安全机制设置安全手段对管理域和虚拟域实施可信度量和安全保护。此模块的实现策略与 UEFI 固件安全模块不同，具有自动度量以确保管理域和虚拟域的安全性的功能，相关代码存储在～/xen-4.1.2/arch/x86 路径下的 measurement.c、meas_hvm.c 和 meas_pv.c 等文件中。

调度模块在虚拟化软件中被可信根 UEFI 固件安全模块度量，以确保其安全性。调度模块属于资源模块。此模块能够提供安全的接口，供管理模块向 UEFI 固件安全模块和 Hypervisor 安全模块发送命令请求和进行反馈，相关代码存储在～/xen-4.1.2/arch/x86 路径下的 measurement.c 文件中。

管理模块在管理域中被可信的 Hypervisor 安全模块度量，以确保其安全性。管理模块属于资源模块。根据一定的安全策略，实现管理功能。此模块根据下方模块对各个虚拟域的安全信息的反馈，对反馈信息进行分析管理，方便管理员了解各个虚拟域的运行情况，并根据相应情况，通过命令请求的方式对下方模块进行操作。相关代码存储在～/

measurement/userlib/路径下的 do_measurement_by_hand.c、stop_meas_dom_by_timer 等文件中。

开机启动后，信任根 UEFI 固件安全模块立即通对 Hypervisor 进行可信度量与安全检查，判断 Hypervisor 安全模块和调度模块的安全性。验证两个模块的安全性后，Hypervisor 安全模块立即对管理域进行安全检查，判断管理模块的安全性，并据此使 UEFI 固件安全模块能够判断管理模块的安全性。在系统运行过程中，需要实时地进行上述过程，动态地验证整个框架，确保实时的安全性，并且当某特定动作发生前，需要进行安全验证。首先，当管理模块需要触发 UEFI 固件安全模块或 Hypervisor 安全模块前，管理模块通过命令请求的方式向下方模块发起命令请求，在调度模块和管理模块得到安全性验证后，准许此命令执行。其次，在 UEFI 固件安全模块或 Hypervisor 安全模块需要向管理模块反馈信息前，需要对调度模块和管理模块进行安全性验证。验证安全性后，准许反馈行为发生。

VM 动态度量通过时钟触发和外部远程验证触发两个条件，实时地、动态地对 Dom*U* 内核关键数据域进行度量，计算其基准值，检测其完整性，第一时间探测出其是否遭受到非法篡改。VM 动态度量的对象主要包括 Dom*U* 关键内核代码、中断描述符表等。Linux 度量配置文件的默认路径为/opt/measurement/meas_cfg/linux_vm_dy_configure.xml，格式如下。

```
-<configure>
   <time>20</time>
   <os>linux</os>
 -<points>
     <point>GDT</point>
     <point>IDT</point>
     <point>UEFI</point>
     <point>KMOD</point>
   </points>
 </configure>
```

Windows 度量配置文件的默认路径为/opt/measurement/meas_cfg/windows_vm_dy_configure.xml，格式如下。

```
-<configure>
   <time>21</time>
   <OS>Windows</OS>
 -<points>
     <point>GDT</point>
     <point>IDT</point>
     <point>SSDT</point>
     <point>KMOD</point>
   </points>
 </configure>
```

1）手动触发度量

在用户空间生成一个可执行文件 do_measurements_by_hand，该文件位于/opt/measurement/userlib/，用户可以在管理端或者客户端手动触发度量。手动触发度量流程如图 9-26 所示。

(1) do_measurement_by_hand。

该程序位于用户空间，负责从用户空间接收命令以及相关参数，然后调用系统底层的

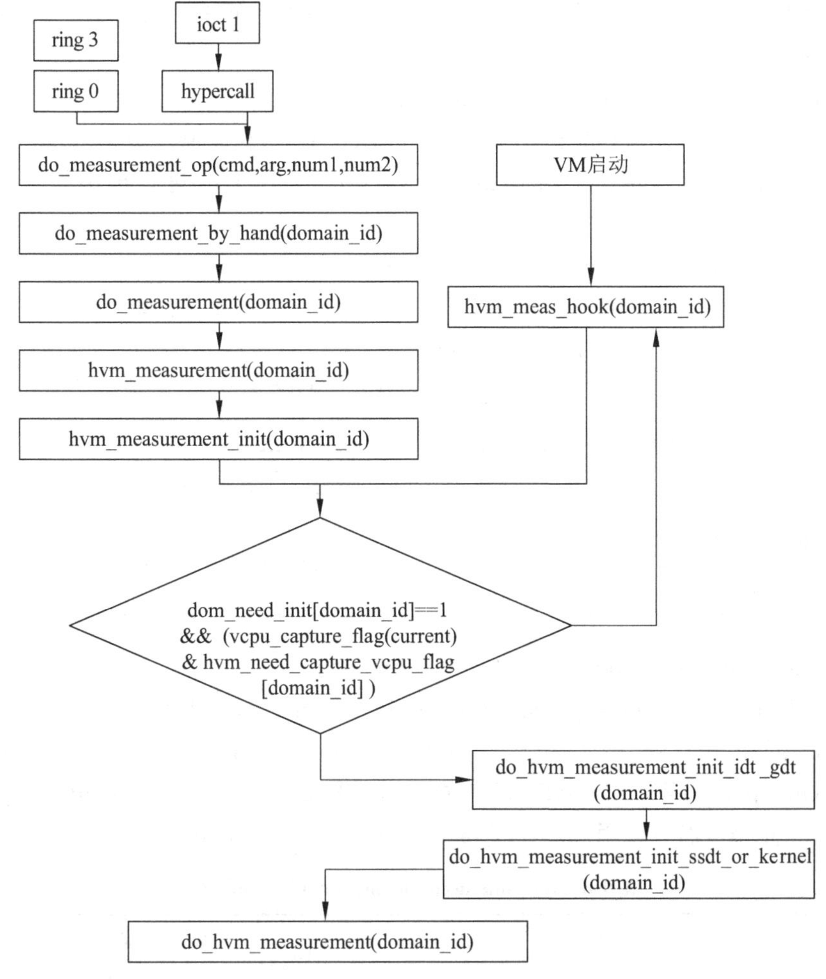


图 9-26　手动触发度量流程

服务例程。该程序声明并初始化了超级调用，传递了两个重要的参数，即度量类型——MEAS_BY_HAND 和标志度量对象的 domain_id。Xen 提供了 privcmd 这个驱动文件，从而在用户空间可以利用 ioctl 超级调用 hypercall(do_measurement_op)触发手动度量。

(2) 超级调用 hypercall。

int do_measurement_op(int cmd, XEN_GUEST_HANDLE(void) arg,int num1, int num2,int num3)，在 measurement.c(位于～/xen-4.1.2/arch/x86)中实现。其主要功能是根据用户空间传过来的操作命令调用相应的处理函数。

(3) do_measurement_by_hand(int domain_id)。

首先根据 domain_id 获取对应的 domain 的状态信息，然后判断它的状态，如果它没有创建，就输出错误提示，直接返回 1 结束程序；如果状态正常，就调用 do_measurement((domid_t)domain_id)进行度量。

(4) do_measurement((domid_t)domain_id)。

首先根据 domain_id 初始化 domain 型结构指针 dom，然后判断它是全虚拟化还是半虚拟化,并调用相应的度量函数。由于半虚拟化和全虚拟化的过程相似,因此这里只分析全虚拟化的度量过程。

(5) hvm_measurement((domid_t)domain_id)。

该函数在 meas_hvm.c(位于~/xen-4.1.2/arch/x86)中实现。如果 domain_id 对应的 domain 没有初始化,则其调用 hvm_measurement_init(id)进行全虚拟化度量的初始化。

(6) hvm_measurement_init((domid_t)domain_id)。

该函数在 meas_hvm.c(位于~/xen-4.1.2/arch/x86)中实现,将需要度量的 VCPU 对应的 hvm_need_capture_vcpu_flag[vcpu-%id]置 1。

uint32_t hvm_need_capture_vcpu_flag[MAX_VM_NUM]的赋值见表 9-7。

**表 9-7 uint32_t hvm_need_capture_vcpu_flag[MAX_VM_NUM]的赋值**

| 值 | 含义 | 备 注 |
| --- | --- | --- |
| 0 | 不需要度量 | MAX_VM_NUM=24,分别标志 24 个 VCPU 是否需要度量 |
| 1 | 需要度量 | |

(7) void hvm_meas_hook(domid_t domain_id)。

该函数轮询 dom_need_to_meas[domain_id](见表 9-8)和 hvm_op(见表 9-9)的值。当 dom_need_init[domain_id]==1 时,调用 do_hvm_measurement_init_idt_gdt(domain_id);当 hvm_op & HVM_OP_MEAS 为真时,调用 do_hvm_measurement_init_ssdt_or_kernel(domain_id),然后调用 do_hvm_measurement(domain_id)。

**表 9-8 int dom_need_to_meas[domain_id]表**

| 值 | 含 义 |
| --- | --- |
| 0 | 不需要度量 |
| 1 | 需要度量 |
| −1 | 正在度量 |

**表 9-9 int hvm_op**

| 值 | 含 义 |
| --- | --- |
| HVM_OP_DO_NOTING | 不做任何事情 |
| HVM_OP_MEAS | 度量 |
| HVM_OP_MEAS_INIT | 进行度量初始化 |
| HVM_OP_PRINT_GDTIDT | 打印 GDT 和 IDT |
| HVM_OP_PRINT_VIRT_MEM | 打印虚拟内存 |
| HVM_OP_WRITE_VIRT_MEM | 改写虚拟内存 |

(8) do_hvm_measurement_init_idt_gdt(domain_id)。

该函数通过初始化 meas_point_struct_t 结构体(见表 9-10)的相关数值,对度量对象的 IDT 和 GDT 进行初始化。

**表 9-10　meas_point_struct_t 结构体定义**

| 字　段 | 含　义 |
|---|---|
| int obj | 对应的度量点 |
| int type | 度量类型 |
| int vcpu_id | 虚拟 CPU 的 id |
| uint64_t addr | 度量点的基址 |
| uint32_t len | 度量点的长度 |
| uint64_t offset | 度量点的偏移量 |
| uint64_t image_base | 度量点的镜像基址 |
| Struct meas_point_struct_t * next_in_list | 度量点链表的下一个度量点 |

度量点 int obj 定义见表 9-11。

**表 9-11　度量点 int obj 定义**

| 值 | 含　义 |
|---|---|
| OBJ_NULL(0) | 没有度量点 |
| OBJ_HVM_GDT(1) | 度量全虚拟化的 GDT |
| OBJ_HVM_IDT(2) | 度量全虚拟化的 IDT |
| OBJ_HVM_WIN_SSDT(3) | 度量全虚拟化的 SSDT |
| OBJ_HVM_LINUX_KERNEL(4) | 度量全虚拟化的 Linux 内核 |
| OBJ_PV_GDT(5) | 度量半虚拟化的 GDT |
| OBJ_PV_IDT(6) | 度量半虚拟化的 IDT |
| OBJ_KMOD(7) | 度量驱动模块 |

(9) do_hvm_measurement_init_ssdt_or_kernel(domain_id)。

根据结构体 dom_meas_struct_t(见表 9-12)中的系统类型和度量标志位进行对应的初始化。如果是 Windows,则需要对 SSDT 进行初始化;如果是 Linux,则需要对 Linux Kernel 进行初始化。

**表 9-12　dom_meas_struct_t 结构定义**

| 字　段 | 含　义 |
|---|---|
| int os_type | 度量对象的系统类型(Windows or Linux) |
| uint8_t meas_pending | 度量标志位(8 位标志位分别与 obj 对应) |

续表

| 字　段 | 含　义 |
|---|---|
| struct meas_point_struct_t * meas_point_list | 度量点结构体链表(链表节点的数目依赖于 VCPU 的数目) |

(10) do_hvm_measurement(domain_id)。

上面的初始化工作完成以后,开始进行度量。利用 Xen 自带的 hvm_copy_from_guest_virt_nofault(void * buf, unsigned long vaddr, int size, uint32_t pfec)将 IDT、GDT、SSDT 或者 Linux Kernel 等度量点的内存值复制到内核态的内存缓冲区中,再使用哈希算法分别生成各个度量点的哈希值,最后生成一个总的度量值。

2) 时间片度量

如 9-27 所示,时间片度量与手动触发度量相似,利用 ioctl 调用 hypercall(do_measurement_op)。获取用户空间的参数信息后,调用 do_set_measurement_timer(domain_id,time)进行相关的初始化,并调用 set_meas_timer_expires(domain_id,expires)设置周期性度量时间片。初始化和设置工作完成以后,时间片度量便会周期性地自动触发。

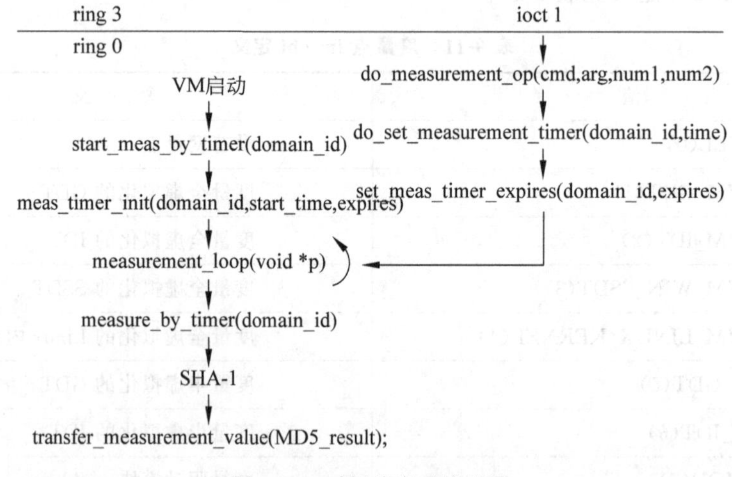


图 9-27　时间片度量流程图

(1) int do_measurement_op(int cmd, XEN_GUEST_HANDLE(void) arg,int num1,int num2)。

该超级调用 hypercall 在 measurement.c(位于~/xen-4.1.2/arch/x86)中实现,主要功能是根据用户空间传过来的操作命令调用相应的处理函数 do_set_measurement_timer(num1,num2)。

(2) int do_set_measurement_timer(int domain_id,int time)。

将 meas_by_timer_flag 置 1,如果参数中的 time 不为 0,则将 meas_dom_by_timer_pending[id]置 0;如果 time 为 0,则置 1。然后调用 meas_timer_init(domid_t domain_id, s_time_t start_time,s_time_t expires)设置 dom_timer 结构体的数值,进行时间片度量的

初始化。若初始化过程中度量周期不是 1s 的整数倍，则调用 set_meas_timer_expires(domid_t domain_id，s_time_t expires)进行时间片设置。

int meas_dom_by_timer_pending[MAX_VM_NUM]赋值定义见表 9-13。

**表 9-13 int meas_dom_by_timer_pending[MAX_VM_NUM]赋值定义**

| 值 | 含　义 |
| --- | --- |
| 0 | 由时间片触发度量 |
| 1 | 不是时间片触发的度量 |

typedef struct dom_timer 结构定义见表 9-14。

**表 9-14 typedef struct dom_timer 结构定义**

| 字　段 | 含　义 |
| --- | --- |
| domid_t domain_id | 虚拟域 ID |
| s_time_t time | 时间长度(设置系统时间片的参数之一) |
| s_time_t expires | 度量周期 |
| struct timer timer_struct | 系统自带的时间片结构体 |

(3) int start_meas_by_timer(domid_t domain_id)。

调用 meas_timer_init(domid_t domain_id，s_time_t start_time，s_time_t expires)设置 dom_timer 结构体的数值，进行时间片度量的初始化。

(4) int meas_timer_init(domid_t domain_id，s_time_t start_time，s_time_t expires)。

设置 dom_timer 结构体的数值，进行时间片度量的初始化。绑定时间片事件的处理函数(void * )measurement_loop()。

(5) void measurement_loop(void * p)。

如果 meas_dom_by_timer_pending[id]等于 0，则调用 do_measurement(id)。后面的过程与手动触发度量过程相似。

3) 度量值传递

度量值传递流程如图 9-28 所示。

(1) transfer measurement_value。

用户在命令行输入命令 transfer，触发传值过程。其是位于用户空间(ring 3)的程序，主要负责从用户空间接收命令以及相关参数，然后调用系统底层的服务例程。该程序声明并初始化了超级调用和循环调用该超级调用的参数 ret，传递了两个重要的参数，即操作命令——TRANSFER_VAL 和存储度量结果的结构体——meas_struct。

(2) int do_measurement_op(int cmd，XEN_GUEST_HANDLE(void) arg，int num1，int num2)。

该超级调用 hypercall 对应的函数在 measurement.c(位于~/xen-4.1.2/arch/x86)中

实现。其主要功能是根据用户空间传过来的操作命令调用相应的处理函数,这里调用的是 do_transfer_measure_val(arg)。

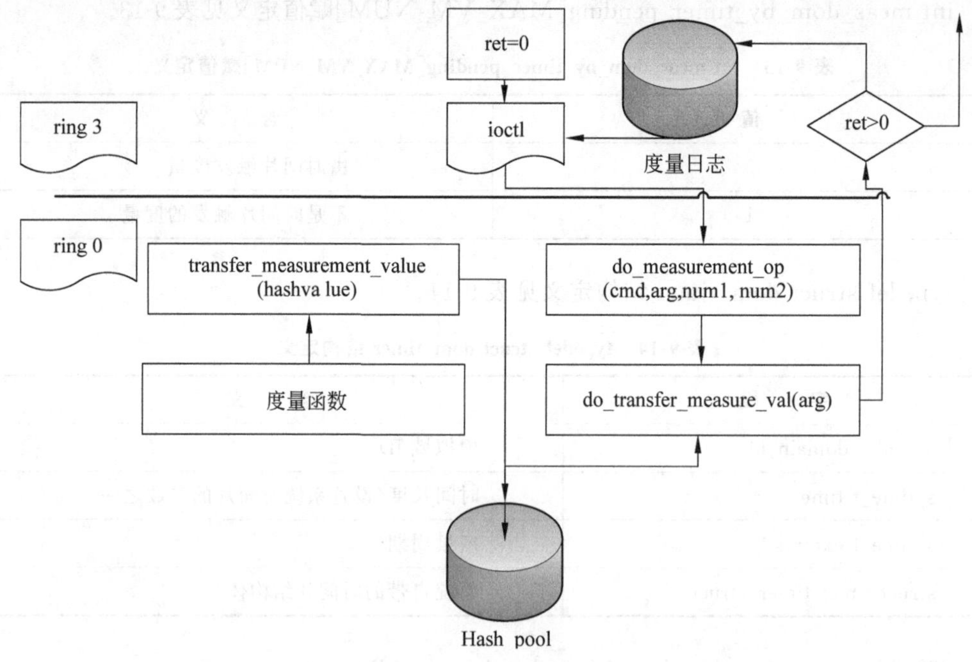


图 9-28 度量值传递流程

(3) int do_transfer_measure_val(XEN_GUEST_HANDLE(void) arg)。

若缓冲池 meas_pool 不为空,则利用 copy_to_guest(arg,meas_pool[pool_end],1)将 meas_pool[pool_end]中的度量值提取到 arg 中,arg 将作为参数传递到用户空间,最后返回 meas_pool[pool_end]的大小。若 pool_head=pool_end,即缓冲池为空,则将 transfer_flag 清零,并返回 0。

缓冲池 meas_ctxt * meas_pool[MEAS_POOL_SIZE]是一个环,int pool_head 和 int pool_end 分别是环的首指针和尾指针。transfer_flag 赋值定义见表 9-15。

表 9-15 transfer_flag 赋值定义

| 值 | 含 义 |
|---|---|
| 0 | 没有度量 |
| 1 | 正在度量 |

(4) int transfer_measurement_value(unsigned int len,unsigned int event,struct tm * time,char * hashvalue)。

如果(pool_head+1)%MEAS_POOL_SIZE !=pool_end,即缓冲池未满,则该函数将调用 Xen 自带的 memcpy(meas_pool[pool_head]-> hash_value,hashvalue,HASHVAL_SIZE)将度量值存入 meas_pool[pool_head]中。如果缓冲池已满,则将

transfer_flag 清零，并返回 0。

4）度量日志

度量序列的迭代哈希值保存在日志文件中，路径为 var/log/hwlog/dynamic_measurement_backup/Domain-%d.xml，格式如下。

```
<measure>
    <Host_name>null</Host_name>
    <VM_UUID>31e6a539-232f-1d25-68af-389c4281b9ae</VM_UUID>
    <PCR_tag>1</PCR_tag>
  - <modules>
    - <module>
        <id>HVM_SSDT</id>
        <value>A45BB65B9958CD17AE624D998BCB0F403429D8F2</value>
        <time>Sun Jun 23 15:12:10 2013</time>
        <fileSize>1604</fileSize>
      </module>
    - <module>
        <id>VCPU-1 HVM_IDT</id>
        <value>16BDD2F90DBD98F6341186FFB4CA2A8AE2D3CD9F</value>
        <time>Sun Jun 23 15:12:10 2013</time>
        <fileSize>2048</fileSize>
      </module>
    - <module>
        <id>VCPU-1 HVM_GDT</id>
        <value>640367190FD96DBF6DBF1C0A270C2369A96601D3</value>
        <time>Sun Jun 23 15:12:10 2013</time>
        <fileSize>256</fileSize>
      </module>
    - <module>
        <id>VCPU-0 HVM_IDT</id>
        <value>292C8933EEA1C35A955B3B7F528A3A09E49FCE98</value>
        <time>Sun Jun 23 15:12:10 2013</time>
        <fileSize>2048</fileSize>
      </module>
    - <module>
        <id>VCPU-0 HVM_GDT</id>
        <value>A98DA1FDFD8B3B5C35BA7FDD862A98E55BCC8FC0</value>
        <time>Sun Jun 23 15:12:10 2013</time>
        <fileSize>256</fileSize>
      </module>
    - <module>
        <id>ALL</id>
        <value>A6662E56CF9FD7FB5877EB479D47A81E8AE78151</value>
        <time>Sun Jun 23 15:12:20 2013</time>
        <fileSize>120</fileSize>
      </module>
```

### 3. 内容完整性度量

IBM 公司于 2004 年提出基于 TPM 1.2 的完整性度量架构（Integrity Measurement Architecture，IMA）。IMA 在内核中增加了模块，在程序运行、内核模块挂载和动态链接库加载时，对代码和关键数据（如配置文件）进行完整性度量，将结果扩展到 TPM 的 PCR10（默认）中，同时（在内核中）创建并维护一个度量列表（ML）。TPM 能保护度量列表的完整性。当远程验证者发起验证请求时，其将 ML 和用 TPM 身份密钥签名的 PCR10 中的度量值报告给远程验证者，验证者通过对比度量值和基准值判断平台是否可信。在恶意软件运行前，其度量值就已经被扩展到 PCR 中，攻击者也无法访问 TPM 的私有签名密钥。恶意软件不能去掉本身的度量值，恶意攻击者无法伪造一个有效的度量列表和对应的 TPM 签名。

TPM 1.2 只支持 RSA、SHA1 算法，不支持对称密码算法；父密钥使用 RSA 算法保护子密钥，密钥加载效率低；不能当作密码协处理器使用，对称加密密钥只能被 TPM 1.2 密钥封装保护，真正对称加密、解密的过程只能在 TPM 1.2 外完成，对称密钥也会在通用内存中暴露,有较大的安全风险。TPM 1.2 的管理较为复杂,也不支持虚拟化场景。

TPM 2.0 支持不同的算法组合,也支持对称密码算法;父密钥使用对称算法保护子密钥,密钥加载效率高;可当作密码协处理器使用,对称加密、解密的过程能在 TPM 2.0 里完成,明文的对称加密密钥也只在 TPM 2.0 里出现。利用 TPM 2.0 的此特性,可增强 IMA 的安全强度。此外,TPM 2.0 还有增强的授权机制和更灵活的管理机制,也提供了对虚拟化的支持,故提出基于 TPM 2.0 的 Linux 完整性度量与验证方案,其架构如图 9-29 所示,包括底层硬件、内核模块和上层文件系统表现。底层硬件是 TPM 2.0 模块。内核部分包括 TPM 2.0 驱动、IMA 模块和文件系统调用。IMA 调用硬件 TPM 2.0 的命令接口,进行扩展 PCR 值等操作,内核模块与底层硬件的交互是通过 TPM 2.0 驱动进行的。IMA 的上层文件系统表现是以安全扩展属性的形式存在,所以需提供文件系统调用度量接口。上层文件系统表现包括可以查看 IMA 度量列表信息和启用扩展验证模块(Extended Verification Module, EVM)的接口,以及以安全扩展属性 security.ima 和 security.evm。

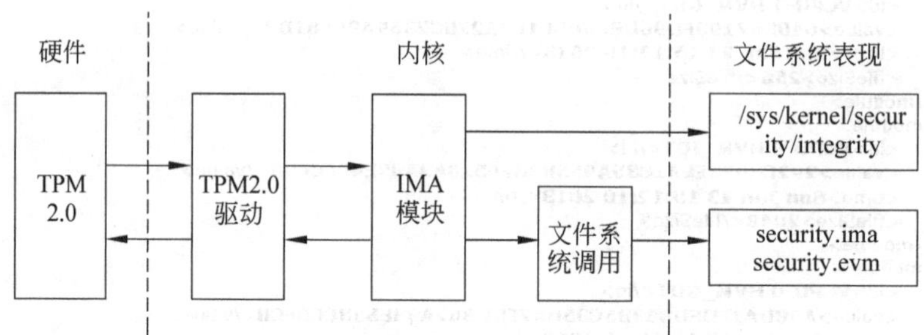


图 9-29　基于 TPM 2.0 的 Linux 完整性度量架构

IMA-appraisal 是 IMA 的基础功能的扩展,它将被验证文件的基准值存储在安全扩展属性 security.ima 中,之后打开文件操作时将文件的当前度量值与基准值进行对比,如果不匹配,则拒绝访问该文件。默认情况下,security.ima 中存储的是文件的哈希值。IMA-appraisal 的数字签名扩展(IMA-appraisal-signature-extension)对原本存储在 security.ima 中的哈希值签名,之后再存入 security.ima 中。当不可改变的文件被访问时,在内核中查找对应的密钥公钥,验证签名并对比文件的当前哈希值。安全扩展属性被签名的文件不可以被修改,但是允许删除和替换,以实现文件的更新。攻击者无法得到签名用到的私钥,难以伪造安全扩展属性签名。

1) TPM 2.0 内核驱动

TPM 1.2 和 TPM 2.0 对外提供的 TPM_TIS 接口并没有发生变化,只是在对内的具体实现上有了改变。所以,在编写 TPM 2.0 的 TPM2_TIS 的过程中参考了 TPM 1.2 的架构,在具体实现上进行修改。

首先分析 TPM 1.2 的驱动架构。在 Linux 中,驱动的加载和卸载以及设备的注册都是有固定流程的,TPM 1.2 和 TPM 2.0 都必须遵守此流程。在内核中,驱动程序是作为模块存在的,通常用户可以通过如 modprobe 和 insmod 命令加载驱动程序。驱动程序的加载入口为 module_init()。在驱动程序由此正确加载后,上层应用才可以和实体硬件进行交互。驱动程序的卸载入口是 module_exit()，在卸载驱动程序时，由此清除硬件状态和进行一些必要的操作。通过对 Linux 下的设备驱动程序架构的分析，参照 TPM 1.2 驱动，编写以下几个关键部分。

(1) 驱动程序的加载和卸载入口部分。

驱动程序的加载入口是 module_init(init_tis)，init_tis()调用 Linux 提供的通用的驱动程序注册接口 platform_driver_register()注册 TPM 2.0 设备，注册成功后调用 tpm2_tis_init()完成后续的初始化工作。驱动程序的卸载入口是 module_exit(cleanup_tis)，cleanup_tis()调用 tpm_remove_hardware()清除状态并将设备卸载。

(2) 初始化驱动程序函数。

初始化驱动程序函数 tpm2_tis_init()的主要功能是在注册 TPM 2.0 设备后完成剩下的初始化工作。首先调用 tpm_register_hardware()完成其他注册工作，如创建文件系统中的属性设备组等，然后调用 ioremap()函数设置 TPM 2.0 的虚拟内存地址空间、默认的等待时间、TPM 内部的各项标志并在日志中输出 TPM 2.0 的信息。接着调用 TPM 2.0 设备自检函数 tpm2_do_selftest()，在自检完成通过后建立中断，完成初始化过程。

(3) 编写设备自检函数。

tpm2_do_selftest()是设备的自检函数，它调用 transmit_cmd()将封装的自检命令和自检参数发送到 TPM 2.0 硬件设备中，输出日志信息"TPM 2.0 自检……"。当 TPM 自检通过、设备初始化完成后，可以在内核中看到 TPM 设备和设备信息。

(4) 编写 tpm_tis 驱动的实体结构。

仿照 TPM 1.2 编写 tpm2_tis 接口，以及相应的一系列 tpm2_tis 接口功能函数。

```
static struct tpm_vendor_specific tpm2_tis = {
    .status = tpm2_tis_status,
    .recv = tpm2_tis_recv,
    .send = tpm2_tis_send,
    .cancel = tpm2_tis_ready,
    .req_complete_mask = TPM_STS_DATA_AVAIL | TPM_STS_VALID,
    .req_complete_val = TPM_STS_DATA_AVAIL | TPM_STS_VALID,
    .req_canceled = tpm2_tis_req_canceled,
    .attr_group = &tis_attr_grp,
    .miscdev = {
            .fops = &tis_ops,},
};
```

(5) 编写 TPM 2.0 设备属性组。

设备属性组 tis_attr_grp 对应在 TPM 2.0 属性目录/sys/class/misc/tpm0/devices 下查看到的 TPM 设备的属性和状态。TPM 1.2 提供的属性包括：pcrs，查看 TPM 中所有 PCR 中的值；pubek，查看公钥；enabled，查看是否处于启动状态；active，查看是否处于激活态；owned，查看是否被拥有；caps，查看 capbility 信息，如固件版本等；timeouts，查看超时信息。在 TPM 2.0 驱动中主要实现的几个查看属性的接口是：endorseauth，查看从上次 tpm2_clear 后，签署授权是否被改变；ownerauth，查看从上次 tpm2_clear 后，所有者授权是否被改变；phenable，查看平台层次对象使能与否以及平台授权值和策略值能否用于授权；shenable，存储层次对象使能与否以及所有者授权值和策略值能否用于授权。这些新增加的属性查看接口针对的是 TPM 2.0 的新特性。

（6）编写 TPM 2.0 调用接口。

作为内核模块，IMA 和 EVM 需要通过调用 TPM 驱动和 TPM 进行交互，读取扩展 TPM 的 PCR 值和发送信息给 TPM。需要编写读取 PCR 值的接口 tpm2_pcr_read()、扩展 PCR 值的接口 tpm2_pcr_extend()。

以上这六部分基本涵盖了重编的 TPM 2.0 驱动的核心代码，结合了 TPM 2.0 的新特性。其中许多部分与 TPM 1.2 是通用的，如 TPM 文件操作函数 tpm_write()、tpm_read()，TPM 硬件注册函数 tpm_register_hardware()等。

2) IMA 代码具体实现

IMA 代码具体实现的源码结构如图 9-30 所示，分为几个子模块。

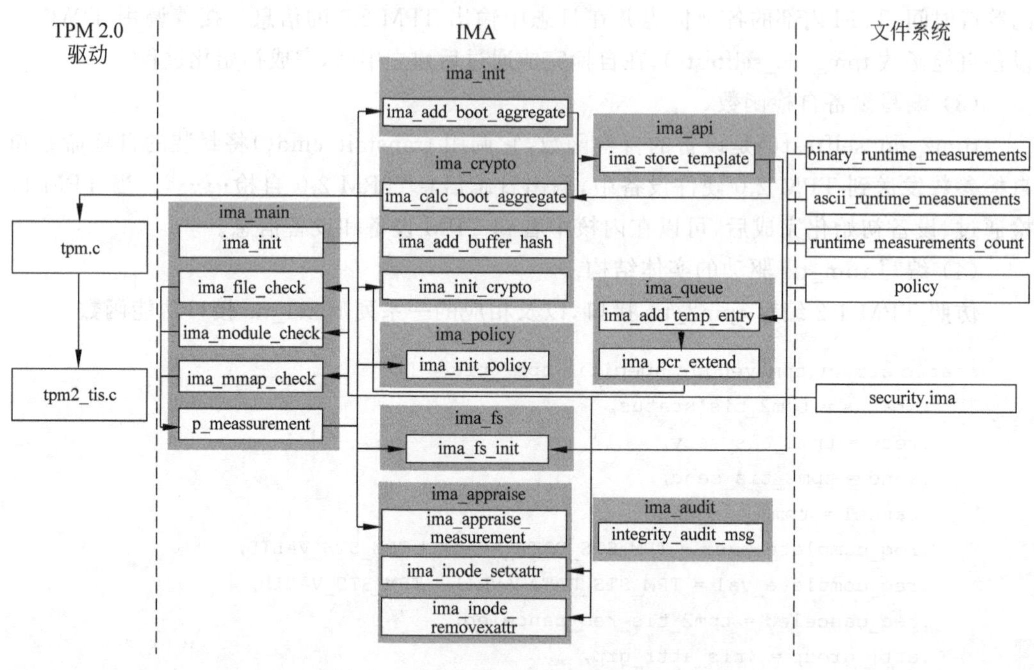


图 9-30 IMA 代码具体实现的源码结构

① ima_main 模块，调用 ima_init 模块，实现初始化，同时实现了提供给其他模块度量可执行文件、动态链接库、文件的接口，如：

```
int ima_file_check(struct file * file,int mask);
int ima_bprm_check(struct Linux_binprm * bprm);
int ima_file_mmap(struct file * file,unsigned long prot);
int ima_module_check(struct file * file)
```

当文件打开时，int ima_file_check()函数对读、写和执行的文件内容进行度量；当装入代码时，int ima_bprm_check()对可执行文件结构体 Linux_binprm 进行度量；函数 int ima_file_mmap()用于文件重定向；函数 int ima_module_check()用于对模块进行检测。

② ima_init 模块，在 Linux 内核启动时初始化 IMA 模块。为了延续可信链，IMA 将系统启动过程中写入 TPM 中的 PCR 值进行了一个哈希计算，即对 PCR 0～7 进行哈希计算，然后通过调用 TPM 2.0 的接口将度量值扩展至 PCR 10 中，将该值作为内核度量列表中的首项，最后依据策略初始化 IMA 的其他模块。

以下是计算启动过程完整性的代码。

```
int __init ima_calc_boot_aggregate(char * digest)
{
    struct hash_desc desc;
    struct scatterlist sg;
    u8 pcr_i[IMA_DIGEST_SIZE];
    int rc, i;
    rc = init_desc(&desc);
    if (rc != 0)
        return rc;
    /* TPM 寄存器 0~7 的累积哈希 */
    for (i = TPM_PCR0; i < TPM_PCR8; i++) {
        ima_pcrread(i, pcr_i); /* call tpm2_pcr_read */
        /* 与当前 Hash 值进行累积 */
        sg_init_one(&sg, pcr_i, IMA_DIGEST_SIZE);
        rc = crypto_hash_update(&desc, &sg, IMA_DIGEST_SIZE);
    }
    if (!rc)
        crypto_hash_final(&desc, digest);
    crypto_free_hash(desc.tfm);
    return rc;
}
```

③ ima_policy 模块，初始化默认的度量策略规则。IMA 度量和验证的文件可通过策略进行定制，默认策略是对 root 用户的文件、内核模块、可执行文件、动态链接库进行度量，对 root 用户的文件进行验证。可以利用 SELinux 标签等实现更细粒度的策略。

④ ima_crypto 模块，实现了 ima_calc_file_hash()和 ima_calc_boot_aggregate()接口，计算文件和 PCR 0～7 的哈希值（度量值），以提供给其他模块使用。

⑤ ima_fs 模块，实时统计 IMA 的相关状态及度量列表，并显示在文件系统中。

⑥ ima_queue 模块，实现一个存储度量值的队列，并且将度量值扩展到 TPM 芯片的 PCR10 中。度量列表的条目只增加，不修改也不删除。ima_queue 中的 ima_pcr_extend()调用代码如下。

```
static int ima_pcr_extend(const u8 * hash)
{
    int result = 0;
    if (!ima_used_chip)
```

```
    return result;
  result=tpm2_pcr_extend(TPM_ANY_NUM, CONFIG_IMA_MEASURE_PCR_IDX, hash);
  if (result != 0)
      pr_err("IMA: Error Communicating to TPM chip,result: %d\n", result);
  return result;
}
```

⑦ ima_api 模块,实现了一些供其他模块调用的接口。

⑧ ima_audit 模块,将 IMA 运行过程中的一些信息输出。

⑨ ima_appraise 模块,基于存储在文件安全扩展属性 security.ima 上的 Good 值进行本地验证。默认 appraise 策略是验证具有 root 权限用户的所有文件。appraise 模块实现了设置和删除文件节点的安全扩展属性 security.ima 的接口,给内核中负责安全的模块,再由安全模块提供接口,为文件系统设置和删除安全扩展属性 security.ima,具体接口有 ima_inode_setxattr()和 ima_inode_removexattr()。

设置文件安全属性的接口代码:

```
int ima_inode_setxattr(struct dentry * dentry, const char * xattr_name,
                  const void * xattr_value, size_t xattr_value_len)
{
    int result;
    result = ima_protect_xattr(dentry, xattr_name, xattr_value, xattr_value_
len);
    if (result == 1) {
        ima_reset_appraise_flags(dentry->d_inode);
        result = 0;
    }
    return result;
}
```

删除文件安全属性的接口代码:

```
int ima_inode_removexattr(struct dentry * dentry, const char * xattr_name)
{
    int result;
    result = ima_protect_xattr(dentry, xattr_name, NULL, 0);
    if (result == 1) {
        ima_reset_appraise_flags(dentry->d_inode);
        result = 0;
    }
    return result;
}
```

⑩ 度量列表。IMA 维护在内核中的度量列表是一个哈希链表,方便快速查找,比普通的双向链表减少了一半的空间占用量。

```
LIST_HEAD(ima_measurements);
/* 度量列表 */
struct ima_h_table ima_htable = {
    .len = ATOMIC_LONG_INIT(0),
    .violations = ATOMIC_LONG_INIT(0),
    .queue[0 ... IMA_MEASURE_HTABLE_SIZE - 1] = HLIST_HEAD_INIT
};
```

3）扩展验证模块（Extended Verification Module，EVM）

EVM 对所有的安全扩展属性计算 HMAC 值，将其存储在文件的安全扩展属性 security.evm 中，提供对所有安全扩展属性的离线保护，包括：

① security.ima（IMA 度量的文件的哈希值或签名值）；

② security.selinux（SELinux 的上下文标签）；

③ security.smack64（打标签的文件）；

④ security.capability（可执行文件的能力标签）。

EVM 使用的 HMAC 密钥的安全性非常重要，其受 TPM 保护，与特定的 PCR 值相绑定。用户态中可见的只有加了密的数据块。EVM 密钥在使用时需要验证关联的 PCR 值。

EVM 代码结构如图 9-31 所示。

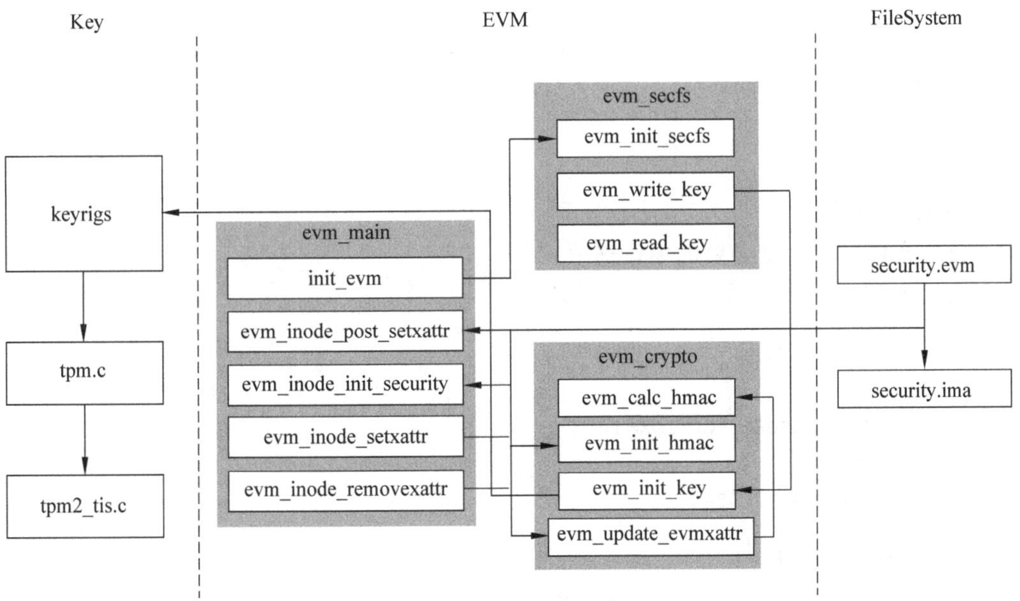


图 9-31　EVM 代码结构

EVM 包括以下几个部件：密钥、EVM 内核模块和文件安全扩展属性 security.evm。EVM 内核模块包括以下几个子模块。

① evm_main 模块，负责初始化 EVM 的其他子模块，并为其他模块提供 evm_inode_init_security()、evm_inode_setxattr()、evm_inode_post_setxattr()等接口，初始化、设置、更新安全扩展属性 security.evm。

② evm_secfs 模块，负责在文件系统中创建 evm 接口文件，提供了 evm_write_key()接口，启用 EVM。这个接口收到用户的信息后，会去请求 HMAC 密钥；获取 HMAC 密钥之后，会返回一个值到这个 evm 接口文件中。用户可以通过查看这个接口文件，判断是否成功启用了 EVM 功能。

③ evm_crypto 模块，负责利用密钥使用 HMAC 算法计算保护的安全扩展属性（如 security.ima 等）的 HMAC 值，为 EVM 的其他子模块提供调用接口。

EVM 在 fix 状态下，当 EVM 启动之后，如果有文件被改变或者是新文件被创建，EVM 就会更新 security.evm 中的 HMAC 值。打开一个 root 用户的文件，不管 IMA 或者 EVM 扩展属性是否可用，都将会修复 security.ima 的扩展属性。EVM 主要调用 TPM 2.0 驱动提供的 tpm_send()接口，发送命令到 TPM，解封可信密钥来进行 HAMC 计算。EVM 也可以使用不用 TPM 封装的密钥。

```
int tpm_send(u32 chip_num, void * cmd, size_t buflen)
{
    struct tpm_chip * chip;
    int rc;
    chip = tpm_chip_find_get(chip_num);
    if (chip == NULL)
        return -ENODEV;
    rc = transmit_cmd(chip, cmd, buflen, "attempting tpm_cmd");
    tpm_chip_put(chip);
    return rc;
}
```

4）编译内核

首先在内核中设定必要的编译选项。

启用 IMA：

```
CONFIG_INTEGRITY=y
CONFIG_IMA=y
CONFIG_IMA_MEASURE_PCR_IDX=10
CONFIG_IMA_AUDIT=y
CONFIG_IMA_LSM_RULES=y
```

启用 IMA-appraisal：

```
CONFIG_INTEGRITY_SIGNATURE=y
CONFIG_INTEGRITY=y
CONFIG_IMA_APPRAISE=y
```

启用 EVM：

```
CONFIG_INTEGRITY_SIGNATURE=y
CONFIG_INTEGRITY=y
CONFIG_EVM=y
```

启用可信密钥和加密密钥：

```
CONFIG_KEYS=y
CONFIG_TRUSTED_KEYS=y
CONFIG_ENCRYPTED_KEYS=y
```

启用 TPM 驱动：

```
CONFIG_TCG_TPM=y
```

添加好参数后，执行命令 make all、make modules install、make install，将内核编译安装好。

5）启用 IMA

① 修改内核启动参数，添加参数：ima_tcb=1。

② 查看 IMA 内核度量列表，如图 9-32 所示。

```
root@ubuntu:/sys/kernel/security/ima# head -n 10 ascii_runtime_measurements
10 127aa33f80b694afcb0cf77331d9dac6be687a0e ima 5f577f1b72986e4051e941665095ad3b
7bac8291 boot_aggregate
10 27eb54523dfb51dfb298d10e82e29f70172fc5d3 ima c712dfebbe0603e1f0ac6da77401bd66
59ac5cb0 /sbin/init
10 1b2889ac528dd07640524f1e4d05a80da7cb4709 ima ec511c6d01317d927d7ca01c982664a0
9dae2e14 /lib/i386-linux-gnu/ld-2.15.so
10 1873b704931336b3bfd02ca55d433e67c4f2cb17 ima 8dfcce2803f941bcda0bb9745e556ba1
a57499e9 /etc/ld.so.cache
10 884318a5eb0e04326b055458e50b22a21e69dce5 ima 9153d5024f01719f84a01967b6af165c
02e3d42f /lib/i386-linux-gnu/libnih.so.1.0.0
10 cbaad7f11baaed4de03b004d25ff17b08d11e4c5 ima 519537f2f1d8525e189f975883550b2d
7a294191 /lib/i386-linux-gnu/libnih-dbus.so.1.0.0
10 4bf6cb03130b00cf93841b653c749b22cfabd7c2 ima 141b38e7af8be0f929647d6c5198d7
a5ff55bd /lib/i386-linux-gnu/libdbus-1.so.3.5.8
10 e368f735bb035b9482c395c1a6f5f4f03a0c8af7 ima 15e95183a349cd9e1be03c32b30768
ae055c89 /lib/i386-linux-gnu/libpthread-2.15.so
10 093f2343055a65667883e746b50ceb60d98e49cd ima 9091f51463f7c0a78348d305819e211f
1e8fe71a /lib/i386-linux-gnu/librt-2.15.so
10 b95ece4b2790fd96948e14e153e4836f0aca6841 ima da8adaf57cf0c91c5abb4447255a1a0c
b03f411b /lib/i386-linux-gnu/libc-2.15.so
```

图 9-32　IMA 内核度量列表

③ 依次执行：加载内核模块，打开 root 用户的文件，运行脚本，运行可执行文件。

④ 验证 IMA 度量列表的完整性。

(a) 查看当前 TPM 中的 PCR10 的值，如图 9-33 所示。

```
root@ubuntu:/sys/class/misc/tpm0/device# cat pcrs
PCR-00 :3d ca ea 25 dc 86 55 4d 94 b9 4a a5 bc 8f 73 5a 49 21 2a f8
PCR-01 :b2 a8 3b 0e bf 2f 83 74 29 9a 5b 2b df c3 1e a9 55 ad 72 36
PCR-02 :b2 a8 3b 0e bf 2f 83 74 29 9a 5b 2b df c3 1e a9 55 ad 72 36
PCR-03 :b2 a8 3b 0e bf 2f 83 74 29 9a 5b 2b df c3 1e a9 55 ad 72 36
PCR-04 :44 60 a9 59 df 34 ec 57 71 1b c8 5f f1 b4 3a b1 e9 4e 31 81
PCR-05 :ce ff 93 f0 20 39 ef 22 ad e5 d5 64 1a 7c ad 58 a0 ef e9 84
PCR-06 :b2 a8 3b 0e bf 2f 83 74 29 9a 5b 2b df c3 1e a9 55 ad 72 36
PCR-07 :dd 28 a7 ce 11 87 00 1c 50 ff 5b 6a 6c b1 40 c7 c5 d2 76 22
PCR-08 :00 00 00 00 00 00 00 00 00 00 00 00 00 00 00 00 00 00 00 00
PCR-09 :00 00 00 00 00 00 00 00 00 00 00 00 00 00 00 00 00 00 00 00
PCR-10 :77 20 e6 6a e1 98 4a 7d 42 c3 6c 04 4f 51 77 b9 f5 ea 1e 42
```

图 9-33　PCR10 值

(b) 计算当前 IMA 列表的重构度量值，如图 9-34 所示。

可以看到，计算得出的 PCR 值与实际 PCR10 中的值是一致的。

```
root@ubuntu:/# ima_measure /sys/kernel/security/ima/binary_runtime_measurem
PCRAggr (re-calculated):77 20 E6 6A E1 98 4A 7D 42 C3 6C 04 4F 51 77 B9 F5
 42
```

图 9-34 重构度量值

6）启用 IMA-appraisal

① 修改内核启动参数。

修改启动配置文件的参数，添加参数：

```
rootflags=iversion ima_appraise_tcb ima_appraise=fix
```

② 修改文件系统挂载配置。

在/etc/fstab 中添加以下代码：

```
UUID=blah  /    ext4    noatime,iversion  1    2
```

③ 重启计算机后，标记文件系统。

标记文件系统可以通过下面这条命令实现：

```
find / \( -fstype rootfs -o -fstype ext4 \) -type f -uid 0 -exec evmctl ima_hash '
{}' > /dev/null \;
```

④ 修改内核启动参数。

修改启动配置文件的参数，添加参数：

```
ima_tcb=1 rootflags=iversion ima_appraise_tcb ima_appraise=enforce
```

然后重启计算机。

⑤ 输入以下命令读取文件的安全扩展属性 security.ima，如图 9-35 所示。

```
getfattr -m . -d 文件路径(相对/绝对)
```

```
root@ubuntu:/home/test# ll |grep test1
-rw-r--r-- 1 root root    9 Nov 29 00:38 test1
root@ubuntu:/home/test# getfattr -m . -d test1
# file: test1
security.ima=0sAcxzY3I1T1iEoFwrEHhdET7NWA1g
```

图 9-35 读取文件的安全扩展属性

7）创建 IMA/EVM 密钥

可信密钥和加密密钥这两种密钥类型是在内核 2.6.38 后新添加到 Linux 密钥保留服务(Linux key retention service)的。这两种类型的密钥都是可变长度的对称密钥，只能在内核中创建，在用户空间只能看到密封的数据块。可信密钥需要 TPM 保证其安全性，加密密钥则可运用在任何系统中。可信密钥和加密密钥默认存储在/etc/keys 路径下。

以下是创建 IMA/EVM 中各项密钥的过程。

① 加载可信密钥、加密密钥内核模块，注册密钥类型：

```
$ su -c 'modprobe trusted encrypted'
```

② 创建可信的父密钥：

```
$ su -c 'keyctl add trusted ima-trusted "new 32" @u'
$ su -c 'keyctl pipe `keyctl search
    @u trusted ima-trusted` >/etc/keys/ima-trusted.blob'
```

③ 创建 EVM/IMA 签名密钥：

```
$ su -c 'openssl genrsa -out privkey_ima.pem 1024'
```

④ 创建 EVM 加密密钥：

```
$ su -c 'keyctl add encrypted evm-key "new trusted:ima-trusted 32" @u'
$ su -c 'keyctl pipe `keyctl search
    @u encrypted evm-key` >/etc/keys/evm-trusted.blob'
```

⑤ 导入密钥：

```
$ su -c 'ima_id=`keyctl newring _ima @u`
$ su -c 'evmctl import /etc/keys/pubkey_ima.pem $ima_id`
$ su -c 'evm_id=`keyctl newring _evm @u`
$ su -c 'evmctl import /etc/keys/evm-trusted.blob $evm_id`
```

8）启用 IMA-appraisal-signature

① 对 root 用户打开的某不可变文件进行签名，如图 9-36 所示。

```
root@ubuntu:/home/test# evmctl ima_sign --rsa test.sh
root@ubuntu:/home/test# getfattr -m . -d test.sh
# file: test.sh
security.ima=0sAwFz0lpWAAAXNy6wELqAcQEEAITcUHEveeUZY0WPpOgaHk+1NhGVy7S/xZj7toI+g
HAZ5ZY1nWUcFM+vmQNuScbjcpW9BylCxoWG78mChIkXZ2O+OJFYLPsK2sZ/TDO9ukROmlhLRnfL9PhUg
S1bgiAwaEpEf0jBrsVRywefotPpUxi6EKCkkiUgXcmcc3uQsh7Z
```

图 9-36 签名不可变文件

② 测试文件操作是否可以完成，以此验证 IMA-appraisal-signature 功能是否实现，如图 9-37 所示。

```
root@ubuntu:/home/test# ./test.sh
testing!
root@ubuntu:/home/test# echo "1" >> test.sh
bash: test.sh: Permission denied
```

图 9-37 验证 IMA-appraisal-signature

9）启用 EVM

① 修改内核启动参数。

修改启动配置文件的参数，添加参数：

```
ima_tcb=1 rootflags=iversion ima_appraise_tcb ima_appraise=enforce evm=fix
```

② 启用 EVM。

执行以下命令，输入 1 到 evm 接口文件中，激活 EVM：

```
$ echo "1" > /sys/kernel/security/integrity/evm
```

③ 标记文件系统：

```
find / \( -fstype rootfs -o -fstype ext4 \) -type f -uid 0 -exec evmctl ima_hash '
{}' > /dev/null \;
```

④ 查看安全扩展属性 security.evm，如图 9-38 所示。

```
root@ubuntu:/home/test# ll |grep test2.sh
-rwxr-xr-x 1 root root   31 Dec  1 17:35 test2.sh*
root@ubuntu:/home/test# getfattr -m . -d test2.sh
# file: test2.sh
security.evm=0sAoLhVwCVqO03vn9hxXfHh3Nag3nI
security.ima=0sAYhgh8BNEk0/n+aAXXFeRFFHO9+p
```

图 9-38 查看安全扩展属性 security.evm

⑤ 对 IMA 和 EVM 进行双重签名，如图 9-39 所示。

```
root@ubuntu:/home/test# evmctl sign --rsa --imasig test2.sh
root@ubuntu:/home/test# getfattr -m . -d test2.sh
# file: test2.sh
security.evm=0sAwEXTV5WAAAFjk1CkmNo/wEEADFLzjl65t77lRe+mTrkFAQuGCV3NDhNF0475z88C
9qDCMdfJwAEH8pQwfdrjHZzQP+ZHdvHmQYbDH78ozTRG75tzrFhMz34QtiwRbnVhFYVxT1oHlC4Lez5z
ofLHsX5mV9Ph8SdOBUQwLgEZGiQUm7qg22setKkS4xT9pbzKCYz
security.ima=0sAwEXTV5WAAAFjk1CkmNo/wEEAK5wN+c8K6cukNLmttqTNc7CcfLLUTGB4p+EBw4AM
y+DHXyfnI+6MH7VAHpcoNqlQ7OYn/wlJjJzHIkKRIG1mCIK0cUkHgE2bQ+0unIrslhASTZ9rU9w4M/WC
yJeMNnFN+DfmJZwVi4sI0b/qq/N+EyYoJQdtl4vVF2whmVNXQlQ
```

图 9-39 双重签名

⑥ 签名后文件不可修改，该功能验证如图 9-40 所示。

```
root@ubuntu:/home/test# echo "echo 4" >test2.sh
bash: test2.sh: Permission denied
```

图 9-40 签名后文件不可修改功能验证

## 9.4.3 面向云平台的远程证明

通过可信计算和云计算中的各种完整性保护技术，尤其是远程证明技术，云服务基础设施能够向云终端用户提供一套当前云服务运行环境的验证方法，为云计算用户提供一个安全可信的计算环境。

云平台的完整性包括自身环境的完整性和虚拟环境的完整性，即主机静态完整性、主机动态完整性、虚拟机静态完整性、虚拟机动态完整性，分别检查主机启动、主机运行过程中、虚拟机启动、虚拟机运行过程中是否可信。考虑到宿主机的远程证明，可以参考 TCG 标准实现，因此本书主要介绍虚拟机的远程证明。

### 1. 虚拟机静态远程证明

虚拟机启动时，对虚拟机进行静态度量。因为云平台中虚拟机个数很多，度量值存入 PCR 中是不现实的，所以直接将度量值和度量日志通过函数接口传递给远程证明客户端，进而触发虚拟机静态远程证明。虚拟机静态远程证明过程如图 9-41 所示，过程如下。

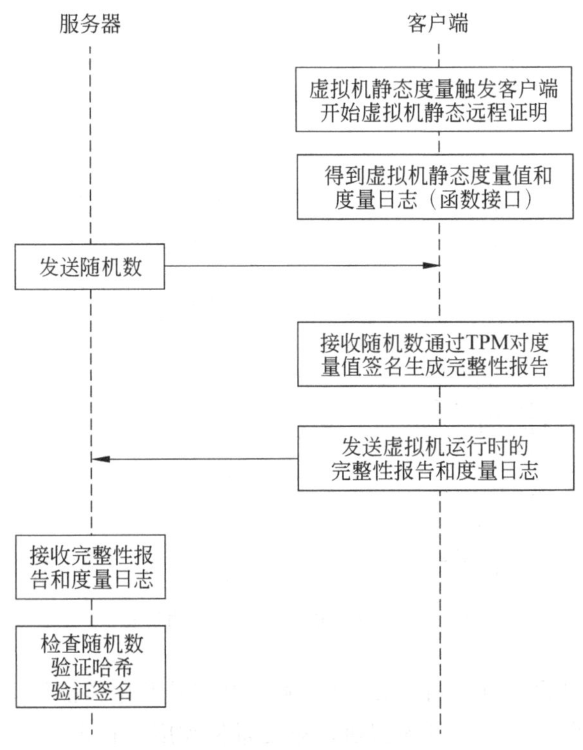


图 9-41 虚拟机静态远程证明过程

① 虚拟机启动时，虚拟机静态度量触发客户端开始虚拟机静态远程证明。

② 客户端通过函数接口得到虚拟机静态度量值和度量日志。

③ 客户端促使服务器向客户端发送一个随机数。

④ 客户端接收随机数后对度量值和随机数进行串联哈希，得到摘要值，然后将摘要值传入 TPM，用签名私钥对其进行签名；整理相关信息（如度量值、机器名、虚拟机 UUID、TPM 基本信息、随机数、摘要值、签名值等），生成完整性报告。

⑤ 客户端将完整性报告和度量日志一并发送给服务器。

⑥ 服务器接收到虚拟机启动的完整性报告和度量日志。

⑦ 服务器检查随机数，验证哈希和签名。

### 2. 虚拟机动态远程证明

虚拟机运行时，为了保证运行中虚拟机的完整性，对虚拟机进行定时和手动度量。因为云平台中虚拟机个数很多，度量值存入 PCR 中是不现实的，所以直接将度量值和度量日志通过函数接口传递给远程证明客户端，进而触发虚拟机动态远程证明。虚拟机动态远程证明过程如图 9-42 所示，过程如下。

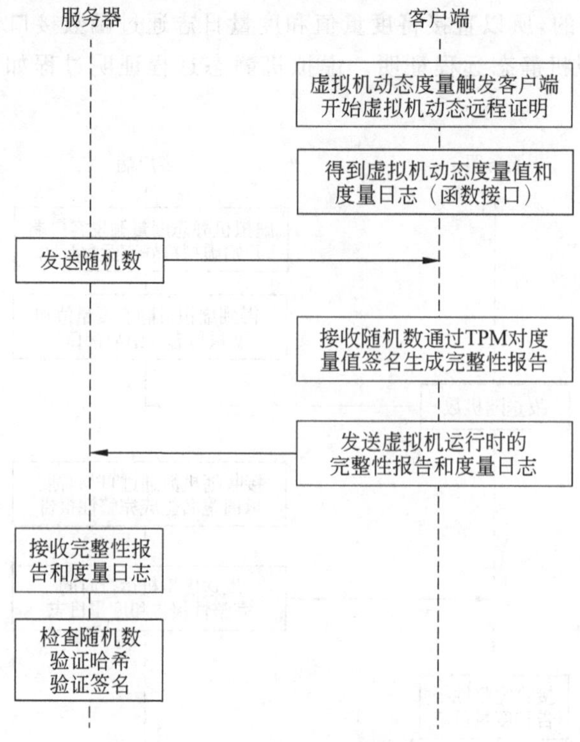


图 9-42　虚拟机动态远程证明过程

① 虚拟机运行过程中，虚拟机动态度量触发客户端开始虚拟机动态远程证明。

② 客户端通过函数接口得到虚拟机动态度量值和度量日志。

③ 客户端促使服务器向客户端发送一个随机数。

④ 客户端接收随机数后对度量值和随机数进行串联哈希，得到摘要值，然后将摘要值传入 TPM，用签名私钥对其进行签名；整理相关信息（如度量值、机器名、虚拟机 UUID、TPM 基本信息、随机数、摘要值、签名值等），生成完整性报告。

⑤ 客户端将完整性报告和度量日志一并发送给服务器。

⑥ 服务器接收到虚拟机运行时的完整性报告和度量日志。

⑦ 服务器检查随机数，验证哈希和签名。

### 9.4.4 基于 BMC 的可信云服务器安全管控

基板管理控制器（Baseboard Management Controller，BMC）是部署于服务器主板上的具有独立供电、独立 I/O 接口的嵌入式管理子系统，如图 9-43 所示。BMC 支持 IPMI（Intelligent Platform Management Interface）/Redfish 接口，能以极高权

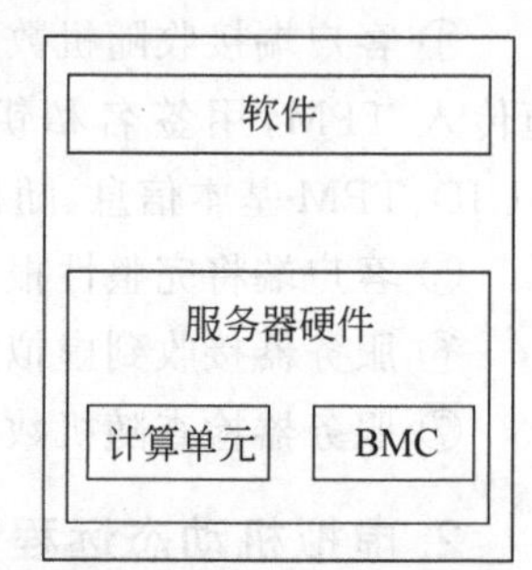


图 9-43　集成 BMC 的服务器架构示意

限对计算单元进行管理，具有以下功能：服务器状态监控，管控开关机和读取文件与屏幕等。

### 1. 基于 BMC 的可信服务器硬件架构

一种基于 BMC 的可信服务器硬件架构如图 9-44 所示。TPM、BIOS/EFI 闪存、BMC 闪存、DRAM 等通过外部总线挂接到 BMC 相应的各接口控制器，映射到 BMC 内部 ARM 处理器的内存空间，BMC 对各硬件的访问采用 ARM 处理器内存空间寻址的方式。

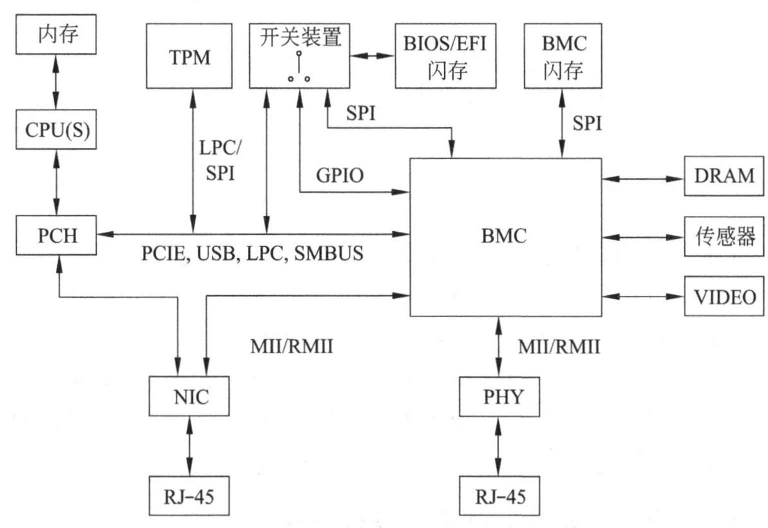


图 9-44　一种基于 BMC 的可信服务器硬件架构

TPM 模块通过 LPC 或 SPI 总线与 BMC 和计算单元 PCH（Platform Controller Hub）同时相连接。在计算单元启动之前，BMC 与 TPM 相连的 LPC/SPI 接口先配置为主设备，从而可以正常访问 TPM，调用 TPM 的命令进行度量、扩展等；当完成对 BIOS/EFI 的可信度量、验证后，计算单元启动，BMC 的接口配置为从设备，从而作为 PCH 的从设备被系统访问。

BIOS/EFI 闪存通过 SPI 总线与 BMC 和计算单元 PCH 相连。开关装置为一个可编程逻辑控制器，控制 BIOS/EFI 闪存是与计算单元 PCH 连通，还是与 BMC 连通，由 BMC 通过 GPIO 对其进行控制。在服务器计算单元启动之前，BMC 先控制开关装置，让 BIOS/EFI 闪存与 BMC 连通，BMC 对 BIOS/EFI 启动块进行可信度量、验证。在完成对 BIOS/EFI 启动块的度量、验证之后，BMC 控制开关装置，让 BIOS/EFI 闪存与 PCH 连通，计算单元启动 BIOS/EFI。

### 2. 可信增强 BMC 固件架构

为实现服务器的可信启动，在 BMC 固件的引导层、内核层、应用层加入相应的可信功能模块。加入可信功能模块的 BMC 固件架构如图 9-45 所示。

① 引导层，主要指 BMC 的 UBoot 启动程序，在其中加入可信功能模块：TPM 驱动、BIOS/EFI 闪存驱动、开关装置 GPIO 驱动、度量代理和验证代理。度量代理、验证代理

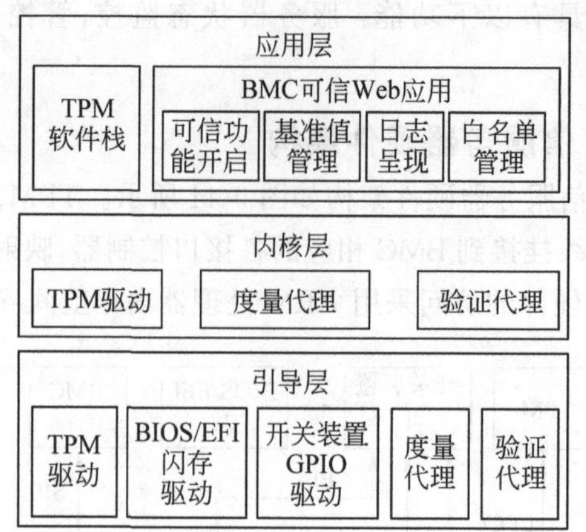


图 9-45　加入可信功能模块的 BMC 固件架构

主要负责对 BIOS/EFI 启动块、BMC 嵌入式 Linux 内核进行度量、验证。

② 内核层,加入 TPM 驱动、度量代理和验证代理。度量代理、验证代理主要负责对 BMC 嵌入式 Linux 应用程序进行度量、验证。

③ 应用层,加入 TPM 软件栈、BMC 可信 Web 应用,包括可信功能开启、基准值管理、日志呈现、白名单管理等。管理员通过 BMC Web 应用,对 BIOS/EFI、BMC 固件进行可信恢复或升级,更新基准值,重启 BMC 和计算单元,使服务器恢复到可信状态。

### 3. 基于 BMC 的服务器可信度量与信任传递

基于 BMC 的服务器可信度量与信任传递如图 9-46 所示,过程如下。

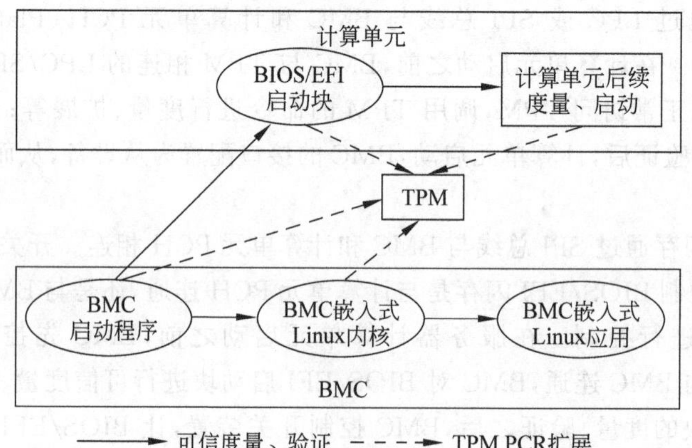


图 9-46　基于 BMC 的服务器可信度量与信任传递

① 服务器主板电源接通后,BMC 与 TPM 模块上电启动,引导层度量代理尽可能早地执行。度量代理先通过 GPIO 驱动控制开关装置,将 BIOS/EFI 闪存与 BMC 连通;然后通过闪存驱动,读取 BIOS/EFI 启动块;接着调用 TPM 的哈希计算命令,计算 BIOS/EFI 启动块的哈希值,再调用 TPM 命令,将哈希值扩展到 TPM 的 PCR 中;验证代理调用 TPM 的命令,读取 TPM NV 中的 BIOS/EFI 启动块基准值,并将其与度量代理中的哈希

值进行比较。若匹配，则正常进行后续启动，控制开关装置，将 BIOS/EFI 闪存与 PCH 连通；否则记录错误日志，并用蜂鸣等方式进行报警，根据标志位决定是停止启动还是继续启动。

② 服务器计算单元自 BIOS/EFI 开始，完成计算单元可信度量、验证。

③ BMC 启动层度量代理调用 TPM 的哈希计算命令，计算 BMC 嵌入式 Linux 内核的哈希值，再调用 TPM 命令，将哈希值扩展到 TPM 的 PCR 中；验证代理调用 TPM 的命令，读取 TPM NV 中的嵌入式 Linux 内核基准值，并将其与度量代理中的哈希值进行比较。若匹配，则正常进行后续启动；否则记录错误日志，并用蜂鸣等方式进行报警，根据标志位决定是停止启动还是继续启动。

④ BMC 内核层度量代理调用 TPM 的哈希计算命令，计算 BMC 嵌入式 Linux 应用的哈希值，再调用 TPM 命令，将哈希值扩展到 TPM 的 PCR 中；验证代理调用 TPM 的命令，读取 TPM NV 中的嵌入式 Linux 应用基准值，并将其与度量代理中的哈希值进行比较。若匹配，则正常进行后续启动；否则记录错误日志，并用蜂鸣等方式进行报警，根据标志位决定是停止启动还是继续启动。

### 4. BMC 与服务器安全控制

服务器硬件可信是云计算、大数据安全的基础。如果有攻击者将服务器的某个硬件部件替换成一个植入有后门的部件，或者插入一个新的具有后门的部件，将会造成巨大的安全风险。就算只是有代理商将某个原厂的硬件部件替换成一个低品质的部件，对于数据和计算的可靠性也会形成一定的风险。现有服务器硬件可信性保护方法，主要通过管理员人工检查来完成。在有大量服务器存在的场景下，这会耗费巨大的人力资源，且不能及时发现服务器硬件可信受到损害的异常情况。基于此，现提供一种基于 BMC 的服务器硬件可信性保护方案，其组成模块如图 9-47 所示。

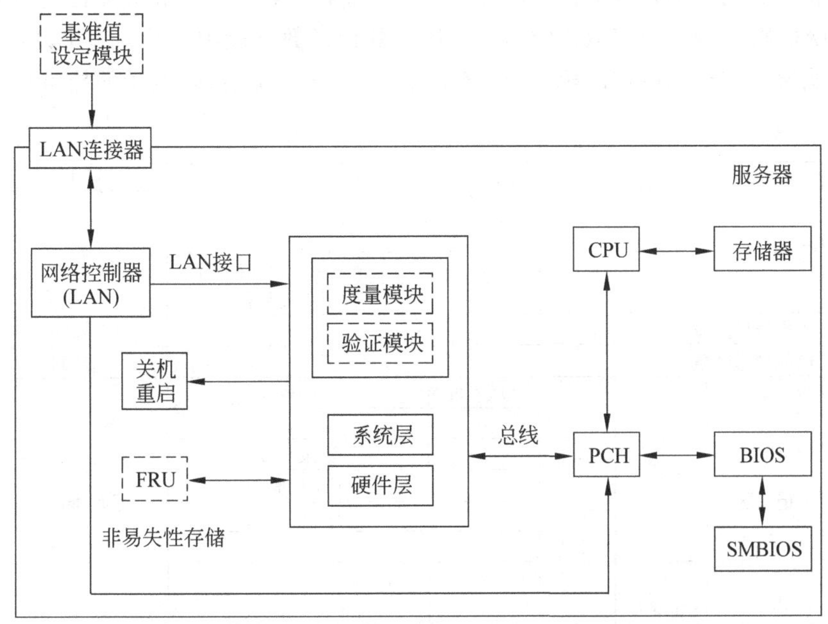


图 9-47　基于 BMC 的服务器硬件可信性保护方案组成模块

本方案由三个模块组成：基准值设定模块、度量模块和验证模块。基准值设定模块位于 BMC 外部，在与 BMC 网络相连的客户端上。度量模块和验证模块位于 BMC 内部，属于 BMC 固件系统的应用程序。

首先，在基准值设定模块输入从文件中读取服务器硬件部件的可信基准值。基准值的输入不局限于从文件中获取，也可由管理员通过图形界面手动输入。可信基准值与具体部件相关，如 CPU 信息包括产品制造商、产品型号、主频三个字段，内存模块信息包括产品制造商、产品型号两个字段。CPU 和内存模块信息分别存储在不同的文本文件中，每一行存储一条基准信息，每条基准信息由字段内容拼接而成，各字段内容之间用加号连接。同一个部件可以有多个可信基准值，即同一个部件可以具有多条记录信息。本方案不对所有的服务器硬件部件进行可信保护，只对认为具有安全风险的部件进行保护，也不用设定所有硬件部件的可信基准值。

接着，对可信基准值进行加密和完整性保护，不局限于某一种特定加密和 MAC 算法。对每一条记录信息进行独立加密和 MAC 计算，在加密之前先对记录信息进行补齐填充，与加密块长度保持一致，再计算 MAC 码。将加了密的可信基准值及其 MAC 码写入现场可更换单元(Field Replace Unit，FRU)的多记录区域，如图 9-48 所示，其格式参照 Intel 的 Platform Management FRU Information Storage Definition v1.0。FRU 包括头部、主板信息区域、产品信息区域和多记录区域等。传统服务器的 FRU 里只存有服务器整机名称、序列号、出厂日期等信息。FRU 存储器通常通过 $I^2C$ 总线与 BMC 相连，可在获得授权的情况下通过 BMC 对 FRU 进行写操作。FRU 多记录区域中的每个记录包括一个头部和一个数据段，数据段的长度由头部中的一个字节表示，数据段的最大长度为 255B，每条记录的数据段中存储有多条加了密的基准值信息及其 MAC 码。在每一类第一条加密基准值前面增加一个类型开始符，在该类最后一条加密基准值的后面增加一个类型结束符。在两条加密基准值之间加入一个分隔符。将标识符和分隔符连同加密基准值及其 MAC 码，一起写入 FRU 的多记录区域的记录数据段中。写入多记录区域后，还必须修改头部中多记录区域的标志位，表明已使用了多记录区域，其中的校验和也需重新计算之后再写入。

| 区域 | | | | | 说明 |
|---|---|---|---|---|---|
| 常用头 | | | 区域长度 | 内容 | 强制的 |
| | | | … | … | |
| | | | 1 | 多记录区是否存在标志位 | |
| | | | 1 | 常用头校验和 | |
| 主板信息区域 | | | | | 可选择的 |
| 产品信息区域 | | | | | 可选择的 |
| 多记录区域 | 记录1 | 头部 | 区域长度 | 内容 | 可选择的 |
| | | | … | … | |
| | | | 1 | 记录长度 | |
| | | | 1 | 记录校验和 | |
| | | | 1 | 头部校验和 | |
| | | 数据段 | | | |
| | … | | | | |
| | 记录$X$ | | | | |

图 9-48　服务器硬件部件可信基准值在 FRU 多记录区域的存储结构

基准值设定模块可使用 IPMItool 工具调用 IPMI 命令来完成 FRU 写操作。IPMItool FRU 操作命令的基本格式如下：ipmitool -I interface options fru command。interface 可以是 open、lan 或 lanplus，如果使用 open，则不包括 options 这个参数；否则 options 为-H ipaddress -U username -P password。command 可以为 write、read、edit、print 等。本方案先通过读命令读取设定之前的 FRU 数据，然后修改所读出的二进制文件，包括 FRU 头部和多记录区域，接着将修改后的二进制文件写入 FRU 中。该实例中使用的主要是读写命令，读命令 command 参数格式如下：read <fru id> <fru file>；写命令 command 参数格式如下：fru write <fru id> <fru file>。具体的读 FRU 命令为 ipmitool -I lanplus -H ip -U username -P password fru read 0 /root/fru.bin；具体的写 FRU 命令为 ipmitool -I lanplus -H ip -U username -P password fru write 0 /root/fru.bin。

在可信基准值被写入 FRU 后，运行度量模块通过 BMC 访问 SMBIOS（System Management BIOS）信息，获取服务器当前硬件部件的各种信息。返回内容是字节流数据，根据相关规范解析、提取要保护的硬件部件信息，如某服务器的 CPU 和内存模块信息如图 9-49 所示。

```
43 50 55 31 00 49 6e 74 65 6c 28 52 29 20 43 6f
72 70 6f 72 61 74 69 6f 6e 00 49 6e 74 65 6c 28
52 29 20 58 65 6f 6e 28 52 29 20 43 50 55 20 45
35 2d 32 36 30 33 20 76 33 20 40 20 31 2e 36 30
47 48 7a
// CPU1Intel(R) CorporationIntel(R) Xeon(R) CPU E5-2603 v3 @ 1.60GHz
```

```
4d 4d 5f 41 31 00 4e 4f 44 45 20 31 00 53 61 6d
73 75 6e 67 00 34 30 36 30 30 42 38 36 00 20 00
4d 33 39 33 41 31 47 34 30 44 42 30 2d 43 50 42
// MM_A1NODE 1Samsung40600B86 M393A1G40DB0-CPB
```

图 9-49　从 SMBIOS 中读取的某服务器的 CPU 和内存模块信息

度量模块可使用 IPMItool 调用 IPMI raw 命令，通过 BMC 访问 SMBIOS 获取硬件部件信息。IPMItool raw command 命令的基本格式如下：ipmitool -I interface options raw netfn cmd data。netfn 识别不同 IPMI 命令的返回消息并将其分成不同的组；cmd 为一个独特的单字节指令；data 为请求或响应提供附加参数（如果有的话）。具体的 raw 命令格式为 ipmitool -I lanplus -H ip -U username -P password raw 0x3e 0x23 0x01 0xff 0x00 0x00，其中 netfn＝0x3e，cmd＝0x23，data＝0x01 0xff 0xff 0x00。在 data 请求参数中，第一字节是数据区域，01h 代表 SMBIOS 区域，第二字节代表所读数据长度，第三、四字节代表偏移量。通过调整偏移量，可读取所有 SMBIOS 内容。

在度量模块获取服务器当前部件的信息之后，运行验证模块。验证模块从 FRU 多记录区域读取加了密的部件可信基准值及其 MAC 码。根据类型开始、结束符，将各类部件基准信息分开，再根据分隔符将标准值条目分开；接着验证 MAC 码，按条解密，去掉补齐的填充字节。然后与度量模块提取的部件信息相比较。如果相同，则验证成功，服务器硬件可信，服务器继续运行；反之，则不可信，验证模块调用 BMC 接口，使用 IPMItool 工具调用 IPMI 命令,对服务器进行关机操作,具体命令为 ipmitool -I lanplus -H ip -U username -P password chassis power off。

## 9.5 本章小结

本章介绍了可信云平台的主要架构和技术原理,将 TPM 和受保护的 vTPM 作为宿主机和虚拟机的可信根,通过多层次的度量,实现了对云平台中计算节点的宿主系统和客户虚拟机系统的静态与动态度量功能,将信任链从平台硬件物理服务器衍生到用户虚拟机层,从而可以有效抵御针对云平台中宿主系统、客户虚拟机系统的攻击。云平台可通过集成在云管理的可信管理功能,监控所有计算节点、虚拟机的可信状态,确保客户应用运行在可信环境,并向接入终端用户提供远程证明能力。

BMC 是服务器主板上的一个重要芯片,它具有极高权限,能够对计算单元进行管理,对确保服务器安全具有重要意义。为了确保云服务器安全、可信,在 BMC 固件的引导层、内核层、应用层加入相应的可信度量与安全控制功能,使服务器成为可信服务器,对确保云系统安全、可信发挥重要作用。

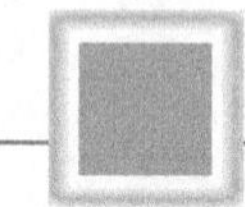

## 习题

(1) 云基础设施平台的安全需求主要有哪些?

(2) vTPM 的主要作用是什么?在 Xen 和 KVM 架构下应如何实现?

(3) Xen 和 KVM 下的 vTPM 架构及实现主要区别是什么?

(4) 与物理 TPM 相比,vTPM 面临的主要安全问题是什么?现有哪些保护 vTPM 安全的方法?

(5) SeaBIOS 与 UEFIBIOS 的主要区别有哪些?

(6) 虚拟机的动态度量应如何实现?技术难点是什么?

(7) 如何解决云平台海量虚拟机的远程证明问题?谈谈你的想法。

(8) 服务器主板上的 BMC 芯片的主要功能是什么?

(9) 说明基于 BMC 使服务器成为可信服务器的主要技术路线。

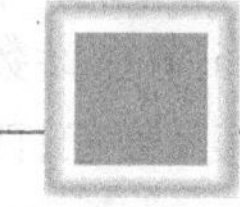

## 实验

构建基于 Qemu 和 KVM 的可信虚拟平台模块,主要完成以下任务:

① 搭建 swtpm 实验环境。编译安装 Qemu、libtpms 和 swtpm,创建虚拟机,启动 swtpm 后在虚拟机生成相应的 vTPM 设备。

② 启动多个 vTPM 实例,并在 VM 中测试 vTPM 的基本功能,包括创建根密钥、密封、加解密、PCR 扩展等。

# 第 10 章 软件动态保护与度量技术

本书第 3 章介绍的可信度量是一种静态度量，能够确保软件的静态完整性。这对确保系统安全是有益的。但是，随着病毒与软件攻击技术的发展，出现了许多不改变软件静态完整性的病毒和软件攻击。因此，仅有软件的静态度量是不够的，还需要对软件进行动态保护和动态度量。本章介绍软件的动态保护技术和动态度量技术。

## 10.1 软件动态保护技术

由于历史原因，目前大多数软件系统，特别是其底层往往还是采用如 C 或 C++ 之类语言编写的。这类语言为开发者提供了细粒度的、显式的内存控制，这对于开发软件至关重要，但很容易导致内存安全性问题，如 ROP 攻击等。目前，内存安全漏洞已经成为使用不安全语言开发的软件系统的可靠性和安全性缺陷的主要原因。已有的基于软件的解决方案带来较高的额外开销，难以商业化大面积应用。为了解决这个问题，各开发商提出多种基于硬件的软件内存安全防护方案。

2015 年 8 月，Intel 公司在其 Skylake 架构中公布了一组指令集体系结构的扩展——内存保护扩展(Memory Protection Extensions，MPX)，该技术是一种硬件辅助的全栈内存安全防护方案。MPX 借助编译器、运行时库和操作系统的支持，通过检查指针引用提高软件的健壮性，从而遏制这些指针在非法引用时所导致的一系列软件安全问题。

MPX 引入了新的寄存器以及在这些寄存器上运行的新指令，其中包括边界寄存器，用于存储指针的下限和上限。无论何时使用指针，都将对照指针关联的边界检查请求的引用，从而防止超出范围的内存访问。越界内存引用会引发一个 # BR 异常，随后就可以以适当的方式对其进行处理。但 MPX 指令并没有预期的那么快，在最坏的情况下甚至会带来 4 倍的额外时间开销，且在设计上存在许多缺陷。2019 年，Intel 公司在其软件开发者手册中宣布去除该指令。

2016 年，ARM V8.3-A 指令集中增加了指针认证(Pointer Authentication，PA)的新特性，用于检查数据或代码指针的完整性，并将其大小和性能影响降到最低。PA 指令集中包含了创建和验证指针认证码(Pointer Authentication Code，PAC)的指令，即 PAC * 和 AUT * 。PAC 是一个可调整的消息认证码(Message Authentication Codes，MAC)，可以使用 PA 指令集中的 PACIA 指令，通过特定的 PA 密钥，以及指针值和 64 位修饰符进行计算创建，如图 10-1 所示。

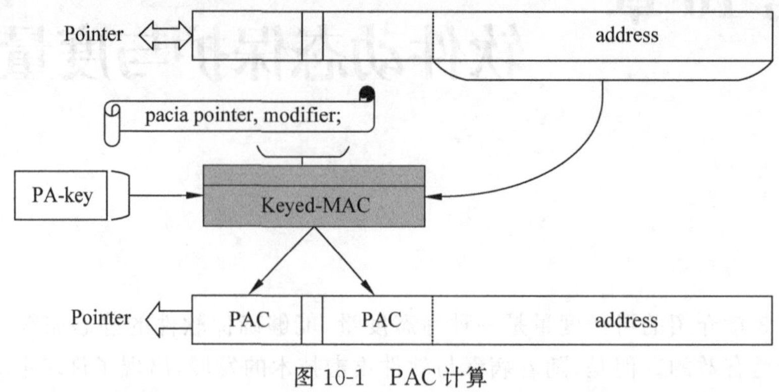


图 10-1　PAC 计算

对于想要保护的指针，可以在将指针值写入内存之前将 PAC 插入其未使用的位中，并在使用它之前验证其完整性。在这种情况下，这些受保护的指针是不能被直接使用的，这是因为嵌入在指针值中的 PAC 会故意干扰地址转换，直到验证成功（即当前指针值、键值和修饰符生成的 PAC 与指针中嵌入的 PAC 相匹配）后被对应的 PA 指令删除，此时指针才可被正常使用。如果验证失败，指针将失效，使用该指针的解引用或调用的行为，都将导致内存转换错误。攻击者如果想修改受保护的指针，就必须找到正确的 PAC，以实现进一步控制程序流等目的，但这通常是困难的。

此外，近年来，Intel 公司还部署了基于键值的权限控制，称为英特尔内存保护键值（Memory Protection Keys，MPK），它允许用户空间进程更改页面组的权限，而不需要修改页表。

与基于页表的机制相比，MPK 在性能、组控制以及线程视图这三方面更有优势。首先，MPK 利用一个保护键权限寄存器（PKRU）维护与特定页面关联的单个密钥的访问权限（读/写、只读或不访问）。进程只需要执行一个非特权指令（WRPKRU）来更新 PKRU，并且不需要 TLB 刷新和上下文切换。注意，PKRU 和页表权限不能相互覆盖，因此有效权限是两者的交集。其次，MPK 可以一次更改最多 16 个不同页面组的访问权限，其中每个页面组由与同一键值相关联的页面组成。这种面向页面组的控制，允许应用程序根据存储在页面组中的数据的类型和上下文更改对页面组的访问权限。此外，MPK 允许每个线程有一个唯一的 PKRU，实现每个线程的内存视图。因此，即使两个线程共享相同的地址空间，它们对同一页面的访问权限也可能不同。

但是，MPK 目前的硬件实现和软件支持存在安全性、可伸缩性和语义方面的问题，例如容易受到保护键释放后重用攻击、提供保护键数量有限，以及与 mprotect() 的基于进程的权限模型不兼容。值得注意的是，AMD 在 2020 年发布的 AMD Zen3 架构处理器中也添加了 MPK 的特性。

# 10.2 软件动态度量技术

## 10.2.1 控制流完整性动态度量

控制流完整性(Control-Flow Integrity,CFI)检测是一种针对控制流劫持攻击的防御方法。控制流劫持攻击往往会使程序在运行过程中产生预期外的控制流转移,进而破坏原有的控制流图,故控制流完整性检测的核心思想是限制程序运行中的控制转移,使之始终处于预期的控制流转移限定范围,使控制流劫持难以实现。预先获得程序的控制流图,通过分析获取间接转移指令(包含间接跳转、间接调用和函数返回指令)目标的白名单,并在运行过程中验证间接转移指令的目标是否在白名单内。

控制流完整性检测可分为粗粒度和细粒度两种方式。细粒度检测严格控制每个间接转移指令的转移目标,检测精度高,但往往会引入很大的开销。粗粒度检测则将一组类似或相近类型的目标归到一起进行检查,这种方式可以降低开销,但会导致安全性下降。

### 1. 面向 x86 架构的控制流完整性动态度量

Abadi 等在 2005 年首次提出了通过确保控制流的完整性实现软件防篡改的方法。他们把二进制程序中的控制流完整性形式化,并在 x86 体系结构上实现了动态控制流检测方法——内联 CFI(inlined CFI)。其基本思路是:根据程序的源代码预先构建控制流图(Control-Flow Graph,CFG),并在编译过程中将 CFI 检查以内联引用监视器(Inlined Reference Monitors,IRMs)的形式插桩到二进制文件中,从而在程序执行过程中强制执行 CFI 检查,验证实际执行路径是否符合控制流图。

控制流图的构建基于对程序的静态二进制分析,在 x86 处理器上的具体实现则依赖于 x86 二进制文件检测系统 Vulcan。CFG 的构建会处理实现间接控制流转移的 x86 指令,包括函数返回、函数指针调用,以及完成 switch 语句和动态调度的指令等。CFI 要求,在程序执行过程中,每当机器码指令进行控制流转移时,其转移的目标都要在 CFG 中提前确定。对于目标恒定的控制转移指令,静态分析即可满足 CFI 要求;对于只有运行时才能通过计算确定目标地址的控制流转移指令,则需要动态的 CFI 检查。

CFI 插桩通过机器码重写技术实现。这个过程会根据给定的 CFG 修改每个源指令,并计算控制流转移的每个可能的目标指令。例如,在 jmp 和 call 指令之前会插入 cmp 指令和一个 32 位的 label ID,cmp 指令实现运行时检查,ID 则作为 CFG 中预设的目标地址,运行时的 CFI 检测也是基于 ID 进行的。程序执行时,会在 cmp 处触发 CFI 检查,将运行时 jmp 的目标与 ID 进行比对,若一致,则继续运行后面的指令;若不一致,则 ID 检查失败,通过 Windows 安全机制报告违规而中止执行。

### 2. 面向物联网设备的控制流完整性动态度量

C-FLAT 首次在嵌入式设备的远程证明上使用了控制流认证技术,提出一种基于哈希的控制流认证方案。该方案将二进制文件基于哈希的静态度量扩展为对运行时控制流路径的度量,用以分支指令结束的基本块作为控制流图节点,构建一条由控制流跳转组成的哈希链，并在运行时启动二进制插桩来捕获运行时控制流跳转，确保验证者能准确跟踪程序执行路径，从而确定应用程序的控制流是否已经被破坏。

C-FLAT 架构基于远程证明模型，其整体架构如图 10-2 所示。C-FLAT 架构包含几个主要组件，一个用于计算目标程序的度量结果的程序分析器，一个运行时跟踪程序和一个可信度量引擎，用于跟踪和度量运行时控制流路径。

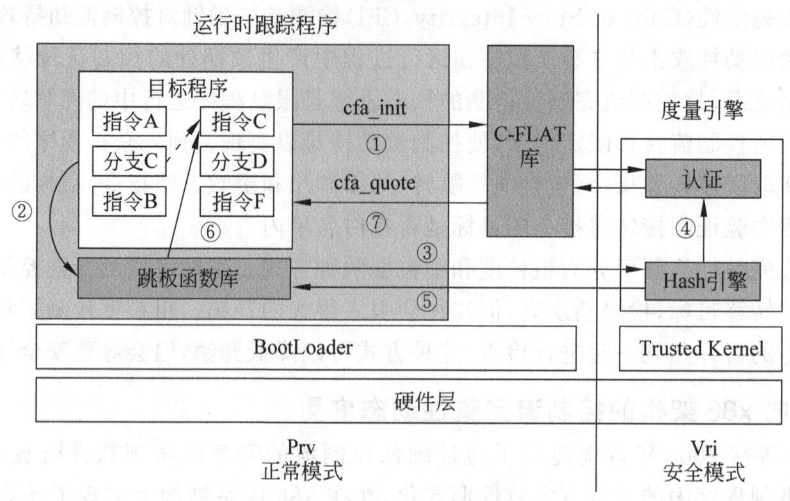


图 10-2　C-FLAT 整体架构

首先用插桩工具分析和插桩程序二进制代码。在分析阶段，有关控制流转移的信息被收集并存储到运行时跟踪程序的分支表和循环表中。插桩时目标程序中的每个控制流指令都将被修改，以将控制传递给运行时跟踪程序的跳板函数。

待验证的目标程序在运行时可以通过 C-FLAT 库提供的接口启动度量认证过程，并最终从度量引擎获得度量结果，实现与度量引擎的交互。具体过程如下。Vrf 接收到 Prv 发来的认证请求后，首先通过 cfa_init() 函数启动运行时跟踪(①)，随后继续执行目标程序。所有控制流指令都会被运行时跟踪程序的跳板函数检测到并拦截(②)。运行时跟踪程序会确定控制流转移的源地址和目标地址，以及控制流指令的类型，然后通过跳板函数触发度量引擎中的度量认证过程(③、④)。度量结束后，控制转移回跟踪程序，原目标程序恢复正常执行(⑤、⑥)。目标程序执行结束，度量过程也随即完成，最后执行 cfa_quote() 函数(⑦)，生成包含度量结果的认证响应。

但是，C-FLAT 方案的一个主要限制是，它并不能保证所有控制流路径都一定被验证到，即预先构建的控制流图很可能大部分都是冗余，也就是所谓的路径爆炸问题，并且 C-FLAT 不关注数据完整性，无法抵抗针对程序数据的攻击；C-FLAT 只关注由小型物联网 MCU 执行的单线程程序，并不适用于复杂的应用程序。

OAT 在 C-FLAT 的基础上提出一个新的安全属性——“操作执行完整性”，包括优化后的控制流完整性和关键数据完整性。优化后的控制流完整性检查区分对前向边和后向边的检查，有效避免了路径爆炸的问题。而对于关键数据完整性的检查，OAT 构造了一个关键数据集，涵盖控制相关变量、语义相关变量及其所有依赖关系，可以防御针对数据流的攻击。

OAT 的整体架构如图 10-3 所示，主要包括在 LLVM 上构建的自定义编译器、连接到认证程序的跳板函数库、运行时度量引擎和远程验证引擎。

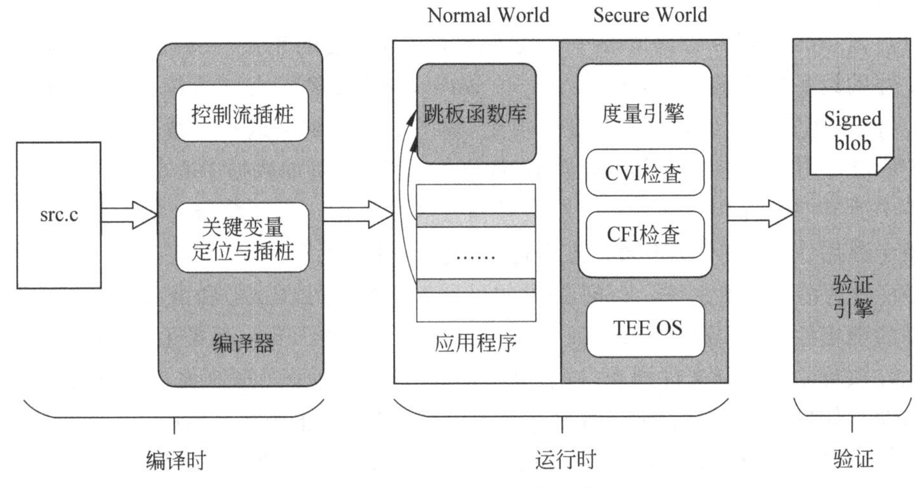


图 10-3　OAT 的整体架构

编译器在程序的控制流转移处进行插桩，同时将控制从属变量标注为关键变量。在运行时，插桩后的控制流传输和关键变量定义使用事件触发相应的 trampoline() 函数，它将 CFI 或 CVI 验证所需的信息传递给受 TrustZone 保护的 Secure World 的度量引擎。最后，签名认证 blob 连同验证操作的输出一起发送到远程验证引擎(物联网后端)。

## 10.2.2　Linux 内核运行时保护

Linux 内核运行时保护(Linux Kernel Runtime Guard，LKRG)是一个可动态加载的内核模块(以内核模块而非补丁形式提供，使 LKRG 更容易部署)，对 Linux 内核执行运行时进行完整性检查、数据篡改检查，以及检测内核中已知的或未知的安全漏洞利用企图并阻止。LKRG 还可以检测正在运行的进程的提权行为，在漏洞利用代码运行之前杀掉该进程。LKRG 在目前主流的 Linux 发行版上都可以使用。

LKRG 尝试进行运行后检测，并希望对正在运行的 Linux 内核或正在运行的进程的凭据(例如用户 ID)的未经授权的修改迅速做出响应(前者为完整性检查，后者为漏洞检测)。对于进程凭据，LKRG 尝试检测漏洞并采取措施，直到内核根据未授权的凭据授予访问权限。

但是有设计者指出，虽然 LKRG 打败了很多已经存在的 Linux 内核利用漏洞，而且可能击败很多未明确尝试绕过 LKRG 的利用程序(包括未知漏洞)，但从设计上来讲它是可绕过的(尽管有时还以更加复杂以及/或者更不稳定的利用为代价)。

## 10.2.3　完整性策略实施

完整性策略实施(Integrity Policy Enforcement，IPE)是微软为解决 Linux 的代码完

整性问题而开发的 Linux 安全模块(Linux Security Module,LSM),它允许使用可配置策略在整个系统上强制执行完整性要求,从而确保任何正在执行的代码(或正在读取的文件)都与可信源构建的版本相同。简单来说,IPE 帮助系统所有者确保只允许他们授权的代码执行。

目前,Linux 内核中已经有多个实现解决了某种程度的完整性验证。例如,确保块设备完整性的设备映射验证(device-mapper verity),以及确保文件系统完整性的系统 fs-verity。但这些实现缺少运行时验证的度量,而 IPE 旨在解决这一问题。

IPE 设计用于具有特定用途的设备,如嵌入式系统(例如数据中心中的网络防火墙设备),其中所有的软件和配置都是由所有者构建和提供的。理想情况下,利用 IPE 的系统不适用于通用计算,也不使用第三方构建的任何软件或配置。

IPE 分为两个主要组件: LSM 提供的可配置策略(IPE Core)和由内核提供的用于评估文件的确定性属性(IPE Properties)。在启用了 IPE 的 Linux 系统上,系统管理员可以创建允许执行的二进制文件列表,然后添加内核在运行每个二进制文件之前需要检查的验证属性。如果攻击者更改了二进制文件,IPE 还可以阻止恶意代码的执行。

此外,微软称,与 Linux 内核中已有的用于代码完整性的 LSM(例如 IMA)不同的是,IPE 不依赖于文件系统元数据,并且因为 IPE 属性是仅存在于内核中的确定性属性,所以它不需要像 IMA 一样需要 IMA 签名的其他代码。

## 10.3 本章小结

软件的安全是可信体系中一个重要的保障需求。本章从硬件和软件两个维度针对软件的动态保护与度量问题,介绍了在硬件与软件层面的考虑与解决方案。在硬件层面,软件的动态保护重点关注切断攻击者路径,通过指令集可信实现软件的动态保护;而在软件层面,则更多采用传统的度量、访问控制以及切断攻击者行为路径的不同思路来解决。通过本章的介绍,希望读者对当前的各种解决方案进行深入的学习与思考。

## 习题

(1) 当前主流硬件平台所采用的软件运行保护技术有很多种,请简要从内存安全角度比较 PAC、MPX、MPK 等技术的着眼点差异。

(2) 请分析面向控制流完整性的动态度量方法能够防御的攻击有哪些?是否存在该方法无法抵御的攻击平面?

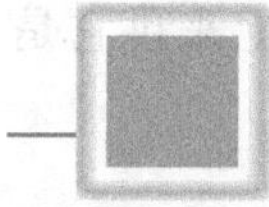

## 实验

面向返回式编程(Return Oriented Programming,ROP)攻击技术是前述章节可信体系所无法有效解决的问题。请基于本书前面章节的可信计算体系,搭建一个基于硬件或者软件模拟器的可信度量环境。然后，请在你的系统环境中编写一个 ROP 攻击实例，测试你搭建的可信度量环境是否能够检测抵御你撰写的测试例子，找出成功或者失败的原因(大多数情况下，ROP 攻击在基于加载时完整性度量的可信环境是可以存活的)。接下来，如果你的攻击实例能在你的可信度量环境中运行，那么根据本章所讲述的技术，尝试找到检测与抵御相应攻击的方法。

# 第11章 可信执行环境技术

可信执行环境(Trusted Execution Environment)是一个与丰富操作系统执行环境(Rich Operating System Execution Environment)并行运行的独立执行环境,可信执行环境(TEE)技术为可信应用(Trusted Application,TA)提供安全执行环境,并对其中的代码和数据提供保密性和完整性保护。TEE 的设计与实现在不同的场景与需求下不同,目前主要有 ARM TrustZone、Intel SGX、AMD SEV 等实现方案,这里主要介绍 TrustZone 技术和 SGX 技术。

## 11.1 TrustZone 技术

### 11.1.1 TrustZone 原理与结构

随着嵌入式设备在生活中的普及,其所处理的数据逐渐复杂,价值也日益提高,吸引了众多黑客开始将攻击目标转向嵌入式设备。然而,不同于 PC 和服务器,嵌入式设备大多缺乏有效的安全保护措施,隐私数据泄露的事件时有发生,严重影响用户的生命和财产安全。

为了提高嵌入式设备的安全性,ARM 公司作为嵌入式行业的领头羊,提出相应的解决方案,即 TrustZone 技术。ARM TrustZone 技术在 2002 被提出,在 ARM1176 处理器中首先集成实现。该技术提出的目的是防止来自普通世界的软件攻击,根据不同 SoC 的设计也可以防止简单的硬件攻击。

TrustZone 将系统中的软件资源和硬件资源(如内存和外设等),分隔为两部分并分属于两个世界:安全世界和普通世界。系统通过硬件总线控制资源的访问权限,普通世界只能访问自己的资源,而安全世界可访问所有的资源。安全世界提供了可信执行环境,在其中运行一些包含用户敏感信息、涉及安全服务的操作,隔离外界用户访问,防止系统运行时可能出现的隐私泄露问题。该技术提出的目的在于使嵌入式设备可以同时享受开放操作系统和安全解决方案,通过设计良好的架构,保证隐私数据的安全性。下面分别从硬件架构和软件架构进行详细描述。

#### 1. TrustZone 硬件架构

TrustZone 是 ARM 系列应用处理器的一种架构,在该架构下可以使得一个处理器

(或 SoC)运行两个独立的软件栈,一个是所谓的普通世界(Normal World,NW),另一个是区别于普通世界的安全世界(Secure World,SW)。普通世界运行一些标准操作系统,例如常见的 Linux、Android 等。安全世界运行一个独立的操作系统,该操作系统通常对普通用户是不可见的,为运行在普通世界的应用程序和操作系统本身提供安全服务。通常情况下,运行在安全世界的操作系统是简洁小巧的,只包含需要为普通世界软件提供所需的安全服务的最小代码。因此,安全世界类似于一个可编程的安全模块从属于普通世界,在 ARM 公司的白皮书中通常被描述为“第二虚拟核心”或“安全虚拟处理器”。图 11-1 简单描述了 TrustZone 架构下两个世界的并行运行关系。

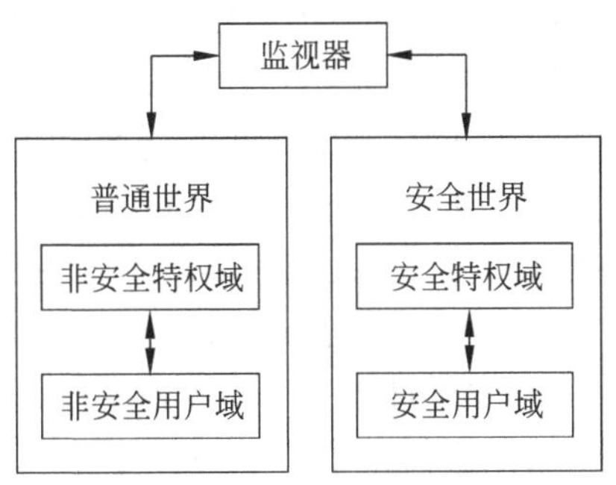


图 11-1 TrustZone 架构下两个世界的并行运行关系

普通世界和安全世界的分离是从处理器硬件层面强制执行的,两个世界之间的通信必须严格遵从 TrustZone 规范。在严格遵从规范的情况下,即便是面临一个不可信的普通世界的操作系统内核,系统也可抵御恶意软件的攻击。此外,TrustZone 不仅仅提供简单的内存分配,还提供一个高度集成的系统安全解决方案。总线设备和内存区域可以由两个世界共享,其目的是在实现强大的安全设计的同时,保留自然的用户体验,并尽量减少设计成本。虽然设备和存储器可由两个世界共享,但是安全世界和普通世界的资源分离并不是对称的。普通世界不能访问安全世界的资源,但安全世界可以访问普通世界的所有资源。

1) 世界切换

在 TrustZone 架构中引入 monitor 模式,用于两个世界之间上下文的切换。处理器从普通世界切换到 monitor 模式受到严格控制,并且切换会引发异常被监控模式软件捕获。处理器通过执行特定的指令——SMC 指令(安全模拟器调用指令)、硬件异常机制、IRQ、FIQ、外部数据中断等方式,能够进入 monitor 模式。monitor 模式下,会保存当前世界的上下文,以便执行完后,能够恢复当前状态。在非监控器模式下,处理器所处的世界由系统控制协处理器 CP15 中的安全配置寄存器(SCR)中的 NS 位决定,在监控器模式下,处理器一直处于安全世界,SCR 中的 NS 位无效。监控模式下,通过 NS 位控制处理器在两个世界间的切换,普通世界的软件无法访问 SCR。

2) 安全中断处理

在 TrustZone 架构下,处理器实际上维护着三个完全独立的中断向量表:普通世界中断向量表、安全世界中断向量表和监控器上下文。按照惯例,TrustZone 架构默认将 IRQ 设置为不安全的中断源供普通世界使用,默认使用 FIQ 作为安全世界的中断源。这是因为在大多数操作系统环境中,IRQ 是使用最多最常见的中断源,用 FIQ 作为安全中断源将最小限度地修改已有软件。在执行监控器代码时通常应关闭中断。

### 2. TrustZone 软件架构

2004 年,ARM 和 Trusted Logic S.A.公司一起开发了第一版 TrustZone 软件,提供

各种低层次平台的安全功能，如设备标识、安全存储、数据完整性验证和I/O访问控制。这为应用程序开发人员提供了一组通用的API，以提供更广泛的安全系统。

该版本的TrustZone软件开发了数年，直到2011年更新到TrustZone API v3后不再继续开发和使用。此后取而代之的是TEE，它成为TrustZone设备配套的安全软件架构。这是因为TEE比原始TrustZone API更灵活，设备制造商在实现时不一定需要实现标准的TEE，而是可以根据自身需求对TEE进行扩展，在安全世界部署其定制软件成为可能。

安全环境所能处理的资源对软件架构的整体结构有很大影响，在具有TrustZone功能的处理器内核上可以实现多种软件架构。最复杂的方法是在安全环境运行一个专用的安全操作系统，最简单的方法是在安全环境放置一个同步代码库。在这两个方法之间还有许多中间选项。图11-2所示为一种基于TrustZone的软件架构。

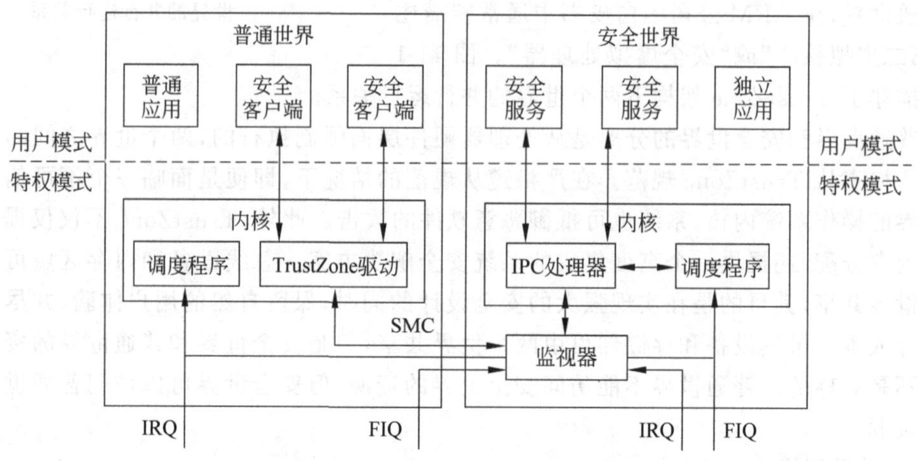


图11-2　基于TrustZone的软件架构

1）安全启动

在系统关机时，对系统中的软件进行破坏的攻击屡见不鲜，如替换安全世界的软件镜像，此类攻击具有一定的隐蔽性，不易被发现。针对这一问题，TrustZone架构中引入了安全启动，流程如图11-3所示，其中Flash Device Bootloader、安全世界OS经由设备私钥签名，存储在设备非易失存储器中。

系统上电后，首先会执行ROM中固化的Bootloader，该阶段负责初始化必要的硬件设备，如内存控制器等，然后进行第二阶段的引导，加载非易失存储器中的签名后的Bootloader，从设备熔丝中取出设备公钥，对签名的Bootloader进行签名验证，签名验证成功后则启动安全世界OS，该过程与启动Bootloader类似。普通世界OS、软件的完整性由安全世界OS保证，可由开发者实现。

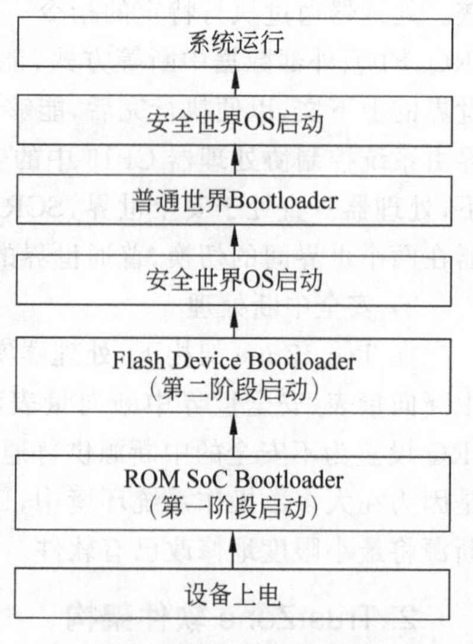


图11-3　安全启动流程

TrustZone 的安全启动能够保证系统启动状态的可信，在 Bootloader、安全 OS、安全应用等被破坏时，及时发现，防止敏感信息泄露等。

2）监控器

监控器用于监控管理，进行安全世界与普通世界状态的切换，其功能与传统的操作系统上下文切换相似，主要用于保存当前世界的上下文状态，正确加载待切换到世界的状态信息。普通世界进入监控器模式被严格控制，普通世界只能通过中断、外部异常、SMC 调用等方式进入监控器模式，安全世界通过直接更改 CPSR 的值进入监控器模式。监控器保存的安全状态存储在安全区域，普通世界无法访问该区域，从而防止恶意程序对上下文环境的破坏。

### 11.1.2　TrustZone 的安全性

TrustZone 技术是通过对硬件和软件的合理设计更改而具有高度安全性的系统架构，对功耗、性能和面积等的影响微乎其微。因此，该技术在提高嵌入式系统安全方面拥有大量的技术和商业上的优势。以下为对 TrustZone 安全性的分析。

#### 1. 安全的隔离运行环境

TrustZone 技术的安全世界和普通世界具有强大的安全边界。TrustZone 技术通过对 CPU 架构和内存子系统的硬件设计升级，引入安全世界的概念。NS(Non-Secure)位是其对系统的关键扩展，以指明当前系统是否处于安全状态。NS 位不仅影响 CPU 内核和内存子系统，还影响片内外设的工作。

monitor 用来控制系统的安全状态和指令、数据的访问权限，通过修改 NS 位实现安全状态和普通状态的切换。monitor 不仅作为系统安全的网关，还负责保存当前的上下文状态。

对内存子系统 Cache 和 MMU(Memory Management Unit)增加相应的控制逻辑来实现增强的内存管理。其中，Cache 的每个 Tag 域都增加一个 NS 位，进而，Cache 中的数据可以标记为安全和普通两类数据。有两个虚拟的 MMU 分别对应两个虚拟的处理器核。页表项增加了一个 NS 位，相对应 TLB 的每个 Tag 域也增加了一个 NS 位，所有的 NS 位联合起来进行动态验证，以确保仅得到授权的操作可以访问标记为安全的数据。

#### 2. 普通世界不能访问安全世界中的资源

AXI 总线上每个读写信道增加了额外的控制信号，分别是总线写事务控制信号(AWPROT)和总线读事务控制信号(ARPROT)。在 CPU 请求访问内存时，除了将内存地址发送到 AXI 总线上，还需要将 AWPROT 和 ARPROT 控制信号发送到总线上，以表明本次访存是安全事务还是非安全事务。AXI 总线协议会将安全状态信息加载在两个读写信道控制信号 AWPROT 和 ARPROT 上，然后系统的地址译码器会根据 CPU 的安全状态使用这些信号产生不同的地址映射。例如，含有密钥的寄存器仅能被处于安全状态的 CPU 访问，实现访问操作是通过译码器将 AWPROT 或 ARPROT 置成低电平实现的。如果 CPU 处于非安全状态试着访问这个密钥时，AWPROT 或 ARPROT 置成高电平，并且地址译码器将会产生访问失败，产生"外设不存在于这个地址"的错误。AXI-

APB桥则负责保护外设的安全性，普通世界不能访问安全外设，这样就为外设安全筑起了强有力的安全壁垒。将敏感数据放在安全世界中，并在安全处理器内核中运行软件，可确保敏感数据能够抵御各种恶意攻击，同时在硬件中隔离安全敏感外设，可确保系统能够抵御平常难以防护的潜在攻击。

#### 3. 安全中断

中断是保护安全世界的重要一环，需要防止恶意软件通过进入中断向量的方法对系统进行一系列破坏。为此，对中断控制进行了扩展，普通世界和安全世界分别采用中断输入IRQ和FIQ作为中断源，因大多数操作系统都采用IRQ作为中断源，故采用FIQ作为安全中断源对普通世界操作系统的改动最少。如果中断发生在相应的执行世界，则不需要进行执行世界的切换。否则，由监控器切换执行世界，且执行监控器代码时应该将中断关闭。CP15协处理器中包含了一个只能被安全世界软件访问的控制寄存器，能够用来阻止普通世界软件修改CPSR的F位(屏蔽FIQ)和A位(屏蔽外部中断)，这样可以防止普通世界的恶意软件屏蔽安全世界的中断。

### 11.1.3 TrustZone的应用

TrustZone技术的提出很大程度上改善了智能嵌入式设备的安全现状。TrustZone技术提供了一个安全的基础架构，其可以应用于Android安全增强、安全支付、可信移动智能终端构建等方面。

#### 1. Android安全增强

Samsung公司基于开源的Android系统和TrustZone技术推出了全新全方位的移动安全平台KNOX，它利用安卓安全增强(Android SE)执行强制访问控制策略来隔离平台内的应用程序和数据，从而为平台和应用提供安全保障。

Android SE安全机制的前提是操作系统内核完整，而KNOX系统架构中基于TrustZone的完整性测量结构(TrustZone-based Integrity Measurement Architecture，TIMA)就用于保证操作系统内核完整，TrustZone硬件架构有效地将内存和CPU资源划为安全区和普通区，TIMA运行在安全区，不能被禁用。而Linux内核的Android SE运行在普通区，TIMA实时对Linux内核进行连续完整性监测，当TIMA检测到内核的完整性受到攻击时，它会通过移动设备管理(MDM)通知企业，企业采取相应的策略保护内核的完整性。因此，安全启动和Android SE及TIMA形成防御内核恶意攻击的第一道安全防线。

#### 2. 在线支付

国内手机的在线支付功能越来越普遍，如何保证在线支付过程中数据的安全性和支付密钥的安全越来越重要，尤其是在使用指纹识别进行支付时，Google公司在Android 7.0之后已强制要求手机设备厂商将用户的指纹数据保存在TEE中，否则无法通过Google的CTS认证授权。国内的在线支付系统主要是支付宝和微信支付，在使用指纹支付时都使用TEE保护相关数据的安全。

在线支付的验证过程可放到TEE中运行，但由于种种原因，支付宝和微信支付的支付验证过程都使用软件方案实现，而并没有运行于 TEE 中，但是验证过程中使用的关键数据大多被保存在 TEE 中，且这些数据也是经 TEE 加密保存。

### 3. 可信移动智能终端构建

可信计算利用 TPM 中的各种引擎和工作组件实现可信启动、完整性度量和远程证明等安全功能，从而保证 PC 从底层系统到上层应用的安全可信，而移动智能终端有设备软硬件设计灵活多样，设备空间、功耗等受到严格限制等特殊性，因而在 TrustZone 提供的可信执行环境下，利用软件安全模块(Software Security Module，SSM)构建 TrustZone 隔离环境里的可信计算功能，保障移动终端的安全可信。

在 ARM TrustZone 环境下实现 SSM，利用可信计算的基本思想，通过软件形式实现安全模块，其提供硬件 TPM 实现的核心服务，包括对称及非对称加解密、安全哈希、随机数生成、签名验签、密钥的生成与保护等，利用这些服务能够完成可信启动、远程认证和数据保护等安全功能。基于 TrustZone 设计的软件安全模块为移动智能终端的可信启动、完整性度量等核心功能的实现提供了有效的安全基础支撑，保障移动智能终端的安全可信。作者团队与华为公司合作，对此进行了开发并取得成功。

## 11.1.4　对 TrustZone 的安全攻击

### 1. 针对安全世界操作系统内核发动的攻击

有两种方式能够从未经授权的安全世界用户模式应用程序劫持安全世界内核。一种方法需要分几个步骤将权限升级到 Linux 内核中。首先，利用操作系统服务中的漏洞攻击控制操作系统内核的服务进程，该服务进程有权访问 TEE 驱动程序。然后将权限提升到 Linux 信任区驱动程序中，以访问 SMC 接口。再利用 TEE 内核中的一个漏洞，在安全世界中以特权模式权限执行任意代码。一旦控制了 TEE 内核，攻击者就可以发起其他攻击，例如攻击者可以劫持访客安全服务以提取密钥并破坏操作系统的全磁盘加密，或解锁设备引导加载程序。

第二种破坏 TEE 内核的方法只需要访问易受攻击安全服务的接口，然后攻击者可以利用漏洞劫持 Widevine TA，这是一项针对 Android 操作系统的 DRM 服务。然后，通过系统调用接口中的漏洞，攻击者可以进一步将权限提升到 TEE 内核。

### 2. 针对普通世界中操作系统内核发动的攻击

即使不需要获得对 TEE 内核的控制，也有可能破坏普通世界中的内核。这可以通过使用易受攻击的 TA 作为将特权提升到 Linux 内核的蹦床来实现。例如，攻击者可以通过漏洞将精心编制的输入从用户级普通世界应用程序发送到 Widevine TA 来接管操作系统内核。此 TA 中的漏洞以及操作系统之系统调用允许安全服务映射到普通世界物理内存，使攻击者能够修改分配给操作系统内核的内存区域并控制系统。

### 3. 针对监视器发动的攻击

当攻击者通过上述漏洞攻击获得普通世界操作系统内核权限后，利用监视器中的输入验证缺陷作为零写原语，可以在虚拟内存的任意位置使用，在安全世界的操作系统中执行任意代码，即通过安全监视器获取了安全世界操作系统内核权限。

### 11.1.5 基于 TrustZone 的可信计算方法的实现

移动智能终端具有强大的硬件处理能力和功能完善的开放操作系统，整合了通信、娱乐、网络接入、数据存储、个人业务处理等功能，逐渐成为人们生活中不可缺少的一部分。然而，许多不法分子也将视线转移到移动终端，移动终端的安全威胁成为人们亟待解决的热点问题。

可信计算的思想为解决终端的安全威胁提供了很好的思路。在 PC 端，TPM 安全芯片可以为系统提供一个可信根，从底层开始全方位保护计算平台的安全性。在移动终端，可以基于可信计算的思想，利用 ARM 架构下的 TrustZone 技术实现可信计算，进而保障移动终端的安全可信。

一种基于 TrustZone 技术的可信计算方法实现框架如图 11-4 所示。其按照可信计算的思想，在不改变现有设备硬件架构的基础上，借鉴 TPM 的思路，在 ARM TrustZone 环境下实现可信计算。

图 11-4 的左、右两侧分别是 TrustZone 技术通过设置硬件总线隔离出的普通世界和安全世界。普通世界运行常见的操作系统，图 11-4 中为 Linux 系统。安全世界运行精简的安全操作系统。安全操作系统的内核有一个软构可信平台模块（Soft-Component Trusted Platform Module，STPM），它提供硬件 TPM 实现的核心服务，包括对称及非对称加解密、安全哈希、随机数生成、密钥生成等。硬件熔丝 eFuse 用于生成加密关键数据需要的数据存储密钥，以及访问 RPMB 分区的数据认证密钥。

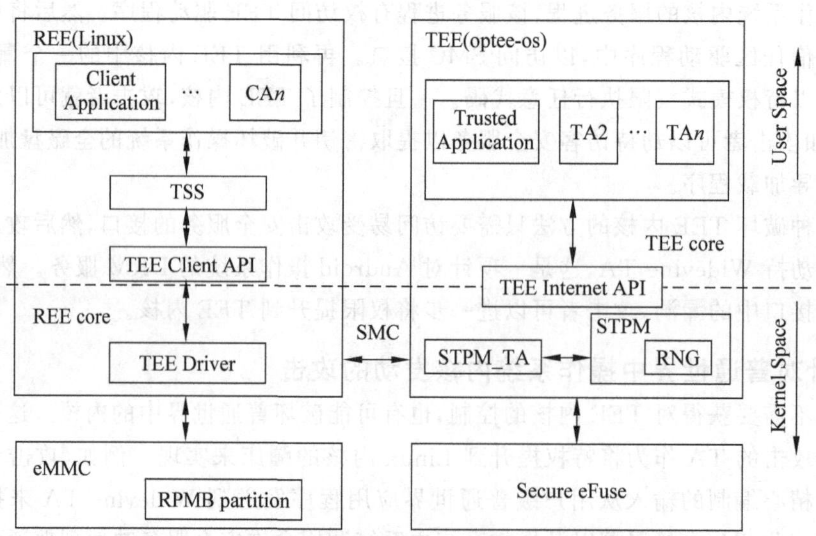

图 11-4　一种基于 TrustZone 技术的可信计算方法实现框架

#### 1. 普通世界调用安全世界提供可信服务的通信方式

图 11-4 的设计方案中，TCG 软件协议栈（TCG Software Stack，TSS）是上层应用程序调用 STPM 的接口，运行在普通世界用户态。TSS 和 STPM 分别部署在普通世界和

安全世界中，它们之间的通信需要世界切换，因而 TSS 需要适当修改以适应 TrustZone 架构，TSS 将调用命令向下传递给普通操作系统内核态中的 TEE Driver，然后通过 SMC (Secure Monitor Call)调用进入监视器环境，从而切换到安全世界。安全世界内核中的静态可信应用 STPM_TA 自系统启动时就加载至内核，负责将来自普通世界的可信服务请求转发给 STPM，实现两者的安全通信。

### 2. 关键数据的安全存储

STPM 的关键数据(如平台状态基准值以及平台相关的密钥)，如果被攻击者获取，会影响平台启动和接入网络认证的安全性，对移动终端造成严重威胁。在硬件 TPM 芯片中，内部隔离了一块可信存储区域来保证数据的安全，而 TrustZone 技术推荐将安全资源封装在 SoC 芯片内部，以防止利用引脚进行物理窥探。但由于技术和成本限制，SoC 内一般不会封装大容量的永久存储，因而在图 11.4 中利用 eMMC(Embedded Multi Media Card)存储介质的 RPMB(Replay Protected Memory Block)分区安全机制。

在安全世界中利用 STPM 的加解密引擎对关键数据进行加密保护，同时利用目前移动终端普遍采用的 eMMC 存储介质中的 RPMB 分区安全机制，在安全世界中增加相应模块，实现基于 RPMB 分区的关键数据认证读与认证写方案，增强关键数据读写时的身份认证，保证 STPM 中存储根密钥、度量值等关键数据安全可信。

移动终端启动时将加密后的关键数据载入安全世界进行解密，终端运行过程中关键数据一直存储在安全世界中，在关机时清除内存中的信息并将数据加密保存至非易失性存储器中，这样，在整个移动终端运行的生命周期中就保证了数据的动态处理和静态存储安全。一方面，即使攻击者获取了密文数据，明文也不会泄露；另一方面，如果数据被篡改，移动终端对数据进行解密，得出的明文就无法被正常使用，从而可以发现平台上存在数据篡改攻击。

### 3. 可信服务的提供

STPM 参照 TPM 规范，在不改变现有设备硬件架构的基础上，为移动终端提供加解密、完整性度量、签名验签和随机数生成等基础服务。

STPM 中的度量模块，包括度量值处理模块和平台配置寄存器(Platform Configuration Register, PCR)，该模块可以实现平台安全度量功能，是平台可信启动的重要基础。其中的加解密模块包括密钥生成、数据加解密、安全哈希等，实现用户数据保护和平台身份认证功能。安全存储模块包括实现数据读请求模块和数据写请求模块，可以弥补 STPM 没有安全存储区域的缺陷，提供对关键数据的保护。

### 4. 系统引导时可信度量策略

可信计算的信任链机制为解决系统底层安全提供了很好的解决思路，TPM 芯片可以先于整个可信系统启动，对从 CRTM(BIOS Boot Block)开始到应用为止的整个链条进行度量和比较工作。而在 ARM 嵌入式设备中，STPM 并没有先于整个系统启动的功能，必须等到固件启动之后、安全世界启动并初始化完成之后才能启动。利用 STPM 进行信任度量的一种方式如图 11-5 所示。

基于 STPM 的信任链可分为两个阶段，前一阶段为固件启动到安全世界系统 OS 加

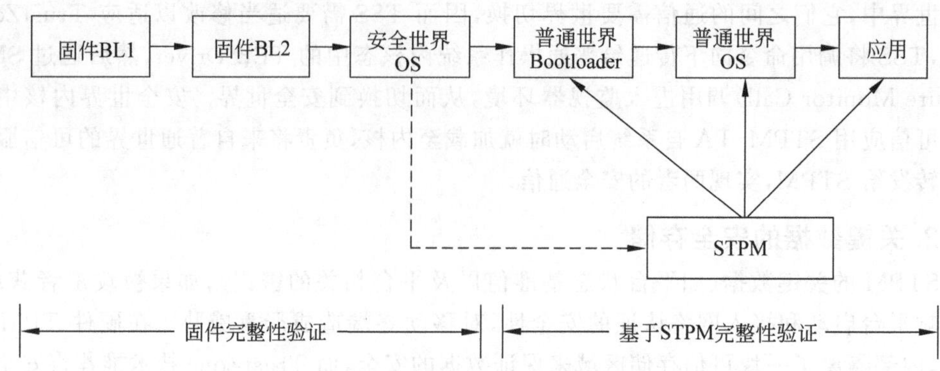


图 11-5 利用 STPM 进行信任度量的一种方式

载完成，该阶段由固件自身通过逐级度量的方式完成完整性验证。BL1 主要用于固件的初始化，驻留在 ROM 中，只能一次性写入，因此无法被篡改。BL1 可以作为 CRTM 开始构建信任链，并担负起度量 BL2 完整性的任务。BL2 的主要功能为引导安全世界 OS 启动，类似于安全世界 Boot loader 的功能，然后，它会用来度量安全世界 OS 的镜像。

STPM 使用静态启动的方式，当安全世界 OS 启动后，STPM 就被加载到安全内存中，在这之后的信任链工作可以交给 STPM 完成。因此，STPM 可以搭建后一阶段的信任链，以完成整条信任链的构建工作。

ARM TrustZone 架构下可信环境的实现，利用 ARM TrustZone 架构所提供的可信执行环境，在安全世界构建 STPM，利用 TrustZone 架构的 SMC 指令实现安全世界 STPM 与普通世界上层应用之间的通信，实现可信服务调用，利用 eMMC 的 RPMB 分区安全机制实现 STPM 中根密钥以及 PCR 值等关键数据的安全存储。

上层应用调用 STPM，可以为移动终端实现完整性度量和数据加解密等重要操作提供一条完整的通道，也可以为移动终端系统和上层应用的可信启动、数据安全存储等可信服务提供基础安全支撑。

## 11.2 SGX 技术

### 11.2.1 SGX 的原理与结构

SGX(Software Guard Extensions)技术是 Intel 公司新提出的一套处理器安全扩展技术。该技术自身并不直接用来识别和隔离系统中的恶意软件，而是将敏感的软件操作(如加密、签名运算)和数据(如存储根密钥)安全封装到一个可信执行区 Enclave 中。通过对可信区 Enclave 施加硬件隔离和严格的访问控制，确保可信区中的代码和数据安全。

利用该技术，用户可以在不可信的平台上构建一个安全可信的执行环境，保护安全区域不受恶意软件攻击。一旦用户程序经过度量从而被成功加载后，只有自身可信区内部代码才能访问该可信区中的敏感数据，外部程序即便是操作系统或者虚拟机监控器等特权软件，也无法对可信区中的代码和数据进行访问，这一特点为用户敏感数据的机密性和完整性提供了保障。SGX 技术还可以帮助用户减小其应用程序的可信计算基(Trusted Computing Base,TCB),使其减小到仅包含处理器和应用程序的可信区 Enclave 本身,进而增强了攻击者攻击的难度。

### 1. SGX 相关数据结构

1) EPC 和 EPCM

EPC(Enclave Page Cache)是可信区 Enclave 的页缓存,在 SGX 进程中,可信区中的代码和数据存储于处理器保留内存区(Processor Reserved Memory,PRM)中,PRM 作为 DRAM 的一个子集,不能直接被其他软件访问,即便是系统软件和 SMM 代码,也不被允许。可信执行环境 Enclave 中的内存数据和相关数据结构都存放在 EPC 区域中,同时 EPC 又是 PRM 存储区域的子集。为了实现 SGX 对 EPC 页面的安全性检查,SGX 为每一个分配了的 EPC 页面提供一个 Enclave 页面缓存映射(Enclave Page Cache Map,EPCM)结构记录 EPC 页面的信息,该 EPCM 结构帮助处理器追踪定位 EPC 中的内容,其具体的存储关系如图 11-6 所示。

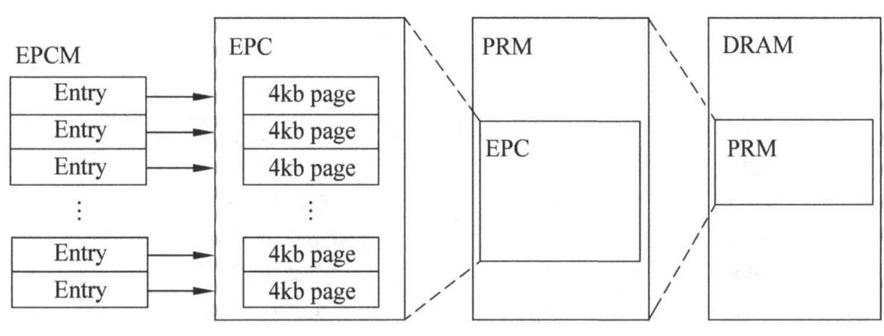


图 11-6 EPC 内存架构图

2) SECS

SECS(SGX Enclave Control Structure)是 SGX 可信区的控制结构体,SGX 为每一个可信执行环境创建一个 SECS 结构体来存储其元数据信息,包括 Enclave 的基地址和大小、属性、加载完成后的度量信息、开发者的签名信息、安全版本号、Enclave ID 号等信息。通过 SECS,处理器能对多个 Enclave 区域进行管理与控制,每个 SECS 结构存储成一个页面类型为 PT_SECS 的 EPC 页面,本身并不映射到 Enclave 的地址空间,而是由处理器硬件实现。SECS 结构体如图 11-7 所示。

3) TCS

线程控制结构(Thread Control Structure,TCS)为可信环境提供了并发处理的支持。可信执行环境 Enclave 中的每一个执行线程都与一个线程控制结构相关联,该 TCS 结构描述了可信线程的相关信息,具体包括线程的执行标识、状态保存区(SSA)的地址、可用 SSA 的个数、当前正在使用 SSA 的索引信息等,可以将其理解为一种简化的进程控制块结构。如果要执行可信区里的代码,就必须有相应的 TCS 结构,在进程迁移场景中,进程恢复时,同样需要重新构造 TCS 结构体来保证可信区中函数的正常访问。TCS 结构体如图 11-8 所示。

| 结构体成员 | 偏移 | 大小 | 描述 |
| --- | --- | --- | --- |
| SIZE | 0 | 8 | Enclave大小 |
| BASEADDR | 8 | 8 | Enclave基地址 |
| SSAFRAMSIZE | 16 | 4 | SSA帧的大小 |
| MISCSELECT | 20 | 4 | MISC域选择子 |
| RESERVED | 24 | 24 | 保留区 |
| ATTRIBUTES | 48 | 16 | Enclave属性 |
| MRENCLAVE | 64 | 32 | 记录Enclave构建时的度量值 |
| RESERVED | 96 | 32 | 保留区 |
| MRSIGNER | 128 | 32 | 记录Enclave签名信息 |
| RESERVED | 160 | 96 | 保留区 |
| ISVPRODID | 256 | 2 | Enclave的产品ID |
| ISVSVN | 258 | 2 | 安全版本号 |
| EID | 独立实现 | 8 | Enclave表示符 |
| PADDING | 独立实现 | 352 | 填充区 |
| RESERVED | 260 | 3836 | 保留区 |

图 11-7 SECS 结构体

| 结构体成员 | 偏移 | 大小 | 描述 |
| --- | --- | --- | --- |
| RESERVED | 0 | 8 | |
| FLAGS | 8 | 8 | 线程执行标志 |
| OSSA | 16 | 8 | 记录SSA栈的偏移 |
| CSSA | 24 | 4 | 记录当前SSA帧的索引 |
| NSSA | 28 | 4 | 记录SSA栈帧的数量 |
| OENTRY | 32 | 8 | Enclave进入点 |
| RESERVED | 40 | 8 | |
| OFSBASGX | 48 | 8 | Enclave中FS段寄存器值 |
| OGSBASGX | 56 | 8 | Enclave中GS段寄存器值 |
| FSLIMIT | 64 | 4 | |
| GSLIMIT | 68 | 4 | |
| RESERVED | 72 | 4024 | 保存区，必须为零 |

图 11-8 TCS 结构体

4) SSA

SSA(State Save Area)是 SGX 的状态保存区，当处理器在可信环境中执行时遇到退出事件(例如中断)，处理器会进行处理模式的切换，并调用系统软件所提供的异常处理过程进行处理。在执行异常处理代码之前，处理器需要将可信执行区域的执行上下文信息进行安全存储，从而避免处理器模式切换后泄露可信执行环境中的敏感上下文信息的可能，因此定义了 SSA 结构对这些敏感状态信息进行保存。SSA 存储可信执行环境通用寄存器的值、扩展特征处理器状态值等，用户程序重新进入可信区执行时，需要从 SSA 结构中恢复这些寄存器的值，并继续原有的运算。SSA 结构体如图 11-9 所示。

其中通用寄存器 GPRSGX 区域的具体内容如图 11-10 所示，该区域记录了可信区异常发生时处理器的上下文信息。

| 结构体成员 | 偏移 | 大小 | 描述 |
| --- | --- | --- | --- |
| XSAVE | 0 | 通过CPUID子功能0DH计算 | 保存处理器扩展状态 |
| PAD | sizeof(XSAVE) | | |
| MISC | GPRSGX基地址-sizeof(MISC) | | |
| GPRSGX | SSAFRAMESIZE-177 | 176 | SGX域通用寄存器存储区 |

图 11-9 SSA 结构体

| 结构体成员 | 偏移 | 大小 | 结构体成员 | 偏移 | 大小 |
| --- | --- | --- | --- | --- | --- |
| RAX | 0 | 8 | R12 | 96 | 8 |
| RCX | 8 | 8 | R13 | 104 | 8 |
| RDX | 16 | 8 | R14 | 112 | 8 |
| RBX | 24 | 8 | R15 | 120 | 8 |
| RSP | 32 | 8 | RFLAGS | 128 | 8 |
| RBP | 40 | 8 | RIP | 136 | 8 |
| RSI | 48 | 8 | URSP | 144 | 8 |
| RDI | 56 | 8 | URBP | 152 | 8 |
| R8 | 64 | 8 | EXITINFO | 160 | 4 |
| R9 | 72 | 8 | RESERVED | 164 | 4 |
| R10 | 80 | 8 | FSBASE | 168 | 8 |
| R11 | 88 | 8 | GSBASE | 176 | 8 |

图 11-10 通用寄存器 GPRSGX 区域的具体内容

最后，附上一张 SGX 相关数据结构关系图(见图 11-11)。每一个 Enclave 都拥有一个 SECS 结构，该结构指定了 Enclave 区域的基地址和大小；EPCM 为 EPC 内存页跟踪信息；每个 SGX 进程都包含一个或多个 TCS 结构，为可信区提供并发处理支持，每个 TCS 都与一系列 SSA 结构对象相关联，从而支持可信环境与非可信执行环境切换时状态的安全。

### 2. SGX 的内存布局

对于 SGX 可信进程而言，所有的 Enclave 都会处于该进程虚拟地址空间中一块特殊的区域 ELRANGE(Enclave Linear Address Range)中，该区域用来映射 EPC 内存页中的代码和敏感数据，剩余虚拟地址空间部分则用来映射非 EPC 内存页，内存映射关系的建立基于操作系统的页表，其映射关系如图 11-12 所示。

Enclave 作为应用程序的可信区，位于 ELRANGE 区域。在可信区内部，Enclave 会构建自己的运行时环境，创建自己的代码段、全局数据段、可信线程信息等，Enclave 内部的内存分布如图 11-13 所示。

SGX 程序具有可信和不可信两个执行环境，Enclave 作为其可信执行环境，拥有自己的代码段、栈、堆、线程控制结构等信息，这些信息位于可信区内部，对于同一程序的不可信部分是不可见的。程序执行流程从可信区域切换至不可信区域时，可信上下文信息会

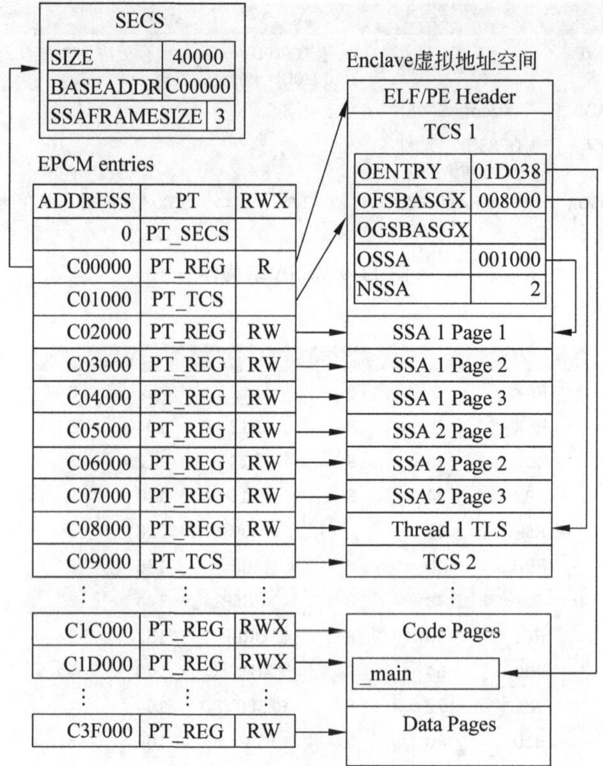


图 11-11　SGX 相关数据结构关系图

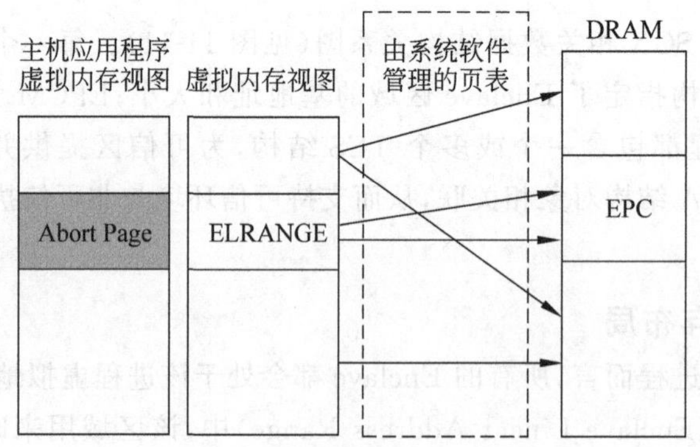


图 11-12　SGX 进程 ELRANGE 区域

以 SSA 形式保存在可信区域中；当进程重新恢复可信区执行时，会依据 SSA 结构中的信息恢复可信环境的上下文。SGX 进程迁移时，需要先将进程从可信环境中切换出来，待 SSA 信息保存完整后，再将 SSA 结构和可信区的堆栈信息等进行收集，以便于将来进行可信环境上下文的恢复。

### 3. SGX 的 Enclave 退出事件

可信进程在执行过程中，一些特殊的事件（如异常和中断）可能中断 Enclave 区域中

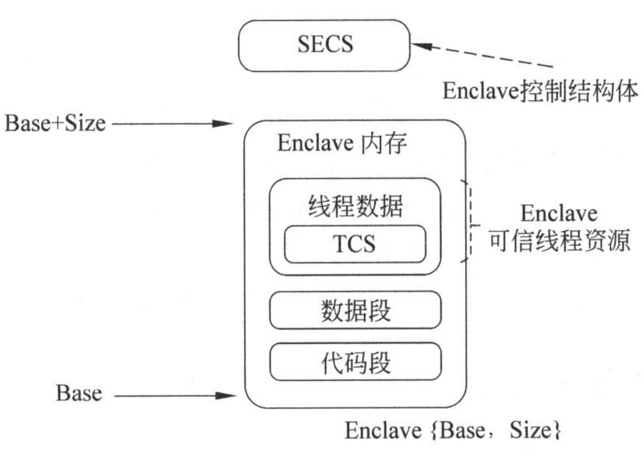


图 11-13　Enclave 内部的内存分布

代码的执行流程，并将控制权转移到可信区外部，通常也伴随着处理器模式和特权级别的切换。为了保护可信区内容的机密性和完整性，处理器会在调用事件处理函数前从可信区中退出，同时将处理器模式从 Enclave 模式切换为一般模式，因此，能够引起处理器从可信区中切换出去的事件称为 Enclave 退出事件（Enclave Exiting Events，EEE）。EEE 主要包含外部中断、不可屏蔽中断、系统管理中断、异常、VM 退出事件等。处理器退出可信区去处理 EEE 的过程又称为异步 Enclave 退出（Asynchronous Enclave Exit，AEX），为了保护可信区中的机密信息，当 AEX 发生时，可信执行环境会将自身特定寄存器的状态值保存到可信区相应的 SSA 结构中，之后将这些寄存器的值进行覆盖，加载成一些人为设计的状态值来防止外部恶意程序利用软件漏洞获取可信环境的寄存器上下文信息。SSA 栈的结构如图 11-14 所示。

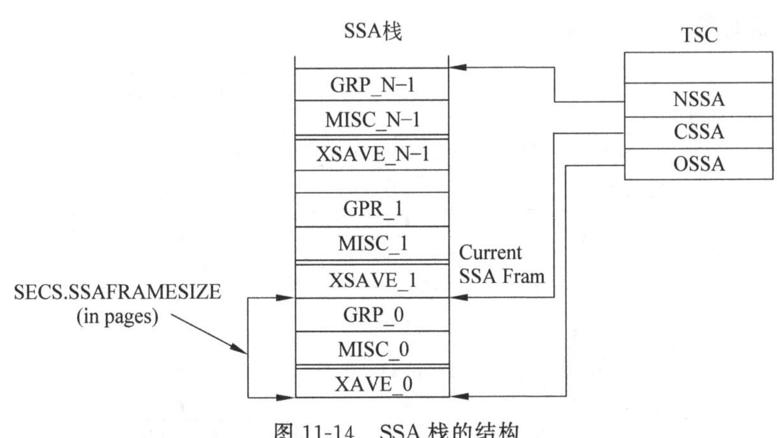


图 11-14　SSA 栈的结构

如图 11-14 可知，SSA 栈帧的位置由 TCS 结构中的三个变量所控制：NSSA（Number of SSA Slots）定义了 SSA 栈中可以存放的 SSA 个数；CSSA（Current SSA Slot）定义了当前栈中下一个要使用的 SSA 位置；OSSA（Offset of SSA）定义了 SSA 栈在内存中的位置。在可信线程执行过程中，AEX 事件发生时，处理器会依据 TCS 中 CSSA 的值选择一个 SSA 栈帧进行可信区状态的保存，之后加载的可信区人为状态值用来防止可信上下文的泄露。

SGX进程动态迁移需要保存进程的运行状态，我们利用信号机制发送一个迁移信号给该进程，如果其可信线程正在执行，则依据AEX的处理流程，SGX进程会先中断可信环境中线程的执行，并将可信状态上下文进行保存，之后返回到程序的不可信部分执行信号处理函数。在信号处理函数中，通过SGX的ECALL机制设计可信区状态收集接口，使程序重新进入可信区，并对可信区的中间状态信息（如栈、堆等内存数据）进行收集；通过SGX的密封功能将结果安全保存到外部，以便后续迁移时使用。

### 11.2.2 SGX的安全性

SGX的安全性主要包括对内存的隔离保护和访问控制机制、可信区中非易失性数据的密封存储、基于处理器硬件的本地认证和远程认证，以及可信区与不可信区的安全交互等方面。

#### 1. 基于硬件的内存访问控制和内存加密

为了实现SGX的内存保护机制，Intel公司设计实现了一套新的硬件架构，提供了一块特殊的内存区域——Enclave页缓存（Enclave Page Cache，EPC），用来存储Enclave页面内容和SGX相关的数据结构。该区域在硬件级别实现了内存的隔离保护，所有Enclave区域的代码和数据都位于EPC内存中，当一个可信区中的代码想访问EPC中的数据时，由处理器确定该次访问是否合法。处理器为每个EPC中的内存页提供了一个硬件数据结构——Enclave页缓冲映射（Enclave Page Cache Map，EPCM）来维护其安全访问控制信息，EPCM由处理器的页缺失处理（Page Miss Handler，PMH）部件进行查询，PMH通过查询系统页表、范围寄存器的值和EPCM决定该次内存访问是否合法。SGX内存访问控制如图11-15所示。

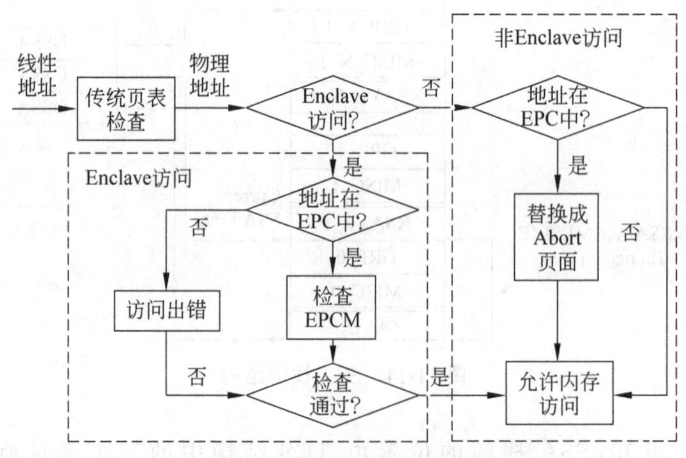


图11-15 SGX内存访问控制

SGX通过图11-15中的处理器运行模式检查和访问控制流程，从而确保Enclave中的数据只能由该Enclave中的代码访问，防止了可信区内部运行的程序被恶意软件盗取敏感信息和随意篡改数据。SGX技术不但能抵御基于软件的内存泄漏攻击，通过加密引擎对 EPC 内存页加密，也可以抵御基于硬件的内存泄漏攻击，如图 11-16 所示。

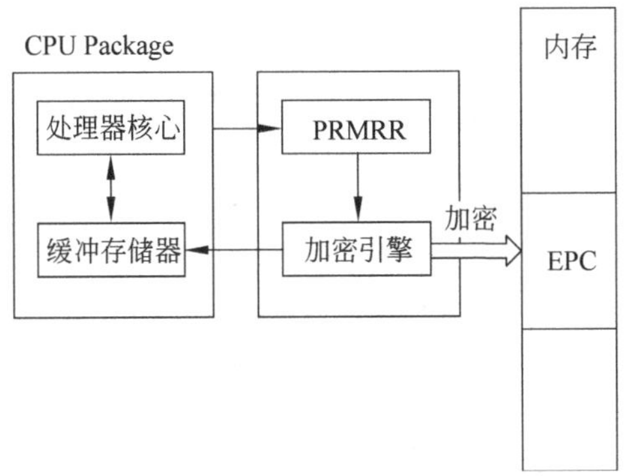


图 11-16 EPC 数据加密

图 11-16 中的 CPU Package 为可信处理器部分，EPC 是内存中的一块特殊区域，用于存放各个进程中可信区的敏感代码和数据，在系统启动时由 BIOS 对其位置、范围等信息进行初始化。当处理器访问可信区 EPC 中的数据时，数据会被加载到 CPU Package 中的缓冲存储器中进行操作，操作完成后需要换出数据，敏感数据从缓冲存储器同步回 EPC 中时，数据内容会通过加密引擎进行处理，重新读入缓冲存储器时，会通过加密引擎重新进行解密，密钥是基于处理器硬件的，其他软件无法对其进行访问。因此，EPC 中存放的始终是加密后的数据，即使攻击者对目标机器使用 Cold Boot 攻击，也无法获取 EPC 中的用户信息明文。

综上，SGX 技术可以有效防止内存泄露攻击，同时基于硬件提供了一套内存隔离和访问控制机制，进而保护用户敏感代码和数据的安全，它是在云环境中构建可信进程的一种有效的解决方案。

### 2. 密封存储

当进程运行结束后，Enclave 实例将被销毁，其可信区中的所有数据也将随之丢失。通常，软件都需要存储一些非易失数据信息以供下次运行使用，SGX 考虑到这一需求，提出基于处理器的数据密封存储的功能(Sealing)，该机制可以将用户可信区中的数据通过加密技术存储于普通磁盘上，便于以后使用时进行恢复。

为了对密封的数据进行访问控制保护，SGX 支持两种密封策略：基于 Enclave 身份的密封策略和基于 Sealing 身份的密封策略。对于基于 Enclave 的密封策略，密封密钥依赖于 Enclave 的 MRENCLAVE 寄存器中的值，该值是 Enclave 实例化过程的度量结果，反映了该 Enclave 实例化的可信程度，每个 Enclave 实例化的 MRENCLAVE 值都不相同，因此每个基于 Enclave 身份产生的密封密钥都不能混用，只有该 Enclave 才能解封自己密封的数据，可以更好地保护密封数据；而基于 Sealing 身份的密封策略中密封密钥是基于 MRSIGNER 的值，该值代表了签名 Enclave 程序的软件开发商的可信程度，经过同一软件开发商开发的 Enclave 程序，其 MRSIGNER 值是相同的，因此签名信息相同的程序都可以彼此解封密封数据，进而可以实现多个 Enclave 之间的敏感数据的共享。

Sealing 过程如图 11-17 所示。

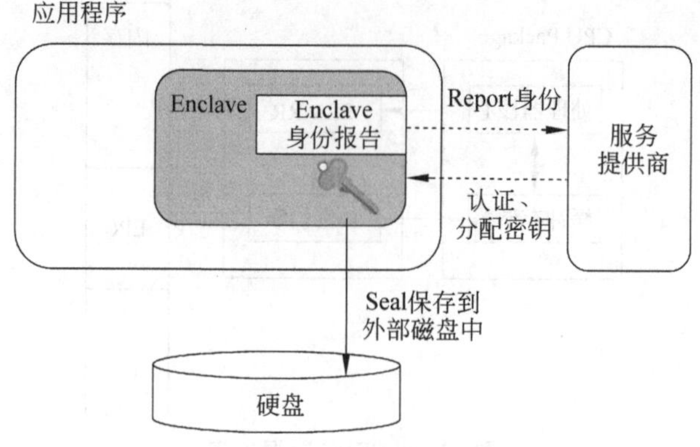


图 11-17 Sealing 过程

总之，密封存储功能可以将用户程序可信区中的数据根据相应的安全密封策略加密保存在外部磁盘中，为用户提供安全存储功能。在我们的迁移方案中，对可信区内存数据的保存就使用了基于 Sealing 身份的密封存储功能，这样既实现了可信区数据的安全存储，又为迁移后数据的恢复提供了保证。

### 3. 本地/远程认证

任何大型程序各个模块之间总要通过交互协同完成全部功能，为了使各模块之间能够相互信任，SGX 技术基于处理器硬件为用户提供了认证功能。简言之，认证功能就是该程序向本地应用或远程服务提供商证明身份的可信性，即证明应用在一个可信的平台上被可信地加载运行起来。为了提供认证功能，Intel SGX 架构设计了如图 11-18 所示的认证断言(Attestation Assertion)的创建过程。

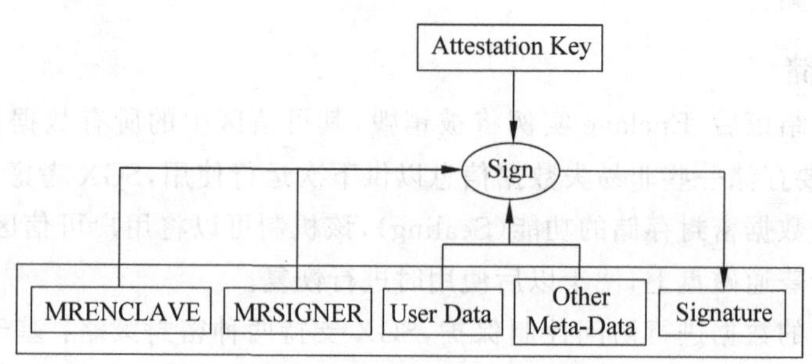


图 11-18 认证断言的创建过程

图 11-18 中，MRENCLAVE 代表了 Enclave 的身份，它的值是对内部日志取 SHA-256 操作得到的摘要值，该日志信息记录了 Enclave 构造过程中的活动，即 MRENCLAVE 的值可以反映 Enclave 是否被安全地实例化；MRSIGNER 代表了 Enclave 的第二个身份——Sealing 身份，该身份包括密钥权威(Sealing Authority)、产品 ID 和版本号三部分，密钥权威是一个用来在 Enclave 构建时对其进行签名操作的实体。Enclave 的构建者应向硬件平台出示 Enclave 的 RSA 签名证书，证书中包含 Enclave 的身份信息 MRENCLAVE

以及密钥权威的公钥，硬件使用该证书中包含的公钥对证书中的签名进行检查，将它与度量值 MRENCLAVE 值进行比较，如果检查通过，就将密钥权威中的公钥哈希值保存在 MRSIGNER 寄存器中。值得注意的是，如果多个 Enclave 使用同一个密钥权威进行签名，则它们的 MRSIGNER 的值将是一样的，基于相同 Sealing 身份封装的信息多个 Enclave 之间可以相互共享；Attestation Key 是一个和平台相关的密钥，其自身代表了平台的可信程度，认证断言的创建需要该密钥对 MRENCLAVE、MRSIGNER 和用户数据信息进行签名得到。基于认证断言，认证技术分为本地认证和远程认证两部分，该认证功能也为安全交互协议的设计提供了实现基础。

本地认证是在同一平台上，一个程序向另一个程序提供自己的身份证明，证明其在本平台上被可信地实例化的过程，该过程使用了对称加密技术，其具体认证步骤如图 11-19 所示：

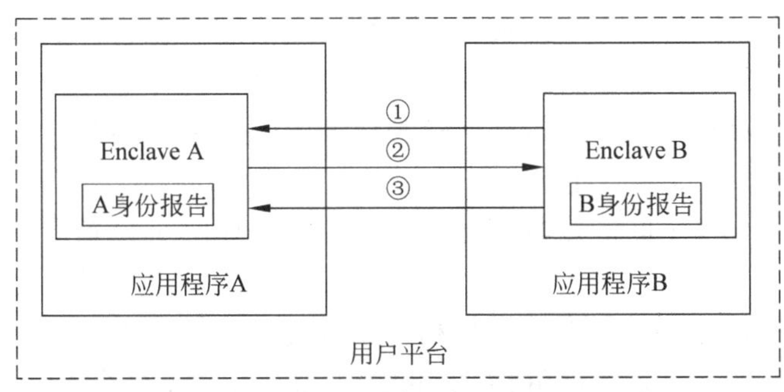


图 11-19　SGX 本地认证流程图

(1) 首先 Enclave A(简称 A)和 Enclave B(简称 B)两端需要建立一个通信信道，之后 A 获取 B 的 Enclave 身份信息(MRENCLAVE)。

(2) A 调用 SGX 的 EREPORT 指令，并将 B 的身份信息作为参数，创建一个签名的报告(REPORT)，A 将产生的 REPORT 机构传递给 B。

(3) B 收到 A 发过来的 REPORT 结构后，调用 SGX EGETKEY 指令恢复出平台 Report Key，重新计算 REPORT 结构的 MAC 值并与报告中的值进行比较，如果 MAC 值匹配，就表明 A 和 B 确实运行在同一个平台上；当验证平台和固件之后，B 可以检查 A 的 REPORT 结构中的信息进一步验证 A 的可信性，REPORT 结构中的 MRENCLAVE 反映了 Enclave A 中运行的程序镜像信息，而 MRSIGNER 则反映了 Enclave A 的签名权威的可信度。以上验证完成后，类似地，B 可以使用刚刚接收到的 A 端的 MRENCLAVE 作为参数生成一个 Report B 结构，B 将 Report B 发送给 A，A 以相同的方法对 Report B 进行处理，则 A 和 B 两端可以相互实现本地认证。

远程认证是在一台机器上运行的 SGX 程序向远程机器提供证明，证明其在一个可信的平台上被可信地实例化的过程。与本地认证不同，远程认证使用了非对称加密技术，同时利用了特殊的 Enclave(Quoting Enclave)实现远程认证。Quoting Enclave 在对本地 Enclave 进行认证时，认证过程的前几步和上面提到的本地认证过程是一致的，只是在最后一步，用基于平台的设备私钥对 REPORT 进行签名，将之前的 MAC 信息替换为现在的签名结构,具体过程如图 11-20 所示。

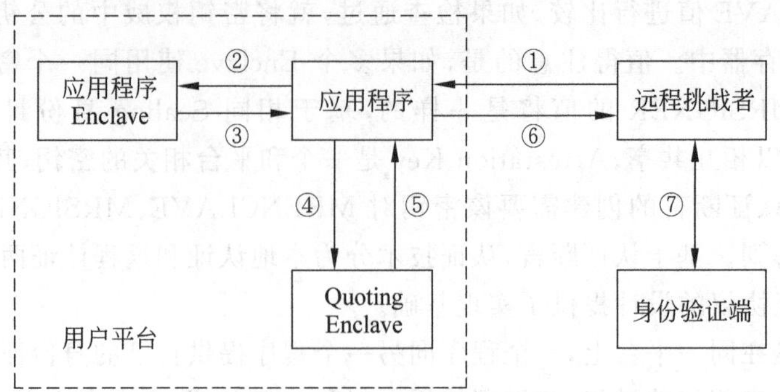


图 11-20　SGX 远程认证流程图

(1) 应用程序想使用外部服务,需要向服务提供商发出请求,服务提供商要远程认证用户程序身份,向其发送一个挑战值。

(2) 用户程序请求 Quoting Enclave 的身份信息,将其身份信息和收到的挑战值一起发送给用户程序的 Enclave 中进行处理。

(3) 用户程序的 Enclave 接收相应信息,并生成程序身份信息的报告 REPORT 结构。

(4) 用户程序将生成的 REPORT 结构发送给 Quoting Enclave 进行签名。

(5) Quoting Enclave 首先调用 EGETKEY 指令恢复本地平台 Report Key 来验证用户程序身份的可信性,之后其创建一个 QUOTE 数据结构并用 EPID(Intel Enhanced Privacy ID)密钥对其进行签名,最后将 QUOTE 结构返回给用户程序。EPID 是一个群签名方案,该密钥只有 Quoting Enclave 才能访问,其本身代表了平台的可信程度。

(6) 用户程序将 QUOTE 信息发送给远程服务提供商进行验证。

(7) 远程挑战者使用证书里的 EPID 的公钥验证 QUOTE 中的签名,进而确定用户程序的可信程度,决定是否提供相应服务。

综上,SGX 认证机制为用户程序提供了基于处理器硬件的身份认证功能,为各个可信程序在不可信云环境中进行安全交互、协作提供了解决思路。

### 4. 可信区/不可信区的安全交互

Intel SGX 技术为用户提供了安全区域 Enclave 来执行敏感操作的处理,其编程模型也和一般应用程序设计不同,根据 Intel SGX 官方提供的编程手册,需要程序开发者重新将软件架构进行划分,每个应用程序都被划分为可信部分(Enclave 部分)和不可信部分(除去 Enclave 的其余部分)。程序可信部分用来保存用户敏感数据,执行一系列机密性运算(如加解密操作、签名操作等),可信部分的内存信息保存在 EPC 内存中,受到加密引擎的保护;而程序其他的功能则由不可信部分负责完成,其代码段和数据段位于一般内存中。

可信部分和不可信部分之间不能直接进行通信和函数调用,需要开发人员使用 EDL (Enclave Define Language)语言编写 EDL 文件来定义访问接口,在编译时生成中间层代码来实现程序两部分之间的通信。程序可信区访问不可信区域代码的机制称为 OCALL(Outside Call)；而不可信区访问可信区代码的机制称为 ECALL(Enclave Call)。其基本调用流程如图 11-21 所示。

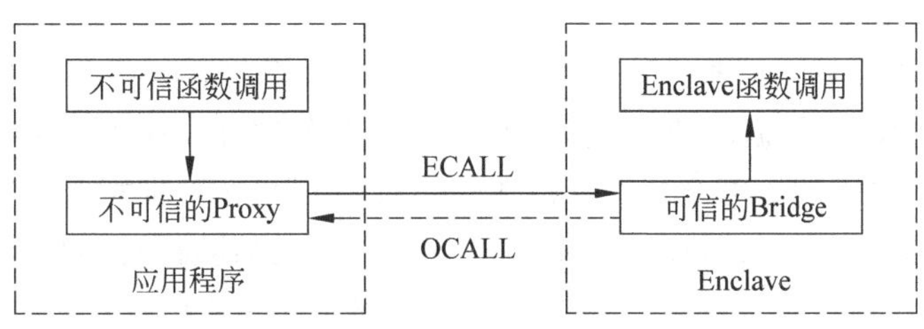


图 11-21　非可信区调用可信区函数流程

由图 11-21 可知，不可信函数调用过程中，如果想使用 Enclave 中的函数功能，需要通过不可信的访问代理，通过 ECALL 机制进入 Enclave，再由可信区中的路由表确定调用的具体是哪一个方法，最后调用可信函数，如有执行结果，则通过 OCALL 机制返回。

通过设计合理的 ECALL/OCALL 接口，应用程序可以有效减少可信区的攻击平面，实现安全计算功能。在进程迁移的方案实现中，也需要合理地设计这两类接口来实现可信区数据的保存和恢复。

### 5. 对 SGX 的侧信道攻击

1）威胁模型

侧信道攻击主要目标是攻击 Enclave 数据的机密性。攻击者来自 non-enclave 部分，包括应用程序和系统软件。系统软件包括 OS、hypervisor、SMM(system management mode)、BIOS 等特权级软件。

侧信道攻击一般假设攻击者知道 Enclave 初始化时的代码和数据，并且知道内存布局。内存布局包括虚拟地址、物理地址以及它们之间的映射关系。有些侧信道攻击假设攻击者知道 Enclave 的输入数据，并且可以反复触发 Enclave，进行多次观察记录。侧信道攻击还假设攻击者知道运行 Enclave 平台的硬件配置、特性和性能，如 CPU、TLB(translation lookaside buffer)、Cache、DRAM、页表、中断以及异常等各种系统底层机制。

2）侧信道的攻击面

Enclave 和 non-enclave 共享大量的系统资源，这就给侧信道攻击留下了非常大的攻击面。在 Enclave 的运行过程中会用到：

① CPU 内部结构，如 pipeline、BPB(branch prediction buffer)等。这些结构不能直接访问，但是如果可以间接利用，仍然可能泄露 Enclave 的控制流或数据流；

② TLB，包括 iTLB、dTLB 和 L2 TLB。如果 Hyper-Threading 打开，两个逻辑核共享一个物理核，这时会大大增加侧信道攻击的可能；

③ Cache，包括 L1 instruction Cache、L1 data Cache、L2 Cache 和 L3 Cache(又叫 LLC Cache)；

④ DRAM，包括 channels、DIMMs(dual inline memory module)、ranks、banks。每个 banks 又包括 rows、columns 和 row buffer；

⑤ 页表(page table),可以通过权限控制触发缺页异常,也可以通过页表的状态位表明 CPU 的某些操作。

这些地方都为攻击者留下了很多想象空间。

3) 侧信道攻击

侧信道攻击的主要手段是通过攻击面获取数据,推导获得控制流和数据流信息,最终获取 Enclave 的代码和数据的信息,如加密密钥、隐私数据等。这里不一一列举具体的工作,而是试图从攻击面的角度全面地介绍侧信道攻击。本节下面的内容就从典型的攻击面(包括页表、TLB、Cache、DRAM 以及 CPU 内部结构)描述目前已知的侧信道攻击。

**基于页表的攻击**:最早的 SGX 侧信道攻击就是基于页表的攻击,这类攻击利用页表对 Enclave 页面的访问控制权,设置 Enclave 页面为不可访问。这时任何访问都会触发缺页异常,从而能够区分 Enclave 访问了哪些页面。按照时间顺序组合这些信息,就能反推出 Enclave 的某些状态和保护的数据。该类典型的攻击包括 controlled- channel 攻击和 pigeonhole 攻击。这类攻击的缺点是精度只能达到页粒度,无法区分更细粒度的信息。但是,在某些场景下,这类攻击已经能够获得大量有用信息。从攻击效果来说,这类基于页表的侧信道攻击可以实现获得 libjpeg 处理的图片信息。经过还原,基本上达到人眼识别的程度。pigeonhole 攻击也能实现大量对现有安全库的攻击。

最近,基于页表的攻击有一些新的变种。这些侧信道攻击主要利用页表的状态位,一个页表项有很多位,有些用来做访问控制,如 P、RW、US、XD;有些则用来标识状态,如 D (dirty bit)和 A(access bit)。如果 Abit 被设置,则表明该页表指向的页面已经被访问;如果 D bit 被设置,则表明该页表指向的页面发生了写操作。通过监控观察这些状态位,攻击者就可以获取和 controlled-channel/pigeonhole 攻击类似的信息。

**基于 TLB 的攻击**:目前还没有完全基于 TLB 的攻击,但是已经出现 TLB 作为辅助手段的侧信道攻击。关于 TLB,需要了解两个重要信息:其一,TLB 的层次结构。目前,Intel 一些版本处理器(如 Skylake)的机器分为 L1 和 L2 两层,不同层次出现 TLB miss 的时间代价不同;其二,TLB 对代码和数据的区分。L1 区分代码(iTLB)和数据(dTLB),两者之间有缓存一致性的保证。L2 不区分代码和数据。

**基于 Cache 的攻击**:传统侧信道有很多基于 Cache 的攻击。在 SGX 的环境里面,大部分侧信道技术仍然适用,而且可以做得更好。原因在于:在 SGX 环境里面仅依赖 CPU,因此,在操作系统,甚至是 BIOS 都是恶意的情况下,攻击者可以控制整个系统的资源。现有工作表明,SGX 是易受 Cache-timing 攻击。例如,可以通过传统基于 Cache 的 Prime&Probe 算法,识别 Cache 行粒度上的 Enclave 代码访问的内存位置,并在相同的 Hyper-threading 核心上运行 Enclave 和攻击线程,使得攻击线程和 Enclave 共享内存。但是,另一方面,SGX 能很好地防御利用 Flush+Reload 的 Cache 攻击。因为 EPC 页面一次只属于一个 Enclave,这就导致攻击者和 Enclave 程序不能共享代码,也就使得 Flush+Reload 变得不可能。

4) 未来可能的侧信道攻击

上面列出的经典的混合侧信道攻击,它们往往用两种攻击面信息。因此,可以考虑多个攻击面结合的侧信道攻击。以往的混合侧信道攻击往往专注于内存管理和地址转换等方面，新的侧信道攻击可以结合其他方面的信息进行一些新的尝试；Enclave 所有和 non-enclave 共享的资源都可能成为潜在的侧信道攻击面。因此，发掘新的侧信道攻击的第二个途径就是发现新的共享资源，比如未被发掘的 CPU 内部共享结构。这些新的共享资源可能来自一些新的硬件特性，如 Intel PT(processor trace)、Intel TSX(transactional synchronization extensions)、Intel MPX(memory protection extensions)、Intel CAT (cache allocation technology)等。

### 11.2.3 SGX 的应用

#### 1. 基于 SGX 构建云端应用安全隔离执行环境

当前，云环境的构建通常使用传统分层的安全模型保护特权程序免受来自用户级程序的攻击，但是却很难保护用户级程序的数据被特权级软件所访问和篡改。这导致云环境下的用户只能被动地相信云服务供应商的硬件和软件的可靠性，以及管理人员不会窃取自己的私密数据。因此，可信计算的信任起点与证明能力对云计算环境安全构建会有很大支持。

目前，保护云计算环境安全的方法主要有 3 种。

- 基于特定的硬件保护关键的秘密信息，如密钥的安全。该方法难以保证整个应用程序的安全，且密钥通常会以明文的形式在不可信节点上使用；
- 基于可信的 VMM(virtual machine manager)保护应用程序，该方法需要整个 VMM 可信，并且无法防止特权用户窃取用户隐私数据；
- 基于密文数据的计算，如密文检索，但该方法在性能方面存在局限性。

Baumann 等提出的 Haven 模型利用 Intel SGX 技术为用户程序提供一个安全的隔离执行环境，从而防止用户数据被特权软件访问，或是受到基于硬件的攻击(如内存扫描)。方案基于 Drawbridge 沙箱机制，为用户程序的运行提供了一个 Picoprocess 容器，从而保证运行在里面的用户程序无法对外界系统造成破坏；再在容器中创建一个 Enclave，将用户程序、System Library 和 Shield module 放进 Enclave 中，以防止这些数据和代码被外界的特权软件或恶意程序访问和篡改。System Library 通过 Downcalls 和 Upcalls 的方式与 Drawbridge 主机进行交互，用来完成用户程序需要的系统功能，Shield module 配合检查函数的参数和返回的结果，进而保护用户程序安全执行。

由于操作系统自身可能是不可信的，因此方案中设计了一个 System Library，用来将操作系统的系统调用进行封装，并在应用程序运行时将其一起放到 Enclave 中供应用程序使用，System Library 自身实现了全部的系统调用。

为了保护用户程序和 System Library 的代码和数据不被 Enclave 外的恶意软件攻击，设计了 Shield module，该模块通过仔细地检查参数和函数调用的返回值进行保护。Shield module 自身包含了一些典型的内核函数，如内存管理、进程调度、文件系统操作等。Haven 的架构如图 11-22 所示。

#### 2. 基于 SGX 技术构建安全容器

基于容器的虚拟化现在越来越流行，已经有不少多租户环境开始使用容器实现应用

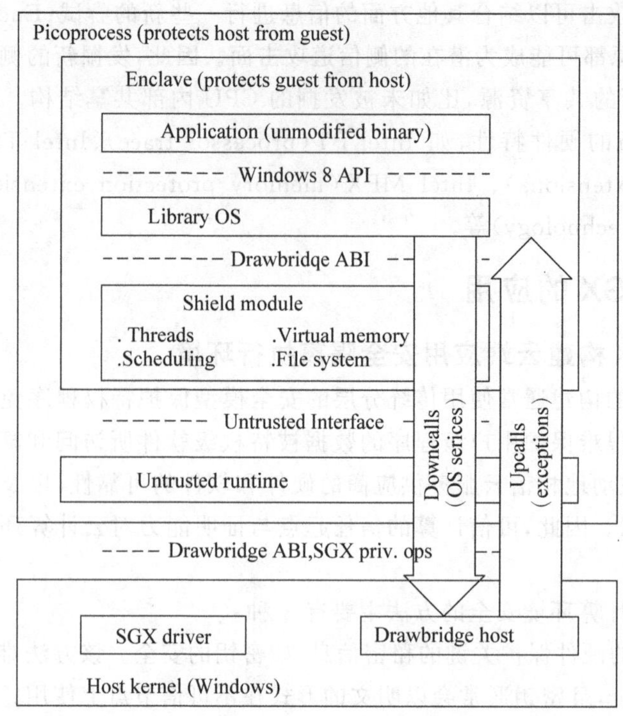


图 11-22　Haven 的架构

程序的安全隔离。Docker 或者 Kubernetes 提供的容器只占用较少的资源就能提供快速的启动和比由 Hypervisor 监控的虚拟机提供更高的 I/O 性能。但是，现有的容器隔离机制专注于保护其免受不可信容器的访问，然而租户需要保护应用程序数据的机密性和完整性，以防止未经授权的其他容器，或更高级的系统软件（如操作系统内核和管理程序等）访问。这便需要有硬件机制能够保护用户级软件免受特权级系统软件的影响。Intel SGX 的出现恰好满足这一需求。使用 SGX 构建安全容器面临两个挑战：①尽量减少 Enclave 中可信计算基的大小；②尽量减少性能开销。

因此，SCONE 架构提出一种用于 Docker 的安全容器环境，其利用 Inter CPU 提供的 SGX 机制保护 Docker 容器内的进程免受外部攻击。SCONE 的设计主要实现了：

(1) 一个较小的可信计算基；

(2) 更低的性能消耗；SCONE 提供了一个安全的 C 语言静态库接口用于透明的加解密 I/O 数据；降低了因线程同步和系统调用导致的高性能消耗；支持用户级线程和异步系统调用。

实验评估表明：SCONE 能通过 SGX 保护未被修改的应用程序，并实现 0.6～1.2 倍的吞吐量。

### 3. 基于 SGX 构建云端大数据安全可信计算环境

MapReduce 的出现有力推动了大数据技术和应用的发展，使其成为目前大数据处理最成功的计算技术。由于大数据计算通常会租用公共计算设施，如公有云，因此，如何在

MapReduce 计算过程中确保用户数据不被泄露，解决大数据计算中数据的安全和隐私，是目前亟需解决的问题。

CtrptDB 和 Cipherbase 只能对数据库进行保护，不能保护计算中的代码和数据。基于此，VC3 架构提出基于 SGX 技术构建大数据安全可信计算环境，确保数据在计算和存储中安全。VC3 的架构如图 11-23 所示。

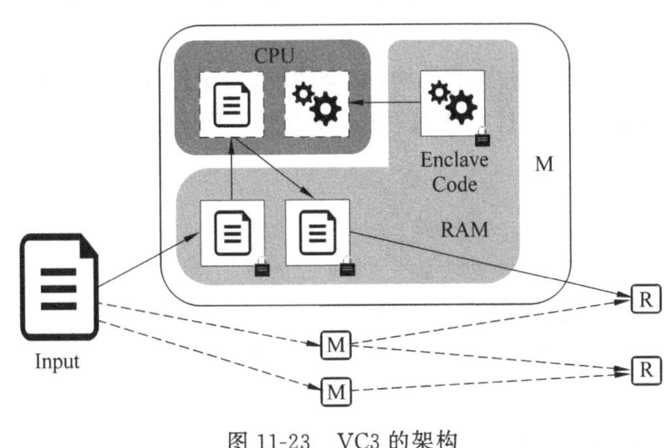


图 11-23　VC3 的架构

该方案主要需解决以下 3 个关键问题。

(1) 利用 SGX 构建最小可信计算基。

为增加方案的实用性，本方法需要运行在未修改过的 Hadoop 上，因此系统的可信计算基不包括 Hadoop、OS 和 Hypervisor。用户编写 map 和 reduce 代码，并且将它们进行加密，之后上传到云端。在每一个工作节点上，云操作系统将这些代码加载进一个隔离的 Enclave 中之后，Enclave 内的代码会执行密钥交换协议，解密出 map 和 reduce 函数，从而运行分布式计算处理用户数据。

(2) 保证整个分布式计算的完整性。

SGX 只能在本地计算节点上为程序和数据构建安全执行环境，如何在分布式大数据处理过程中确保代码和数据安全可信是需要解决的关键问题。本方案提出一个高效的分布式作业执行协议来保证 MapReduce 作业的正确性和机密性。每个计算节点为正在运行的程序产生一个安全的摘要信息，之后再将这些摘要进行收集整合，通过验证最后结果中的最终摘要信息，用户可以检查云服务提供商是否干扰了计算的执行。

(3) 保护用户程序免受非法内存访问攻击。

SGX 技术允许用户程序访问系统的全部地址空间，因此，不安全的内存访问可能泄露数据或者带来其他的安全威胁。如何限制 Enclave 内部程序的内存访问，减轻由于应用程序本身的缺陷而导致其遭受非法内存访问攻击，是需要解决的一个问题。该项目基于 GCC 开发了安全增强的编译器，在代码编译过程中增加额外参数，将其地址空间限定在有效范围内，从而有效地将需要保证完整性的代码放到一个独立的区域中，并且对该区域中变量的读写访问进行检查。只有通过检查，才能真正访问到用户数据。

# 11.3 本章小结

可信执行环境是以中央处理器为可信核心的一套可信计算硬件架构解决方案，这一方案也是未来可信体系的一种重要发展方向。它们在商用系统中的成功已经证明，可信执行环境能为软件提供满足可信要求的运行环境。本章以 ARM TrustZone 和 Intel SGX 为例，给出了 TEE 技术的技术架构、安全功能、安全性和应用，希望读者能够从中了解到国外 TEE 的基本原理与基本技术思路，并为发展我国的 TEE 技术而努力。

# 习题

(1) 解释 TrustZone 技术的核心思想。

(2) TrustZone 技术提供了哪些安全功能？

(3) 介绍 TrustZone 的应用。

(4) 解释 SGX 技术的核心思想。

(5) SGX 技术提供了哪些安全性功能？

(6) 查阅网络资料，请介绍 SGX 技术可能存在哪些安全风险。

# 实验

1. 请使用 ARM 公司的 TrustZone 模拟工具 Foundation FVP（下载地址为 https://developer. arm. com/Tools% 20and% 20Software/Fixed% 20Virtual% 20Platforms）在 Linux 系统下完成 TrustZone 的环境搭建，在安全世界中编写能够打印“hello world!”的小程序。若有支持 TrustZone 功能的开发板，则可直接在开发板上进行编程。

2. 请参考 GitHub 上的开源项目 https://github。在 com/intel/linux-sgx Linux 下搭建 SGX 的编译使用环境，动手撰写一个能够实现密封存储的简单程序。注意，动手之前，请查阅技术手册，确认你的 Intel 处理器是否支持 SGX 指令集。

# 第 4 篇

# 对可信计算和信息安全的新认识

# 第12章 对可信计算和信息安全的一些认识与感悟

从中国可信计算的发展历程可以看到，作者团队长期从事可信计算的研究与开发，为发展中国的可信计算事业贡献了自己的微薄力量。反过来，可信计算事业的发展，特别是与企业的长期合作，也给作者许多启迪，使作者对可信计算有了更多的感悟和更深刻的认识。作者十分感谢这些企业合作者。

## 12.1 可信计算是提高计算机系统安全性的有效技术

可信计算是一种旨在增强计算机系统可信性和安全性的综合性信息安全技术，其终极目标是构建安全可信的计算环境（Trusted and Secure Computing Environment，TSCE）。

可信计算的基本思想是：在计算机系统中建立一个信任根，从信任根开始对计算机系统进行可信度量，并综合采取多种安全防护措施，确保计算机系统的可信性和安全性，进而构成安全可信的计算环境。

可信计算的终极目标是构建安全可信的计算环境。但现阶段可信计算平台至少应具有确保系统资源的完整性、数据安全存储和平台远程证明等安全功能。

可信计算的技术和产品在国内外已经得到许多应用，为确保信息安全做出了重要贡献。其中，可信平台模块（TPM、TCM、TPCM）芯片是目前应用较广泛的可信计算产品。几乎所有品牌的笔记本电脑和台式PC都配备了可信平台模块芯片。基于可信平台模块芯片的其他信息安全产品，更是不计其数。其中，基于可信平台模块芯片的USB-Key得到非常广泛的应用。从世界范围讲，可信平台模块芯片已经生产并销售近10亿片。TPM 2.0规范被ISO/IEC采纳为国际标准（ISO/IEC 11889），由此中国商用密码算法（SM2、SM3、SM4）第一次成体系地在国际标准中得到采纳应用。可信平台模块芯片得到广泛应用和TPM 2.0规范成为国际标准这一事实，证明可信平台模块技术是成功的。

除可信平台模块芯片的广泛应用外，可信PC、可信服务器、可信路由器等产品也逐步走向应用。我国的著名企业华为、浪潮、大唐高鸿分别与作者团队合作研制出自己的可信云服务器。大唐高鸿的可信服务器已经有一定的应用规模。更可喜的是，华为公司首先把可信计算技术用于路由器，推出世界首款可信路由器，并销售到国内外市场。浪潮公司也发布了自己的可信服务器产品。我国在可信服务器和可信云计算方面的技术开发和实际应用发展势头是十分可喜的。我们完全相信，我国企业有能力把可信服务器和可信云计算事业做大、做强。

2017 年，我国颁布了《中华人民共和国网络安全法》，明确要求"推广安全可信的网络产品和服务"。2019 年 5 月 13 日，我国发布了网络安全等级保护制度 2.0 标准，对企事业单位的信息系统实施等级保护。在技术上，将信任根、可信度量等可信计算技术写入标准。2021 年 9 月 1 日，我国正式实施《关键信息基础设施安全保护条例》，其中明确要求"全面使用安全可信的产品和服务构建关键基础设施安全保障体系"。除此之外，我国工业与信息化部、民政部、教育部、中国人民银行等部委和北京市，都在各自的行业发展规划中明确要求发展可信计算技术与产业，应用可信计算产品。这些举措将极大地推动可信计算技术在我国的发展和应用。

2020 年 5 月，华为公司的鲲鹏服务器通过中国电子技术标准化研究院的测试，成为国内首个获得卓越级的最高可信赖测试评价的绿色可信赖服务器。其安全可信功能主要有：支持中国商用密码算法，支持硬件漏洞免疫，支持安全启动，支持以 BMC 为可信根的固件完整性度量与恢复，支持死机截屏自动录像等功能。绿色可信赖服务器是我国金融、电信、政府等行业市场构筑安全可信计算平台的首选。

综合可信计算的思想、技术、产品和应用看，可信计算是提高计算机系统安全性的有效技术，可信计算是成功的。

## 12.2 可信计算的发展尚存不足

### 12.2.1 可信计算产品的应用尚少

可信计算从 1999 年 TCPA 成立到现在，已经经历了 20 多年的漫长历程。从目前的情况看，可信计算的技术和产品在国内外已经得到许多应用。但是，无论国内还是国外，总体上应用都不广泛。

实践是检验真理的唯一标准。可信计算技术与产品在这么长的时间内，还没有得到广泛应用。这一事实说明，现有的可信计算技术与产品至少有一点是不适合市场和用户需求的。对此，我们必须冷静地、客观地分析，找出原因和对策，推进可信计算的发展和应用。

虽然总体上，可信计算的应用不广泛，但是进行细分，各方面并不一样。有的应用广泛，有的应用不广泛。

**1. 可信平台模块（TPM、TCM、TPCM）芯片的应用是广泛的**

可信平台模块（TPM、TCM、TPCM）芯片已经由国内外许多企业生产，累计生产并销售近 10 亿片。几乎所有品牌的笔记本电脑和台式 PC 都配备了可信平台模块芯片。基于可信平台模块芯片的其他信息安全产品，更是不计其数。这说明可信平台模块芯片的技术和产品是适合市场和用户需求的。

### 2. 可信计算平台的应用不够广泛

可信 PC(台式机和笔记本电脑)、可信服务器都已经得到实际应用。但是,目前的应用都不够广泛。

虽然几乎所有品牌的笔记本电脑和台式 PC 都配备了可信平台模块芯片。但是,绝大多数的笔记本电脑和台式 PC 都把可信平台模块芯片当作密码芯片用,用于磁盘和数据加密及认证,并没有用于支持可信计算的度量存储报告机制和其他可信平台功能。因此,这些笔记本电脑和台式 PC 都不能称为可信计算机。

可信服务器的发展要比可信 PC 晚,因此实际应用也晚一些。但是,云计算的出现给可信服务器的应用提供了迫切的市场需求。

## 12.2.2　可信计算的一些关键技术需要进一步完善和提升

下面从五方面说明这一问题。

### 1. 可信度量技术需要进一步完善和提升

可信 PC 是 TCG 首先设计的可信计算平台。可信计算的许多技术最开始都是面向可信 PC 的。但是,可信 PC 的实际应用却并不广泛。原因何在呢?

度量存储报告机制是可信计算机确保自身可信,并向外提供可信服务的一项重要机制,同时也是可信计算平台最主要的技术特征,没有这一特征便不能称为可信计算平台。

由于目前尚没有一种简单的方法对计算平台的可信性进行方便的度量,于是 TCG 对其可信性的度量采用了度量系统资源完整性的方法。具体的度量采用了密码学 Hash 函数。对于要度量的系统资源,事先计算出其 Hash 值,并安全存储。在计算机进行可信度量时,重新计算系统资源的 Hash 值,并与事先存储的值进行比较。如果两者不相等,便知道系统资源的完整性被破坏。

基于密码 Hash 函数的单向性,可以确保不能从其输出值求出其输入值。基于密码 Hash 函数的随机性,可以确保输入不同时输出以极大的概率也不相同。所以,这就可以确保如果篡改了系统资源,将以极大的概率被发现,从而可以确保系统资源的完整性。但是,这种通过计算比对系统资源的 Hash 值确保系统资源的完整性的方法,使得如果在系统重要资源中加入、删除、更新一个部件(如 BIOS 升级、OS 打补丁等),相应的预期 Hash 值都必须重新计算并更新,因此维护很麻烦。

众所周知,软件平均一千行代码就可能有一个漏洞。目前,PC 广泛采用的操作系统是 Windows。据说 Windows XP 有 6000 多万行代码,后来的 Windows 7 和 Windows 10 的代码量更大。据此,Windows XP 就可能有 6 万多个漏洞,Windows 7 和 Windows 10 的漏洞可能更多。再加上一些常用应用软件,例如微软的 Office 等,也有许多漏洞。这就是基于 Windows 和 Office 软件的计算机需要经常打补丁的重要原因。

采用 Windows 和 Office 软件的计算机需要经常打补丁,这就意味着用户需要经常重新计算更新它们的预期 Hash 值。这对用户来说实在太麻烦了,用户是不愿意接受的。这就是可信 PC 至今应用不广泛的重要原因之一。另外,因为 PC 作为用户终端,用户会频繁地上网浏览、下载软件。这些网上的软件很难保证没有病毒。如果用有病毒的软件加上 Hash 值保护其完整性,反而保护了病毒的存在。这就是可信 PC 至今应用不广泛的重要原因之二。这说明,现有的可信度量技术不太适合基于 Windows 的 PC。期望基于国产操作系统的 PC 能够改变这一状况!

相比之下,可信计算现有的可信度量技术方案更适合服务器和工业控制计算机。这是因为,在实际应用中 PC 常用作终端,一般处于前台。而服务器常用作主机,一般处于后台。工业控制计算机更因其业务的重要性,往往还要受到更严格的安全管理保护。与 PC 相比,它们打补丁和运行病毒软件的概率要小得多。因此,现有的可信度量技术更适合服务器和工业控制计算机。近年来,我国可信服务器的应用逐步增加就是一个明证。

### 2. 基于系统资源完整性确保系统安全的方法具有一定的局限性

TCG 的可信度量采用了度量系统资源完整性的方法。软件的完整性只能说明该软件没有被篡改,并不能说明其本身没有漏洞和缺陷。业界普遍认为,软件平均一千行代码,就可能有一个漏洞。另外,软件被病毒传染也是常见的。据此,软件本身有漏洞缺陷和病毒的事情是常见的。软件的完整性在受到保护的同时,也就保护了其本身的漏洞缺陷和病毒。例如,如果用有病毒的软件加上 Hash 值保护其完整性,反而保护了病毒的存在。为了减少这种情况,要求我们对要受完整性保护的软件进行充分的分析测试,减少漏洞缺陷,清除病毒,提高软件本身的安全性。

另外,基于完整性的检查保护机制是有一定功效范围的。凡是纳入完整性的检查保护范围的系统资源,如果其完整性受到破坏,是可以检查发现的。凡是没有纳入完整性的检查保护范围的系统资源,如果其完整性受到破坏,则是不会检查发现的。据此,可信计算平台的基于完整性的检查保护范围应当足够大。这样,受到检查保护的系统资源就足够多,有利于提高可信计算平台的安全性。但是,如果检查保护的范围太大,则系统的使用和维护就会很麻烦,我们应当在这两者之间进行折中。

最后强调指出,软件有两种状态:静态数据状态和动态运行状态。与此对应,软件的完整性就应有静态完整性和动态完整性。目前,TCG 的这种可信度量是基于数据完整性的检查保护机制,是一种静态的检查保护机制,对于受检查保护的软件来说,是检查保护其作为静态数据的完整性,不是对其动态运行状态的检查保护。随着计算机病毒技术的发展,出现了许多不影响软件数据完整性的计算机病毒。现有的静态可信度量,对于这类计算机病毒是不能检测发现的。因此,可信计算应当采用静态和动态两种检查保护机制,确保软件的静态完整性和动态完整性,以提高计算机系统的安全性。然而,目前的可信计算尚缺少动态完整性的度量和保护的有效机制。

### 3. 可信计算只保护系统资源的完整性,不保护其秘密性和可用性,这是不够的

众所周知,数据的安全性包括数据的秘密性、完整性和可用性。而可信计算只检查保护系统资源的完整性,没有涉及其秘密性和可用性。这对于确保可信计算平台的安全性来说显然是不够的。值得庆幸的是,可信平台模块具有丰富的密码资源,在实际的可信计算平台中应当充分利用其密码资源,进一步确保数据的秘密性。保护数据的完整性和秘

密性，有利于提高可用性。但是，密码技术并不能完全确保数据的可用性，数据的可用性很大程度上取决于系统的稳定性、可靠性和可用性。

### 4. 多次度量(静态和动态)技术是可信服务器和可信工业控制计算机成败的关键

在可信 PC 中，可信度量机制是在 PC 开机时对 PC 进行可信度量。这对于 PC 这种在一天之内开机和关机多次的计算机平台来说足够了。用户会相信其可信性。但是，对于像服务器和工业控制计算机这种一旦开机，就长时间不关机的计算机来说就不够了。用户不会相信，开机时度量一次，就能确保几年后仍然可信。显然，对于像服务器和工业控制机这种一旦开机，就长时间不关机的计算机平台来说，必须能够进行多次度量(静态和动态)。不仅要度量系统资源的静态完整性，还要度量其动态完整性。只有这样，才能让用户相信其可信性。当前，这仍是一个挑战，但是这是一个正确的方向。

TCG 称计算机开机时的可信度量为静态度量 SRTM(Static Root of Trust Measurement)，称计算机开机之后的可信度量为动态度量 DRTM(Dynamic Root of Trust Measurement)。显然，动态度量可以进一步提高计算机系统的可信性。Intel 和 AMD 公司都推出了自己的以 CPU 芯片为信任根的动态度量技术。

Intel 的动态度量技术被称为可信执行技术(Trusted Execution Technology，TXT)。TXT 以 CPU 为信任根，与 TPM 相结合，执行信任度量，一直度量到操作系统和应用软件，为用户建立一个可信的软件执行环境。这个可信的执行环境具有以下安全功能：保护执行，在 CPU 芯片中提供一个安全的区域运行一些敏感的应用程序。密封存储，采用密码保护用户数据的机密性和完整性。远程证明，给用户提供平台的可信性报告，使用户能够相信一个远程平台是可信的。I/O 保护对平台的 I/O 进行保护，使用户和应用程序之间的交互路径是可信路径。

AMD 的动态度量技术采用了一个专门的安全处理器(PSP)。基于 PSP，对系统进行可信度量，从而为软件建立一个安全执行环境。在这个环境里屏蔽了所有中断，关闭了虚拟内存，禁止 DMA，除 PSP 外，其他的处理器都不工作。在 PSP 执行安全加载程序前，首先对这个程序进行度量，其度量值被写进 PCR 中。这个 PCR 只能通过特殊的 LPC 总线周期读取，而软件是无法模拟这个 LPC 总线周期的，这就保证了只有 PSP 能够读取这个特定的 PCR，从而确保了可信度量值的安全。

虽然 Intel 和 AMD 公司都推出了自己的以 CPU 芯片为信任根的动态度量技术，但必须指出，它们的这种动态度量虽区别于开机时的度量，但仍然是度量系统资源的数据完整性，仍不是度量系统的行为完整性。应当肯定，这种以 CPU 芯片为信任根的动态度量技术是有积极意义的，特别适合云计算中新建立一个虚拟机的可信度量。

### 5. 可信计算需要与其他信息安全技术结合

任何一种信息安全技术都可能在解决某些信息安全问题方面具有优势，但是都不可能解决所有信息安全问题。

可信计算技术在确保系统资源的数据完整性方面有很好的作用，但它也不能解决所有信息安全问题。它的一些弱点前面已经作了详细分析。因此，根据可信计算有一些弱点就否定可信计算是不合适的。反过来,夸大可信计算的能效也是不合适的,因为这都不符合事实。

我们认为,可信计算是一种旨在增强计算机系统可信性和安全性的综合性信息安全技术。其综合性就是说,可信计算应当而且必须结合其他信息安全技术。宏观上,可信计算应当结合密码、访问控制、硬件安全、软件安全、网络安全等技术,具体地,如存储器隔离保护技术、认证鉴别技术、病毒查杀技术、入侵检测技术、白黑名单技术、安全管控技术、备份恢复技术等。

实践证明,可信计算与其他信息安全技术结合,会得到很好的效果。例如,在作者团队与瑞达公司合作研制的我国第一款可信计算机"SQY14 嵌入密码型计算机"中,就采用了其嵌入式安全模块(ESM)对 I/O 端口和部分资源进行安全控制的技术,大大提高了计算机的安全性和可控性。又如,作者团队研制的可信 PDA,采用了与星形信任度量模型结合的数据备份恢复技术,发现系统资源的数据完整性被破坏,立即进行备份恢复,大大提高了系统的安全性和可靠性。此外,文献[19]建议可信计算应当与白名单技术相结合。具体地,可信计算平台在一个软件被运行之前,除了应当度量其数据完整性外,还应当结合白名单综合做出决定。在可信网络连接方面,网络设备决定是否让客户平台连接到网络时,应当知道该平台运行的软件是否都打过补丁。这也可以通过白名单技术实现。如果验证通过,则允许接入网络,否则不允许接入网络。据此,可信计算与白名单相结合,许多恶意软件将被拒之门外。如果可信计算与其他多种信息安全技术结合,将会得到更好的结果。

## 12.3 安全可信计算环境

计算机系统安全的核心是如何为应用构建一个安全可信的计算环境。可信计算是一种有益的尝试,据此可信计算的终极目标是构建安全可信的计算环境(TSCE)。除了 TCG 的可信计算外,作者团队与企业合作研制出的"SQY14 嵌入密码型计算机"、ARM 公司的 TrustZone 和 Intel 公司的 SGX 都是人们为此进行的有益尝试和技术进步。

2003 年,作者团队与企业合作研制出"SQY14 嵌入密码型计算机"。它以自主研制的 ESM 为安全控制核心,对所有 I/O 进行安全管控,固件病毒免疫,内存隔离保护,安全增强国产操作系统红旗 Linux,两级日志,数据备份恢复,基于智能卡的双因素身份认证与访问控制,中国商用密码及密钥管理。通过 ESM 控制对 I/O 进行基于物理的安全管控,可形成一个安全的封闭计算环境。众多安全措施形成一个比较安全的计算环境,获国家密码科技进步奖二等奖,并得到实际应用,科技部等四部委联合授予"国家级重点新产品"称号。"SQY14 嵌入密码型计算机"是构建安全可信计算环境的一次有益尝试!

2009 年,ARM 公司推出 TrustZone 技术。TrustZone 技术旨在为应用构建一个可信执行环境。TrustZone 的整体安全思想是通过系统结构将其软硬件资源划分为相互隔离的两个区域:安全区和普通区。每个区的工作模式都包含用户模式和特权模式。

ARM 通过其总线系统确保安全区的资源不被普通区所访问。非安全区的软件只能访问非安全区的资源，而安全区的软件能访问所有资源。在安全区中还有一个监控模式。这个监控模式分别与两区的特权模式相连。设置监控模式是为了实现两区之间的切换。当普通区的用户模式需要获取安全区的服务时，首先需要进入普通区的特权模式，在该模式下执行安全监控调用指令，处理器将进入监控模式，监控模式备份普通区的上下文，然后进入安全区的特权模式，此时的运行环境是安全区的执行环境，此后进入安全区的用户模式，得到相应的安全服务。

2013 年，Intel 公司推出 SGX(Software Guard Extensions)技术。SGX 技术允许应用程序实现一个被称为 Enclave 的容器，在应用程序的地址空间中划分出一块被保护的区域，为容器内的代码和数据提供机密性和完整性的保护，免受恶意软件的破坏。只有位于容器内部的代码才能访问该 Enclave 的内存区域，而容器外的软件即使是特权软件(如虚拟机监控器程序、BIOS、操作系统等)，也不能访问 Enclave 内部的数据，这样就为应用软件构建了一个安全的运行环境。

TrustZone 和 SGX 的基本思想都是在计算机系统中通过底层软硬件构建一个安全区域，通过访问控制的保护确保该区内的代码和数据的完整性和隐私性。据此，TrustZone 和 SGX 被称为可信执行环境(Trusted and Execution Environment，TEE)。应用实践表明，TrustZone 和 SGX 是成功的，但也有一些不足。

SQY14 嵌入密码型计算机主要确保计算机系统的安全性。TCG 的可信计算主要是确保计算机系统资源的数据完整性。TrustZone 和 SGX 主要是确保安全区内代码和数据的完整性和隐私性。从保护区域上看，SQY14 嵌入密码型计算机和 TCG 的可信计算保护的是整个计算机系统，范围大。TrustZone 和 SGX 保护的是安全区，范围小。从技术措施上看，SQY14 嵌入密码型计算机综合采用了多种信息安全技术。TCG 的可信计算主要采用了密码技术，特别是 Hash 函数。TrustZone 和 SGX 主要采用了隔离和访问控制技术。

必须指出，完整性和隐私性是安全性的重要组成部分，但不是安全性的全部。作为一个软件执行环境，应当综合采用多种措施，确保安全性，而且应当确保系统行为的安全性。硬件动作和软件执行轨迹称为系统的行为。行为安全包括行为的秘密性，行为的完整性和行为的可控性。据此，作者给出：可信计算的终极目标是构建安全可信的计算环境(Trusted and Secure Computing Environment，TSCE)。

可计算性理论告诉我们，一般计算机系统的安全问题是一个不可判定问题，一般计算机病毒的检测问题也是不可判定问题。据此，我们在实际工作中就没有必要追求绝对安全，只要安全性不断提升、够用就行了。我国实行信息系统安全等级保护政策，因此需要安全等级不同的多种计算机。正是根据这一原则，我们在前面指出可信计算、TrustZone 和 SGX 的一些不足时，并没有否定它们，并且肯定了它们的成绩。这样做的目的是发扬成绩，改进不足，做强做大我国的可信计算事业，为确保我国的信息安全服务。

# 12.4 对信息安全与计算机安全的一些新认识

## 12.4.1 对信息安全的一些新认识

### 1. 从信息的存储、传输、处理三种状态讨论分析信息安全

信息论的基本观点告诉我们,信息只有存储、传输和处理三种状态。据此,要确保信息安全,就必须确保信息在存储、传输和处理三种状态下的安全。

下面从信息论角度简单分析信息在存储、传输和处理三种状态下的特点,以及它们与信息安全的关系。

首先分析信息的传输状态。信息在正确传输状态下,信息形态不发生变化。例如,通信设备发送一个"0",如果通信是正确的,则接收设备收到的也是一个"0"。信息的形态没有发生变化。如果通信设备发生故障、或信道有干扰、或遭受攻击,则接收设备收到的将是一个错误的"1"。反过来看,如果接收设备接收到的是"0",它可能是在通信正确的情况下,发送设备发送"0"的正确结果;也可能是在发送设备有故障、或信道有干扰、或有攻击的情况下,发送设备发送"1"的错误结果。二者必居其一,情况比较简单,这对我们确保信息安全是有利的。

因为信息存储本质上也是一种信息传输,所以信息存储的情况与信息传输相同。

信息在正确的传输和存储状态下,信息形态不发生变化,接收(读出)数据等于发送(写入)数据。这一事实成为密码和纠错码技术得以成功的基础。

信息传输的理论模型是著名的二元对称信道模型(BSC),如图 12-1 所示,其中 $P_c$ 为正确传输的概率,$P_e$ 为错误传输的概率,$P_c > P_e$ 且 $P_c + P_e = 1$。

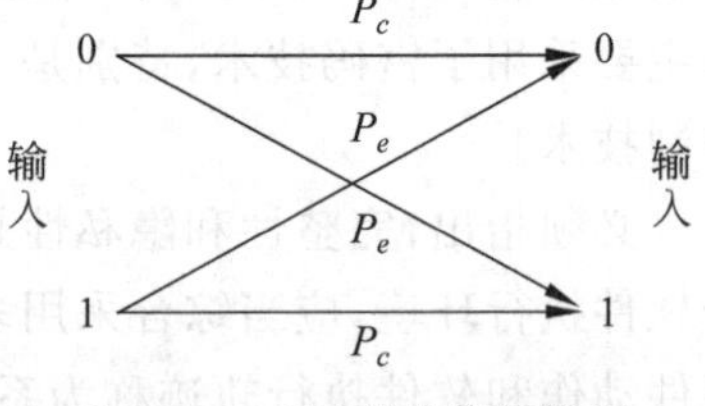

图 12-1 二元对称信道模型

Shannon C D 提出了利用纠错码和密码确保通信中的数据完整性和保密性的理论和技术。实践证明,纠错码与密码的理论和技术是十分成功的、有效的。纠错码和密码具有坚实的数学理论基础,从而成为一门科学。由于信息存储与信息传输的数学模型一致,存储本质上也是一种传输,因此,纠错码与密码的理论和技术用于存储系统也是十分成功的、有效的。可见,单纯的信息传输和信息存储的安全问题解决得比较好。

为什么能够针对信息传输和存储,建立利用纠错码和密码确保数据完整性和保密性的理论和技术呢?答案很简单:纠错码和密码是建立在,信息在正确的传输和存储状态下信息形态不发生变化,接收(读出)数据等于发送(写入)数据的事实之上,即纠错码和密码能够建立并发挥作用的基础是:

$$\text{Data(Output)} = \text{Data (Input)} \tag{12-1}$$

对于保密通信,可采用任一安全适用的密码。设 $E$ 为加密算法,$D$ 为解密算法,$K$ 为密钥,$M$ 为明文,$C$ 为密文,$C=E\ (M,K)$,$M=D\ (C,K)$。

保密通信是将密文 $C$ 送入信道传输,

$$\text{Data(Input)} = C = E(M,K) \tag{12-2}$$

在信息正确传输状态下，由式(12-1)和式(12-2)有

$$\text{Data(Output)} = \text{Data (Input)} = C = E(M,K) \tag{12-3}$$

所以，接收到的数据能够正确解密：

$$D[\text{Data (Output)},K] = D\ [\text{Data (Input)},K] = D\ [C,K] = M \tag{12-4}$$

如果没有式(12-1)这一基础，则接收到的数据将不能正确解密。

通过密钥管理，只给合法者分配密钥。由于非法者没有密钥，因此非法者不能正确解密获得明文，也不能伪造出合理的密文而不被发现，从而确保了通信(信息传输)的安全。

对于纠错编码，采用具有纠正小于或等于 $t$ 个错误能力的任一适用编码方案。设 $E$ 为编码算法，$D$ 为译码算法，$M$ 为数据，$C$ 为对 $M$ 编码后的码字，$C=E(M)$。在传输错误小于或等于 $t$ 个错误的条件下，$M=D(C)$。

纠错通信是将码字 $C$ 送入信道传输：

$$\text{Data(Input)} = C = E(M) \tag{12-5}$$

在传输正确的条件下，式(12-1)成立，于是可得：

$$D[\text{Data (Output)}] = D[\text{Data(Input)}] = D[C] = M \tag{12-6}$$

接收到的数据可以正确译码，确保了数据可正确传输。

在传输发生小于或等于 $t$ 个错误的条件下，虽然式(12-1)不成立，但因编码具有纠正小于或等于 $t$ 个错误的能力，能够自动纠正这些错误，所以仍可达到正确传输的目的：

$$D[\text{Data (Output)}] = D[C] = M \tag{12-7}$$

由上可知，式(12-1)是密码和纠错码能够建立并正确发挥作用的基础。

对于密码和纠错码的应用，还需要强调以下两点。

① 这里说纠错码与密码的理论和技术用于信息传输与存储是十分成功有效的，主要是指理论上是十分成功有效的。因为任何一种信息安全技术只有融入信息系统中，才能发挥实际作用，否则是不能发挥实际作用的。据此，必须把密码和纠错码变成软硬件模块，还要融入实际的通信系统和存储系统中，才能发挥实际作用。又因为通信系统和存储系统都存在设备安全、数据安全、行为安全和内容安全问题，所以只有这些方面都安全，信息系统和信息才是安全的。所以，千万不能认为纠错码和密码算法是安全的，实际的通信系统和存储系统就是安全的。

② 密码对于信息的保密作用体现在密文上。把数据加密成密文，不给非法者分配密钥。非法者没有密钥不能解密，信息得到保密。但是，密文对于合法者来说，也是看不明白的，也是不能使用的。合法者要使用信息，必须把密文解密成明文，合法者有密钥，可以解密得到明文。但是，一旦把密文解密成明文。密码的保密作用就消失了。这就告诉我们，必须高度重视信息在合法者使用时的安全保密。这往往需要通过教育、法律、管理措施确保信息安全。历史上，世界上多个国家都有过信息在使用时失密的实例，千万不能忘记这些沉痛的教训！

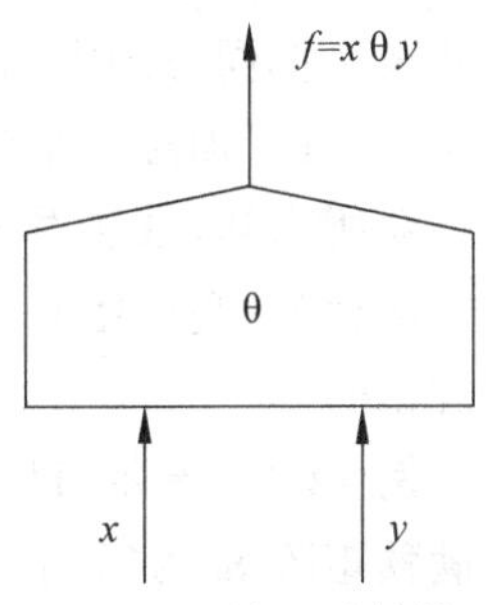

图 12-2　二输入计算模型

下面分析信息的处理(计算)。二输入计算模型如图 12-2 所

示。与信息在正确的传输和存储状态下信息形态不发生变化不同,信息在正确的处理状态下信息形态要发生变化。例如,往运算器 $\theta$ 输入一个"$x$"和一个"$y$",如果运算是正确的,则从运算器输出的是一个"$x\ \theta\ y$",信息的形态发生了变化。具体举例,设 $x=1,y=1$,$\theta=+$,则 $x\ \theta\ y=10$,产生了进位,信息的形态发生了变化。反过来看,情况就复杂了。如果运算器输出的是"$x\ \theta\ y$",它可能是在运算器无故障和无攻击的条件下,往运算器 $\theta$ 输入一个"$x$"和一个"$y$"的正确运算结果;也可能是两个输入中的任何一个或运算器发生错误的结果。产生错误的原因可能是故障,也可能是遭受到攻击。与信息传输相比,情况复杂得多。因此,解决信息处理的安全问题比解决信息存储和传输的安全问题更困难。

20 世纪 70 年代出现了统计数据库。统计数据库对用户提供数据的统计值,而不能泄露个体数据,这就向人们提出了保密计算的需求。21 世纪出现了云计算,云计算是面向服务的计算。用户不用自己购买硬件和软件,将数据交给云,云替用户进行计算,把计算结果返给用户。云计算可为用户节省开支,但数据和计算的非自主可控性使用户担心自己数据的安全,这就使保密计算的需求更加迫切。目前,保密计算成为信息安全领域的一个研究热点,所用名称有保密计算、密文计算、密态计算、隐私计算等多种。本书使用保密计算一词。目前研究比较多的是同态密码、密文检索和安全执行环境等。

为了实现保密计算,用户希望对输入数据和计算结果保密,不仅要对非法者保密,而且还要对计算机系统保密。人们希望能够继续采用密码技术。为了输入数据保密,可把输入数据加密后再送入计算机进行计算。对于图 12-2 的二输入计算模型,输入变成 $E(x,K)$ 和 $E(y,K)$。设运算 $\theta=+$,则运输结果为 $E(x,K)+E(y,K)$。整个过程中,输入数据的保密实现了,无论对非法者还是对计算机系统都是保密的。但是问题来了:第一个问题是计算结果不是真正需要的计算结果,是无意义的结果。第二个问题是合法接收者也无法解密得到真正需要的计算结果。进一步希望计算的结果是真正需要的计算结果的密文,这样既实现了对计算系统保密,又可以让合法接收者可正确解密,得到真正需要的计算结果。将这一要求归纳成式(12-8):

$$E(x,K)\ \theta\ E(y,K)=E(x\ \theta\ y,K) \tag{12-8}$$

满足这一要求的密码称为同态密码。由式(12-8)可得到结论 12-1。

**结论 12-1** 如果密码算法 $E$ 对于运算 $\theta$ 满足分配率,即有

$$E(x\ \theta\ y,K)=E(x,K)\ \theta\ E(y,K) \tag{12-9}$$

则密码算法 $E$ 对于运算 $\theta$ 是同态密码。

对加法同态的密码称为加法同态密码,对乘法同态的密码称为乘法同态密码。对加法和乘法都同态的密码称为全同态密码。根据有限域的知识可知,加法和乘法是最基本的运算,有了加法和乘法,就可以组合得到其他更多的运算。

众所周知,乘法对加法满足分配率,乘方对乘法满足分配率。所以,如果密码算法 $E$ 是乘法运算,则该密码是加法同态密码。如果密码算法 $E$ 是乘方运算,则该密码是乘法同态密码。

**例 12-1** 希尔(Hill)密码是一种著名的古典密码。将明文表示为一个向量 $\boldsymbol{M}$,选一个满秩矩阵 $\boldsymbol{K}$ 为密钥。加密时用明文向量 $\boldsymbol{M}$ 乘以密钥矩阵 $\boldsymbol{K}$,得到密文向量 $\boldsymbol{C}=\boldsymbol{MK}$。解密时用密文向量 $\boldsymbol{C}$ 乘以密钥矩阵的逆矩阵 $\boldsymbol{K}^{-1}$,$\boldsymbol{M}=\boldsymbol{CK}^{-1}$。这显然满足式(12-9),

$(M_1+M_2)\boldsymbol{K}=(M_1)\boldsymbol{K}+(M_2)\boldsymbol{K}$。

**例 12-2**　著名的 RSA 密码是乘法同态密码。因为 RSA 密码的密码运算是加密指数 $e$ 的乘方运算，显然满足式(12-9)，$(xy)^e=(x)^e(y)^e$。

根据 Shannon C D 关于乘积密码的思想，可用简单同态密码组合形成复杂的同态密码。

为了安全，近代密码算法都设计成复杂的非线性运算，因此要求密码算法 $E$ 对运算 $\theta$ 满足分配率显然是不容易的。实际上，密码算法 $E$ 对于运算 $\theta$ 满足分配率，只是构成同态密码的一个充分条件，除此之外，还有其他的充分条件。根据任何一个充分条件，都可以设计同态密码。

鉴于纠错码用于通信和存储十分成功有效，于是许多学者研究用于运算器的纠错码，希望得到能够用于信息处理中的有效纠错码，并且提出许多理论上成功的方案。但是，运算器纠错码由于时间消耗会明显降低运算器的效率，因而至今没有得到实际应用。

同态密码的出现使我们看到确保信息处理安全的希望，成为一个研究热点。现在已经设计出许多同态密码方案。但是，从其安全性和效率两个方面看，目前的研究成果尚不能实际使用，还需进一步深入研究。运算器纠错码的经验教训告诉我们，安全高效是同态密码能否成功的关键。已经有报道，美国北卡罗来纳州立大学的研究人员对同态密码实施侧信道攻击获得成功，可从同态密码的加密过程中窃取数据。安全的同态密码应当能够经得起基于数学的攻击和基于物理学的侧信道攻击。

目前的同态密码在运算上只考虑了加法和乘法的同态问题，尚没有考虑逻辑运算的同态问题。逻辑运算是计算机指令系统中的一大类运算，只考虑算术运算的同态，不考虑逻辑运算的同态显然是不够的。

另外，同态密码只是在理论上考虑了一个运算步骤的保密，没有考虑把数据提交给计算机进行计算，并输出计算结果这一实际计算过程的保密。实际上，把数据交给计算机进行计算是由软件和硬件完成的。从明文数据的输入和加密，密文运算，到输出结果和解密应用，中间任何一个环节出问题都可能造成泄密。要同态密码解决这么多安全问题是不现实的。可信计算技术和近年发展起来的 TEE 技术，通过构建一个安全可信环境确保代码和数据的完整性和隐私性，实现保密计算，从而回避了同态密码的困难。作者团队与企业合作研制的我国第一款可信计算机——SQY14 嵌入密码型计算机，ARM 公司的 TrustZone 和 Intel 公司的 SGX，就是这方面的典型探索示例。

为什么可信计算和 TEE 技术可实现保密计算呢？

普通密码不信任信道上的人，要对坏人保密。同态密码是既不信任信道上的人，也不信任实施计算的计算机，不仅要对坏人保密，还要对计算机保密，从而使问题复杂化。要解决这一复杂问题，使得同态密码本身也复杂了。于是，同态密码要做到安全高效就困难了。

同态密码不信任计算机，却又要计算机进行计算，从而形成矛盾。这是造成问题复杂化的根本原因。

如果有办法确保计算机是安全可信的，构成一个安全可信的计算环境，于是就可以信任计算机。不再需要对计算机保密，只需要对坏人保密，问题就变得简单了。这样反而可以安全高效地完成计算,回避同态密码的困难,实现保密计算。

SQY14 嵌入密码型计算机采用自主研制的主板和嵌入式安全模块芯片,并以安全模块芯片为计算机安全的控制核心,对计算机的所有 I/O 实施基于物理的安全管控,内存隔离保护,安全增强国产操作系统红旗 Linux,增强的访问控制,病毒免疫,基于智能卡的双因素身份认证,中国商用密码与合理的密钥管理,数据备份恢复等安全措施。通过众多安全措施,形成一个封闭的安全计算环境,实现保密计算。

TrustZone 和 SGX 是在计算机系统中通过底层软硬件构建一个隔离的安全区域,通过访问控制确保该区内的代码和数据的完整性和隐私性。

SQY14 嵌入密码型计算机、TrustZone 和 SGX 是基于安全计算环境实现保密计算的有益尝试。它们是成功的,但还需要进一步发展、完善、提高。

由此可见,要解决数据计算的安全,应当同时采用密码、硬件安全、软件安全、系统安全、网络安全等多种安全措施,任何单一措施都是不够的。

实践证明,利用纠错码和密码确保通信和存储中的数据完整性和保密性的理论与技术十分成功有效。纠错码和密码具有坚实的数学理论基础,从而成为一门科学。由此可见,单纯的信息传输和信息存储的信息安全问题解决得比较好。相比之下,用于信息处理的纠错码由于效率问题而不能实用,用于保密计算的同态密码目前也还不能实际应用。这说明现有的同态密码和纠错码对于信息计算尚不十分有效。目前用于信息计算领域的信息安全措施多数都属于技术范畴,还没有上升到科学层次,例如网络攻防、病毒查杀等。这就是为什么说到信息安全,总感到与计算机更密切,与通信和存储不太密切的原因。作者经常用一句通俗易懂的话说明密码与软件安全技术的关系:“密码和杀病毒软件都重要,两者谁也不能代替谁。再好的密码也不能杀病毒,再好的杀病毒软件也不能当密码用。”这句话受到学生的热烈欢迎。

必须指出,由于信息技术和应用的发展,现在已经很少有单纯的存储、传输和处理系统。现在的信息系统几乎都是综合存储、传输和处理的综合系统。例如,计算机系统中有信息处理,也有传输和存储。通信系统中有传输,也有存储和处理。因此,应当从信息系统安全角度综合考虑,解决信息传输、存储和处理的安全问题。

### 2. 从层次角度讨论分析信息安全

信息论的基本观点告诉我们:系统是载体,信息是内涵,信息不能脱离它的载体而孤立存在。因此,我们应当从信息系统角度全面考虑和处理信息安全,而且把信息系统安全划分为设备安全、数据安全、行为安全和内容安全四方面。

仔细分析设备安全、数据安全、行为安全和内容安全这四方面,可以发现这四方面并不处在同一层次上。因为设备、数据是系统的资源,行为是系统的硬件动作与软件执行轨迹。因此,设备安全、数据安全、行为安全是系统层次的安全问题,而内容是信息在语义上的呈现。换言之,内容安全是信息安全在政治、法律、道德层次上的要求。因此,内容安全是语义层次的安全。

根据上面的分析,信息安全包含系统层次的安全和语义层次的安全。因此,要确保信息安全,就必须同时确保系统和语义两个层次的安全。

信息论告诉我们，信息只有存储、传输和处理三种状态，因此要确保信息安全，就是要同时确保信息在存储、传输和处理三种状态下的系统和语义两个层次的安全。

本书讲述的可信计算是从信息系统层次看待和处理信息安全问题的技术，不涉及语义层次的安全问题。可信计算是确保计算机系统重要资源的完整性，并综合其他信息安全防护技术，确保计算机系统的安全性和可信性的技术。

### 12.4.2　对计算机安全的一些新认识

#### 1. 计算机病毒的根源

英国科学家艾兰·图灵（Alan Turing）和美籍匈牙利科学家冯·诺依曼（John von Newmann）是电子计算机的奠基人。1945 年，图灵建立了图灵机的理论，奠定了计算机的理论模型。同年，冯·诺依曼首先提出计算机的体系结构。冯·诺依曼计算机体系结构又被称为程序存储式计算机体系结构。其主要特点如下。

① 计算机由运算器、控制器、存储器、输入和输出五部分组成；

② 采用二进制；

③ 指令和数据不加区分，存储在一个存储器中；

④ 顺序执行程序。

冯·诺依曼计算机体系结构对计算机科学技术的发展，发挥了巨大的指导作用。可以说，没有冯·诺依曼计算机体系结构，就没有今天的计算机。尽管现在的计算机已经有了巨大的发展和进步，但本质上看仍然没有超越冯·诺依曼计算机体系结构。

哲学的基本原理告诉我们，任何事物都有优点也有缺点。冯·诺依曼计算机体系结构的优点是不言而喻的，发挥的作用是巨大的。在计算机科学技术高度发展的今天，冯·诺依曼计算机体系结构的一些缺点，也逐渐被人们所认识。第一个缺点是程序顺序执行，缺少并行性。第二个缺点是程序存储式，在存储器中程序和数据是没有区别的。正是由于在存储器中程序与数据没有区别，一样对待，于是便可以方便地篡改程序。这就使得计算机病毒的寄生、传染、破坏成为可能。这是产生计算机病毒的根源之一。产生计算机病毒的根源之二是，世上有“坏心眼”的人。正是有“坏心眼”的人利用冯·诺依曼的程序存储模式编写出了计算机病毒。这也是我们在冯·诺依曼计算机体系结构下永远不可能彻底消灭计算机病毒的根本原因。受此启发，我们要提高计算机系统的安全性，就应当区别程序与数据，对程序和数据采取不同保护策略，这样对减少和对抗计算机病毒的攻击是有益的。但是必须指出，这种保护必须是适度的，否则就会降低计算机的效能。

作者指出冯·诺依曼计算机体系结构的一些缺点，绝不是否定冯·诺依曼计算机体系结构，而是研究探讨改进这些缺点的可能。任何事物都有优点也有缺点。实际上，程序顺序执行和程序存储式也是冯·诺依曼计算机体系结构的优点之一，没有这些优点，也就没有今天的计算机。但是，我们在肯定优点的同时，也应当研究并改正缺点。

#### 2. 软件定义一切，一切软件皆运行在硬件上

“软件定义一切”是近年来在信息领域较流行的标志性行业语言之一。它反映了在

硬件技术和系统结构标准化高速发展的今天，软件可以设计出各种应用系统，从而极大地提高了信息系统的灵活性，极大地降低了研发和生产成本，极大地方便了应用。这是信息技术与产业空前繁荣的表现。但是，从确保信息系统安全的角度看，作者提醒大家千万不能忘记或忽视硬件的基础作用。为此，2016 年作者在中国可信云计算社区的会议上对“软件定义一切”进行了扩展，提出一个新的说法：“软件定义一切，一切软件皆运行在硬件上。”早在 2004 年作者就提出：硬件系统安全和操作系统安全是信息系统安全的基础，密码、网络安全等技术是关键技术。这一观点得到许多专家和同行的肯定和认同。

根据信息论的基本观点：系统是载体，信息是内涵，信息不能脱离系统而孤立存在，作者提出从信息系统角度看待和处理信息安全问题的观点(参见 1.2 节)。现在换一个角度看，任何信息系统都由硬件、软件和数据构成，因此要确保信息系统的安全，就必须确保硬件安全、软件安全和数据安全。应用密码和纠错编码使得数据在传输和存储中的信息安全问题得到解决。计算机病毒等恶意代码的猖獗，使得人们比较重视软件安全，而且取得了许多有益的成果，如病毒查杀技术和漏洞挖掘技术等。但是，人们对硬件安全长期没有给予足够的重视，误认为硬件是安全的，因此需要下大力气，进行深入研究。作者提出“软件定义一切，一切软件皆运行在硬件上。”的观点，就是为了提醒大家千万不能忘记或忽视硬件安全的基础作用。

早在 2003 年第一次伊拉克战争中，美国就使用了隐藏在伊拉克军队计算机打印机芯片中的计算机病毒。战争一开始，美国首先通过卫星激活病毒，瘫痪了伊拉克军队的通信指挥系统，使伊拉克陷于被动挨打的境地。与软件病毒相比，硬件芯片病毒的检测更困难，而且无法简单清除。

2017 年，业界揭露 Intel 公司的 CPU 芯片存在 Spectre 和 Meltdown 两个重大安全漏洞。这两个重大安全漏洞广泛存在于 Intel 公司 1995 年以后的 CPU 芯片中。这些安全漏洞使得攻击者可以读取系统(Windows 和 Linux)的内存，而不受系统权限的限制。2020 年又发现 Intel 公司 CPU 芯片的新漏洞，通过监视功耗的变化，就可以获取 CPU 的数据，说明其经不起侧信道攻击。同年，又发现通过降低电压使 Intel 公司的 SGX 发生故障或错误，而能够读取安全容器(Enclave)中的秘密数据。这些事件给我们敲响了千万不能忘记硬件安全的警钟。

现在，我国在计算机和电子信息等领域大量使用国外芯片，而且还被国外霸权势力用来对我国“卡脖子”。这种被动状况令人十分担心！

最后，作者乐观地相信：随着人们在计算机系统安全领域的不断努力，计算机系统安全领域的科学技术与产业将持续向前发展，而且会越来越好！

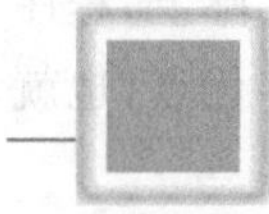

## 习题

1. 可信计算的终极目标是什么？
2. 用实例说明可信计算是确保信息系统安全的有效技术。

3. 现有可信计算技术存在什么不足？如何改进完善？
4. 说明密码和纠错编码在确保信息安全领域的重要作用及其局限性。
5. 为什么可信计算和 TEE 技术可以实现保密计算和隐私保护？
6. 产生计算机病毒的根源是什么？
7. 写一篇调查报告，说明硬件在确保信息安全中的重要作用。

# 参考文献

[1] 张焕国，韩文报，来学嘉，等. 网络空间安全综述[J]. 中国科学(信息科学版)，2016，46(2)：125-164.

[2] ZHANG H G，HAN W B，LAI X J，et al. Survey on cyberspace security[J]. SCIENCE CHINA Information Sciences，2015，58(3)：1-43.

[3] 信息安全类专业教学指导委员会信息安全专业规范项目组. 高等学校信息安全专业指导性专业规范[M].2 版. 北京：清华大学出版社，2021.

[4] 张焕国，管海明，王后珍. 抗量子密码体制的研究现状，中国密码学发展报告 2010[G]. 北京：电子工业出版社，2011：1-31.

[5] BERNSTEIN D，BUCHMANN J，DAHMEN K. Post-QuantumCryptography[M]. 抗量子计算密码[M]. 张焕国，王后珍，杨昌，等译. 北京：清华大学出版社，2015.

[6] 张焕国，赵波，王骞，等. 可信云计算基础设施关键技术[M]. 北京：机械工业出版社，2018.

[7] 张焕国，赵波，余发江，等. 可信计算[M]. 武汉：武汉大学出版社，2011.

[8] 张焕国，毋国庆，覃中平，等. 一种新型安全计算机[J]. 第一届中国可信计算与信息安全学术会议论文集，武汉大学学报(理学版)，2004，50(s1)：1-6.

[9] 张焕国，刘玉珍，余发江，等. 一种新型嵌入式安全模块[J]. 第一届中国可信计算与信息安全学术会议论文集，武汉大学学报(理学版)，2004，50(s1)：7-11.

[10] 张焕国，覃中平，刘毅，等. 一种新的可信平台模块[J]. 第三届可信计算与信息安全学术会议论文集，武汉大学学报(信息科学版)，2008，33(10)：991-994.

[11] 信息安全专业教学指导委员会信息安全专业规范项目组. 高等学校信息安全专业指导性专业规范[M]. 2 版. 北京：清华大学出版社，2014.

[12] 沈昌祥，张焕国，冯登国，等. 信息安全综述[J]. 中国科学(E 辑)，2007，37(2)：129-150.

[13] SHEN C X，ZHANG H G，FENG D G，et al. Survey of Information Security[J]. Science in China Series F，2007，50(3)：273-298.

[14] 赵波，张焕国，李晶，等. 可信 PDA 计算平台系统结构与安全机制[J]. 计算机学报，2010，33(1)：82-92.

[15] Department of Defense Computer Security Center. DoD 5200.28-STD. Department of Defense Trusted Computer System Evaluation Criteria[S]. United States of America (USA)，Department of Defense (DOD)，1985.

[16] National Computer Security Center. NCSC-TG-005. Trusted Network Interpretation of the Trusted Computer System Evaluation Criteria[S]. United States of America (USA)，Department of Defense (DOD)，1987.

[17] National Computer Security Center. NCSC-TG-021. Trusted Database Management System Interpretation[S]. United States of America (USA)，Department of Defense (DOD)，1991.

[18] ARTHUR W，CHALLENER D. TPM2.0 原理及应用指南——新安全时代的可信平台模块[M]. 王鹃，余发江，严飞，等译. 北京：机械工业出版社，2017.

[19] 张焕国，严飞，傅建明，等. 可信计算平台测试理论与关键技术研究[J]. 中国科学：信息学版，2010，40(2)：167-188.

[20] 沈昌祥. 用可信计算构筑网络安全[J]. 求是，2015，657(20)：33-34.

[21] 沈昌祥. 网络强国系列 用可信计算 3.0 筑牢网络安全防线[J]. 信息安全研究，2017，3(4)：290-298.

[22] CHALLENER D，YODER K，CATHERMAN R，et al. 可信计算[M]. 赵波，严飞，余发江，等译. 北京：机械工业出版社，2009.

[23] 张焕国，陈璐，张立强. 可信网络连接研究[J]. 计算机学报，2010，33(4)：706-717.

[24] 张焕国，唐明. 密码学引论[M]. 3 版. 武汉：武汉大学出版社，2015.

[25] 中华人民共和国密码行业标准. GM/T 0011—2012 可信计算 可信密码支撑平台功能与接口规范[S]. 国家密码管理局，2012.

[26] 中华人民共和国国家标准. GB/T 29827—2013 信息安全技术 可信计算规范 可信平台主板功能接口[S]. 中华人民共和国国家质量监督检验检疫总局，中国国家标准化管理委员会，2014.

[27] INTERNATIONAL STANDARD. ISO/IEC 11889：2015 Information technology-Trusted Platform Module[S]. ISO/IEC JTC 1，2015.

[28] Trusted Computing Group. TPM Main Part 1 Design Principles Specification Version 1.2 Revision 116[S/OL]. (2011-3-1)[2023-3-23]. https://trustedcomputinggroup.org/wp-content/uploads/TPM-Main-Part-1-Design-Principles_v1.2_rev116_01032011.pdf.

[29] Trusted Computing Group. TPM Main Part 2 TPM Structures Specification version 1.2 Level Revision 116[S/OL]. (2011-3-1)[2023-3-23]. https://trustedcomputinggroup.org/wp-content/uploads/TPM-Main-Part-2-TPM-Structures_v1.2_rev116_01032011.pdf.

[30] Trusted Computing Group. TPM Main Part 3 Commands Specification Version 1.2 Level 2 Revision 116[S/OL]. (2011-3-1)[2023-3-23]. https://trustedcomputinggroup.org/wp-content/uploads/TPM-Main-Part-3-Commands_v1.2_rev116_01032011.pdf.

[31] Trusted Computing Group. Trusted Platform Module Library Part 1：Architecture Family "2.0" Level 00 Revision 01.59[S/OL]. (2019-11-8)[2023-3-23]. https://trustedcomputinggroup.org/wp-content/uploads/TCG_TPM2_r1p59_Part1_Architecture_pub.pdf.

[32] Trusted Computing Group. Trusted Platform Module Library Part 2：Structures Family "2.0" Level 00 Revision 01.59[S/OL]. (2019-11-8)[2023-3-23]. https://trustedcomputinggroup.org/wp-content/uploads/TCG_TPM2_r1p59_Part2_Structures_pub.pdf.

[33] Trusted Computing Group. Trusted Platform Module Library Part 3：Commands Family "2.0" Level 00 Revision 01.59[S/OL]. (2019-11-8)[2023-3-23]. https://trustedcomputinggroup.org/wp-content/uploads/TCG_TPM2_r1p59_Part3_Commands_pub.pdf.

[34] Trusted Computing Group. Trusted Platform Module Library Part 3：Commands Family "2.0" Level 00 Revision 01.59[S/OL]. (2019-11-8)[2023-3-23]. https://trustedcomputinggroup.org/wp-content/uploads/TCG_TPM2_r1p59_Part3_Commands_code_pub.pdf.

[35] Trusted Computing Group. Trusted Platform Module Library Part 4：Supporting Routines Family "2.0" Level 00 Revision 01.59[S/OL]. (2019-11-8)[2023-3-23]. https://trustedcomputinggroup.org/wp-content/uploads/TCG_TPM2_r1p59_Part4_SuppRoutines_pub.pdf.

[36] Trusted Computing Group. Trusted Platform Module Library Part 4：Supporting Routines Family "2.0" Level 00 Revision 01.59[S/OL]. (2019-11-8)[2023-3-23]. https://trustedcomputinggroup.org/wp-content/uploads/TCG_TPM2_r1p59_Part4_SuppRoutines_code_pub.pdf.

[37] GÜRGENS S，RUDOLPH C，SCHEUERMANN D，et al. Security evaluation of scenarios based on the TCG's TPM specification[C]. Computer Security-ESORICS 2007：12th European Symposium On Research In Computer Security，September 24-26，2007，Dresden，Germany.

Berlin Heidelberg：Springer，2007：438-453.

[38] CHEN L，RYAN M. Offline dictionary attack on TCG TPM weak authorisation data，and solution[C]. Future of Trust in Computing：Proceedings of theFirst International Conference Future of Trust in Computing 2008，Vieweg+ Teubner，2009：193-196.

[39] CHEN L，RYAN M. Attack，solution and verification for shared authorisation data in TCG TPM [C]. Formal Aspects in Security and Trust：6th International Workshop(FAST 2009)，November 5-6，2009，The Netherlands. Berlin，Heidelberg：Springer，2010：201-216.

[40] BRUSCHI D，CAVALLARO L，LANZI A，et al. Replay attack in TCG specification and solution[C]. 21st Annual Computer Security Applications Conference（ACSAC'05），2005，Tucson，AZ，USA. IEEE，2005：11-137.

[41] 中华人民共和国密码行业标准. GM/T 0062—2018 密码产品随机数检测要求[S]. 国家密码管理局，2018.

[42] 曲延文. 软件行为学[M]. 北京：电子工业出版社，2006.

[43] 刘克，单志广，王戟，等."可信软件基础研究"重大研究计划综述[J]. 中国科学基金—学科进展与展望，2008，22(3)：145-151.

[44] 彭国军. 基于行为完整性的软件动态可信理论与技术研究[D]. 武汉：武汉大学博士学位论文，2008.

[45] 何凡. 可信计算支撑软件的分析与测试研究[D]. 武汉：武汉大学博士学位论文，2013.

[46] Trusted Computing Group. TCG Software Stack（TSS）Specifiction，Version 1.10 Golden[S/OL].（2003-8-20）[2023-3-23]. https://trustedcomputinggroup. org/wp-content/uploads/TSS_Version__1.1.pdf.

[47] Trusted Computing Group. TCG Software Stack（TSS）Specifiction Version 1.2 Level 1[S/OL].（2006-1-6）[2023-3-23]. https://trustedcomputinggroup. org/wp-content/uploads/TSS_Version_1.2_Level_1_FINAL.pdf.

[48] Trusted Computing Group. TCG Software Stack（TSS）Specifiction Version 1.2 Errata A Header file [EB/OL]. [2023-3-23]. https://trustedcomputinggroup.org/files/resource_files/8D49A7A6-1D09-3519-ADC1D29D4A88E289/tss12_Header_File_final.zip.

[49] Trusted Computing Group. TCG TSS 2.0 Overview and Common Structures Specification Version 0.90 Revision 03[S/OL].（2019-10-2）[2023-3-23]. https://trustedcomputinggroup. org/wp-content/uploads/TCG_TSS_Overview_Common_Structures_v0.9_r03_published.pdf.

[50] Trusted Computing Group. TCG TSS 2.0 TAB and Resource Manager Specification Family "2.0" Version 1.0 Revision 18[S/OL].（2018-1-4）[2023-3-23]. https://trustedcomputinggroup. org/wp-content/uploads/TSS-2.0-TAB-Resource-Manager-SpecVer1.0-Rev18_review_END030918.pdf.

[51] Trusted Computing Group. TCG TSS 2.0 TPM Command Transmission Interface（TCTI）API Specification Family "2.0" Version 1.0 Revision 18[S/OL].（2020-1-24）[2023-3-23]https://trustedcomputinggroup.org/wp-content/uploads/TCG_TSS_TCTI_v1p0_r18_pub.pdf.

[52] Trusted Computing Group. TCG TSS 2.0 Marshaling/Unmarshaling API Specification Family "2.0" Version 1.0 Revision 07[S/OL].（2020-3-10）[2023-3-23]https://trustedcomputinggroup. org/wp-content/uploads/TCG_TSS_Marshaling_Unmarshaling_API_v1p0_r07_pub.pdf.

[53] Trusted Computing Group. TCG TSS 2.0 System Level API（SAPI）Specification Version 1.1 Revision 34[S/OL].（2021-3-9）[2023-3-23]. https://trustedcomputinggroup. org/wp-content/uploads/TSS_SAPI_v1p1_r34_12june2021.pdf.

[54] Trusted Computing Group. TCG TSS 2.0 Enhanced System Level API (ESAPI) Specification Version 1.00 Revision 05 [S/OL]. (2019-9-11)[2023-3-23]. https://trustedcomputinggroup.org/wp-content/uploads/TSS_ESAPI_v1p00_r05_published.pdf.

[55] Trusted Computing Group. TCG Feature API (FAPI) Specification Version 0.94 Revision 09[S/OL]. (2020-4-11) [2023-3-23]. https://trustedcomputinggroup. org/wp-content/uploads/TSS_FAPI_v0p94_r09_pub.pdf.

[56] TPM2.0-TSS. Trusted platform module 2.0 software stack[EB/OL]. [2023-3-23]. https://github.com/tpm2-software/tpm2-tss.

[57] TPM2 Access Broker & Resource Manager[EB/OL]. [2023-3-23] https://github.com/tpm2-software/tpm2-abrmd.

[58] IBM's TPM 2.0 TSS[EB/OL]. (2022-5-6) [2023-3-23] https://sourceforge. net/projects/ibmtpm20tss/

[59] Trusted Computing Group. TCG PC Client Platform Firmware Profile Specification Level 00 Version 1. 05 Revision 23 Family "2. 0" [S/OL]. (2021-5-7) [2023-3-23]. https://trustedcomputinggroup.org/wp-content/uploads/TCG_PCClient_PFP_r1p05_v23_pub.pdf.

[60] Trusted Computing Group. TCG PC Client Platform TPM Profile Specification for TPM 2.0 Version 1.05 Revision 14[S/OL]. (2020-9-4)[2023-3-23]. https://trustedcomputinggroup.org/wp-content/uploads/PC-Client-Specific-Platform-TPM-Profile-for-TPM-2p0-v1p05p_r14_pub.pdf.

[61] 北京可信华泰信息技术有限公司. "白细胞"可信主动免疫防御系统技术白皮书[EB/OL]. (2022-3-31)[2023-3-23]. https://www.httc.com.cn/public/filespath/files/ziliaoxiazai/950f45ae-5d6a1b091d3c25548e5dac30.pdf.

[62] ARBAUGH W A, FARBER D J, SMITH J M. A Secure and Reliable Bootstrap Architecture [C]. Proceedings of the IEEE Symposium on Security and Privacy, 1997, Oakland, CA, USA. IEEE, 1997: 65-71.

[63] DYER J G, LINDEMANN M, PEREZ R, et al. Building the IBM 4758 Secure Coprocessor[J]. Computer, 2001, 34(10): 57-66.

[64] SAILER R, ZHANG X, JAEGER X, et al. Design and Implementation of a TCG-based Integrity Measurement Architecture[C]. Proceedings of the 13th USENIX Security symposium, August 9-13, 2004, San Diego, CA. USENIX, 2004.

[65] SMITH S W. Outbound authentication for programmable secure coprocessors[C]. Computer Security—ESORICS 2002: 7th European Symposium on Research in Computer Security Zurich, October 14-16, 2002, Switzerland. Berlin, Heidelberg: Springer, 2002: 72-89.

[66] YEE B. Using Secure Coprocessors[D]. Ph.D. thesis, School of Computer Science, Carnegie Mellon University, 1994.

[67] Trusted Computing Group. TPM Main Part 1 Design Principles Specification Version 1.2 Revision 116[S/OL]. (2011-3-1)[2023-3-23]. https://trustedcomputinggroup. org/wp-content/uploads/TPM-Main-Part-1-Design-Principles_v1.2_rev116_01032011.pdf.

[68] Trusted Computing Group. TPM Main Part 2 Structures Specification Version 1.2 Revision 116 [S/OL]. (2011-3-1) [2023-3-23]. https://trustedcomputinggroup. org/wp-content/uploads/TPM-Main-Part-2-TPM-Structures_v1.2_rev116_01032011.pdf.

[69] Trusted Computing Group. TPM Main Part 3 Commands Specification Version 1.2 Revision 116 [S/OL]. (2011-3-1) [2023-3-23]. https://trustedcomputinggroup. org/wp-content/uploads/

TPM-Main-Part-3-Commands_v1.2_rev116_01032011.pdf.

[70] Brickell E, Camenisch J, Chen L. Direct Anonymous Attestation [EB/OL]. Rz3540 Research Report, IBM Research: 2004. [2023-3-23]. https://dominoweb. draco. res. ibm. com/reports/rz3540.pdf

[71] MACDONALD R, SMITH S, MARCHESINI J, et al. Bear: An Open-source Virtual Secure Coprocessor Based on TCPA[R]. Computer Science Technical Report TR2003-471, 2003.

[72] MARCHESINI J, SMITH S, WILD O, et al. Experimenting with TCPA/TCGHardware, Or: How I Learned to Stop Worrying and Love the Bear[R]. Computer Science Technical Report TR2003-476, 2003.

[73] MARCHESINI J, SMITH S W, WILD O, et al. Open-source applications of TCPA hardware [C]. 20th Annual Computer Security Applications Conference, December 06-10, 2004, Tucson, AZ, USA. IEEE, 2004: 294-303.

[74] Enforcer HomePage[EB/OL]. [2023-3-23].http://enforcer.sourceforge.net/.

[75] SAILER R, ZHANG X, JAEGER T, et al. Design and implementation of a TCG-based integrity measurement architecture[C]. Proceedings of the 13th USENIX Security symposium, August 9-13, 2004, San Diego, CA, USA.USENIX, 2004(13): 223-238.

[76] JAEGER T, SAILER R, SHANKAR U. PRIMA: policy-reduced integrity measurement architecture[C]. Proceedings of the eleventh ACM symposium on Access control models and technologies, June 2006, Lake Tahoe, California, USA. New York: Association for Computing Machinery, 2006: 19-28.

[77] SADEGHI A R, STÜBLE C. Property-based attestation for computing platforms: caring about properties, not mechanisms[C]. Proceedings of the 2004 workshop on New security paradigms, Septermber 2004, Nova Scotia, Canada. New York: Association for Computing Machinery, 2004: 67-77.

[78] KÜHN U, SELHORST M, STÜBLE C. Realizing property-based attestation and sealing with commonly available hard-and software[C]. Proceedings of the 2007 ACM workshop on Scalable trusted computing, November 2007, Alexandria, Virginia, USA. New York: Association for Computing Machinery, 2007: 50-57.

[79] SESHADRI A, LUK M, SHI E, et al. Pioneer: verifying code integrity and enforcing untampered code execution on legacy systems[C]. ACM SIGOPS Operating Systems Review, December 2005, Brighton, United Kingdom. New York: Association for Computing Machinery, 2005: 1-16.

[80] SESHADRI A, PERRIG A, VAN D L, et al. SWATT: Software-based attestation for embedded devices[C]. IEEE Symposium on Security and Privacy, 2004, Berkeley, CA, USA. IEEE, 2004: 272-282.

[81] KENNELL R, JAMIESON L H. Establishing the Genuinity of Remote Computer Systems[C]. Proceedings of the 12th USENIX Security Symposium, August 4-8, 2003, Washington, DC, USA. USENIX, 2003: 295-308.

[82] SHI E, PERRIG A, VAN D L. Bind: A fine-grained attestation service for secure distributed systems[C]. 2005 IEEE Symposium on Security and Privacy(SP'05), May 8-11, 2005, Oakland, CA, USA. IEEE, 2005: 154-168.

[83] MCCUNE J M, PARNO B, PERRIG A, et al. Minimal TCB code execution[C]. 2007 IEEE

Symposium on Security and Privacy(SP'07), May 20-23, 2007, Berkeley, CA, USA. IEEE, 2007: 267-272.

[84] MCCUNE J M, PARNO B J, PERRIG A, et al. Flicker: An execution infrastructure for TCB minimization[C]. Proceedings of the 3rd ACM SIGOPS/EuroSys European Conference on Computer Systems 2008 (Eurosys'08), May 2008, Glasgow, Scotland, UK. New Tork: Association for Computing Machinery, 2008: 315-328.

[85] FRASER T, MOLINA J, ARBAUGH W A. Copilot-a coprocessor-based kernel runtime integrity monitor[C]. Proceedings of the 13th USENIX Security Symposium, August 9-13, 2004, San Diego, CA, USA. USENIX, 2004: 179-194.

[86] LOSCOCCO P A, WILSON P W, PENDERGRASS J A, et al. Linux kernel integrity measurement using contextual inspection[C]. Proceedings of the 2007 ACM workshop on Scalable trusted computing (STC'07), November 2007, Alexandria, Virginia, USA. New York: Association for Computing Machinery, 2007: 21-29.

[87] PETRONI JR N L, HICKS M. Automated detection of persistent kernel control-flow attacks[C]. Proceedings of the 14th ACM Conference on Computer and Communications Security(CCS '07), October 2007, Alexandria, Virginia, USA. New York: Association for Computing Machinery, 2007: 103-115.

[88] KIL C, SEZER E C, AZAB A M, et al. Remote attestation to dynamic system properties: Towards providing complete system integrity evidence [C]. 2009 IEEE/IFIP International Conference on Dependable Systems & Networks, June 29-July 2, 2009, Lisbon, Portugal. IEEE, 2009: 115-124.

[89] INTERNATIONAL STANDARD. ISO/IEC 11770—3: 2021. Information Security——Key management——Part 3: Mechanisms using asymmetric techniques. ISO/IEC JTC 1/SC 27, 2021.

[90] HORNG G, HSU CK. Weakness in the Helsinki protocol[J]. Electronic Letters, 1998, 34: 354-355.

[91] MITCHELL C J, YEUN C Y. Fixing a problem in the Helsinki protocol[J]. ACM SIGOPS Operating Systems Review, 1998, 32(4): 21-24.

[92] 卿斯汉. 认证协议的两种形式化分析方法的比较[J]. 软件学报, 2003, 14(12): 2028-2036.

[93] Trusted Computing Group. Trusted Network Communications(TNC)[EB/OL]. [2023-3-23]. https://trustedcomputinggroup.org/work-groups/trusted-network-communications/.

[94] Trusted Computing Group. TCG Trusted Network Communications TNC Architecture for Interoperability Specification Version 2.0 Revision 13[S/OL]. (2017-10-16)[2023-3-23]. https://trustedcomputinggroup. org/wp-content/uploads/TCG-TNC-Architecture-for-Interoperability-Version-2.0-Revision-13-.pdf.

[95] Trusted Computing Group. TCG Trusted Network Communications TNC IF-PEP: Protocol Bindings for RADIUS Specification Version 1.1 Revision 0.8[S/OL]. (2007-2-5)[2023-3-23]. https://trustedcomputinggroup.org/wp-content/uploads/TNC_IF-PEP-v1.1-rev-0.8.pdf.

[96] Trusted Computing Group. TCG Trusted Network Communications TNC IF-T: Protocol Bindings for Tunneled EAP Methods Specification Version 2.0 Revision 5[S/OL]. (2014-5-8)[2023-3-23]. https://trustedcomputinggroup.org/wp-content/uploads/TNC_IFT_EAP_v2_0_r5-a2.pdf.

[97] Trusted Computing Group. TCG Trusted Network Connect TNC IF-TNCCS Specification Version 1.2 Revision 6.00[S/OL]. (2009-5-18)[2023-3-23]. https://trustedcomputinggroup. org/wp-

content/uploads/TNC_IF-TNCCS_v1_2_r6.pdf.

[98] Trusted Computing Group. TCG Trusted Network Connect TNC IF-IMC Specification Version 1.3 Revision 18[S/OL]. (2013-2-27)[2023-3-23]. https://trustedcomputinggroup.org/wp-content/uploads/TNC_IFIMC_v1_3_r18.pdf.

[99] Trusted Computing Group. TCG Trusted Network Communications TNC IF-IMV Specification Version 1.4 Revision 11[S/OL]. (2014-12-5)[2023-3-23]. https://trustedcomputinggroup.org/wp-content/uploads/TNC_IFIMV_v1_4_r11.pdf.

[100] Trusted Computing Group. TCG Trusted Network Communications TNC IF-M: TLV Binding Specification Version 1.0 Revision 41[S/OL]. (2014-5-8)[2023-3-23]. https://trustedcomputinggroup.org/wp-content/uploads/TNC_IFM_v1_0_r41-a.pdf.

[101] Trusted Computing Group. TCG Attestation PTS Protocol: Binding to TNC IF-M Specification Version 1.0 Revision 28[S/OL]. (2011-8-24)[2023-3-23]. https://trustedcomputinggroup.org/wp-content/uploads/IFM_PTS_v1_0_r28.pdf.

[102] Microsoft. Network Access Protection [EB/OL]. [2023-3-23]. https://learn.microsoft.com/en-us/windows/win32/nap/network-access-protection-start-page.

[103] Open Source Project for TNC[EB/OL]. [2023-3-23]. http://sourceforge.net/projects/libtnc.

[104] Open Source Project for 802.1X[EB/OL]. [2023-3-23].http://open1x.sourceforge.net/.

[105] Trusted Computing Group. Overview of Trusted Network Connect (TNC) IF-MAP[S/OL]. (2009-4)[2023-3-23]. https://trustedcomputinggroup.org/wp-content/uploads/TNC_IF-MAP-Overview-04-2009.pdf.

[106] Trusted Computing Group. TCG Specification Architectture Overview Specification Version 1.4 [S/OL]. (2007-8-2)[20230-3-23]. https://trustedcomputinggroup.org/wp-content/uploads/TCG_1_4_Architecture_Overview.pdf.

[107] Trusted Computing Group. TCG Trusted Network CommunicationsTNC IF-T: Binding to TLS Specification Version 2.0 Revision 8[S/OL]. (2013-2-27)[2023-3-23]. https://trustedcomputinggroup.org/wp-content/uploads/TNC_IFT_TLS_v2_0_r8.pdf.

[108] Trusted Computing Group. Federated Trusted Network Connect (TNC) FAQ[S/OL].(2009-5)[2023-3-23]. https://trustedcomputinggroup.org/wp-content/uploads/Federated-TNC-FAQ-final-may-8-09.pdf.

[109] Trusted Computing Group. TCG Trusted Network Communications Clientless Endpoint Support Profile Specification Version 1.0 Revision14[S/OL]. (2009-5-18)[2023-3-23]. https://trustedcomputinggroup.org/wp-content/uploads/TNC_CESP_v1.0r14.pdf.

[110] Trusted Computing Group. TCG Trusted Network Communications TNC IF-M: TLV Binding Specification Version 1.0 Revision41[S/OL]. (2014-5-8)[2023-3-23]. https://trustedcomputinggroup.org/wp-content/uploads/TNC_IFM_v1_0_r41-a.pdf.

[111] Trusted Computing Group. TCG Trusted Network Communications TNC IF-MAP Binding for SOAP Specification Version 2.2 Revision10 [S/OL]. (2014-3-26)[2023-3-23]. https://trustedcomputinggroup.org/wp-content/uploads/TNC_IFMAP_v2_2r10.pdf.

[112] 中华人民共和国国家标准. GB/T 29828—2013 信息安全技术 可信计算规范 可信连接架构[S]. 中华人民共和国国家质量监督检验检疫总局，中国国家标准化管理委员会，2013-11.

[113] IEEE Std 802.1X-2020 IEEE Standard for Local and Metropolitan Area Networks—Port-Based Network Access Control[S]. IEEE, 2020.

[114] Microsoft. IAS Introduction [EB/OL]. [2023-3-23]. https://learn. microsoft. com/en-us/previous-versions/windows/it-pro/windows-server-2003/cc737273(v=ws.10).

[115] 刘峥嵘，张智利超，许振山. 嵌入式 Linux 应用开发详解[M]. 北京：机械工业出版社，2004.

[116] MCDANIEL P，MCLAUGHLIN S.Security and privacy challenges in the smart grid[J]. IEEE Security and Privacy，2009，7(3)：75-77.

[117] CHEN X，MAKKI K，YEN K，et al. Sensor network security：a survey [J]. IEEE Communications Surveys & Tutorials，2009，11(2)：52-73.

[118] WEI G，JIZENG W，YONGBIN Y，et al. Design of a configurable and extensible T core processor based on Transport Trigger Architecture[C]. 2009 WRI World Congress on Computer Science and Information Engineering，March 31-April 2，Los Angeles，CA，USA. IEEE，2009，3：536-540.

[119] DUNKELS A，FINNE N，ERIKSSON J，et al.Run-time dynamic linking for reprogramming wireless sensor networks[C]. Proceedings of the 4th International Conference on Embedded Networked Sensor Systems，October 2006，Boulder，Colorado，USA. New York：Association for Computing Machinery，2006：15-28.

[120] 张焕国，罗捷，金刚，等. 可信计算研究进展[J]. 武汉大学学报(理学版)，2006(5)：513-518.

[121] INTERNATIONAL STANDARD. ISO/IEC 15408：2022 Information security，cybersecurity and privacy protection——Evaluation criteria for IT security[S]. NewYork：ISO/IEC，2022.

[122] 赵波，严飞，张立强，等. 可信云计算环境构建[J]. 计算机学会通讯，8(7)：28-34，2012.

[123] WANG J，SHI Y，PENG G J，ZHANG H G. Survey on Key Technology Development and Application in Trusted Computing[J]. China Communication，2016，13(11)：68-90.

[124] 石源. 面向云环境的可信虚拟化关键技术研究[D]. 武汉：武汉大学博士学位论文，2018.

[125] WANG J，XIAO F，HUANG J W，et al. A Security-enhenced vTPM 2.0 for Cloud Computing [C]. International Conference on Information and Communications Security(ICICS 2017)，December 6-8，2017，Beijing，China. Springer，Cham，2018.

[126] WANG J，FAN C，WANG J，et al. SvTPM：A secure and efficient vTPM in the cloud[J]. arXiv preprint arXiv：1905.08493，2019.

[127] 杨姝黎. 基于 TPM 2.0 的虚拟可信平台及其安全性研究[D]. 武汉：武汉大学硕士学位论文，2015.

[128] 易凯. 基于 TPM 2.0 的虚拟机静态完整性度量研究[D]. 武汉：武汉大学硕士学位论文，2016.

[129] 王鹃，樊成阳，程越强，等. SGX 技术的分析和研究[J]. 软件学报，2018，29(9)：2778-2798.

[130] WANG J，HAO S R，HU H X，et al. S-Blocks：Lightweight and Trusted Virtual Security Function with SGX[J]. IEEE Transactions on Cloud Computing，2020,10(2)：1082-1099.

[131] 胡威. 基于 SGX 的虚拟网络功能安全保护机制研究[D]. 武汉：武汉大学硕士学位论文，2017.

[132] 王杰. 面向回滚攻击的 vTPM 2.0 安全保护和远程认证机制研究[D]. 武汉：武汉大学硕士学位论文，2019.

[133] Intel. Platform Management FRU Information Storage Definition v1.0，Document Revision 1.2 [EB/OL]. (2013-2-28)[2023-3-23]. https://www.intel.com/content/dam/www/public/us/en/documents/product-briefs/platform-management-fru-document-rev-1-2-feb-2013.pdf.

[134] OLEKSENKO O，KUVAISKII D，BHATOTIA P，et al. Intel MPX explained：An empirical study of intel MPX and software-based bounds checking approaches[J]. arXiv preprint arXiv：1702.00719，2017.

[135] Wikipedia contributors. Intel MPX. Wikipedia[EB/OL]. [2023-3-23]. https://en.wikipedia.org/wiki/Intel_MPX.

[136] LILJESTRAND H, NYMAN T, WANG K, et al. PAC it up: Towards Pointer Integrity using ARM Pointer Authentication. [C]. 28th USENIX Security Symposium (USENIX Security 19), August 14-16, 2019, Santa Clara, CA, USA. USENIX, 2019: 177-194.

[137] PARK S, LEE S, XU W, et al. libmpk: Software Abstraction for Intel Memory Protection Keys (Intel MPK)[C]. 2019 USENIX Annual Technical Conference USENIX ATC 19, July 10-12, 2019, Renton, WA, USA. USENIX, 2019: 241-254.

[138] ABADI M, BUDIU M, ERLINGSSON U, et al. Control-Flow Integrity Principles, Implementations, and Applications[J]. ACM Transactions on Information and System Security, 2009, 13(1): 1-40.

[139] SRIVASTAVA A, EDWARDS A, VO H. Vulcan: Binary transformation in a distributed environment[R]. MSR-TR-2001-50, 2001.

[140] ABERA T, ASOKAN N, DAVI L, et al. C-FLAT: Control-FLow ATtestation for Embedded Systems Software[C]. Proceedings of the 2016ACM SIGSAC Conference on Computer and Communications Security, October 2016, Vienna, Austria. New York: Association for Computing Machinery, 2016: 743-754.

[141] SUN Z, FENG B, LU L, et al. OAT: Attesting Operation Integrity of Embedded Devices[C]. Proceedings of 2020 IEEE Symposium on Security and Privacy(SP), May 18-21, 2020, San Francisco, CA, USA. IEEE, 2020: 1433-1449.

[142] L. GitHub - lkrg-org/lkrg: Linux Kernel Runtime Guard. GitHub [CP/OL]. [2023-3-23]. https://github.com/lkrg-org/lkrg.

[143] Integrity Policy Enforcement(IPE)[EB/OL]. [2023-3-23]. https://microsoft.github.io/ipe/.

[144] BAUMANN A, PEINADO M, HUNT G. Shielding applications from an untrusted cloud with haven[J]. ACM Transactions on Computer Systems(TOCS), 2015, 33(3): 1-26.

[145] ARNAUTOV S, TRACH B, GREGOR F, et al. SCONE: Secure Linux containerswith Intel SGX[C]. Proceedings of the 12th USENIX Symposium on Operating Systems Design and Implementation(OSDI'16), November 2-4, 2016, Savannah, GA, USA. USENIX, 2016, 16: 689-703.

[146] SCHUSTER F, COSTA M, FOURNET C, et al. VC3: Trustworthy data analytics in the cloud using SGX[C]. 2015 IEEE Symposium on Security and Privacy, May 17-21, 2015, San Jose, CA, USA. IEEE, 2015: 38-54.

[147] 范超. 面向可信计算平台的软件可信动态度量模型研究[D]. 郑州：郑州信息工程大学博士论文，2016.

[148] FUTRAL W, GREENE J. 面向服务器平台的英特尔可信执行技术[M]. 张建标，译. 北京：机械工业出版社，2017.

[149] ARM Security Technology. Building a Sesure System Using TrustZone Technology[EB/OL]. [2023-3-23]. https://documentation-service.arm.com/static/5f212796500e883ab8e74531? token=.

[150] MCKEEN F, ALEXANDROVICH H, BERENZON A, et al. Intel Software Guard Extensions (Intel SGX) Instructions and Programming Model[EB/OL]. [2023-3-23]. https://www.intel.com/content/dam/develop/external/us/en/documents/329298-002-629101.pdf.

[151] RIVEST R L, ADLEMAN L, DERTOUZOS M L. On data banks and privacy homomorphisms [J]. Foundations of Secure Computation, 1978, 4(11): 169-180.

[152] 顾慰文. 纠错码及其在计算机系统中的应用[M]. 北京: 国防工业出版社, 1980.

[153] 杨亚涛, 张卷美, 黄洁润, 等. 同态密码理论与应用进展[J]. 电子与信息学报, 2021, 43(2): 13.

# 图书资源支持

感谢您一直以来对清华版图书的支持和爱护。为了配合本书的使用,本书提供配套的资源,有需求的读者请扫描下方的“书圈”微信公众号二维码,在图书专区下载,也可以拨打电话或发送电子邮件咨询。

如果您在使用本书的过程中遇到了什么问题,或者有相关图书出版计划,也请您发邮件告诉我们,以便我们更好地为您服务。


**我们的联系方式:**

地　　址:北京市海淀区双清路学研大厦 A 座 714

邮　　编:100084

电　　话:010-83470236　010-83470237

客服邮箱:2301891038@qq.com

QQ:2301891038(请写明您的单位和姓名)

资源下载:关注公众号“书圈”下载配套资源。


资源下载、样书申请

书圈

图书案例

清华计算机学堂

观看课程直播